Zu diesem Buch

Die Fülle technischer Innovationen hat uns große Möglichkeiten verschafft, aber auch großen Gefahren ausgesetzt. Nie zuvor schien die Zukunft der Menschheit so ungewiß. Angesichts der bedrohlichen Konflikte und Entwicklungen der Gegenwart haben wir die Zuversicht früherer Generationen verloren, alle Probleme zu lösen, die uns die Zukunft aufgibt. Auf dem Nährboden allgemeiner Unsicherheit und Hilflosigkeit gedeihen selbstgefällige Reaktionäre, konfuse Panikmacher und Utopisten aller Schattierungen.

Um so schwerer hat es die handlungsbereite Vernunft. Die rationale Zukunftsplanung, die Professor Steinbuch fordert, will realistische Haltungen entwickeln und aus sachverständiger Einsicht in die Probleme unserer Zeit die Verwirklichung humaner Ziele ableiten. In ihrem Dienst steht die Vermittlung von Basiswissen in den wichtigsten technischen und sozialen Bereichen, die unsere Zukunft prägen werden: Städtebau und Raumplanung, Umweltschutz, Informatik, Massenkommunikation, Automatisierung und Ausbildung.

Karl Steinbuch, 1917 in Stuttgart geboren, arbeitete nach dem Studium der Physik von 1948 bis 1958 als Laborleiter, Entwicklungsleiter und später Direktor bei der Standard-Elektrik-Lorenz AG. Seit 1958 ist er ordentlicher Professor an der TH Karlsruhe und Direktor des Instituts für Nachrichtenverarbeitung und Nachrichtenübertragung. Sein Hauptarbeitsgebiet ist Computer-Technik, insbesondere die Technik der lernenden und zeichenerkennenden Automaten. Er veröffentlichte zahlreiche wissenschaftliche Arbeiten. Seine populären Sachbücher »Programm« 2000 (1970), »Falsch programmiert« (1970), »Die informierte Gesellschaft« (rororo Nr. 6612) und zuletzt der vorliegende Band erreichten hohe Auflagen.

Karl Steinbuch

Mensch
Technik
Zukunft

Probleme von morgen

Mit 109 Abbildungen

rororo
Rowohlt

Umschlagentwurf Werner Rebhuhn
(Foto: dva)

Ungekürzte Ausgabe
Veröffentlicht im Rowohlt Taschenbuch Verlag GmbH,
Reinbek bei Hamburg, Juli 1973

Gesamtherstellung Clausen & Bosse, Leck/Schleswig
Printed in Germany
ISBN 3 499 16821 9

Inhalt

Wer vor einer
lebensgefährlichen Bedrohung steht
und nicht von Sinnen ist,
beobachtet scharf,
überlegt seine Lage nüchtern
und handelt dann entschlossen.
Die menschliche Art
steht vor lebensgefährlichen Bedrohungen,
aber von schärfster Aufmerksamkeit,
nüchternem Nachdenken
und entschlossenem Handeln
ist in unserem Lande wenig zu bemerken.
Selbstgefällige Konservativität
(»Bisher hat sich doch auch alles
immer wieder eingerenkt«),
konfuser Futurismus
(»Selbstmordprogramm«,
»Wegwerfgesellschaft«, »Marconizeitalter«
usw.), unsere wuchernde Hinterwelt
und das spätmarxistische Strohfeuer
versetzen unsere Gesellschaft
in eine ähnliche Lage
wie das Huhn vor der Schlange:
Sie erstarrt in Hilflosigkeit.

Dort, wo Bewegung ist,
da begreift man nicht,
daß das Thema unserer Zeit nicht
die unbegrenzte Emanzipation ist,
vielmehr die reflektierte Bindung,
die Unterwerfung unter Regeln,
welche die Erhaltung der menschlichen Art
ermöglichen.

Mit diesem Buch wird versucht,
unsere zukünftigen Probleme ohne diese
fatalen Fehlhaltungen darzustellen
und so eine realistische und
handlungsfähige Haltung vorzubereiten.

Karl Steinbuch

1 Rationale Zukunftsplanung

Humane Absichten mit Sachverstand verwirklichen

Keiner weiß etwas Sicheres über die Zukunft. Aber einiges halten wir mit guten Gründen für wahrscheinlich: daß viele Naturgesetze, die wir heute schon kennen, auch in Zukunft noch gelten werden, daß die Menschen ähnliche Hoffnungen und Ängste haben werden, wie wir sie heute schon haben, und daß Menschen durch ihr persönliches Verhalten dazu beitragen können, daß das Wünschenswerte wahrscheinlich und das Schreckliche unwahrscheinlich wird.

Dies ist mehr als nichts – es lohnt sich, darüber nachzudenken, was wir tun können, damit auch noch in 50 oder 100 Jahren Menschen auf dieser Erde leben können und dies nicht als eine Qual empfinden.

Ich möchte zuerst auf sechs Bedrohungen der menschlichen Kultur hinweisen: die explosive globale Situation, die fehlende Konfliktregelung, die Zerstörung der Umwelt, die Einsamkeit des Menschen in der hochtechnisierten Welt, die Orientierungslosigkeit des »aufgeklärten« Menschen und die kreative Explosion.

Die explosive globale Situation

Die Bevölkerung der Erde wächst schnell, besonders in den unterentwickelten Ländern. Die Nahrungsmittelproduktion wächst weniger schnell, Hunger und Unterernährung nehmen rasch zu.

Zwar könnten bei rationaler Ausnutzung der gegebenen technischen und organisatorischen Möglichkeiten alle Menschen jetzt und in Zukunft ernährt werden, aber diese Möglichkeiten werden nicht oder nur unzulänglich genutzt. Zwischen den Industrieländern und den sogenannten »unterentwickelten« Ländern bestehen große Unterschiede, die sich vor allem an denen des Bruttosozialprodukts nachweisen lassen. Diese Unterschiede werden in unserer Zeit – trotz Entwicklungshilfe – nicht kleiner, sondern größer. Auch in den Entwicklungsländern, in denen der Wille zu konstruktiver Aufbauarbeit besteht, fehlen die Mittel zur Realisierung, vor allem die Kapitalinvestitionen. Die erste Dekade der Entwicklungshilfe löste – trotz viel gutem Willen – diese Probleme nicht. Eine nüchterne Analyse zeigt, daß die Überwindung der gröbsten Unterschiede zwischen den armen und den reichen Ländern Anstrengungen erfordert, die weit jenseits des wirtschaftlich und politisch Möglichen liegen.[17] *

Solange die »unterentwickelten« Länder den Lebensstil der Industrieländer nicht kannten, war die ungleiche Güterverteilung politisch nicht gefährlich. Seitdem aber Rundfunk, Film und Fernsehen ständig den Vergleich zwischen dem eigenen geringen Lebensstandard und dem fremden hohen Lebensstandard ermöglichen, ist eine explosive Situation entstanden.

Die fehlende Konfliktregelung

Die schon in der Gegenwart existierenden atomaren, biologischen und chemischen Waffen könnten alle Menschen »mehrfach« töten. Es ist unwahrscheinlich, daß nicht irgendwann einmal ein gehöriges Quantum dieser Massenvernichtungsmittel – sei es nun durch Fahrlässigkeit oder durch böse Absicht – sein »eigentliches« Ziel erreicht. Die Anzahl der Instanzen, die beispielsweise Atomwaffen herstellen können, wächst trotz Non-Proliferation ständig, es wird immer wahrscheinlicher, daß sie auch Terroristen zur Verfügung stehen. Was wird beispielsweise geschehen, wenn in einer Millionenstadt unbemerkt eine Atombombe deponiert und zu Erpressungen benutzt wird?

Die primitive Art, mit der auch noch in unserer Zeit politische Konflikte ausgetragen werden, macht es nicht unwahrscheinlich, daß irgendwann einmal ein Verrückter »reinen Tisch« machen wird.

Dieses Mißverhältnis zwischen den Möglichkeiten der Vernichtungstechnik und dem unkontrollierten Verhalten politischer Gruppen ist wohl die stärkste Bedrohung der menschlichen Kultur. Das Problem ist: Wie können die ungeheuren Wirkungen der Vernichtungstechnik durch angemessene, wirkungsvolle Kontrollen beherrscht werden?

Die Zerstörung der Umwelt

Die physische Existenz des Menschen setzt nicht nur ausreichende Ernährung voraus, sondern auch frische Luft und sauberes Wasser. Die explosive

* Hochziffern verweisen auf das Literaturverzeichnis am Schluß jedes Kapitels.

Zunahme der Bevölkerung unserer Erde und deren Zusammenballung in immer größeren Wohngebieten führt dazu, daß frische Luft und sauberes Wasser immer knapper werden. Erinnert sei an den Auswurf der Kraftwerke, der Industrie, des Hausbrands und des Verkehrs, die unsere Atemluft verpesten; ferner an die Industrieabwässer, Pipelines und Öltanks, die Flüsse und Seen verschmutzen; weiter an die allgemeine Vergiftung unserer Umwelt durch Pflanzenschutzmittel. Die Umwelt des Menschen wird immer unmenschlicher, der Mensch wird zum Opfer seiner eigenen Errungenschaften. Besonders Rachel Carson hat mit ihrem Buch »Der stumme Frühling« die Öffentlichkeit alarmiert.

Die Einsamkeit der Menschen

Die meisten Menschen der modernen Industriegesellschaft haben das subjektive Gefühl, einsam zu sein. Menschliche Kontakte sind schwach, man nimmt kaum Anteil an des Nächsten Glück und Leid. Mit der Auflösung der traditionellen Gruppen, der Familie, der dörflichen oder berufsständischen Gemeinschaft und der zunehmenden Freizeit wird diese subjektive Einsamkeit immer bewußter und bedrückender. Technisch vermittelte Kommunikation oder exzessive Sexualität vermögen diese Einsamkeit nicht zu überwinden, psychische Störungen werden immer häufiger und gefährlicher.
Je schwerer es wird, die Barrieren zwischen Mensch und Mensch zu überwinden, desto rücksichtsloser werden die Versuche, durch gewaltsame Kommunikation positive oder negative menschliche Beziehungen herzustellen. So entwickelt sich auch der zeitgenössische literarische Stil: die Sprache der Aggressivität. Von öffentlichem Interesse und deshalb Gegenstand der Publizistik ist immer weniger das, was andere Menschen tatsächlich denken, sagen, tun, fühlen und hoffen, sondern eine bruchstückhafte, überpointierte und vielfach diffamierende Darstellung.

Die Orientierungslosigkeit des »aufgeklärten« Menschen

Der Mensch des Altertums war zumeist gläubig. Die Kirche gab ihm Denk- und Verhaltensformen vor, die er widerspruchslos akzeptierte. Die Aufklärung zerstörte diese selbstverständliche Orientierung an vorgegebenen Grundsätzen: Menschlichem Denken und Verhalten eröffneten sich plötzlich ungeheure neue Freiheitsräume. Das Zeitalter der Entdecker und Erfinder, der Reformation und der Demokratisierung begann mit viel Optimismus.

Wir nähern uns jetzt einem Verständnis des Menschen als eines physikalisch verstehbaren Systems, dessen Denken und Verhalten auf die Wirkung neuronaler und humoraler Strukturen zurückgeführt werden kann und das – wenig anders als ein technisches System – repariert und mit Ersatzteilen renoviert werden kann.
Jetzt schlägt der Optimismus der Aufklärung um in existentielle Angst: Was ist denn überhaupt noch konstitutiv für den Menschen? Ist nicht zu fürchten, daß er durch einen unbedachten genetischen Eingriff zu einem Monstrum wird, mit dem wir uns nicht mehr identifizieren können?
In dieser Situation schlägt auch die Siegesfreude über die überwundenen einstigen Bindungen um in das ängstliche Gefühl der Verlassenheit: Laßt uns doch zusammen beraten, wie wir uns auf neue Orientierungen einigen können, auch wenn wir nicht mehr glauben, daß sie vom lieben Gott stammen, auch wenn sie nur unser eigenes Werk sind. Wenig anders als Kinder, die sich im Dunkeln vor Angst zusammendrängen.

Die kreative Explosion

Die menschliche Kultur hat sich zu allen Zeiten verändert. Das Neuartige unserer gegenwärtigen Situation ist aber, daß die innerhalb eines einzigen Menschenlebens auftretenden Veränderungen die Anpassungsfähigkeit des Menschen überfordern. A. Toffler spricht von einem »Zukunftsschock«:[53]

»Wenn der Mensch . . . nicht sehr bald die Fähigkeit erlangt, das Tempo der Veränderungen auf individueller und auch auf gesellschaftlicher Ebene zu beeinflussen, werden wir nicht mehr imstande sein, uns auf die neuen Gegebenheiten einzustellen, und es wird zu einer Katastrophe kommen.«

Dieser Zukunftsschock wird durch verschiedene Sachverhalte ausgelöst: durch die geradezu unbegrenzten Energien, die dem Menschen in unserer Zeit zur Verfügung stehen; durch die enormen Kapazitäten seiner Produktionseinrichtungen; durch die unübersehbaren Mengen von Information, die erzeugt, transportiert und konsumiert werden; durch die Geschwindigkeit, mit der sich der Mensch über die Erde, Meere und in der Luft, ja sogar im Weltraum bewegt; durch die Tatsache, daß der Mensch sogar den Mond betreten hat und möglicherweise zu anderen Himmelskörpern reisen wird. Dies alles ist im Vergleich zur bisherigen Geschichte des Menschen ohne Vorbild und deshalb schockierend. Der Mensch wird damit nur vordergründig fertig. Er nimmt zwar zur Kenntnis, daß es so ist, empfindet aber doch die Unverträglichkeit seiner tradierten Denkmuster mit diesen neuen schockierenden Erfahrungen. Sicher soll sich das menschliche Leben nicht auf eine unendliche Wiederholung gleichartigen Verhaltens beschränken, aber die gegenwärtige kreative Explosion ist eine Überforderung des Menschen, deren Folgen noch unübersehbar sind.

Diese sechs Bedrohungen der menschlichen Kultur sind scheinbar recht verschiedener Art, aber sie haben eines gemeinsam: Der Mensch erwies sich zwar imstande, enorme technische Wirkungen zu erzeugen, aber er erwies sich als unfähig, die Folgen der Technik zu kontrollieren. So gelang es ihm zwar durch die Hygiene und medizinische Technik, eine Bevölkerungsexplosion zu erzeugen, aber es gelang ihm nicht, diese Explosion zu kontrollieren. Es gelang ihm, eine Vernichtungstechnik mit ungeheurer Gewalt zu erzeugen, aber es gelingt ihm nicht, diese Gewalt zu kontrollieren. Es gelang ihm, Produktionen beinahe unbegrenzter Ergiebigkeit aufzubauen, aber er wird weder mit deren sozialen Folgen noch mit der Zerstörung der Umwelt fertig. Er hat Produktionstechniken aufgebaut, welche die gewachsenen sozialen Bindungen zerstörten, aber er hat keine neuen Sozialtechniken entwickelt, um die Einsamkeit des Menschen in der modernen Industriegesellschaft zu überwinden. Der Mensch hat sich selbst so weit analysiert, daß er sich schließlich wenig anders als ein technisches System versteht, aber er hat keinen Sinn dafür gefunden, dieses pseudotechnische System in Gang zu halten. Er hat schließlich eine kreative Explosion erzeugt, mit der er nicht mehr fertig wird.
Um diese desolate Situation des Menschen in unserer Zeit zu überwinden, muß sehr vieles und viel Verschiedenes geschehen. So muß beispielsweise ernsthaft über Werthaltungen und die langfristigen Ziele der menschlichen Entwicklung nachgedacht werden.[15] Sicher muß auch gründlicher als bisher über die Technik und ihre Folgen nachgedacht werden. Die meisten der gegenwärtigen Gefahren sind durch mangelhaftes Verständnis der Technik und ihrer Folgen begründet. Wir müssen humane Absichten mit Sachverstand verwirklichen.

Attitüden gegenüber der Zukunft

Vor der Zukunft und ihren Problemen verhalten sich die Menschen recht unterschiedlich. Vor allem sind zu unterscheiden: Spezialisten und Generalisten; technische und literarische Intelligenz.
Zunächst Spezialisten und Generalisten: Unsere Industriegesellschaft ist auf ein hohes wissenschaftlich-technisches Niveau angewiesen. Deshalb müssen wir Menschen unserer Gesellschaft das Recht einräumen, sich mit höchster Konzentration auf ein relativ enges Feld zu beschränken. Diesen Spezialisten

dürfen wir es nicht vorwerfen, wenn sie auf anderen Gebieten unerfahren sind. Es ist kurzsichtig, das Lebensrecht des »Fachidioten« zu bestreiten, wir alle sind auf ihn angewiesen.

Umgekehrt dürfen es aber die Spezialisten den Generalisten nicht vorwerfen, wenn sie auf ihren Spezialgebieten nur oberflächliche Kenntnisse haben. Keine der beiden Gruppen hat einen Grund, die andere zu verachten. Allerdings muß zugestanden werden, daß unsere akademische Tradition beinahe ausschließlich Spezialisten produzierte, für die Randprobleme kein Verständnis entwickelte und sich so ein beängstigender Mangel an Generalisten ergab. Die Generalisation, die in den philosophischen Fakultäten betrieben wird, geht meist auf Kosten der Realitätsnähe. Man hält es vielfach für unmöglich, das Sachwissen mehrerer Fakultäten rational zusammenzufassen, und überläßt übergeordnete Probleme den spontanen Aktionen von Amateuren. Die meisten Probleme der Zukunft lassen sich aber nicht in die Fakultätenabgrenzungen zwängen: Vor den wichtigsten Problemen erweisen sich die Spezialisten als recht hilflos.

Die Unterscheidung zwischen »literarischer« und »technischer« Intelligenz geht auf Sir Charles Snow zurück. Sie hängt eng mit der in unserem Lande einst üblichen Unterscheidung zwischen Kultur und Zivilisation zusammen. Snow meinte, die Naturwissenschaftler hätten die Zukunft in den Knochen; Rabi fügte dem hinzu, sie hätten die Zukunft aber nicht auf der Zungenspitze. Was ich mit Snow beklage, ist die mangelnde Solidarität dieser beiden Gruppen: Auf der einen Seite sehen wir die Literaten mit ihren ständigen Vorwürfen gegen die angeblichen Technokraten, denen man erst einmal Verantwortung für ihr Tun beibringen müßte, und auf der anderen Seite sehen wir Naturwissenschaftler und Ingenieure, die unter den ungelösten Problemen unserer Zeit nicht weniger leiden als die Literaten, die zukünftigen Gefahren noch deutlicher als sie sehen, aber die ritualisierten Vorwürfe der Literaten nicht mehr hören mögen und sich verärgert auf ihr berufliches Feld zurückziehen.

Ein Beispiel für unreflektierten Haß auf die Wissenschaftler lieferte R. Jungk (in dem Buch »Geisteswissenschaft und Naturwissenschaft.« Berlin 1970):

»Wissenschaft und Technik, die sich die ›Erde untertan‹ machen, erwachsen konsequent aus einer Herren- und Untertanenmentalität, Wissenschaft und Technik, die immer neue Gebiete ›erobern‹, die ins Innerste des Atomkerns oder der Zelle ›eindringen‹, sind gezeichnet vom Kainsmal der Zerstörung. In der angeblich so wertneutralen Forschung und ihrer Anwendung wird nicht zufällig die Sprache des Unmenschen so ausgiebig verwendet. Und es ist nicht ohne tiefere Bedeutung, wenn der Spezialjargon des Militärs, selbst in der Interpretation der ›reinen Forschung‹, eine so große Rolle spielt. Da gibt es ›Strategie‹, ›Penetration‹ und ›Reduktion‹, da eilt man von ›Vorstoß‹ zu ›Vorstoß‹, da werden immer neue ›Durchbrüche‹ erzielt.«

Was Jungk kritisiert, ist nicht der naturwissenschaftliche Sprachgebrauch, sondern das Denken des problemlösenden Menschen schlechthin.

Ich möchte Jungk drei konkrete Vorhaltungen machen:
Erstens ist seine Kritik ohne Alternative: Wovon sollen wir denn leben, wenn wir keine Tiere schlachten und wenn wir keine Atome spalten? Wie sollen Menschen gerettet werden, wenn der Chirurg nicht mehr amputiert? Von diesen Voraussetzungen unserer Existenz kann man sich doch nicht verbal hinwegstehlen. Vor allem die technische Intelligenz kann sich dieses Hinwegstehlen nicht leisten, sie muß sich diesen Problemen stellen, auch wenn sie dabei schmutzige Finger bekommt. Es ist aber unerträglich, für diesen Dienst an der Gesellschaft auch noch beschimpft zu werden.
Mein zweiter Einwand gegen Jungks Kritik ist: Er klagt Menschen an, die wir zur Lösung unserer zukünftigen Probleme dringend brauchen und die weder objektive noch subjektive Schuld tragen. Wir müssen nicht nur einen Weg zur Lösung unserer realen Probleme suchen, sondern auch eine gesellschaftliche Ordnung und Moral, bei welcher Menschen ohne derartige Diffamierungen unsere Probleme lösen können. Ich bestreite ausdrücklich, daß sich die technische Intelligenz vor der Zukunft weniger verantwortlich verhält als andere Gruppen. Es ist im Interesse einer wirksamen Lösung unserer Probleme unverantwortlich, die technische Intelligenz zu diffamieren.
Mein dritter Einwand gegen Jungks Kritik ist: Der humane Appell darf nicht zum Kleingeld der Zeitkritik, zur literarischen Masche degradiert werden. Genau dieses geschah aber: Ohne sachlich fundierbare Begründung wird so getan, als ob Jungk ein Verhalten höherer Moralität kennen und vorschlagen würde, während er in Wirklichkeit nur humane Assoziationen und publikumswirksame Platitüden erzeugte. Der humane Appell ist aber zu wichtig, als daß man ihn so leichtfertig zerschleißen darf: Wir müssen ihm Autorität verschaffen, ihn glaubwürdig und praktisch wirksam machen.
Aber auch dort, wo die Humanität ernst genommen wird, darf sie sich nicht vom technischen Sachverstand absondern: Die Lösung unserer ungelösten Probleme setzt die solidarische Zusammenarbeit der beiden zerstrittenen Gruppen voraus: Wir müssen humane Absichten mit Sachverstand verwirklichen, die humanen Absichten allein tun es nicht, und der Sachverstand allein tut es auch nicht. Nur die solidarische Zusammenarbeit läßt Problemlösung erhoffen.

Irrtümer der Konservativen

Wir haben viele und schwere Probleme zu lösen, wenn wir die menschliche Kultur erhalten wollen. Ich glaube nicht, daß wir diese Probleme mit den bei uns bisher herrschenden politischen, wirtschaftlichen und gesellschaftlichen Prinzipien lösen können. Wenn wir chaotische Entwicklungen vermeiden wollen, dann müssen wir rasche und tiefgreifende Reformen verwirklichen. Die Zeiträume, in denen vernünftige Lösungen realisiert werden müssen, sind kurz. Gegenwärtig ereignet sich ja nicht nur das Wettrennen zwischen der Pille und der Bombe, gleichzeitig ereignen sich viele andere Wettrennen zwischen technologisch begründeten Gefahren und deren politischer Bewältigung, so vor allem beim Umweltschutz.

Erinnern wir uns an das Aufkommen des Webstuhls und der Dampfmaschine: Die politischen und wirtschaftlichen Voraussetzungen dieser Techniken wurden erst nachträglich geschaffen, vorher mußte das Mißverhältnis zwischen Produktionstechnik und sozialer Struktur mit viel menschlichem Leid bezahlt werden.

Die zukünftigen technologischen Veränderungen werden uns aber viel härter prüfen. Sie können sicher nicht mehr ohne vorausschauende Planung und fortwährende Kontrolle bewältigt werden.

Hierbei müssen wir auch die Vorstellung aufgeben, daß unsere Technostruktur – so, wie sie sich eben im Wechselspiel konkurrierender Kräfte entwickelt hat – nicht durch bewußte Eingriffe verändert werden dürfte.

Obwohl die Wirtschaftstheoretiker seit mindestens 50 Jahren wissen, daß die privatwirtschaftliche Nutzenmaximierung nur ausnahmsweise mit der Maximierung des gesellschaftlichen Wohlstandes zusammenfällt, beruht unsere Technostruktur überwiegend auf dieser Prämisse. B. Fritsch sagt hierzu:[17]

> »Wären zum Beispiel alle volkswirtschaftlichen Schäden, die im Laufe unserer Industrialisierung durch private Unternehmer verursacht worden sind, diesen angelastet worden, und hätten sie außerdem für alle Vorteile, die ihnen zum Beispiel eine vorgegebene Infrastruktur bot, zahlen müssen, dann wäre . . . die industrielle Revolution ganz anders verlaufen, und wir hätten wahrscheinlich ein viel langsameres Wirtschaftswachstum, dafür aber weniger Sozialschäden gehabt.«

Die Steuerung des technischen Fortschritts ist nur sinnvoll als Ergebnis einer rationalen Systemanalyse, bei der die zukünftige Entwicklung geistig vorweggenommen und in Kenntnis sachlicher Zusammenhänge und bewußter Wertsysteme optimiert wird.

Das fortgesetzte jährliche Wachstum der Industrieproduktion um x Prozent erscheint im Rahmen einer solchen Systemanalyse als ein explosiver Vorgang, der nicht unbegrenzte Zeit weitergeführt werden kann, ohne daß das betrachtete System zerstört wird. Erste Warnzeichen der drohenden Zerstörung sind die Luft- und Wasserverunreinigung, weitere Warnungen kommen aus dem psychosozialen Bereich. Andererseits muß aber unsere Produktion Jahr um Jahr x Prozent wachsen, um die durch die Automatisierung freigesetzten Arbeitskräfte aufnehmen zu können. Etwas überspitzt könnte man unsere Situation so beschreiben: Um die sozialen Folgen der Automatisierung kurzfristig ausgleichen zu können, muß die industrielle Entwicklung einen Weg gehen, der langfristig schwere Gefahren erzeugt.

Es ist zu vermuten, daß dieses Problem nur durch die gesellschaftliche Kontrolle der industriellen Entwicklung gelöst werden kann; die bisherigen industriellen und politischen Entscheidungsmechanismen sind hierzu kaum imstande. Allerdings sollte man aus dieser Überlegung nicht den Schluß ziehen, die Industrie müßte nun zentralistisch und ohne Rücksicht auf ihre berechtigten Anliegen kommandiert werden: Man muß Organisationsformen suchen, welche die Vorzüge einer freien Wirtschaft mit denen einer weitsichtig geplanten verbinden. Vor allem muß die Initiative des Managers ihren angemessenen Anreiz haben.

Unter den konservativen Täuschungen scheint der naive Stolz auf die Leistungen der freien Marktwirtschaft die verbreitetste und aktuellste zu sein. Meines Erachtens ist jedoch der gegenwärtige Übergang von der »naiven Marktwirtschaft« zur »aufgeklärten Marktwirtschaft« nur der erste Schritt einer notwendigen Entwicklung, die schließlich bei einer aufgeklärten Politik endet, bei der Wirtschaft, technischer Fortschritt und alle anderen Instrumente gesellschaftlichen Verhaltens ihrem eigentlichen Zweck, nämlich menschliches Leben zu ermöglichen, untergeordnet werden.

Typisch für konservatives Denken in unserem Lande ist, daß die Orientierung an den Bedingungen der menschlichen Existenz als »ideologisch«, also schlecht verdächtigt wird, während die Orientierung am Profit als nicht ideologisch, also gut akzeptiert wird. Hierin liegt eine sehr kritikbedürftige Schwäche unserer gegenwärtigen Gesellschaft. Wir sollten derartige Schwächen korrigieren, bevor sie zu katastrophalen Folgen führen.

Wohl die schwerste Belastung durch das konservative Denken ist die Gleichgültigkeit gegenüber den Bildungsproblemen.

Bewußt oder unbewußt scheint das Hauptmotiv zu sein, die Kinder zur Fortsetzung des bisherigen Denkens und Verhaltens zu dressieren. Man kann die Konservativen schwer zu der Einsicht bringen, daß es nicht darauf ankommt, das bisherige Verhalten und Denken bis in alle Ewigkeit fortzusetzen, vielmehr darauf, unsere Kinder und Enkel in die Lage zu versetzen, aus ihrer historischen Situation das Beste zu machen. Wir sind heute nicht klüger, als es unsere Nachfahren in hundert Jahren sein werden. Wir haben aber viele

Informationen nicht, die ihnen zur Verfügung stehen werden. Deshalb aber sollten wir ihnen einen maximalen Freiheitsraum schaffen und das, was wir erhalten wollen, mit glaubwürdigen Gründen erhalten.

Solche notwendigen Veränderungen scheitern aber vorläufig an vielen verschiedenen Widerständen, so zum Beispiel an der animalischen Trägheit des Denkens, an der organisatorischen Immobilität wirtschaftlicher und sozialer Strukturen und vor allem am Egoismus, mit dem alte Privilegien krampfhaft festgehalten werden. Es ist aber eine gefährliche Täuschung, wenn geglaubt wird, man könnte die gegenwärtigen Privilegien und Machtstrukturen unverändert noch lange konservieren. Wer erfolgreich verteidigen will, muß unhaltbare Positionen rechtzeitig räumen.

Unsere konservative Philosophie ist ziemlich hilflos gegenüber unseren ungelösten Problemen. Sie ist eine dualistische Philosophie: Hie die reine Welt der Ideen und dort die unreine Wirklichkeit, hie die Kultur und dort die Zivilisation. Moral ist nur metaphysisch zu verstehen, sie ist jenseits dessen, was durch seine Folgen begründet werden kann. So entstand eine Moral für feierliche Anlässe, die ohne Lorbeerbüsche nicht sein kann, ohne Wirkung auf die Praxis ist und sich vor jedem angeblichen Sachzwang verkriecht.

Um die moderne Technik entstand so ein moralisches Vakuum: Dort, wo am meisten entschieden wird, da ist unsere konservative Moral fehl am Platz. Zur Lösung unserer zukünftigen Probleme brauchen wir eine ganz andere Moral: Eine unglorifizierte Alltagsmoral, operational definiert und operational benutzt, so konstruiert, daß sie sogar dort verwendet werden kann, wo in Zukunft die meisten Entscheidungen fallen werden: im Computer. Der Computer hat kein Gewissen: Wir müssen ihn durch die operational definierte Moral zu moralischem Verhalten bringen.

Unsere konservative Philosophie hat einen fatalen Hang zur Mystifikation: Wo es darauf ankommt, aufgrund nüchterner und differenzierter Analyse die Probleme zu lösen, da wird eine Ganzheit postuliert, die über diese zergliedernde Rationalität scheinbar hinweghilft. So meinte C. F. v. Weizsäcker:[62] »Hier stelle ich nun die Behauptung auf, daß kein Mensch, keine Gruppe oder Nation imstande ist, mit anderen Menschen, Gruppen oder Nationen in mehr Frieden zu leben als mit sich selbst.« Was ist wohl die Definition und Maßeinheit für »Frieden«, die einen Naturwissenschaftler befähigt, diese Beziehung aufzustellen?

Solche philosophischen Fehlleistungen dürfen nicht durch Personenkult überspielt werden. Falsche Philosophie erzeugt falsches Verhalten: Obige Behauptung begründet eine Ideologie für Nichtwiderstandskämpfer und verdunkelt die in der Friedensforschung tatsächlich zu lösenden Probleme. R. Hochhuth hat mit seinem »Stellvertreter« mehr zur Klärung dieses Problems beigetragen.

»Nicht die Gottesgelehrten, nicht die professionellen Metaphysiker verklärten im 20. Jahrhundert Welt und Mensch so unaufgeklärt wie manche Nobelpreisträger für Physik und Verwandtes, wenn sie philosophisch wurden«, sagte Ludwig Marcuse (bitte nicht mit Herbert verwechseln!) im »Club Voltaire IV« – und er hat recht.

W. Heisenbergs Buch »Das Naturbild der heutigen Physik«[23] erschien im Jahre 1955 und wurde mehr als 200000mal gedruckt – leider:

1. Es ist unhaltbar, wenn hier *das* Naturbild der heutigen Physik angekündigt wird. Es gibt deren viele und erfreulicherweise auch ganz andere. Was Heisenberg hier vorlegt, ist nicht *das* Naturbild der heutigen Physik, sondern das Naturbild eines Mannes, der zugegebenermaßen als Physiker Außerordentliches geleistet hat.

2. Das hier vorgestellte Naturbild basiert weder auf der klassischen noch auf der kybernetischen Erkenntnistheorie, vielmehr auf persönlichen Erlebnissen und historischen Analogien.

3. Die Darstellung Heisenbergs begründet eine Relativierung wissenschaftlicher Erfahrungen, die gelegentlich vertretbar sein mag, in ihrer starken Verallgemeinerung aber Mißdeutungen geradezu herausfordert. Dies gilt vor allem für Heisenbergs These:

»Die wissenschaftliche Methode des Aussonderns, Erklärens und Ordnens wird sich der Grenzen bewußt, die ihr dadurch gesetzt sind, daß der Zugriff der Methode ihren Gegenstand verändert und umgestaltet, daß sich die Methode also nicht mehr vom Gegenstand distanzieren kann. *Das naturwissenschaftliche Weltbild hört damit auf, ein eigentlich naturwissenschaftliches zu sein.*«

Diese Behauptung ist in der hier beanspruchten Allgemeingültigkeit wissenschaftlich unhaltbar und in ihren gesellschaftspolitischen Konsequenzen katastrophal. Der entscheidende Beitrag der Naturwissenschaft zum menschlichen Denken ist die Entdeckung von Gesetzen, die unabhängig vom beobachtenden oder forschenden Subjekt gelten. Ohne diesen Beitrag wäre alles Denken Willkür und Chaos.

Von Heisenbergs Relativierung der Naturwissenschaft bis hin zu der Behauptung, Naturwissenschaft sei etwas gewollt Fabrizierbares, ist es nur ein kleiner Schritt. Mit Heisenbergs These läßt sich Naturwissenschaft als ein Produkt politischer oder wirtschaftlicher Manipulation deuten, zum Beispiel als angebliches Herrschaftswissen. So wird in einer Zeit, die dringend das Korrektiv erfahrungswissenschaftlichen Denkens braucht, dieses Denken von seinen eigenen Exponenten unglaubwürdig gemacht.

Aus dieser Philosophie, die in unserem Lande unter stärkster Mitschuld philosophierender Naturwissenschaftler herangezüchtet wurde, konnte in unserer Zeit nichts Besseres entstehen als die Ideen der Spätmarxisten. Die Philosophie unserer Konservativen ist das Sprungbrett der Linksextremen.

Irrtümer der Neuen Linken

Die Lösung unserer Probleme setzt Veränderungen voraus, aber nicht alle propagierten Veränderungen lösen unsere Probleme. Die Neue Linke offeriert uns Rezepte, die man nicht nur mit Sympathie, sondern auch mit Skepsis betrachten muß.

Ihre Ziele sind respektabel: Humanität, Gewaltlosigkeit und Freiheit von antiquierten Verhaltensformen. Die Methoden, mit denen sie diese Ziele zu erreichen versuchen, haben das öffentliche Bewußtsein mehr bewegt als frühere Versuche. Gegenwärtig ist die Neue Linke aber steril geworden. Wer unsere Probleme tatsächlich lösen will, der muß ihre Heilsentwürfe ebenso überwinden wie die Starrheit der Konservativen.

Sie wollen uns oftmals glauben machen, sie hätten einen Zauberstab, mit dessen Hilfe sie aus dieser angeblich miserabelsten aller Welten die beste aller Welten machen könnten. Diese Leute haben aber keinen Zauberstab, mit dem sie unsere Probleme lösen können. Diese Probleme sind nur lösbar auf dem mühsamen Weg der sachlichen Arbeit, nur mit sehr viel Sachkenntnis und nur mit sehr viel Kompromissen.

Ihre Angriffe richten sich – vielfach zwar indirekt, tatsächlich aber zentral – gegen die arbeitsteiligen Produktionsformen der Gegenwart. Alle gegenwärtigen Produktionen – ob im Westen oder im Osten – beruhen zugegebenermaßen auf eingeschränkter Freiheit des Verhaltens. Hier müssen Menschen Anweisungen befolgen, sind Normen und der »Uhr als Instrument der Unterdrückung« unterworfen.

Diese Kritik ist wohlfeil. Bloß hat bisher noch niemand eine Alternative gefunden. Der Verzicht auf arbeitsteilige Produktion bedeutet aber den Abbau der menschlichen Kultur auf ein unvorstellbar niedriges Niveau. Wer diesen Abbau will, der müßte auch Verantwortung dafür übernehmen, daß Milliarden Menschen verhungern und die Überlebenden in Armut und Kommunikationslosigkeit dahinvegetieren. Während die unterentwickelten Länder große Anstrengungen machen, arbeitsteilige Produktionen aufzubauen, möchten manche bei uns diese abbauen: eine negative Entwicklungshilfe.

Hiermit sollen keine unzeitgemäßen Produktionsformen verteidigt werden. Zweifellos müssen wir immer weiter nach menschengerechten Produktionsformen suchen. Es ist jedoch festzustellen, daß die Verhältnisse bei uns (verglichen mit anderen Ländern) nicht extrem schlecht, sondern relativ gut sind. Der Zorn, der zum Beispiel den Priester Camillo Torres zum aktiven Kampf gegen unmenschliche Produktions- und Besitzverhältnisse trieb, ist in Südamerika begründbar. Der Zorn, den uns manche Gesellschaftskritiker in unserem Lande vorspielen, ist gekünstelt und unglaubwürdig.

Um es ganz unmißverständlich zu sagen: Der Arbeiter am Fließband ist im sozialistischen Osten so »entfremdet« wie im kapitalistischen Westen, die Einhaltung von Normen wird in den sozialistischen Ländern viel rücksichtsloser als im kapitalistischen Westen erzwungen – sei es nun am Arbeitsplatz oder in den Universitäten –, und die Verschmutzung von Luft und Wasser ist drüben so wenig gelöst wie bei uns. Die Lösung derartiger Probleme setzt mehr als Anklage voraus.

Ein bevorzugtes Ziel dieser Gesellschaftskritiker sind Naturwissenschaftler, Ingenieure und Manager. Die Kritiker tun so, als ob es im alleinigen Belieben dieser »Technokraten« (wie sie sagen) liegen würde, nicht mehr das zu erfinden, zu konstruieren und herzustellen, was die Öffentlichkeit verlangt, vielmehr solche Produkte, die in den Augen dieser Kritiker wohlgefällig sind. Wenn aber diese Gesellschaftskritiker mit den kritisierten »Technokraten« ausgetauscht würden, dann könnten sie gar nicht wesentlich anders handeln als so, wie sie es vorher kritisiert haben. Diese Kritik lebt davon, daß sie nicht auf die Probe gestellt wird. Man sollte aber Menschen nicht kritisieren, wenn man ihnen keine Verhaltensalternative bieten kann.

Man sollte auch bedenken, daß die Funktion des Managers in den sogenannten sozialistischen Ländern sich von der ihrer Kollegen in den sogenannten kapitalistischen Ländern kaum unterscheidet. Welch starke Stellung haben sachkundige Manager beispielsweise im sozialistischen Jugoslawien, und welch schreckliche Folgen hat das fehlende Management im sozialistischen Kuba!

Alle wirkungsvollen Produktionen – ob im Osten oder im Westen – beruhen auf Arbeitsteilung und setzen die integrative Funktion von Managern voraus. Es ist eine weltfremde Vorstellung, es könnte einmal eine funktionierende Versorgung ohne Manager geben, also ohne Menschen, die ein Übermaß von Sachkenntnissen, Verantwortung und Arbeitsleistung einbringen. Eine wirksame Technostruktur ist Voraussetzung der Existenz und der Wohlfahrt von Milliarden, und der Manager ist Voraussetzung einer wirksamen Technostruktur. Der Manager ist eine Konstante im Wechsel der politischen Veränderungen.

Es ist auch festzustellen, daß dort, wo tatsächlich Verhaltensalternativen bestehen, die sogenannten »Technokraten« sich wiederholt sehr mutig exponiert haben. Erinnert sei im Westen an den Fall Oppenheimer und im Osten an Sacharow.

Die Alternativen, die diese Gesellschaftskritiker zu unserer Realität anbieten, sind meist schreckliche Vereinfachungen, deren Schlichtheit durch eine exklusive Terminologie verhüllt wird.

O. Negt fragte, ». . . worin eigentlich die ›Vernunft‹ eines Systems bestehen kann, gesellschaftlichen Reichtum zu zerstören, wenn gleichzeitig ein großer Teil der Weltbevölkerung und Minderheiten in den industrialisierten Ländern in wachsendem Elend leben.« Hierauf möchte ich antworten: Die »Vernunft« dieses Systems besteht darin, daß es bisher noch nirgends wesentlich besser gemacht wurde. Dort, wo andere Prinzipien vorherrschen, ergaben sich andere Nachteile, vor allem eine gigantische Bürokratie samt unglaublichen Fehlplanungen. Wer so kritisiert wie O. Negt, der sollte einmal aufmerksam die praktischen Erfolge seiner Brüder im Geiste verfolgen.

Die gedankliche Abstraktion ermöglicht Ideale, deren Fehlerlosigkeit durch die Ferne von der Realität begründet ist, die Realisierung muß aber durch eine Vielzahl von Kompromissen möglich gemacht werden.

Grundsätzlich gilt: Ein Verhalten, eine wirtschaftliche oder gesellschaftliche Organisation hat ihre Berechtigung und Vernunft, solange keine bessere Alternative realisiert werden konnte. Ihre Berechtigung kann nicht durch den Hinweis auf isolierte Mängel bestritten werden. Nur ein umfassender und systematischer Vergleich kann ein grundsätzliches Urteil begründen, nicht aber ein punktueller und polemisch überzogener Vergleich.

Wer die organisatorische Fähigkeit der Spätmarxisten an ihren bisherigen Leistungen mißt, beispielsweise am Schicksal des VDS oder SDS, der kann nur mit Schrecken an die Folgen denken, wenn derartige Prinzipien unsere Gesellschaft beherrschen würden: Unser Staat ginge möglicherweise an einem Denkfehler der eindimensionalen Kritiker zugrunde.

Die revolutionäre Linke glaubt vielfach, Kritik an der Realität könnte ohne Sachverstand betrieben werden. So wird ins Blaue hinein fabuliert und dann behauptet, dies sei die »kritische Generation« und Opas Sachverstand sei endlich tot. Hier zeigt sich ein schauerliches Mißverhältnis von Sachverstand und Wortproduktion.

Die Neue Linke ist – bewußt oder unbewußt – dem Leistungsprinzip feindlich. Aber auch in Zukunft müssen große Anstrengungen gemacht werden, um die Probleme der Welternährung, des Verkehrs, des Städtebaus usw. zu lösen.

Es ist auch zu fürchten, daß die Mißachtung des Leistungsprinzips zu einer psychischen Verarmung des Menschen führt: Der Mensch wächst mit seinen Leistungen, seien es nun wissenschaftliche, technische, organisatorische, moralische oder ästhetische Leistungen. Der Menschentyp, der sich hier ohne Leistungswillen produziert, ist nicht geeignet, uns vom Gegenteil zu überzeugen.

Man darf auch nicht vergessen, daß keine Gesellschaft mehr geben kann, als sie produziert. Die Neue Linke macht sich aber vielfach durch ihre maximalistischen Forderungen an die Gesellschaft unglaubwürdig.

Aufgeklärte Wissenschaften gehen mit dem Begriff »Wahrheit« sehr sparsam um. Sie sprechen lieber von Aussagen, die noch nicht falsifiziert wurden. Anders die Neue Linke: Sie ist angeblich im Besitz einer höheren Rationalität, die über die Bestätigung durch die Erfahrung erhaben ist. Mit diesem Besitz kann sie Menschen mit wahrem und mit falschem Bewußtsein unterscheiden. Für sie gibt es keinen Grund, mit Andersgläubigen zu verhandeln und möglicherweise Kompromisse zu schließen. Andersdenkende sind äußerstenfalls »nützliche Idioten«, die man auf dem Weg zur Macht gelegentlich benützen muß.

So verbindet das wahre Bewußtsein eine Elite, für die Anstand und demokratisches Verhalten nur Mittel zum Zweck sind und jederzeit gegen Denunziation und Pression ausgetauscht werden können. Der Versuch, andere Menschen auf dem Weg einsichtiger Überredung zur konstruktiven Mitarbeit an der Lösung unserer Zukunftsprobleme zu bringen, erscheint ihnen als ein Zeichen unglaublicher Naivität.

Dieses praxislose Denken berauscht sich an der Vorstellung, es könnte die banalen Erfahrungen der »Technokraten« (wie sie sagen) »transzendieren«. Nein: Es wird sowenig eine Revolution gegen die Naturgesetze geben, sowenig es eine Revolution gegen das Einmaleins geben wird.

Aber es werden nicht nur alle Hoffnungen zur Überschreitung erfahrungswissenschaftlichen Denkens scheitern, viel schlimmer noch: Die Erfahrungswissenschaften werden das eigentümliche Verhalten dieser Gesellschaftskritiker als das voraussagbare Verhalten von Menschen deuten, die vor der Schwierigkeit ihrer historischen Situation kapitulieren.

Schockierend ist die Übereinstimmung zwischen dem Aufkommen der Nazis in den dreißiger Jahren und den gegenwärtigen Umtrieben der Spätmarxisten. Beide Bewegungen begannen mit der Unzufriedenheit an unbestreitbaren Mißständen. Beidesmal wird darauf verzichtet, an deren konkreter Beseitigung zu arbeiten, der eigene Standpunkt wird über die unbefriedigende Realität hinausgeschleudert und alle Schuld an den Mißständen einer hierfür verantwortlichen Negativgruppe angelastet. Ob hierbei alles in Scherben fällt, schert die Spätmarxisten heute so wenig, wie es einst die Nazis scherte.

Bei den Nazis begann es mit der Unzufriedenheit über nationale und wirtschaftliche Mißstände. Absoluter Bezugspunkt war ein hypertrophierter Nationalismus. Die Schuld an den Mißständen wurde einem mystischen Komplott von Juden und Freimaurern angelastet.

Wenig anders bei den Spätmarxisten: Ihr Ausgangspunkt ist die Unzufriedenheit mit unbestreitbaren Mißständen im sozialen, wirtschaftlichen und Bildungsbereich. Absoluter Bezugspunkt ist hier das »wahre Bewußtsein«, das erfahrungswissenschaftlicher Bestätigung nicht bedarf. Die Schuld an den Mißständen dieser Welt wird vor allem den »Technokraten« angelastet.

Die Zukunftsplanung wird durch diese Geistesverwirrung besonders stark belastet. Unter der lauten und pathetischen Devise: »Zukunftsforschung darf kein Krisenmanagement des Kapitalismus sein!« wird eine sogenannte »kritische Zukunftsforschung« aufgebaut. Deren Grundsätze wurden neuerdings von Bart van Steenbergen anläßlich der »International Future Research Conference« in Kyoto 1970 so entwickelt:[27]

»Diese Schule (›Establishment Futurologie‹) ist zweifellos vorherrschend, hat gegenwärtig einen ausgesprochen ordnenden Einfluß auf die Gesellschaft und starke Beziehungen zur positivistischen Tradition. Die Establishment-Futurologen haben auch enge Beziehungen zur existierenden sozialen Ordnung, teils ideologischer Art, teils finanzieller Art, teilweise auch beider Art ...
Wir stehen einer Kolonisation der Zukunft durch die modernen Produktionssysteme gegenüber, welche Zukunftsforschung als eine Methode der Sozialtechnik zur Vermeidung ökonomischer Krisen braucht.
Die Entwicklung der modernen Industrie ... braucht langfristige Investitionen, weshalb planender Kapitalismus eine ›objektive‹ Notwendigkeit wurde. Dies bedeutet, daß Planung – die ursprünglich eine Idee der Linken war – in die existierende Ordnung integriert wurde ...
Nicht nur die Planer, sondern auch die Futurologen verstärken die Tendenz in Richtung auf einen planenden Kapitalismus und dienen damit einer destruktiven, autoritären, repressiven und inhumanen Gesellschaft ...
Unsere Zeit ist gekennzeichnet durch radikalen Wandel. Dies klingt wie eine Platitüde, und in mancher Hinsicht ist es dieses auch ...
Wenn ich von radikalem Wandel spreche, dann meine ich etwas grundsätzlich anderes. Ich meine das Entstehen einer Gegenbewegung oder in dialektischer Sprechweise das Entstehen einer Negation der gegenwärtigen gesellschaftlichen Ordnung und ihrer Entwicklung ...
Die Kulturrevolution, in der wir gegenwärtig stehen, ist eine radikale Revolution, das heißt, sie attackiert die Grundlagen unserer Kultur ...
Die Radikalen zweifeln daran, daß etwas, das grundsätzlich repressiv, autoritär und ausbeuterisch ist, überhaupt verbessert werden sollte ...
Die Idee einer Revolution als Staatsstreich, als etwas, das zu einer bestimmten Zeit in der Historie stattfand, wie in Rußland 1917, als die eine Machtelite durch eine andere ersetzt wurde, ist aufgegeben. Revolution wird jetzt als ein permanenter Prozeß verstanden, als eine permanente Revolution, ein fortwährender Kampf um mehr Freiheit, mehr Mitbestimmung oder direkte Demokratie, für weniger Autorität, für mehr Einfluß von mehr Menschen in mehr Situationen.
Die Radikalen glauben jedoch nicht, daß dieser Prozeß allmählich verlaufen wird, Schritt um Schritt, weil das Establishment grundsätzlich nicht bereit ist, seine Machtposition aufzugeben.«

Ohne Zweifel werden hier Mißstände zu Recht kritisiert, zugleich wird aber durch eine grobschlächtige Schwarzweißmalerei die Voraussetzung für eine wirkungsvolle Problemlösung zerstört. Deshalb sei festgestellt:

– Es ist nicht wahr, daß »dieses System« keine wirksamen grundsätzlichen Reformen ermöglicht. Allerdings ist Voraussetzung der Veränderung, daß eine

Mehrheit der Bürger der Veränderung zustimmt. In »diesem System« sind solche Veränderungen nicht möglich, denen die Mehrheit der Bürger mißtraut. Daß die Spielregeln dieses demokratischen Systems verbesserungsfähig und verbesserungsbedürftig sind, ist unbestreitbar. Unbestreitbar ist aber auch, daß sich der politische Einfluß nicht an der Lautstärke des Protestes orientieren darf.

– Veränderungen ohne Konsens über ihre Ziele sind erfahrungsgemäß das Spielfeld von Demagogen. (Wir Älteren haben hiermit ausreichende Erfahrung.) Die »Kritischen Zukunftsforscher« mögen deshalb bitte klar sagen, welche gesellschaftlichen und wirtschaftlichen Realitäten sie ansteuern, wie sie Menschen ernähren, bekleiden und vor Willkür schützen wollen. Gibt es irgendeine überprüfbare Erfahrung, die uns beweist, daß ihre Absichten *nicht* ins Chaos führen?

– Die Voraussetzungen der Kritik dieser angeblich »Kritischen Zukunftsforschung« sind überwiegend dubios, sie beruhen keinesfalls auf einer sachlichen Abschätzung der Realitäten, sondern auf einer gewaltsamen Verzerrung der Erfahrung. Die »Kritische Zukunftsforschung« basiert auf der Simplifikation: Wer unseren Ideen nicht folgt, ist ein Knecht krimineller oder kapitalistischer Mächte.

– Was uns die »Kritische Zukunftsforschung« anbietet, ist weniger eine Theorie, die menschliches Handeln begründet, mehr eine psychische Entlastung frustrierter Leute, die vor dem mühsamen Einstieg in unsere Arbeitswelt zurückscheuen.

Wenn diese unsere Gesellschaftsordnung zerstört würde, dann wäre kein einziges unserer Probleme gelöst: Luft und Wasser wären nicht sauber, Verkehr, Ernährung und die übrige Versorgung brächen zusammen, die Aggressiven tobten sich hemmungslos aus. Gegen einen solchen Anschlag auf unsere Existenz müssen wir kämpfen – wenn nötig mit derselben Radikalität wie die Zerstörer.

Rationale Zukunftsplanung

Wir brauchen eine rationale Zukunftsplanung: Sie muß die Starrheit der Konservativen ebenso überwinden wie die Heilsentwürfe der Neuen Linken, sie muß alle verfügbaren wissenschaftlichen Hilfsmittel dazu verwenden, um unsere Probleme zu lösen.

Diese Methoden der Problemlösung werden als »Systemanalyse« oder auch als »Kybernetik« bezeichnet, die Abbildung des realen Geschehens in geeigneten Denkmodellen und deren Reduktion auf ein Geflecht von Ursachen und

Wirkungen, manchmal auch auf unbekannte Einflüsse erkennbarer Wahrscheinlichkeit.

Eine solche Systemanalyse beginnt grundsätzlich mit der Klärung dessen, was die Führungsgröße, das Bewertungsschema oder die Präferenzliste des betrachteten Systems ist.

Wenn beispielsweise auch heute noch (Berichtsband des RKW »Wirtschaftliche und soziale Aspekte des technischen Wandels in der Bundesrepublik Deutschland.« Frankfurt 1970) allen Ernstes behauptet wird: »Ein technischer Fortschritt liegt erst dann vor, wenn durch technische Veränderungen eine Erhöhung der Effizienz der Produktionsfaktoren Kapital und/oder Arbeit erreicht wird«, dann wird der Systemanalytiker entschieden widersprechen: In unserer Zeit kann man den technischen Fortschritt nicht mehr an der Effizienz messen, diese Erklärung beruht auf einer Bewertung, die einst möglich war, die Bedingungen unserer Zeit aber ignoriert. Angesichts der gegenwärtigen lebensbedrohenden Verunreinigung von Luft und Wasser kann man den technischen Fortschritt nicht mehr an seiner Effizienz messen, sondern wird eine technische Veränderung, die die Effizienz verringert, aber Luft und Wasser reinhält, als technischen Fortschritt bezeichnen. Die Verwendung des Begriffes »technischer Fortschritt« ist häufig irreführend und unzeitgemäß: Wenn man »Verbesserung der Effizienz« meint, dann soll man es auch so nennen, aber nicht stillschweigend so tun, als ob die erhöhte Effizienz unser aller Zustimmung fände und eine wertvollere Form der Technik wäre.

Im Hinblick auf Systemforschung und Kybernetik zeigen sich erstaunliche Übereinstimmungen zwischen linker und rechter Ignoranz: Noch vor 25 Jahren galt in der Sowjetunion die Kybernetik als eine »reaktionäre Pseudowissenschaft, welche der Ausbeutung des Proletariats dient«. Ähnliche Formulierungen finden sich gegenwärtig (beinahe wörtlich) auch bei unseren spätmarxistischen Theoretikern. Möglicherweise kommt ihnen noch die Erleuchtung, die sich zwischenzeitlich in der Sowjetunion eingestellt hat, wo die Kybernetik zur hochgelobten Superwissenschaft der Staatslenkung wurde.

Die systemanalytische Betrachtung des Problemlösens führt auf zwei Zutaten: einerseits die Erforschung der Gesetzmäßigkeiten der Außenwelt und andererseits die wertende Auswahl unter den hierbei möglichen Verhaltensformen.

Der erste Vorgang wendet sich an den Intellekt: Man muß erkennen, was unmöglich und was möglich ist und welche Anstrengungen nötig sind, um eine Veränderung der Außenwelt zu bewirken. Der zweite Vorgang wendet sich an unsere subjektive Bewertung, an unsere Wünsche, was sein soll und was nicht sein darf.

Man sollte sich den Unterschied ganz deutlich machen: Man kann mit wissenschaftlichen Methoden zwar die Zuverlässigkeit von Prognosen verbessern, man kann mit ihnen aber nicht den Vorrang des einen Wertsystems vor einem anderen begründen. Wo diese beiden Komponenten nicht unterschieden werden, entsteht eine Konfusion, bei der Wunschdenken und Unverständnis der Praxis eine verhängnisvolle Verbindung eingehen.

Bemerkenswert hierzu sind einige Thesen aus dem Buch »Politische Ökonomie des Sozialismus und ihre Anwendung in der DDR«, Berlin 1969:

»Die Ausarbeitung von Prognosen, insbesondere der Entwicklung von Wissenschaft und Technik und der damit verbundenen ökonomischen Hauptprozesse, ist eine objektive Voraussetzung für alle daran anschließenden Prozesse der Planung . . . Die Prognosen können die ihnen gestellte Aufgabe als Maßstab und als Grundlage von Entscheidungen nur dann erfüllen, wenn sie ein Höchstmaß der Annäherung an die objektiv in Zukunft zu erwartende Realität aufweisen. Sie dürfen also in keiner Weise verwässert werden.«

Im Osten hat man praktisch längst den Irrtum aufgegeben, es könnte eine nichtobjektive Wissenschaft geben, so etwas wie eine »Russische Biologie« oder eine »Deutsche Physik«.

Eine rationale Zukunftsplanung muß von einer realistischen Beurteilung der Gegenwart ausgehen. Hierbei scheint mir die Feststellung angebracht: Zu keiner anderen Zeit in der Entwicklung der menschlichen Art lebten so viele Menschen, noch nie war das durchschnittliche Lebensalter so hoch, noch nie wurden so viele Menschen satt, noch nie wußten so viele Menschen soviel wie heute. Diese positiven Sachverhalte unserer Gegenwart sind begründet durch einen Schatz von Wissen und Können, den Generationen von Menschen vor uns angesammelt haben. Es wäre unverantwortlich, diese wissenschaftlichen, technischen, wirtschaftlichen und sozialen Errungenschaften zu vernachlässigen oder gar zu zerstören.

Als sich die Lebensformen, die gesellschaftlichen, wirtschaftlichen und technischen Strukturen so langsam veränderten wie beispielsweise noch vor einer Generation, da konnte man den Veränderungen mit einem gewissen Gleichmut entgegensehen und auch nachträglich noch unerwünschte Folgen korrigieren.

Wenn die Veränderungen aber so rasch erfolgen wie in der Gegenwart und in der Zukunft (»Zukunftsschock«[53]), dann gelingt die Kontrolle nicht mehr als Reaktion auf den Ist-Zustand, sie muß vielmehr die voraussehbaren Veränderungen mit in Betracht ziehen: Voraussetzung sinnvollen Verhaltens sind Prognosen.

Ein Verhalten, das zum Beispiel keine Rücksicht auf die voraussehbare Bevölkerungsexplosion nimmt, auf die Verschmutzung der Luft und des Wassers, auf den chaotisch werdenden Verkehr und so weiter, ist in unserer Zeit unverantwortlich. Unser Verhalten darf nicht an seiner Übereinstimmung mit tradierten Prinzipien gemessen werden, sondern an seinen Wirkungen auf die Zukunft.

Eine interessante Untersuchung über die langfristige globale Entwicklung wird am Massachusetts Institute of Technology von Professor J. W. Forrester angestellt. Diese wurde in der BRD unter anderem durch Vorträge von Professor Dr. F. von Kortzfleisch und eine Darstellung in den VDI-Nachrichten (vom 9. 6. 1971) bekannt. Die Initiative für diese Untersuchungen liegt beim »Club of Rome«.

Der Grundgedanke ist: Der jeweilige Zustand der Erde wird durch einige Zustandsvariablen gekennzeichnet: Bevölkerungszahl, Rohstoffreserven, Kapitalinvestierung, Kapitalanteil für die Landwirtschaft und schließlich Verschmutzung. Zwischen diesen Zustandsvariablen bestehen viele komplexe Zusammenhänge, die auf Computern simuliert werden können. Das ganze wird kurz als »Weltmodell« bezeichnet.

Wenn dieses Weltmodell der Wirklichkeit in allen Details entsprechen würde und diese determiniert wäre, dann könnte die zukünftige Entwicklung mit Sicherheit prognostiziert werden. Tatsächlich ist aber das Weltmodell nur eine grobe Abbildung der Realität und die zukünftige Entwicklung nicht determiniert. Deshalb können die Ergebnisse dieser Simulation nur als erste Abschätzungen bewertet werden. Mit zunehmender Verfeinerung des Modells, Vergrößerung der Anzahl der Variablen, besseren Anpassung an die Realität und so weiter kann die Übereinstimmung verbessert werden, zu absoluter Sicherheit wird man aber nie kommen.

Doch schon die bisherigen, vorläufigen Ergebnisse sind so außerordentlich interessant, daß sie kurz erwähnt werden sollen: Unterstellt man, daß die bisherige Entwicklung ohne wesentliche Veränderungen weitergehen wird, so ist im 21. Jahrhundert ein starker Abfall der Bevölkerungszahl (unter vier Milliarden) infolge Verknappung der Rohstoffvorräte zu erwarten: Mit der Abnahme der Rohstoffreserven nehmen die Effektivität des Abbaus, die allgemeine Produktivität und die Lebensmittelerzeugung ab, die Verschmutzung der Erde bis zum Jahre 2060 zu, die »Lebensqualität« sinkt von jetzt an stetig ab. Hierbei wird als Lebensqualität eine Funktion von materiellem Lebensstandard, Nahrungsmittelverbrauch je Kopf, Bevölkerungsdichte und Verschmutzungsgrad definiert.

Eine Alternative hierzu ist die folgende: Könnte der Pro-Kopf-Verbrauch an Rohstoffen um 25 Prozent gesenkt werden, dann würde nicht die Rohstoffknappheit, sondern die Verschmutzung dem Bevölkerungswachstum eine Grenze setzen. Mitte des 21. Jahrhunderts wird deshalb die Bevölkerung geradezu dezimiert. Hierbei werden vermutlich die schwach industrialisierten Länder besser abschneiden als die hochindustrialisierten Länder.

Eine andere simulierte Alternative geht davon aus, daß der Rohstoffverbrauch auf Null und die Verschmutzung auf 10 Prozent des gegenwärtigen Wertes reduziert wird. Unter diesen theoretischen Voraussetzungen erreicht die Erdbevölkerung etwa um das Jahr 2200 ihren etwa gleichbleibenden Endwert von rund 10 Milliarden Menschen. Diese wird durch die Überbevölkerung und Nahrungsmittelknappheit begrenzt.

Man kann noch einige andere Alternativen durchspielen. Hierbei zeigt es sich immer wieder, daß die intuitiven Vorschläge zur Korrektur unerwünschter Entwicklungen häufig andere Folgen haben, als angenommen wird. Das hier betrachtete System ist so komplex, daß das menschliche Bewußtsein außerstande ist, die tatsächlich sich einstellenden Abläufe ohne die Hilfe von Computern richtig zu beurteilen.

Aus diesen Untersuchungen ergibt sich: Es erscheint theoretisch möglich, die Bevölkerungszahl zu stabilisieren und die Lebensqualität zu erhalten. Es ist aber zweifelhaft, ob die Menschen rechtzeitig und konsequent die Verhaltensveränderungen auf sich nehmen, die dies voraussetzen: eine 40prozentige Reduktion der Investitionsrate, eine 20prozentige Herabsetzung der Nahrungsmittelproduktion und eine 30prozentige Verminderung der Geburtenrate (bezogen auf das Jahr 1970).

Unter diesen Voraussetzungen wird sich die Bevölkerung bei etwa 3,5 Milliarden stabilisieren, die Verschmutzung wird leicht zunehmen, die Rohstoffvorräte werden nur langsam abnehmen und die Lebensqualität kann im Mittel etwa auf dem heutigen Niveau gehalten werden. Leider ist zu vermuten, daß der Leidensdruck auf die Menschen noch viel größer werden muß, bis sie sich zu derartigen unbequemen Verhaltensveränderungen entschließen werden.

Literatur

1 »Ausblick auf die Zukunft.« Gütersloh 1968.
2 Ayres, R. U.: »Technological forecasting and long-range planning.« New York 1969.
3 Beckwith, B. P.: »The next 500 years. Scientific predictions of major social trends.« New York 1967.
4 Beinhauer, H. H., und E. Schmacke: »Fahrplan in die Zukunft. Digest internationaler Prognosen.« Düsseldorf 1970.
5 Brech, R.: »Britain 1984 – A forecast prepared for Unilever. An experiment in the economic history of the future.« London 1963.
6 Breuer, G.: »Interview mit der Zukunft. Unsere Welt in 20 Jahren.« Düsseldorf 1968.
7 Buchholz, A.: »Die große Transformation.« Stuttgart 1968.
8 Calder, N.: »Vor uns das Paradies? Entwurf eines gelobten Landes.« München 1968.
9 Cetron, M. J.: »Technological Forecasting. A practical approach.« New York 1969.
10 Chase, St.: »The most probable world.« New York 1968.
11 Clarke, A. C.: »Im höchsten Grade phantastisch. Ausblick in die Zukunft der Technik.« Düsseldorf 1963.

12 »Club Voltaire IV.« Hrsg. von G. Szczesny. Hamburg 1970.
13 Drucker, P. F.: »Die Zukunft bewältigen. Aufgaben und Chancen im Zeitalter der Ungewißheit.« Düsseldorf 1969.
14 Elsner, H., jr.: »The Technocrats.« New York 1967.
15 Feinberg, G.: »Projekt Prometheus.« Olten 1970.
16 Flechtheim, O. K.: »Futurologie. Der Kampf um die Zukunft.« Köln 1970.
17 Fritsch, B.: »Die vierte Welt.« Stuttgart 1970.
18 Gabor, D.: »Menschheit morgen.« Bern, München 1965.
19 »Geplante Zukunft? Aufgaben von Politik und Wissenschaft.« Hrsg. von W. v. Knoeringen. Hannover 1968.
20 »Geplante Zukunft? Perspektiven für die Welt von morgen.« Hrsg. von R. Schmid und W. Beck. Göttingen 1966.
21 Goldstein, K. K.: »Morgen lebst Du anders. Die Welt der Zukunft.« Stuttgart 1969.
22 Hannequart, A.: »Conjectures pour le long terme. Un cadre de réflexion pour la préparation de l'avenir. Office Belge pour l'accroissement de la productivité.« Brüssel 1969.
23 Heisenberg, W.: »Das Naturbild der heutigen Physik.« Hamburg 1955.
24 Helmer, O.: »50 Jahre Zukunft. Bericht über eine Langfrist-Vorhersage für die Welt der nächsten fünf Jahrzehnte.« Hamburg 1966.
25 »Here comes tomorrow! Living and working in the year 2000.« Princeton, N. J. 1966.
26 »Das 198. Jahrzehnt. Eine Team-Prognose für 1970 bis 1980.« Hamburg 1969.
27 »International Conference on Future Research.« Kyoto 1970.
28 Jantsch, E.: »Perspectives of Planning.« Paris 1969.
29 –: »Technological forecasting in perspective.« Paris 1967.
30 Jouvenel, B. de: »Die Kunst der Vorausschau.« Berlin 1967.
31 Kohler, B., und R. Nagel: »Die Zukunft Europas. Ausgewählte Bibliografie zur zukünftigen Entwicklung Europas.« Köln 1968.
32 »Kursbuch 14: Kritik der Zukunft.« Hrsg. von H. M. Enzensberger. Frankfurt a. M. 1968.
33 McHale, J.: »The future of the future.« New York 1969.
34 »Mankind 2000.« Hrsg. von R. Jungk und J. Galtung. Oslo 1969.
35 »Menschen im Jahre 2000. Eine Übersicht über mögliche Zukünfte.« Hrsg. von R. Jungk. Frankfurt a. M. 1969.
36 »Möglichkeiten und Grenzen der Zukunftsforschung.« Wien 1970.
37 »1980 ist morgen. Technik und Forschung der nächsten 10 Jahre.« Hrsg. von E. Schmacke. Düsseldorf 1969.
38 »Nordrhein-Westfalen auf dem Weg in das Jahr 2000. 16 Prognosen.« Hrsg. von E. Schmacke. Düsseldorf 1970.
39 »Perspektive 1980. Deutschland Industriestaat ohne Zukunft?« Hrsg. von D. Stolze. Hamburg 1967.
40 »Perspektiven für das letzte Drittel des 20. Jahrhunderts.« Stuttgart 1968.
41 Prehoda, R. W.: »Designing the future. The role of technological forecasting.« New York 1967.
42 Proske, R.: »Auf der Suche nach der Welt von morgen. Ein erster Überblick.« Hamburg 1968.
43 Rapoport, A.: »Philosophie heute und morgen.« Darmstadt 1970.
44 Rieker, H.: »Alltag im Jahre 2000. Eine Dokumentation über die Zukunft.« Freiburg i. Br. 1966.

45 Rousseau, P.: »Geschichte der Zukunft.« München 1960.
46 Sacharow, A. D.: »Wie ich mir die Zukunft vorstelle. Gedanken über Fortschritt, friedliche Koexistenz und geistige Freiheit.« Zürich 1968.
47 Schrenck-Notzing, C.: »Zukunftsmacher.« Stuttgart 1968.
48 »Science and technology in the world of the future.« Hrsg. von A. B. Bronwell. New York 1970.
49 Siforow, W.: »Zukunftsforschung.« In: »Ideen des exakten Wissens.« Jg. 1969. H. 12. S. 773 bis 778.
50 »Systems 69. Internationales Symposium über Zukunftsfragen.« Hrsg. von K. Steinbuch. Stuttgart 1970.
51 »Technische Zivilisation. Möglichkeiten und Grenzen.« Hrsg. von G. Kurth. Stuttgart 1969.
52 »Technological forecasting for industry and government. Methods and applications.« Hrsg. von J. R. Bright. Englewood Cliffs 1968.
53 Toffler, A.: »Der Zukunftsschock.« Bern, München 1970.
54 Toulmin, St.: »Voraussicht und Verstehen. Ein Versuch über die Ziele der Wissenschaft.« Frankfurt a. M. 1968.
55 »Values and the future. The impact of technological change on American values.« Hrsg. von K. Baier und N. Rescher. New York 1969.
56 Wagenführ, H.: »Industrielle Zukunftsforschung.« München 1970.
57 –: »Morgen leben wir anders.« Gütersloh 1963.
58 –: »Zukunft in Wort und Zahl. Deutschlands Wirtschaft 1970 bis 2000.« Tübingen 1970.
59 »Was wird morgen anders sein? Wissenschaftler sehen die Zukunft.« Hrsg. von O. Hersche. Olten 1969.
60 Waterkamp, R.: »Futurologie und Zukunftsplanung. Forschungsergebnisse und Ansätze öffentlicher Planung.« Stuttgart 1970.
61 Weizsäcker, C. F. v.: »Gedanken über unsere Zukunft.« Göttingen 1968.
62 –: »Zugänge zur Friedensforschung.« Protokoll des Bergedorfer Gesprächskreises Nr. 35. Hrsg. vom Bergedorfer Gesprächskreis. Hamburg 1970.
63 »Die Wissenschaft und die Zukunft des Menschen.« München 1965.
64 »Zukunft im Kreuzverhör.« Hrsg. von E. Heimendahl. Gütersloh 1970.
65 »Zukunft im Zeitraffer.« Hrsg. von E. Schmacke. Düsseldorf 1968.

Bild 1: Verleihung des Nobelpreises für Physik 1961 an Prof. R. L. Mößbauer, München.

2 Kreativität

Basiswissen

Könnten wir ein erwachsenes Tier, beispielsweise ein Reh, aus der Steinzeit in die Gegenwart transportieren, so würde sich dieses den jetzt lebenden Rehen leicht anpassen.

Würden wir aber einen erwachsenen Menschen aus der Steinzeit in die Gegenwart transportieren, so würde sich dieser von den heute lebenden Menschen sehr deutlich unterscheiden, vor allem in der Sprache, im Denken und im Verhalten.

Was der gegenwärtige Mensch dem Steinzeitmenschen voraus hat, ist das Ergebnis einer kulturellen Entwicklung, einer Veränderung des Sprechens, Denkens, Verhaltens und so weiter, die man als eine Menge von Neuerungen, von Innovationen (im weiten Sinn) verstehen kann. Charakteristisch ist für den Menschen diese Erzeugung von Neuerungen, die Kreativität, während Tiere diese Fähigkeit nicht oder nur ganz geringfügig haben.

Der Begriff »Kreativität« ist ziemlich neu: Noch vor 20 Jahren fand man ihn kaum in Nachschlagewerken und noch weniger in der Umgangssprache. Gegenwärtig findet er sich sehr häufig, er wurde vor allem im psychologischen, soziologischen und pädagogischen Zusammenhang geradezu ein Modebegriff. Das, was wir heute als Kreativität bezeichnen, gab es früher auch schon, es gab nur keine einheitlich akzeptierte Bezeichnung, man sprach beispielsweise von »Genialität«, »Originalität«, »Erfindungstalent«, »Spontaneität«, »Schöpferkraft« und so weiter.

Kants Aufforderung, sich seines Verstandes ohne Leitung eines anderen zu bedienen, können wir heute als Aufforderung zur Kreativität deuten.

Vor allem seit den Publikationen von J. P. Guilford im Jahre 1950[39] verfügen wir über einen prägnanten Begriff, mit dem die Interessierten etwa ähnliche Vorstellungen verbinden.

Arthur Koestler beschrieb in seinem Buche »Der göttliche Funke«[24] interessante Beispiele kreativen Verhaltens. Typisch ist seine Darstellung »Archimedes«, die im folgenden kurz resümiert werden soll:

Hieron, Tyrann von Syrakus und Protektor des Archimedes, bekam eine

Krone geschenkt, die angeblich aus reinem Golde war. Er bat Archimedes, deren Echtheit zu überprüfen. Archimedes kannte das spezifische Gewicht des Goldes. Hätte er auch das Volumen der Krone gekannt, dann hätte er beurteilen können, ob sie aus Gold oder aus Silber bestand. Aber wie sollte er das Volumen dieses verzierten Gebildes mit all seinem Filigranwerk bestimmen? Er konnte die Krone ja nicht einschmelzen.
Archimedes Gedanken bewegten sich gewissermaßen hin und her und kehrten immer wieder zu seinem Ausgangspunkt zurück (Bild 2a): »A« ist der Ausgangspunkt, die Schleifen markieren die erfolglosen Überlegungen, und »Z« das Ziel (die Methode, das Volumen der Krone zu messen), das aber nicht in der Ebene der erfolglosen Überlegungen liegt.

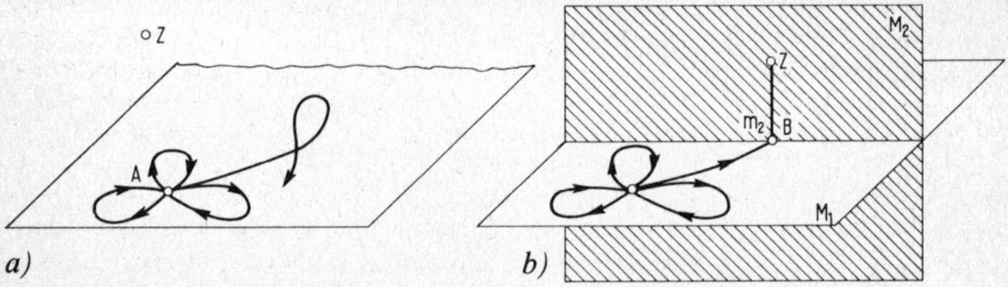

Bild 2: Veranschaulichung des kreativen Prozesses. (Nach A. Koestler.)

Als Archimedes eines Tages ins Bad stieg und bemerkte, wie sein untertauchender Körper den Wasserspiegel höher steigen ließ, kam ihm der Gedanke, daß das Volumen des verdrängten Wassers gleich dem Volumen des untergetauchten Körpers sei und dieses so gemessen werden konnte. Was hinderte ihn, dasselbe mit der Krone zu tun?
Sicher hatte Archimedes das Ansteigen des Wasserspiegels beim Eintauchen schon oft beobachtet, aber es hatte keine Bedeutung für ihn gehabt, bis er diese Beobachtung mit seinem konkreten Problem – das Volumen der Krone zu bestimmen – zusammenbrachte. Dieser Vorgang läßt sich gemäß Bild 2b darstellen: M_1 ist die Ebene der bisherigen erfolglosen Überlegungen; M_2 ist die Ebene der neuen Assoziationen, hier beim Baden, m_2 ist der verbindende Gedankengang. Das Bindeglied B war vielleicht eine verbale Darstellung (zum Beispiel »Ansteigen des Wasserspiegels entspricht dem Volumen des eingetauchten Körpers«), könnte aber auch ein visueller Eindruck gewesen sein. Wesentlich ist, daß im entscheidenden Augenblick die zwei Bezugssysteme in Archimedes' Bewußtsein zusammenkamen: Heureka!
Das Zusammenkommen scheinbar unabhängiger Sachverhalte ist eine wesent-

liche Voraussetzung der Kreativität. Sie wird erschwert, wenn das Wissen in angeblich unabhängige Bereiche parzelliert wird, in Fakultätskompetenzen oder Schichten (N. Hartmann). Das Vorgehen der Systemtheorie – alles Geschehen als ein Geflecht von Ursache und Wirkung zu verstehen – ist deshalb eine fruchtbare Basis der Kreativität.
Eine andere Darstellung des kreativen Prozesses gab Jonathan Swift in »Gullivers Reisen«. Zwar ist sie ironisch gemeint, aber sie verweist doch deutlich auf die beiden wesentlichen Komponenten der kreativen Produktion: den (möglicherweise) zufälligen Entwurf und die wertende Auswahl.

»Dann gingen wir quer über die Straße zum anderen Teil der Akademie, wo, wie ich schon berichtete, die Projektemacher der spekulativen Wissenschaft hausten.
Der erste Lehrer, den ich erblickte, befand sich in einem großen Saal und war von fast 40 Schülern umgeben. Nach vielen Komplimenten wurde er gewahr, daß ich meine Augen auf eine mächtige Maschine richtete, die fast den ganzen Raum einnahm. Er bedeutete mir, daß es mich vielleicht befremde, weil ich ihn beschäftigt sehe, die spekulativen Wissenschaften durch mechanische Operationen zu erweitern. Die Welt werde aber bald genug vom Vorteil dieser Methode überzeugt sein, und er schmeichle sich, daß nie ein erhabenerer Gedanke ein Menschengehirn befruchtet habe. Jedermann wisse doch, wie mühselig der alte Weg zur Kunst und zu den Wissenschaften sei. Mit Hilfe seiner Erfindung aber könne der dümmste Mensch ohne Genie und Studien bei ganz geringen Unkosten und mäßiger Leibesbewegung beliebig viele philosophische, politische, juristische, mathematische und theologische Bücher schreiben. Nach diesen Erläuterungen führte er mich zur Maschine, die seine Schüler umstanden . . . Sichtbar waren nur zahlreiche kleine Holzwürfel, die mit Fäden locker verbunden und auf allen Seiten mit aufgeleimtem Papier überzogen waren. Auf ihm standen alle Wörter ihrer Sprache in verschiedenen Modis, Temporibus und Deklinationibus in scheinbar völliger Willkür aufgeschrieben. Der gelehrte Mann bat mich achtzugeben, da er jetzt die Maschine laufen lasse. Um ihren Rand waren 40 Hebel angebracht, wovon jeder Schüler auf sein Geheiß einen ergriff. Dann machten sie nach dem Kommando ihres Lehrers plötzlich eine Drehung, so daß die Wörter eine andere Stellung zueinander einnahmen. Nun befahl der Meister einer Schar von 36 Schülern, langsam die verschiedenen Wörterreihen, wie sie auf der Maschine sichtbar geworden waren, abzulesen. Wo drei oder vier Wörter, die einen Satz bilden konnten, zusammenkamen, diktierten sie diese den vier übrigen Schülern, die als Schreiber zu fungieren hatten, in die Feder . . . Der Professor zeigte mir viele dickleibige Folianten, die bereits mit solchen Fragmentsentenzen angefüllt waren; in Kürze gedachte er sie in Ordnung zu bringen und aus diesem unerschöpflichen Vorrat der Welt ein vollkommenes System aller Künste und Wissenschaften zu liefern . . .«

Machen wir die (beinahe selbstverständliche) Voraussetzung, daß jedes Ergebnis der Kreativität durch eine Anordnung von Buchstaben, Lauten, Tonsymbolen, Strichen, Farbpunkten, Formelzeichen und so weiter beschrieben werden kann, dann erweist sich die Kreativität als ein Vorgang im Bereich der Information. Allerdings darf man hierbei »Information« nicht im engen Sinne der statistischen Informationstheorie verstehen, sondern in dem weiten Sinn, der die drei Kategorien Materie, Energie und Information zum Verständnis des Geschehens benutzt (siehe auch Kapitel 8).

Unter dieser Voraussetzung läßt sich Kreativität so erklären:

Kreativität ist die Erzeugung und Auswahl neuer, wertvoller Information.

Der so erklärte Begriff der Kreativität ist sehr weit: Er umfaßt Erfindungen und Entdeckungen aller Art, ästhetische Schöpfungen der bildenden Kunst, der Musik und der Architektur und so weiter, eine Organisationsanweisung ebenso wie einen sozialen oder politischen Entwurf, eine heuristische Vermutung ebenso wie einen strengen Beweis, eine Fragestellung ebenso wie eine Antwort.

Das Ergebnis kreativen Verhaltens ist die kreative Produktion. Gelegentlich wird hierbei unterschieden zwischen »Invention« (als einer kreativen Produktion, die sich nicht – oder noch nicht – durchgesetzt hat) und einer »Innovation« (die sich durchgesetzt hat).

Die abstrakte Zusammenfassung *aller* Formen kreativer Produktion, sei es nun zum Beispiel wissenschaftliche oder ästhetische Produktion, wird auch gedeckt durch die Erfahrungstatsache, daß eine grundsätzliche Trennung wissenschaftlicher und ästhetischer Kreativität bisher nicht gelang.

Die kreative Produktion muß *wertvoll* sein: Stellen wir uns eine Menge Bögen vor, auf denen denkbare Kombinationen von Buchstaben aufgeschrieben sind, und versuchen wir, diese zu sortieren in solche, die »wertvoll« sind, und solche, die »nicht wertvoll« sind. Rasch werden wir feststellen, daß unterschiedliche Menschen unterschiedlich entscheiden: Der eine sortiert beispielsweise alles das als wertlos aus, was nicht den Regeln seines eigenen Sprachverständnisses entspricht, der andere interessiert sich gerade für sprachliche Absonderlichkeiten. Ein anderer wird eine sprachlich sinnlose Buchstabenkombination als ein grafisch interessantes Gebilde erkennen, und ein Experte für Drucktechnik wird sich für die feinen Unterschiede zwischen aufeinanderfolgenden Buchstaben interessieren. Kurzum: Aufgrund unterschiedlicher subjektiver Interessen werden verschiedene Produkte als »wertvoll« bezeichnet.

Man kann mit gegenwärtigen technischen Hilfsmitteln Bögen der eben vorgestellten Art mit unvorstellbarer Geschwindigkeit produzieren. Solange aber nicht Spreu von Weizen geschieden ist, sind diese Bögen nutzlos:

Die entscheidende Leistung ist nicht die Erzeugung von Information, vielmehr deren Auswahl.

Wo von Kreativität gesprochen wird, muß es sich um *»neue«* Information handeln. Die Kennzeichnung einer Information als »neu« erscheint zunächst einfach, aber die Praxis zeigt, daß die Originalität recht problematisch ist: so zum Beispiel im technischen Bereich, wo erst eine genaue Recherche zeigt, ob ein Patent durch ältere vorweggenommen ist, oder im künstlerischen Bereich, wo von den zahlreichen Plagiaten nur die extremen bekanntwerden. Hierbei ist der »Diebstahl geistigen Eigentums« dem angeblichen »Dieb« vielfach gar nicht bewußt, häufig wirken Wahrnehmungen so lange unbewußt nach, daß die Initialzündung vergessen wird und nach geraumer Zeit guten Glaubens als eigene Produktion ausgegeben wird. Im Mittelalter wurde es durchaus akzeptiert, fremde Meister zu kopieren oder zur Basis eigenen Schaffens zu machen. Die Unterscheidung zwischen Plagiat und Zitat ist erst neueren Datums.

Die produzierte Information muß nicht nur wertvoll sein, sondern auch in einem bestimmten Zusammenhang bewußtgemacht und identifiziert werden: Namengebung als kreative Leistung: Ars Nova, Jugendstil, New Look, Pop-Musik und so weiter.

Von Kreativität wurde bisher vorwiegend im Zusammenhang mit Menschen gesprochen: Die Kreativität untersuchen vor allem Psychologen, Soziologen und Pädagogen. Betrachtet man aber die Kreativität aus einer gewissen Distanz, so verschwindet die scheinbare Einzigartigkeit der menschlichen Kreativität, und man erkennt die gleichartigen äußeren Funktionen von Automat und Mensch bei der kreativen Produktion und vermutet schließlich, daß auch die inneren Vorgänge, welche die kreative Produktion begründen, nicht grundsätzlich verschieden sind, auch wenn im Detail Unterschiede bestehen.

Bei der Suche nach solchen Unterschieden fällt auf: Automaten der gegenwärtigen Entwicklungsstufe sind außerordentlich leistungsfähig für die Erzeugung von Informationen (ein Computer mit Schnelldrucker könnte täglich mehrere dicke Bücher schreiben), aber diese Automaten sind sehr unzulänglich für die Auswahl wertvoller Informationen: Wir können beim heutigen Stand keinen Computer dazu bringen, aus den vielen täglich produzierbaren Büchern die beachtenswerten herauszusuchen.

Beinahe umgekehrt ist es beim Menschen: Seine Fähigkeit, ungewöhnliche Information zu erzeugen, ist erstaunlich gering, er verfällt immer wieder in die gewohnten Formen, seien es nun sprachliche, bildliche, musikalische, wissenschaftliche, soziale oder politische Formen. Dagegen ist der Mensch sehr geschickt, aus der Menge der produzierten Informationen solche herauszufinden, welche er für wertvoll hält. Daß hierüber zwischen verschiedenen Menschen nicht immer Übereinstimmung besteht, sei nochmals vermerkt. Diese Überlegenheit des Menschen bei der Auswahl ist verständlich: Schließlich ist die Unterscheidung zwischen wertvollen und nicht wertvollen Informationen direkt oder indirekt durch die Bedingungen der menschlichen Existenz bestimmt. Es gibt ja keine Naturkonstante »wertvoll«, es gibt nur Bedingungen, die mit der menschlichen Existenz zusammenhängen.

Trotz dieser quantitativen Unterschiede können manche Zusammenhänge an

Automaten besser verständlich gemacht werden als an Menschen. Die Übertragung der an Automaten gewonnenen Einsichten auf den Menschen muß natürlich kritisch überprüft werden.

Für die Produktion (unausgewählter) neuer Informationen ist der »Zufallszahlengeber« typisch, der eine Folge von Zahlen (oder Buchstaben oder Tönen) in gänzlich unvorhersagbarer Folge produziert.[36] Mit seiner Hilfe könnte man also Bögen der oben diskutierten Art (die jede beliebige kreative Produktion beschreiben oder ersetzen können) erzeugen. Solche Zufallszahlengeber können beispielsweise unter Verwendung radioaktiver Präparate hergestellt werden. Diese senden zu unbestimmbaren Zeitpunkten Elementarteilchen aus. Die Unbestimmbarkeit des Zeitpunktes kann in eine Unbestimmbarkeit der Auswahl umgesetzt werden. Man kann so Folgen von Buchstaben oder Zahlen oder Noten erzeugen, bei denen es grundsätzlich keine Möglichkeit gibt, Gesetzmäßigkeiten zu entdecken.

Von E. Schmitt[33] wurde untersucht, inwieweit der Mensch in der Lage ist, unvorhersehbare Folgen von Signalen zu erzeugen. Hierzu wurde die Testperson angewiesen, zwei Knöpfe, zum Beispiel schwarz und weiß, in einer solchen Folge zu betätigen, daß der angeschlossene »Binärprädiktor« die nächste Betätigung nicht voraussagen kann. Eine umfangreiche Untersuchung ergab, daß im Mittel etwa 73 Prozent der Betätigungen richtig vorausgesagt werden konnten. Offensichtlich hat der Mensch nur eine begrenzte Fähigkeit, sich von bestimmten Mustern frei zu machen. (Beim Zufallszahlengeber hätte der Binärprädiktor nur etwa 50 Prozent richtige Voraussagen geliefert.) Von der Funktion des »Binärprädiktors« ist ein Detail interessant: Wenn eine Versuchsperson mit ihrer Binärfolge beginnt, dann »kennt« der Binärprädiktor die für diese Versuchsperson charakteristischen Sequenzen noch nicht, er muß gewissermaßen »raten« und erzielt am Anfang nicht mehr als etwa 50 Prozent richtiger Voraussagen. Erst nach einer gewissen Zeit ermöglicht es die erworbene Kenntnis der für diese Versuchsperson charakteristischen Sequenzen dem Binärprädiktor, mehr als 50 Prozent richtige Voraussagen zu machen. Je länger die Versuchsreihen werden, desto größer wird der Anteil der richtigen Voraussagen: Die Überraschungen werden seltener, »man« weiß schon, wie es weitergeht.

Interessant ist folgendes Gedankenexperiment: Stellen wir uns einen Computer vor, der genügend groß ist, den Binärprädiktor zu simulieren. Lassen wir diesen Computer gegen den Binärprädiktor »spielen«, dann kann der Computer in jedem Augenblick aufgrund seiner Kenntnis der inneren Struktur und des inneren Zustandes voraussagen, was der Binärprädiktor als nächste Voraussage machen wird, und kann dann die entgegengesetzte Entscheidung treffen. Das heißt also: Während der Zufallszahlengeber aufgrund seiner

Unvorhersagbarkeit zu 50 Prozent richtigen Voraussagen führt, könnte es der überlegene Computer auf null Prozent richtiger Voraussagen bringen: Originalität kann durch informationell überlegene Systeme für bestimmte Empfänger weit über das hinaus produziert werden, was zufällige Entwürfe ergeben können. Es ist aber eine verwirrende, keine bereichernde Originalität, hier sind keine Gesetze zu entdecken.

Dieses Prinzip kann weitergeführt werden: Benützt man einen zweiten, noch überlegeneren Computer dazu, die Funktion des ersten Computers zu simulieren (der seinerseits den Binärprädiktor simulierte), dann kann dieser zweite Computer die Entscheidung des ersten Computers wieder voraussagen und so weiter.

Man könnte die Konstruktion immer überlegenerer Computer weitertreiben und käme schließlich zum Laplaceschen Dämon, der aufgrund detaillierter Kenntnis aller Sachverhalte jede zukünftige Entwicklung voraussagen kann, für den es keine Überraschung und damit keine kreative Produktion mehr gibt.

Dieses Gedankenexperiment enthält einen grundsätzlich wichtigen Fehler, der schon bei sorgfältiger Untersuchung des ersten Computers, der den Binärprädiktor narrte, hätte auffallen können. Die exakte Simulation des Binärprädiktors im ersten Computer setzt nämlich voraus, daß der innere Zustand des Binärprädiktors dem simulierenden Computer beliebig genau bekannt ist. Diese Voraussetzung ist aber nicht erfüllbar: Es wird unvermeidbar Situationen geben, wo die Aussage des Binärprädiktors »labil« ist, etwa so wie eine Stahlkugel auf des Messers Schneide, und in dieser labilen Situation ist es dem Simulationssystem nicht möglich vorauszusagen, nach welcher Seite die Kugel herunterfällt. Die praktische Konsequenz dieser Unbestimmtheit ist, daß auch der überlegene Computer außerstande ist, die Funktion des Binärprädiktors in jedem Fall richtig vorauszusagen, er wird nicht 100 Prozent richtige Voraussagen liefern, sich vielmehr manchmal irren. Entsprechendes gilt auch für die anderen Computer der oben vorgestellten Hierarchie immer komplexerer Computer.

Leicht verständlich ist die umgekehrte Situation, wenn man versucht, mit einem unterlegenen Computer die Funktion des überlegenen Computers zu simulieren: Es mißlingt fortwährend, für den unterlegenen Computer ist der überlegene eine fortwährende Quelle überraschender Information, er kann erst nach entsprechender zeitlicher Dehnung dessen Funktion nachvollziehen.

Interessante technische Objekte im Hinblick auf die Kreativität sind problemlösende und zeichenerkennende Automaten. Zunächst zum Sprachgebrauch: Das, was umgangssprachlich als »Erkennen« bezeichnet wird, sei im folgenden als »sekundäres Erkennen« bezeichnet. Damit sei der Tatsache Rechnung

getragen, daß für diese Art Erkennen durch einen früheren kognitiven Prozeß bereits festgelegt sein muß, welche Bedeutung ein bestimmtes Objekt hat.
Als »primäres Erkennen« wird hier die Entstehung dieser Zuordnung zwischen Objekt und Bedeutung verstanden. Sie hängt eng mit der Namengebung zusammen, die oben als eine kreative Leistung angesehen wurde. Bei der Suche nach einem Vorgang, der dieses »primäre Erkennen« verständlich macht, kommt man zwangsläufig zum Problemlösen in seiner allgemeinsten Bedeutung.

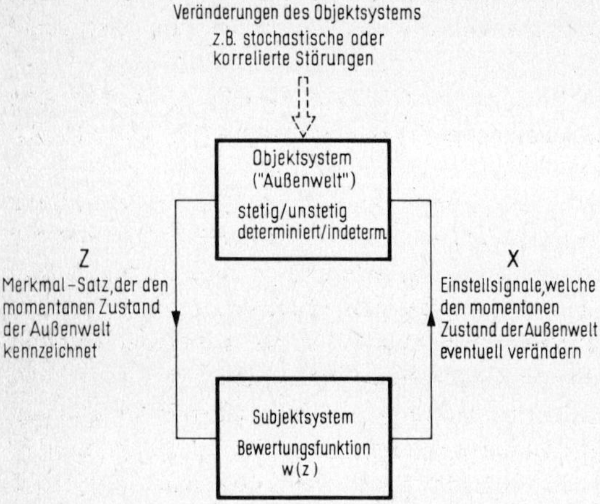

Bild 3: Objektsystem und Subjektsystem.

Zum abstrakten Verständnis des Problemlösens stellen wir uns einerseits ein Objektsystem, zum Beispiel die Außenwelt, und andererseits ein Subjektsystem vor, die in Wechselwirkung miteinander stehen (Bild 3): Das Subjektsystem hat eine Anzahl von Rezeptoren, die ihm den Zustand der Außenwelt signalisieren (»Merkmalsatz«), und kann durch Einstellsignale gewisse Veränderungen der Außenwelt bewirken. Wesentlich für die Funktion des Subjektsystems ist die Bewertungsfunktion, welche die unterschiedlichen Zustände der Außenwelt und ihrer Veränderungen bewertet. Im Falle technischer problemlösender Systeme werden die Bewertungssysteme einprogrammiert.
Das Subjektsystem versucht zunächst in Versuch und Irrtum, das Objektsystem von einem Zustand geringeren Wertes in einen Zustand höheren Wertes zu überführen. Im Laufe der Zeit entwickelt sich die Erfahrung, welche Einstellsignale zu verbesserten Zuständen führen und welche nicht, es bildet sich im Subjektsystem ein »inneres Modell« der Außenwelt, das regelmäßig erfolgreiches Problemlösen ermöglicht. Das Ergebnis derartiger Untersuchungen kann kurz so zusammengefaßt werden:

Wenn durch Versuch und Irrtum der Zusammenhang zwischen bestimmten Merkmalen der Außenwelt und den hierbei zweckmäßigen Reaktionsformen ermittelt wurde, dann ist das geleistet, was oben als »primäres Erkennen« eingeführt wurde. Die »Bedeutung« eines Objekts ergibt sich hierbei als die Funktion, welche Merkmale der Außenwelt, deren Bewertung und die Handlungsbezüge zusammenfaßt. Dieses »primäre Erkennen« ist ein Modell für manche kreative Produktionen. Dieses »primäre Erkennen« erlaubt es auch, die Sterilität derjenigen Philosophien zu überwinden, die meinen, die Sprache sei nicht mehr hintergehbar. Die praktische Auseinandersetzung mit der Lebensrealität ist eine fortwährende Quelle sprachlicher Neuschöpfungen und sprachlicher Veränderungen.

Eine andere Art kreativer Automaten wurde dazu entwickelt, irgendwelche ästhetischen Produkte zu liefern, beispielsweise sprachliche, grafische oder musikalische (siehe auch Kapitel 10).

Hierzu wird eine zufällige Folge von Signalen, zum Beispiel Notenzeichen, durch ein »Sieb« geschickt, das alle diejenigen Töne unterdrückt, die nicht den Gesetzen der Harmonielehre, des Kontrapunkts und so weiter entsprechen. Was hinter diesem »Sieb« erscheint, kann durchaus ästhetisch wirken, wenn es der informationellen Aufnahmefähigkeit des Menschen entspricht und die »richtige« Mischung zwischen Zufall und Ordnung aufweist.

Bisher verwirklichte Automaten zur Produktion ästhetischer Informationen sind meines Wissens »einschichtig«, das heißt, die ursprüngliche, rein zufällige Folge von Buchstaben, Tönen, Befehlen für die Zeichenmaschine und so weiter wird nur durch ein einziges Sieb geschickt. Deshalb sind die bisher automatisch erzeugten ästhetischen Produkte in ihrem Aufbau relativ einfach. Hierdurch ist aber keine prinzipielle Beschränkung der kreativen Produktion zukünftiger Automaten gegeben: Man kann sich vorstellen, daß mehrere derartiger Siebe in einer hierarchischen Anordnung die angebotenen zufälligen Signale aussieben. Eine solche »mehrschichtige« Siebung ermöglicht dann wesentlich komplexere Kompositionsregeln.

Stellt man sich beispielsweise einen Automaten zur Erzeugung bildlicher Produkte vor, so könnten im untersten Sieb gewisse einfachste Strukturelemente ausgesiebt werden, in der nächsthöheren Schicht bereits Formelemente, darüber könnte die Zusammensetzung zu bestimmten Figuren erfolgen, und in der höchsten Schicht könnte die Anordnung der produzierten Figuren im Bildraum kontrolliert werden. Die informationelle Struktur eines derartigen Systems hat große Ähnlichkeit mit Systemen, wie sie heutzutage zur automatischen Erkennung komplexer Bildstrukturen entwickelt werden.

Die Vorstellung einer mehrschichtigen Siebung ist im Hinblick auf den Modellcharakter der kreativen Produktion in Automaten von Bedeutung:

Zweifellos sind die für Menschen und Gesellschaften typischen kreativen Produktionprozesse in dem hier erklärten Sinn »vielschichtig«, wobei möglicherweise ein Teil dieser Schichten nicht mehr »plastisch« benützt wird, vielmehr auf bestimmte Normen fixiert ist.

Es wäre eine rechte Simplifikation zu sagen: Tiere sind durch ihre Instinkte endgültig determiniert, der Mensch ist aber kreativ. So einfach ist es nicht: Tiere waren tatsächlich schon im hier gemeinten Sinn kreativ. Erinnert sei an die Schimpansen, die (ohne Vorbild) Bambusrohre ineinandersteckten, um durch Gitter hindurch an Bananen zu kommen; an die Finken, die mit spitzen Hölzchen Maden und Würmer aus Löchern herausstocherten; an die Affen, die plötzlich begannen, Wurzeln vor dem Essen zu waschen: Zweifellos alles Verhaltensweisen, die irgendwann einmal ohne Vorbild begannen, also kreative Produktionen.

Trotzdem bleibt als Merkmal des Menschen eine ungeheure kreative Überlegenheit über das Tier. Was den Menschen vom Tier besonders deutlich unterscheidet, der vorbedachte Gebrauch differenzierter Werkzeuge, des Feuers, der Bekleidung, der Sprache, die Entwicklung von Kulturen in vielen Varianten, das alles ist dem haushoch überlegen, was Tiere jemals geleistet haben. Mit dem Aufkommen des Menschen ereignete sich auf der Erde eine kreative Explosion.

Die Ursachen dieser kreativen Explosion sind als Faktum offensichtlich: Aufbrechen der Instinktgebundenheit, ein komplexes Nervensystem, Reflexion, Abstraktion, Weltoffenheit und so weiter. Was aber diese informationelle Umstrukturierung verursachte, ist im einzelnen unbekannt. Man kann natürlich vermuten, daß irgendeine zufällige Mutation diese Veränderung im Nervensystem von Primaten verursachte und diese Mutation sich bei entsprechenden Umweltbedingungen reproduzieren konnte. Seit Darwin steht ja diese Universalerklärung der rückblickenden Analyse wohlfeil zur Verfügung.

Die psychologische Forschung hat die Voraussetzung kreativer Produktion untersucht (siehe hierzu das zusammenfassende Werk von Gisela Ulmann[39]). Deren wichtigste sind: eine unvoreingenommene Haltung gegenüber der Umwelt, scharfe Wahrnehmung, aber zugleich kritische Bereitschaft, von vorgegebenen Normen abzuweichen, neue Normen zu formulieren und diese gegen Widerstände durchzusetzen – notfalls auch unter persönlichen Opfern.

Vor allem O. W. Haseloff verdanken wir eine Analyse des kreativen Prozesses:[17] Problematisierung, Exploration, Latenz, heuristische Regression, Elaboration, Kanonisierung. Er betont: »Der Überzeugungsprozeß stellt eine durchaus bedeutsame eigenwertige Leistung dar, deren Nichterfüllung die gesellschaftliche Existenz der Innovation verhindert.«

Über die subjektiven Vorgänge beim Erfinden und Entdecken gibt es eine

Reihe aphoristischer Darstellungen, so beispielsweise wie Kekulé angeblich im Traum die Ringstruktur des Benzols entdeckte (hier wird teilweise berichtet von karussellfahrenden Kohlenstoff-Atomen, teilweise von Affen, die sich aneinanderklammern) oder wie Mendelejew das Periodische System der Elemente angeblich dadurch erfand, daß er mit ihren Symbolen Patience spielte. Die subjektiven Vorgänge beim Erfinden sind weniger abstrakt, hier geht es vielmehr darum, die technischen Mittel immer wieder anders zu kombinieren, es ist eine Art Puzzlespiel auf höchster Abstraktionsebene.
Der Erfinder des MAKROLON, Hermann Schnell, sieht als Voraussetzungen seiner Erfolge:[20]

»Erstens ein gutes Rüstzeug in Hinblick auf chemische Kenntnisse und Erfahrungen.
Zweitens die Fähigkeit, verschiedene Dinge zu kombinieren; Verknüpfungen zu schaffen; verschiedene Informationen in eine sinnvolle Ordnung zu bringen und Regeln vernünftigen Handelns daraus abzuleiten.
Um Erfolg in der Forschung zu haben, braucht ein Chemiker einen gesunden Sinn für das in der Technik Mögliche und Realisierbare; ein Sieb, aus einer Fülle von Ideen und Gedanken alles das abzuziehen, was aus dem einen oder anderen Grunde nicht durchführbar ist, und das wenige, das dann übrigbleibt, auch wirklich in die Tat umzusetzen.
Es ist nicht genug, daß man etwas erfindet, man muß es auch merken, daß man etwas erfunden hat. Und dann muß man es durch alle weiteren Instanzen durchboxen.
Eine wesentliche Voraussetzung für wissenschaftlichen Erfolg ist, daß man nicht die Vorurteile anderer Leute übernimmt, sondern letztlich nur das glaubt, was man selber erfahren hat. Und überhaupt zeichnet einen Erfinder aus, daß er erst mal an sein Produkt selber glaubt.«

Eine sehr eindrucksvolle Darstellung des kreativen Prozesses im musikalischen Bereich gab Igor Strawinski in seiner »Musikalischen Poetik«:

»Die Funktion des Schöpfers besteht darin, daß er die Elemente aussiebt, die ihm die Phantasie eingibt, denn die menschliche Aktivität muß sich selbst ihre Grenzen auferlegen. Je mehr die Kunst kontrolliert, begrenzt und gearbeitet ist, um so freier ist sie. Was mich betrifft, so überläuft mich eine Art von Schrecken, wenn ich in dem Augenblick, wo ich mich an die Arbeit begebe, die unendliche Zahl der mir sich bietenden Möglichkeiten erkenne und fühle, daß mir alles erlaubt ist. Wenn mir alles erlaubt ist, das Beste und das Schlimmste, wenn nichts mir Widerstand bietet, dann ist jede Anstrengung undenkbar. Ich kann auf nichts bauen, und jede Bemühung ist demzufolge vergebens.
Bin ich denn verpflichtet, mich in diesem Abgrund von Freiheit zu verlieren? Woran werde ich mich klammern, um dem Schwindel zu entgehen, der mich vor den Möglichkeiten des Unendlichen packt? Ich werde dennoch nicht umkommen. Ich werde meinen Schrecken besiegen und mich bei dem Gedanken beruhigen, daß ich über die sieben Noten der Tonleiter und ihre chromatischen Intervalle verfüge, daß ich die schweren und leichten Taktzeichen verwenden kann und daß ich solide und konkrete Elemente festhalte, die mir ein ebenso weites Betätigungsfeld bieten wie jene vage und schwindelerregende Unendlichkeit, die mich soeben erschreckte. In dieses Feld werde ich meine Wurzeln schlagen in der Überzeugung, daß die Kombinationsmöglichkeiten der zwölf

Töne jeder Oktave und alle Spielarten der Rhythmik mir Reichtümer versprechen, welche die gesamte Tatkraft des menschlichen Genies niemals erschöpfen wird.
Was mich von der Angst vor der schrankenlosen Freiheit befreit, ist die Tatsache, daß ich mich unmittelbar an die konkreten Dinge halten kann, um die es sich hier handelt. Man gebe mir etwas Begrenztes, Bestimmtes, eine Materie, die meiner Arbeit insofern dienen kann, als sie im Rahmen meiner Möglichkeiten liegt. Sie bietet sich mir mit ihren Grenzen. Es ist an mir, ihr nun die meinigen aufzuerlegen. Damit haben wir wohl oder übel das Königreich der Beschränkung betreten. Und dennoch, wer von uns hätte je von der Kunst anders reden hören als von einem Königreich der Freiheit! Diese Art von Ketzerei ist allgemein verbreitet, weil man sich einbildet, daß die Kunst jenseits des normalen Tätigkeitsbereichs liege. Doch man kann auch in der Kunst wie in allen Dingen nur auf festem Grund bauen: Was sich der Stützung widersetzt, widersetzt sich auch der Bewegung.«

Als entscheidende Leistung der kreativen Produktion wurde oben die Auswahl angesehen. Für musikalische Kompositionen hat hier Strawinski die Auswahlkriterien vage angedeutet. Für andere Bereiche der kreativen Produktion sind die Auswahlkriterien noch viel undeutlicher: Weder für den literarischen noch für den bildnerischen Bereich lassen sich einigermaßen klare Kompositionskategorien angeben. Möglicherweise hängen diese mit den Prozessen zusammen, welche sprachliche oder bildliche Wahrnehmung begründen. Vorläufig sind unsere Kenntnisse dieser Wahrnehmungsprozesse aber noch so unzureichend, daß hieraus keine nennenswerten Einsichten zu erwarten sind.
Daß die Prinzipien kreativer Produktion den produzierenden Menschen unbekannt sind, ist nicht erstaunlich, sondern beinahe selbstverständlich: Kreative Prozesse sind Überschußprozesse in dem Sinne, daß das kreative Subjekt einen Überschuß über das etablierte hinaus produziert, hier wirken gewissermaßen die äußersten Äste. Es ist nicht möglich, diese äußersten Äste schritthaltend auf ihre Organisationsprinzipien zu analysieren, dies gelingt vielmehr erst nach zeitlicher Dehnung, informationeller Arbeitsteilung und so weiter. Dieses notwendigerweise unkontrollierte Produzieren setzt eine gewisse soziale Geborgenheit des kreativen Individuums voraus; wo es jede Äußerung peinlich rechtfertigen muß, entsteht kaum eine kreative Produktion.
E. Paul Torrance von der Universität von Georgia (USA) beschreibt die psychische Situation des Kreativen so:

»Das Entscheidende an der Kreativität ist, mutig in die Dunkelheit des Unbekannten hineinzugehen. Dazu gehört das fortwährende Suchen nach Wahrheit und persönliche Redlichkeit. Dies erreichen wir nicht, solange wir die Kinder autoritär erziehen und an Unredlichkeit zu Hause, in der Schule, in der Kirche und in der Regierung gewöhnen. Der wirklich kreative Mensch, den wir so dringend gebrauchen, muß selbständige Urteile fällen und zu ihnen stehen, auch wenn die Mehrzahl widerspricht. Man sollte nicht vergessen, daß jede neue Idee ihren Schöpfer zur Minorität eines einzigen macht. Dies ist sehr unbequem, schlimmer, als die meisten Menschen ertragen. Kurzum, Kreativität braucht großen Mut.«

Die gegenwärtig entstehende Einsicht in die Voraussetzungen kreativer Produktion beschleunigt die Explosion der kreativen Produktion weiter. Kreativität kann – mit gewissen Einschränkungen – geplant und erzeugt werden, man kann die sozialen und technischen Voraussetzungen herbeischaffen. Der Anschluß an Kommunikationssysteme kann den kreativen Funken vor dem Erlöschen bewahren. Besonders die modernen Organisationsformen der Big Science werden hiervon immer mehr Gebrauch machen.

Kreativität wird honoriert: Wirtschaftlicher Erfolg, hohes Sozialprestige und politischer Einfluß winken dem Entdecker, Erfinder und Künstler.

Kreativität begründet industrielle und wirtschaftliche Überlegenheit. H. Gross hat mit seinem Begriff »Geistkapital«[16] die entscheidende Bedeutung der Kreativität für das zukünftige Management herausgearbeitet:

»Geistkapital ist das zielsetzende, systembildende und unternehmerische Element, das intellektuelle Kräfte aktiviert und das Wollen durch Können realisiert. Wollen ist Voraussetzung für neue Problemlösungen oder der ›Strategie im Reich der Wünsche‹; Wollen formt Unternehmen und Institutionen zu Systemen, die zielgerichtet und flexibel Intelligenz, Arbeit, Boden und Kapital einsetzen . . . Das Unternehmerische ist durch das Geistkapital charakterisiert, das Wissen verarbeitet und den Mut zum Risiko des Wollens einschließt.«

Das Bildungssystem muß Kreativität erzeugen, Kapital und Arbeit sind unzureichend. Die Psychologen sollen die Blockierungen entdecken und aufheben, die uns hindern, in Zukunft kreativer zu denken und zu handeln. Durch Stimulantien wird die kreative Produktion angereizt. Mit »Brainstorming« und »Synectic« wird gemeinsam erzeugt, was wir einzeln nicht erzeugen können.

Verschiedene Individuen nehmen an der kreativen Produktion verschieden stark teil. Beispielsweise hat D. J. de Solla Price ermittelt, daß 25 Prozent aller Veröffentlichungen von nur 2 Prozent der Wissenschaftler, 50 Prozent der Veröffentlichungen von nur 10 Prozent stammen.

Wenn gesagt wurde, Kreativität könne – mit gewissen Einschränkungen – geplant und erzeugt werden, so heißt dies nicht, das kreative Produkt könne im voraus beschrieben werden. Es bedeutet vielmehr, daß – im Sinne der Statistik – die kreative Produktion einer Anzahl von Menschen größer oder kleiner sein kann, je nach den Voraussetzungen ihrer Arbeit. Hier spielen eine große Rolle: Freiheit von Angst, Ungestörtheit, Ehrgeiz, stimulierende Umgebung und so weiter.[28]

Die gegenwärtigen Veränderungen unseres Bildungssystems stehen unter der Forderung, die Kreativität unserer Gesellschaft zu erhöhen. In diese Richtung zielt vor allem der Abbau autoritärer Belehrungsformen. Diese verhindern die subjektive Einschaltung der jungen Menschen in den Entscheidungsprozeß und das Engagement in der gesellschaftlichen Kommunikation.

Es gibt Anzeichen dafür, daß der Mensch im Laufe der Jahrhunderte sich als Folge der kreativen Produktion selbst veränderte. Ein quantitativ überprüfbares Merkmal ist der Informationsgehalt der Musik und deren Zunahme im Laufe der letzten Jahrhunderte. Untersuchungen von W. Fucks[13] zeigen: Die Kompositionen Bachs und Beethovens sind von regellosen Folgen weit entfernt, sie sind sehr stark durch kompositorische Gesetze bestimmt und deshalb (im Sinne der statistischen Informationstheorie) informationsärmer als moderne Musik, beispielsweise von Webern, die viel näher regellosen Folgen steht und deshalb informationsreicher ist. (Damit ist natürlich kein Urteil über die musikalischen Qualitäten gegeben.) Bedenkt man, daß Musik nur dann »ankommt«, wenn ihr Informationsfluß der Aufnahmefähigkeit des typischen Konsumenten entspricht, so könnte man aus dem zunehmenden Informationsgehalt der Musik verschiedener Jahrhunderte schließen, daß die Aufnahmefähigkeit des Menschen für Information zugenommen hat.
Die Musik ist zur Aufdeckung dieses Sachverhaltes besonders geeignet: Sie ist einfach quantifizierbar und wurde über Jahrhunderte hinweg konserviert. Es ist aber wahrscheinlich, daß es auf anderen Gebieten menschlicher Informationsverarbeitung ähnlich ist: Vermutlich hat sich das menschliche Denksystem auf einen wesentlich größeren Informationsfluß eingestellt. Ob dies positiv oder negativ zu werten ist, sei hier dahingestellt, ebenso die Frage, ob durch diese Anpassung an stärkere Informationsflüsse andere Leistungen verkümmerten.

Probleme

Kreativität ist die Erzeugung und Auswahl neuer, wertvoller Informationen. Die Beurteilung eines kreativen Produkts als wertvoll hängt von subjektiven Voraussetzungen ab, ein objektives Kriterium für den Wert gibt es nicht. Es gibt aber einige objektive Ausscheidungskriterien, mit deren Hilfe man kreative Produkte als praktisch unbrauchbar erkennen kann. Hier sind besonders zwei zu nennen: einerseits Unverträglichkeit mit Strukturmerkmalen des menschlichen Subjekts und andererseits Unverträglichkeit mit unveränderbaren Strukturmerkmalen der objektiven Außenwelt.
Der Mensch ist – bei aller Lernfähigkeit – fixiert durch einige unveränderbare Strukturmerkmale. G. Steiner spricht vom »Unbelehrbaren im Menschen«:[37]

»Während das Großhirn beziehungsweise dessen assoziativ wirksame Teile lernfähig und ›bildsam‹ sind, hat man ... gefunden, daß im Zwischenhirn Mechanismen vorhanden sein müssen, die ihrerseits Voraussetzung für das Funktionieren des Großhirns sind, da sie dessen Programmierung mitsteuern und dafür sorgen, daß bestimmte Teile seiner

Programme durchgeführt werden. Diese Zwischenhirnmechanismen scheinen aber so gut wie völlig unbelehrbar zu sein.«

Innovationen, die mit derartigen unveränderbaren Strukturmerkmalen des Menschen unverträglich sind, mögen theoretisch interessant oder subjektiv erhebend sein, praktisch sind sie aber wertlos. Eine derartige verhängnisvolle Pseudoinnovation ist der »zukünftige Mensch«, der ohne Fehl und Tadel, ohne Aggression und voll Nächstenliebe ist und die heile Welt der Zukunft aufbaut. Das Trugbild dieses heiligen Menschen und dieser heilen Welt ist nicht nur praktisch wertlos, es ist auch irreführend und hindert uns an der wirksamen Lösung unserer Probleme. Wir müssen davon ausgehen, daß auch der Mensch der Zukunft ein Mensch mit all seinen Unvollkommenheiten ist, mit Dummheit, Gehässigkeit und Aggressionstrieb.
Ebenso sind alle Entwürfe praktisch wertlos, welche mit konstanten Gesetzen der objektiven Wirklichkeit unvereinbar sind. Hier ist vor allem an naturwissenschaftliche Gesetze zu denken. Auch wenn diese durch die zukünftige wissenschaftliche Forschung weiter verfeinert werden, sind wir doch im Besitz eines riesigen Erfahrungsschatzes, der auch in Zukunft bestehenbleiben wird. Hierzu gehören beispielsweise die verschiedenen Erhaltungssätze oder die Kirchhoffschen Gesetze, welche die Funktion von Netzwerken beherrschen und so weiter. Es ist töricht, die »Transzendenz« derartiger Gesetze zu erwarten, man kann Naturgesetze so wenig überschreiten, wie man das Einmaleins überschreiten kann. Der endlose Streit allmächtiger Apparatschiks mit dem Sachverstand[29, 31] illustriert die Unmöglichkeit, ideologische Absichten gegen Sachgesetze durchzusetzen.
Es gibt eine Reihe von Innovationen, die man einst für unmöglich hielt, die neuerdings aber verwirklicht wurden:

Die angeblich unteilbaren Atome wurden geteilt.
Organische Stoffe wurden – ohne Zufügung einer Lebenskraft – aus anorganischen Stoffen zusammengefügt.
Pferdelose Wagen – die man einst für unmöglich hielt – wurden konstruiert und verdrängten die Pferdewagen.
Das Fahren mit der Eisenbahn – von dem man einst Hirnkrankheiten erwartete – wurde zur ungefährlichen Gewohnheit.
Fliegen mit Maschinen schwerer als Luft – was man einst als unmöglich erklärte – gelang.
Fliegen über den Atlantik – was man einst als ganz unmöglich ansah – wurde zur täglichen Praxis.
Interkontinentale Raketen – die man für unrealisierbar hielt – sind leider in großer Zahl verwirklicht.
Die Erdanziehung – deren Überwindung man einst als unmöglich erklärte – wurde vielfach überwunden und so weiter.

Aus derartigen Siegen über einstige »Unmöglichkeiten« glaubt man oft den

eigenartigen Schluß ziehen zu können: »Neuerdings wurde das verwirklicht, was man einst als unmöglich ansah. Was wir heute als unmöglich ansehen, wird in Zukunft verwirklicht.«
Dieser oft vorgebrachte Schluß ist falsch: Die Kenntnis der Naturgesetze erlaubt Voraussagen über das, was auch in Zukunft nicht realisierbar werden kann. Beispielsweise wird nichts realisiert werden, was den Erhaltungssätzen widerspricht, auch nichts, bei dem die Wirkung vor der Ursache kommt, auch keine Maschine, mit der man Reisen durch die Zeit machen, zum Beispiel in vergangene Epochen zurückkehren kann und so weiter. Die Kenntnis der Naturgesetze erlaubt eine Menge derartiger Prognosen. Leider sind andere Disziplinen, beispielsweise Soziologie und Politologie, noch weit von der Sicherheit entfernt, vergleichbare Aussagen machen zu können, und so werden wir in den Gesellschaftswissenschaften von angeblichen Fachleuten fortwährend mit den unglaublichsten Zukunftsperspektiven überschüttet.
Nicht alle Innovationen verändern die Welt, viele ersticken in hemmenden Strukturen.[19] Diese sind beispielsweise die Trägheit des Denkens, die organisatorische Immobilität wirtschaftlicher und sozialer Strukturen und vor allem der Egoismus, mit dem alte Privilegien krampfhaft festgehalten werden (siehe Kapitel 1). Hier ist das Feld der »Killerphrasen«:[4]

So haben wir das früher doch nie gemacht . . .
Geht nicht . . .
Keine Zeit . . .
Dazu fehlen uns die Arbeitskräfte . . .
Die Finanzlage erlaubt uns nicht . . .
Haben wir alles schon versucht . . .
Dazu sind wir jetzt noch nicht in der Lage . . .
Alles graue Theorie . . .
Da wäre doch schon früher jemand drauf gekommen, wenn sich damit etwas anfangen ließe . . . und so weiter.

Die Kreativität der Menschen ist nicht nur eine Kreativität der Individuen, sondern auch eine Kreativität der Gesellschaft. Der Dialog spielt hier eine wichtige Rolle: Wo Menschen unterschiedlicher Erfahrung über Probleme diskutieren, entstehen oft kreative Produkte, die ohne Dialog nicht entstanden wären.
Beim Brainstorming wird eine Gruppe gemeinsam vor ein Problem gestellt. Erfahrungsgemäß stimulieren die Lösungsentwürfe sich gegenseitig sehr stark, die Gruppe produziert mehr, als ihre Mitglieder allein produzieren würden.
Schließlich stimuliert die gesellschaftliche Kommunikation – sei es in Schulen, Universitäten, Betrieben, verschiedenen Gruppen, bei der Massenkommunikation – den kreativen Prozeß, das Individuum sammelt Eindrücke, erkennt Aufgaben als solche und bemerkt die Honorierung kreativen Verhaltens.

Eine wichtige Rolle spielt auch die Umgangssprache: Während man bei der Herstellung formaler Sprachen, etwa für die Computerprogrammierung, größten Wert auf Eindeutigkeit legt und diese formalen Sprachen deshalb »steril« sind, ist es bei der Umgangssprache gerade umgekehrt: Hier sind viele Zuordnungen zwischen Worten und Bedeutungen nicht eindeutig, es gibt Synonyme und Homonyme, die Zuordnungen sind unterschiedlich im Laufe der Zeit und an verschiedenen Orten, kurzum: Die Umgangssprache ist von der sterilen Eindeutigkeit der Kunstsprachen weit entfernt, sie ist vage, sie verunsichert den Empfänger und verleitet ihn zu Assoziationen, die oft zu Quellen kreativer Produktion werden. Diese – bewußten oder unbewußten – Vagheiten sind wohl ein wesentliches Stilmittel der literarischen Produktion.

Wenn oben gesagt wurde, daß manche kreativen Produktionen »vielschichtig« seien, so können wir dies besonders deutlich bei der Siebung der Inventionen durch die Gesellschaft sehen: Nur ein winziger Teil der von Individuen gemachten Vorschläge kann sich durchsetzen, nur wenige Erfindungen, Entdeckungen, Kunstwerke, soziale, wirtschaftliche und politische Vorschläge werden beachtet und verwirklicht, die Gesellschaft wirkt hier wie ein recht undurchdringliches, vielschichtiges Sieb zwischen den Vorschlägen und ihrer Verwirklichung: ein Sieb, das nicht passiv ist, sondern durch Modeströmungen, Machtstrukturen und »sich selbst bestätigende Prophezeiungen« aktiv und veränderbar ist. Auf manche Vorschläge wird geradezu gewartet, andere modern lange Zeit unbeachtet.

Die Publizistik entwickelt innere Sachzwänge, die nicht im Interesse der Gesellschaft liegen: Der publizistische Erfolg ist oft identisch mit dem Auffallen, dem Gag, der ironischen Gehässigkeit. So wird die Lösung unserer gesellschaftlichen Probleme häufig zu einer Auseinandersetzung zwischen dem Sachverstand, der Entwürfe produziert, und einem publizistischen Apparat, der weniger an der Lösung unserer Probleme, mehr am publizistischen Erfolg interessiert ist. Zwischen der Leichtfertigkeit der Kommunikation und dem Mißerfolg einer Gesellschaft bei der Lösung ihrer Probleme besteht ein enger Zusammenhang.

Ein vielfach verkanntes Stimulans der Kreativität ist Science-fiction, von der H. W. Franke schreibt:[12] »Science-fiction-Literatur kann – richtig ausgewertet – Anregung zu neuen technischen Ideen geben. Sie fördert das Denken in Modellen, das Begreifen der Zukunft nicht als unabänderliches Schicksal, sondern als gestaltbares Medium.«

Ein eindrucksvolles Beispiel für diese Befruchtung ist der Einfluß, den die Schriften von Jules Verne (»Reise um den Mond« und so weiter) direkt auf Hermann Oberth (»Die Rakete zu den Planetenräumen«) und indirekt auf Wernher von Braun hatten.

Kreativität ist zweifellos ein Wesensmerkmal der menschlichen Art: Das Entdecken, Erfinden, Fabulieren, Bilden, Komponieren und Projektieren ist tief in der menschlichen Psyche verwurzelt. Andererseits ist es angebracht, die kreative Produktion auch kritisch zu betrachten.

Hier stellen sich unter anderem zwei Fragen:

1. Stellt sich die kreative Produktion dort ein, wo »man« sie sich eigentlich wünscht?
2. Ist maximale kreative Produktion in jedem Fall wünschenswert?

Stellt sich die kreative Produktion dort ein, wo »man« sie sich wünscht? Auf diese Frage gibt es zweifellos nur höchst subjektive Antworten: Unterschiedliche Interessenlagen und Umweltbedingungen führen zu recht unterschiedlichen Erwartungen und Hoffnungen.

An die unzureichende kreative Produktion mancher unserer Industriezweige, also das, was man kurz als »technologische Lücke« bezeichnet, sei erinnert.

Am unbefriedigendsten ist aber meines Erachtens die Situation im sozialen, wirtschaftlichen und politischen Bereich. Die hier etablierten Strukturen müßten im Hinblick auf die voraussehbaren Folgen der technischen Entwicklung und die Gefahren der Zukunft dringend verändert werden. Die sich nicht ereignende Veränderung ist vor allem durch den Mangel an praktikablen Modellen zukünftiger Strukturen begründet. Dieser Modellmangel blockiert die Entwicklung viel mehr, als manche Sozialrevolutionäre zugeben werden. Vermutlich ließen sich die Widerstände gegen Veränderungen viel leichter überwinden, wenn glaubwürdige Modelle zukünftig möglicher Strukturen vorgewiesen würden.

Was wir haben müßten: eine »Politeia der Zukunft«, einen überzeugenden Entwurf für die gesellschaftlichen, wirtschaftlichen und politischen Strukturen der hochindustrialisierten Massengesellschaft und ihre Einordnung in das globale Ecosystem. Ein Entwurf, der mit den besten wissenschaftlichen Hilfsmitteln die zukünftige Entwicklung vorwegnimmt und sich dieser dynamisch anpaßt, der nicht auf zufälligen Machtstrukturen und Meinungsmonopolen beruht, vielmehr auf einem möglichst breiten Konsens aller Betroffenen.

Ist maximale kreative Produktion in jedem Fall wünschenswert? Für die meisten Naturwissenschaftler und Techniker ist es heutzutage beinahe selbstverständlich: Es gibt Experimente, die nicht gemacht werden dürfen (Bild 4). Andernorts scheint sich noch kein vergleichbares moralisches Prinzip durchgesetzt zu haben; und so werden mit den menschlichen Gesellschaften vielfach Experimente gemacht oder vorgeschlagen, die man bei ausreichendem Sachverstand und Verantwortungsbewußtsein nicht machen dürfte.

Bild 4: Melancholie. (Von A. Paul Weber.)

Das *Neu! Neu!* scheint nicht nur in der Waschmittelwerbung, sondern auch in der politischen Auseinandersetzung oftmals das nicht mehr überbietbare Superargument zu sein. Die Aufklärung begann einst mit der Kritik am Überlieferten: Man kann ihre Wohltaten kaum bestreiten. Die Gegenwart hat die Kritik am Überlieferten vielfach so sinnlos übersteigert, daß die Beschwernisse oftmals ihre Wohltaten überwiegen. Was wir gegenwärtig dringend brauchen, ist eine Kritik der Veränderung, eine dynamische Gesellschaftstheorie, welche die Starrheit der Konservativen ebenso überwindet wie die phantastischen Heilslehren.

Die kreative Produktion ist vielfach unvereinbar mit der Konstanz des Denkens und Verhaltens, die Voraussetzungen menschlichen Glückes sind: Je mehr kreative Produktion, desto weniger Konstanz. Gesellschaftliches Zusammenleben setzt gleichbleibende Funktionen voraus: Die Rolle der Mutter, des Ernährers, des Arbeiters, des Handwerkers, des Händlers, des Managers, des Polizisten müssen mit einer gewissen Zuverlässigkeit gespielt werden, wenn sich keine chaotischen Zustände einstellen sollen. Die kreative Produktion stört manchmal auch das wirtschaftliche und gesellschaftliche Zusammenarbeiten und Zusammenleben. In der arbeitsteiligen Produktion müssen die Absprachen darüber, wer was wann tut, eingehalten werden, es müssen Normen befolgt und die »Uhr als Instrument der Unterdrückung« hingenommen werden.

Meine Sorge ist: Die gegenwärtige kreative Explosion kann durch keine Organisation menschlichen Zusammenlebens mehr kontrolliert werden. Andererseits ist aber ein menschliches Leben ohne kreative Produktion unerträglich: Man kann die menschliche Existenz nicht auf die endlose Wiederholung immer gleichartigen Verhaltens reduzieren, der Mensch braucht Experimente, er will eine fortwährende Bereicherung seines Erlebens.

Zwischen der Gefahr, menschliches Zusammenleben unmöglich zu machen, und der Notwendigkeit, menschliches Leben lebenswert zu machen, steht die kreative Produktion.

Literatur

1 Bendixen, P., u.a.: »Evolution des Management.« Quickborn 1968.
2 Bergius, R.: »Produktives Denken.« In: »Handbuch der Psychologie.« Bd. I, 2. S. 519 bis 563. Göttingen 1964.
3 Bruner, J. S., J. J. Goodnow und G. A. Austin: »A study of thinking. An analysis of strategies in the utilizing of information for thinking and problem solving.« New York 1956.
4 Clark, Ch. H.: »Brainstorming.« München 1966.
5 »Contemporary approaches to creative thinking.« Hrsg. von H. E. Gruber, G. Terrell und M. Wertheimer. New York 1962.
6 »Creativity: Progress and potential.« Hrsg. von C. W. Taylor. New York 1964.
7 »Denken.« Hrsg. von C. F. Graumann. (Neue wissenschaftliche Bibliothek 3. Psychologie.) Köln 1965.
8 Dreitzel, H. P., und J. Wilhelm: »Das Problem der ›Kreativität‹ in der Wissenschaft.« In: »Beiträge zum Verhältnis von Wissenschaft und Politik.« Hrsg. von H. Krauch (Studiengruppe für Systemforschung). Heidelberg 1966, S. 103 bis 133.
9 Dubos, R.: »Der entfesselte Fortschritt.« Bergisch Gladbach 1970.
10 Foppa, K.: »Lernen, Gedächtnis, Verhalten. Ergebnisse und Probleme der Lernpsychologie.« Köln 1965.
11 »Forschungsplanung. Eine Studie über Ziel und Strukturen amerikanischer Forschungsinstitute.« Hrsg. von H. Krauch, W. Kunz, H. Rittel und dem RKW. München 1966.
12 Franke, H. W.: »Science-fiction und technische Innovation.« (Unveröffentl. Ms.)
13 Fucks, W.: »Nach allen Regeln der Kunst.« Stuttgart 1968.
14 »Futurologie.« In: »Der Spiegel« vom 15. 3. 1971.
15 Good, I. J.: »Phantasie in der Wissenschaft. Eine Anthologie unausgegorener Ideen.« Düsseldorf 1965.
16 Gross, H.: »Das Geist-Kapital«. Düsseldorf, Wien 1970.
17 Haseloff, O. W.: »Kreativität als wissenschaftliches und sozialtechnisches Problem.« (Vervielfältigtes Manuskript.)
18 –: »Über produktive Prozesse und Persönlichkeiten.« In: »Club Voltaire I«. München 1963. S. 294 bis 321.
19 »Hemmende Strukturen in der heutigen Industriegesellschaft.« Hrsg. vom Gottlieb-Duttweiler-Institut Zürich. Rüschlikon-Zürich 1969.
20 Hergenröder, U.: »Männer, die Erfolg erfinden.« Düsseldorf, Wien 1970.
21 Kirst, W., und U. Diekmeyer: »Creativitätstraining.« Stuttgart 1971.
22 Klages, H.: »Innovation und Immobilität.« (Vortrag im RIAS Berlin am 21. 9. 1970.)
23 –: »Rationalität und Spontaneität. Innovationswege der modernen Großforschung.« Gütersloh 1967.
24 Koestler, A.: »Der göttliche Funke. Der schöpferische Akt in Kunst und Wissenschaft.« Bern 1966.
25 Krauch, H.: »Die organisierte Forschung.« Neuwied 1970.
26 Löbl, E.: »Geistige Arbeit, die wahre Quelle des Reichtums.« Düsseldorf, Wien 1968.
27 Matussek, P.: »Antikreative Tendenzen in der Wissenschaft.« In: »Beiträge zum Verhältnis von Wissenschaft und Politik.« Hrsg. von H. Krauch (Studiengruppe für Systemforschung). Heidelberg 1966. S. 92 bis 102.

28 –: »Psychodynamische Aspekte der Kreativitätsforschung.« In: »Der Nervenarzt.« Jg. 38 (1967). H. 4. S. 143 bis 151.
29 Müller-Markus, S.: »Der Aufstand des Denkens.« Düsseldorf, Wien 1967.
30 Newell, A., J. C. Shaw und H. A. Simon: »The process of creative thinking.« In: »Contemporary approaches to creative thinking.« Hrsg. von H. E. Gruber, G. Terrell und M. Wertheimer. New York 1962.
31 Paloczi-Horvath, G.: »Rebellion der Tatsachen.« Frankfurt a. M. 1963.
32 »Problem solving: Research, method, and theory.« Hrsg. von B. Kleinmuntz. New York 1966.
33 Schmitt, E.: »Der Binärprädiktor.« (Diss. an der Techn. Hochschule Karlsruhe. 18. 2. 1964.)
34 »Scientific creativity. Its recognition and development.« Hrsg. von C. W. Taylor und F. Barron. New York 1964.
35 Sommer, R.: »Im Reiche der Experten.« Düsseldorf 1964.
36 Steinbuch, K.: »Automat und Mensch.« 4. Aufl. Berlin, Heidelberg, New York 1971.
37 Steiner, G.: »Das Unbelehrbare im Menschen.« In: »Studium Generale.« Jg. 15 (1962). H. 6. S. 389 bis 398.
38 Thomas, Ch. A.: »Creativity in science.« Cambridge, Mass. 1955.
39 Ulmann, G.: »Kreativität.« 2. Aufl. Weinheim, Berlin, Basel 1970.
40 Wertheimer, M.: »Produktives Denken.« Hrsg. von W. Metzger. Frankfurt a. M. 1957.

3 Mensch und Materie

Basiswissen

Was »Materie« ist, glauben wir zu wissen: Alle diese stofflichen Objekte unserer Wahrnehmung, Erde, Wasser, Luft; natürlich vorgefundene und künstlich hergestellte, anorganische und organische, belebte und unbelebte Stoffe und so weiter. Man kennt heutzutage eine unübersehbare Vielfalt von Erscheinungsformen der Materie, Millionen verschiedener Stoffe: Wasserstoff, Sauerstoff, Kohlenstoff, Stickstoff, Schwefel, Wasser, Kochsalz, Zucker, Eiweiß, Harnstoff, Desoxyribonukleinsäure und so weiter. Wir wissen, daß Materie in drei verschiedenen Aggregatzuständen auftreten kann (fest, flüssig und gasförmig) und daß sie aus Atomen aufgebaut ist, die wiederum aus Elementarteilchen, nämlich Protonen, Neutronen und Elektronen, zusammengesetzt sind.
Wir wissen auch, daß die Materie Voraussetzung menschlichen Lebens ist: Der Körper des Menschen ist eine besonders hochorganisierte Form der Materie, und sein Leben setzt Stoffwechselvorgänge voraus, also materiellen Austausch.
Die Materie hat in unserer Gesellschaft einen schlechten Ruf: Man versteht Materie bei uns auch heute noch als Gegensatz zum »Geist«, als Substanz einer ahumanen Zivilisation im Gegensatz zu einer durchgeistigten Kultur. Man denkt an den verfemten Materialismus und an materialistisches Verhalten, das als Gegensatz zu selbstlosem Verhalten verstanden wird.
Je mehr man aber über diese scheinbar so banale und schlecht beleumundete Materie nachdenkt, desto deutlicher werden ganz andere Tatsachen: Die Materie erweist sich als die Grundkategorie unserer Erfahrung, die nicht mehr weiter auf andere zurückgeführt werden kann, die wir entweder als vorgegeben hinnehmen müssen oder über deren Entstehen wir Spekulationen anstellen können.
Alle großen Denkansätze versuchen, sich auf ihre Art mit der Materie auseinanderzusetzen. So findet sich in der Genesis:

»Am Anfang schuf Gott Himmel und Erde . . .
Und Gott sprach: Es werde eine Feste zwischen den Wassern . . .

Bild 1: Alchimist im Laboratorium. (Kupferstich von H. Cock nach einer Zeichnung von P. de Breughel d. Ä.)

Und Gott sprach: Es sammle sich das Wasser unter dem Himmel an besondere Örter, daß man das Trockene sehe. Und es geschah also . . .
Und Gott sprach: Es lasse die Erde aufgehen Gras und Kraut, das sich besame, und fruchtbare Bäume, da ein jeglicher nach seiner Art Frucht trage . . .«

Hieraus entwickelte sich nach biblischem Verständnis menschliches Leben und unsere Welt.
Anders sehen es die Marxisten (nach W. I. Lenin): ». . . die einzige ›Eigenschaft‹ der Materie, an deren Anerkennung der philosophische Materialismus gebunden ist, ist die Eigenschaft, objektive Realität zu sein, außerhalb unseres Bewußtseins zu existieren.«
Den wesentlichen Unterschied zur christlichen Überzeugung artikuliert F. Engels so: »Die Materie bedarf . . . zu ihrer Existenz, Bewegung und Entwicklung keiner äußeren Ursache, keines Schöpfers oder ersten Bewegers; sie ist vielmehr ›ihre eigene Endursache‹.«[20]
Diese beiden Darstellungen – die christliche und die marxistische – sind nicht weiter belegbar, es ist eine Frage der subjektiven Einstellung, welche man annimmt. Allerdings steht die biblische Darstellung – sollte sie wörtlich interpretiert werden – teilweise im Widerspruch zu naturwissenschaftlichen Erfahrungen.

Bild 2: Analytisches Labor zu Gießen im Jahr 1842. (Von W. Trautschold.)

Man unterscheidet häufig drei Grundkategorien unseres Weltverständnisses: Materie, Energie und Information. Hierbei hat die Materie eine Vorrangstellung: Ohne Materie verlieren sich Energie und Information ins Unvorstellbare.

Als wesentliche Merkmale der Materie werden heutzutage angesehen: räumliche Ausdehnung, Teilbarkeit, (makroskopische) Undurchdringbarkeit, Gestaltbarkeit und Bewegbarkeit. Der Beschleunigung setzt sie einen Widerstand entgegen, die träge Masse. Sie wird von anderen Materien angezogen: Gravitation.

Diskussionen über das Wesen der Materie enden regelmäßig unbefriedigend. Besser steht es mit den Untersuchungen über die Eigenschaften und Möglichkeiten der Materie. Seitdem diese nicht mehr in altertümlich-mystischer Weise ausgeführt wurden (Bild 1), sondern analytisch-systematisch (Bild 2), entstanden gesicherte Erfahrungen und wirkungsvolle Techniken in großer Zahl: Physik, Chemie, Kristallografie, Mineralogie, Geophysik, Geologie, Hydrologie, Meteorologie, Biologie, chemische Technik, Verfahrenstechnik, Textiltechnik, Drucktechnik, Filmtechnik und so weiter.

Die uralte Vermutung, daß Materie aus Atomen (die ursprünglich als unteilbar angesehen wurden) aufgebaut ist, konnte experimentell gesichert werden.

Bild 3: Periodisches System der Elemente.

Periode	Gruppe I	Gruppe II	Gruppe III	Gruppe IV	Gruppe V	Gruppe VI	Gruppe VII	Gruppe VIII			Gruppe 0
1	**1 H** Wasserstoff 1,008										**2 He** Helium 4,004
2	**3 Li** Lithium 6,940	**4 Be** Beryllium 9,013	**5 B** Bor 10,82	**6 C** Kohlenstoff 12,011	**7 N** Stickstoff 14,006	**8 O** Sauerstoff 16,000	**9 F** Fluor 19,00				**10 Ne** Neon 20,183
3	**11 Na** Natrium 22,990	**12 Mg** Magnesium 24,32	**13 Al** Aluminium 26,982	**14 Si** Silicium 28,09	**15 P** Phosphor 30,975	**16 S** Schwefel 32,066	**17 Cl** Chlor 35,457				**18 Ar** Argon 39,944
4	**19 K** Kalium 39,100	**20 Ca** Calcium 40,08	**21 Sc** Scandium 44,96	**22 Ti** Titan 47,90	**23 V** Vanadin 50,95	**24 Cr** Chrom 52,01	**25 Mn** Mangan 54,94	**26 Fe** Eisen 55,85	**27 Co** Kobalt 58,94	**28 Ni** Nickel 58,71	
	29 Cu Kupfer 63,540	**30 Cn** Zink 56,38	**31 Ga** Gallium 69,72	**32 Ge** Germanium 72,60	**33 As** Arsen 74,91	**34 Se** Selen 78,96	**35 Br** Brom 79,916				**36 Kr** Krypton 83,80
5	**37 Rb** Rubidium 85,48	**38 Sr** Strontium 87,63	**39 Y** Yttrium 88,92	**40 Zr** Zirkonium 91,22	**41 Nb** Niob 92,91	**42 Mo** Molybdän 95,95	**43 Te** Technetium (99)	**44 Ru** Ruthenium 101,1	**45 Rh** Rhodium 102,91	**46 Pd** Palladium 106,4	
	47 Ag Silber 107,880	**48 Cd** Cadmium 112,41	**49 In** Indium 114,82	**50 Sn** Zinn 118,70	**51 Sb** Antimon 121,76	**52 Te** Tellur 127,61	**53 J** Jod 126,91				**54 Xe** Xenon 131,30
6	**55 Cs** Cäsium 132,91	**56 Ba** Barium 137,36	**57 La** *) Lanthan 138,92	**72 Hf** Hafnium 178,50	**73 Ta** Tantal 180,95	**74 W** Wolfram 183,86	**75 Re** Rhenium 186,22	**76 Os** Osmium 190,2	**77 Ir** Iridium 192,2	**78 Pt** Platin 195,09	
	79 Au Gold 197,00	**80 Hg** Quecksilber 200,61	**81 Tl** Thallium 204,39	**82 Pb** Blei 207,21	**83 Bi** Wismut 209,00	**84 Po** Polonium (210)	**85 At** Astat (210)				**86 Rn** Radon (222)
7	**87 Fr** Francium (223)	**88 Ra** Radium (226,05)	**89 Ac** **) Actinium (227)	**104** Kurtscha- tovium	**105**						

*) Lanthanoide (Nebengruppe zweiter Art) **) Actinoide (Nebengruppe zweiter Art)

Es zeigte sich, daß Materie und Energie ineinander umgewandelt werden können. Das Umtauschgesetz fand A. Einstein: $E = m c^2$. Hierbei ist E die verschwindende oder entstehende Energie, m die verschwindende oder entstehende Masse und c die Lichtgeschwindigkeit.
Aus dieser Umwandelbarkeit und aus der Tatsache, daß sich die Atome nicht als die letzten Bausteine der Materie erwiesen, wurde in der ideologischen Auseinandersetzung vielfach der Schluß gezogen, die Materie »verschwinde«. Damit wird aber die Problematik nur verdunkelt: Die Materie verschwindet nicht, sie zeigt nur bei genauerer Betrachtung andere Eigenschaften als bei oberflächlicher Betrachtung. Es stimmt nicht, daß ein Stück Materie nach neueren Erkenntnissen kein Stück Materie mehr sei, sondern beispielsweise etwas »Geistiges«.
Entsprechend ihrer chemischen Zusammensetzung kann die Materie in bestimmte Elemente zerlegt werden. Diese ordnet man im »Periodischen System der Elemente« (Bild 3) an. In diesem folgen die Elemente nach steigenden Atomgewichten aufeinander. Elemente mit ähnlichen Eigenschaften stehen hierbei in den Spalten untereinander. So finden sich beispielsweise die Metalle in bestimmten Spalten und die Edelgase in einer anderen Spalte.
Daß sich die Elemente in einem solchen System anordnen lassen, rührt von den inneren Gesetzlichkeiten des Schalenaufbaus der Atome: Um den Atomkern bewegen sich (nach klassischer Vorstellung) eine Anzahl von Elektronen in verschiedenen »Schalen«. Die äußeren Eigenschaften des Atoms, vor allem seine chemischen Eigenschaften, sind ausschließlich durch die Anordnung der Elektronen in den Schalen bestimmt.
Die Materie besteht aber selten aus reinen Elementen, meist aus Verbindungen von Elementen. Hierbei unterscheidet man auch heute noch »anorganische« und »organische« Verbindungen. Diese Unterscheidung ist praktisch nützlich, auch wenn sie ihren ursprünglichen Sinn verloren hat: Einst glaubte man nämlich, eine bestimmte Gruppe chemischer Verbindungen könnte nur in Organismen entstehen, also in Tieren oder Pflanzen: vor allem Eiweißstoffe (Proteine), Zucker, Fette und so weiter. Als sich die Chemie Anfang des 19. Jahrhunderts zu einer Wissenschaft im heutigen Sinn entwickelte, gelang es zwar, diese »organischen« Stoffe ebenso wie die anorganischen Stoffe in Elemente zu zerlegen, es gelang aber nicht, sie aus ihren Bestandteilen aufzubauen. Man vermutete deshalb, diese Stoffe enthielten außer den bekannten Elementen noch eine besondere Lebenskraft (vis vitalis). Der entscheidende Durchbruch zur Synthese organischer Substanzen gelang im Jahre 1828 erstmalig Friedrich Wöhler mit der Synthese des Harnstoffs. Als es in der zweiten Hälfte des 19. Jahrhunderts gelang, immer mehr organische Substanzen synthetisch herzustellen, verblaßte die Unterscheidung zwischen organisch

und anorganisch zu einer Frage der Zweckmäßigkeit: Praktisch bezeichnet man heute die Chemie der Kohlenstoffverbindungen (mit wenigen Ausnahmen) als organische Chemie.
Nachdem die grundsätzliche Unterscheidung organisch–anorganisch sich im 19. Jahrhundert als unhaltbar erwiesen hatte, scheint in unserer Zeit auch die Unterscheidung belebt–unbelebt immer mehr von ihrer grundsätzlichen Bedeutung zu verlieren. Hierzu sei vor allem auf die ausgezeichnete Darstellung »Der Weg zum Menschen« von W. Laskowski verwiesen.[34] Er gibt als mögliche Definition des Lebens: Als belebt sind Einheiten anzusehen, die aufgrund von Stoffwechselprozessen wachsen und sich vermehren können. Derartige Einheiten sind die »Zellen«, aus denen sich alle größeren Organismen, wie zum Beispiel Tiere und Pflanzen, zusammensetzen. Der Mensch besteht aus etwa 10^{14} (hunderttausend Milliarden) Zellen. Keine dieser Zellen enthält ein Element, das nicht auch in der unbelebten Natur vorkommt. Typisch für die lebende Substanz ist, daß außer vielen kleinen auch sehr große Moleküle, Atomverbände, auftreten. Bei diesen Makromolekülen spielen zwei Gruppen eine besondere Rolle: die Eiweiße oder Proteine und die Kernsäuren oder Nukleinsäuren. Die Nukleinsäuren sind lange Fadenmoleküle, die gewissermaßen einen Text codiert enthalten. Praktisch jede der 10^{14} Zellen des Menschen enthält insgesamt ein etwa ein Meter langes Textband aus Desoxyribonukleinsäure, kurz DNS (im Englischen DNA) genannt, auf dem das Rezept für den Aufbau aller Eiweißmoleküle fixiert ist. Die für das Leben wichtigen Makromoleküle können auch außerhalb lebender Organismen gebildet werden. Die Voraussetzungen sind so einfach, daß sie wahrscheinlich in der Frühzeit der Erdentwicklung gegeben waren. In langen Zeiträumen bildeten sich große Mengen derartiger Makromoleküle. Da zu dieser Zeit keine Lebewesen vorhanden waren, die sie auffraßen, müssen diese schließlich in hoher Konzentration in den Gewässern der Erdoberfläche anzutreffen gewesen sein. Wie sich schließlich aus diesen Makromolekülen die ersten Organismen bildeten, ist noch unaufgeklärt. Allerdings gibt es einige konkrete Vorstellungen, die zum Teil experimentell abgesichert sind.
Erwähnenswert ist, daß die frühesten Fossilien vermutlich zellulärer Organismen mehr als drei Milliarden Jahre alt sind. (Zum Vergleich: Das Alter der ältesten Gesteine wird auf 4,5 Milliarden Jahre geschätzt, das Alter der ersten Menschen auf einige hunderttausend bis Millionen Jahre.)
Durch diese Forschungen erweist sich die Haltlosigkeit der in unserem Lande so stark betonten »Schichtenlehre«, wie sie vor allem N. Hartmann entwickelte:[13]

»Man bekommt auf diese Weise vier Hauptschichten heraus, die den ganzen Umkreis der Seinsmannigfaltigkeit in der realen Welt umspannen . . .

Von den exakten Wissensgebieten der anorganischen Natur heben sich durch einen klaren Grenzstrich die biologischen ab; diesen folgt die Psychologie mit ihren Nebenzweigen, von denen sich ihrerseits wieder die eigentlichen Geisteswissenschaften nach Gegenstand und Methode scheiden (Geschichts-, Sprach-, Literatur-, Kunst-, Rechtswissenschaft und andere mehr).«

Hartmann warnt vor Schichtenverstößen, also vor Versuchen, die verschiedenen Schichten mit gleichartigen wissenschaftlichen Methoden behandeln zu wollen. Ähnlich argumentierten viele philosophierende Naturwissenschaftler in unserem Lande; es war und ist ihnen offensichtlich ein rechtes Anliegen, das »Geistige« gegenüber der Materie abzusichern.

Man muß heute aber feststellen, daß die wichtigsten Entdeckungen der letzten Jahrzehnte Schichtenverstöße waren: Die Entdeckungen der Genetik und die zahlreichen neuentdeckten Zusammenhänge zwischen Physiologie und Psychologie. Nach unseren heutigen Erfahrungen kann man diese Schichtenlehre günstigenfalls noch als Arbeitsteilung zwischen den Fakultäten akzeptieren, eine unübersteigbare Abgrenzung konnte aber außerhalb unseres Denksystems nirgends nachgewiesen werden. Es ist beinahe peinlich, mit welcher Verbissenheit in unserem Lande auch heute noch derlei Unterscheidungen im Widerspruch zur Erfahrung aufrechterhalten werden.

Hier zeigt sich die marxistische Philosophie aufgeklärter:[20] »Die Erforschung des Verhältnisses zwischen dem menschlichen Geist, dem Bewußtsein und der materiellen Außenwelt im weitesten Sinne dieses Wortes ist die große Grundfrage aller Philosophie.«

Hieran schließt sich konsequent die weitere Frage nach dem Wechselverhältnis des gesellschaftlichen Bewußtseins und des gesellschaftlichen Seins.

In dieser Betrachtungsweise verschwindet der prinzipielle Gegensatz zwischen Geist und Materie, an dessen Konservierung sich die Philosophie in unserem Lande vielfach erschöpft und sich zur Lösung unserer praktischen Probleme unfähig macht. Die Welt bildet so ein zusammenhängendes Wirkungsgefüge, in dem alles Existierende strukturierte Materie ist.

Im Laufe der geschichtlichen Entwicklung haben sich die Stoffe, die der Mensch benutzte, und die Methoden ihrer Gewinnung stark verändert. Am Anfang seiner Entwicklung ernährte sich der Mensch ähnlich wie verwandte Tiere: von roh gegessenen Pflanzen und Tieren, auch Wurzeln, Schnecken, Heuschrecken, Muscheln und so weiter.

Was wir heute als menschliche Kultur verstehen, steht in engem Zusammenhang mit dem Aufkommen des Ackerbaus und der Viehzucht. Die ersten Spuren systematischen Pflanzenanbaus und der Domestikation von Tieren finden sich schon in der Jungsteinzeit.

Die Bodenkultur begann damit, daß in den Boden (meist nach Brandrodung) durch einen angespitzten Stock Löcher gestoßen und Samen eingelegt wurden.

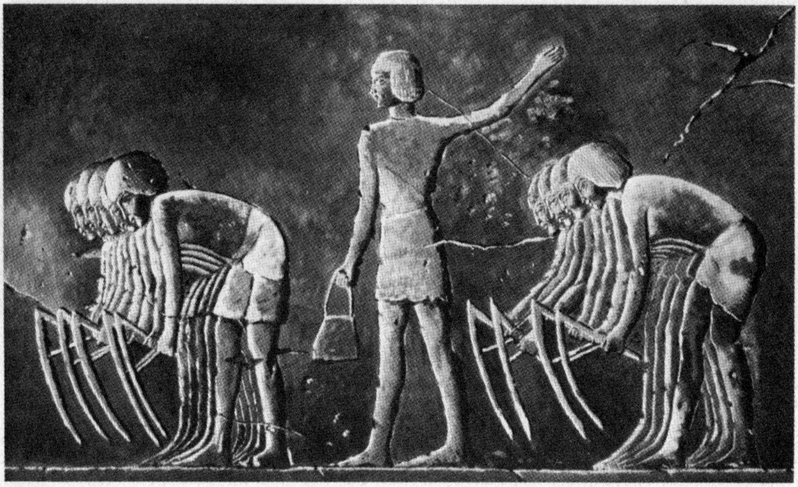

Bild 4: Ägyptische Sklaven bestellen den Acker mit dem Winkelgrabstock. Dieser war bereits ein technischer Fortschritt gegenüber dem geraden, zugespitzten Grabstock.

Die nächste Stufe war wohl die Benutzung des gewinkelten Grabstocks oder der Hacke. Bild 4 möge veranschaulichen, wie mühsam der Ackerbau in dieser technisch unterentwickelten Vorzeit war. Erst viel später entstand der Pflug und das tierische Gespann.

Diese Vorgänge veränderten das menschliche Denken und Verhalten: Der Mensch mußte das Land aufteilen, Besitz abgrenzen und zeitlich planen. Wo die Erde erschöpft war, mußte der Anbau aufgegeben oder gewechselt werden. Durch den Ackerbau werden dem Boden bestimmte Stoffe entzogen, der Boden verarmt. Die Geschwindigkeit des Abbaus kann durch geeignete Fruchtfolgen verringert werden: So nimmt beispielsweise der Stickstoffgehalt des Bodens bei Fruchtfolge erst nach 30 Jahren so stark ab wie bei einer Mais-Monokultur schon in neun Jahren.[6] Derartige Erfahrungen zusammen mit den großartigen Vorschlägen Justus von Liebigs zur Mineraldüngung führten zu der erstaunlichen Ergiebigkeit der neuzeitlichen Landwirtschaft.

Trotzdem traten aber immer wieder Hungersnöte auf und herrschen auch heute noch in großen Teilen der Erde: Ein großer Teil der Erdbevölkerung ist nicht ausreichend ernährt. (Hierauf wird später zurückgekommen.)

Die Ernährung dient drei unterschiedlichen Zwecken:[17]

1. Der Organismus braucht physikalische Energie beispielsweise zur Muskel-

betätigung, Konstanthaltung der Körpertemperatur und so weiter. Diese Energie wird dem Körper durch die Aufnahme energiereicher Stoffe zugeführt und durch Oxydation (Sauerstoffaufnahme) freigesetzt. Solche energiereichen Stoffe sind beispielsweise Kohlehydrate (Stärke, Zucker und so weiter), Fette und Eiweiße.
Ihr Energiegehalt wird durch den »physiologischen Brennwert« gekennzeichnet:

Kohlehydrate	4,1 Kilokalorien je Gramm
Fette	9,3 Kilokalorien je Gramm
Eiweiße	4,1 Kilokalorien je Gramm

Diese Energieträger können sich gegenseitig weitgehend ersetzen.
2. Der Organismus braucht zu seinem Aufbau viele komplexe chemische Verbindungen. Während niedere Organismen derartige Verbindungen aus anorganischer Substanz selbst aufbauen können, braucht sie der Mensch »vorfabriziert«. Typisch hierfür sind die Vitamine, die teilweise unersetzlich sind und deren Fehlen schwere Mangelkrankheiten hervorrufen kann wie zum Beispiel Rachitis, Beri-Beri-Krankheit, perniziöse Anämie, Pellagra und so weiter.
Die Eiweiße nehmen in dieser Hinsicht eine Zwischenstellung ein: Sie können entweder der Energieversorgung oder dem Organaufbau dienen. Die verschiedenen Eiweiße sind für den menschlichen Organismus keinesfalls gleichwertig. Die Unterschiedlichkeit beruht darauf, daß die Eiweiße aus etwa 25 verschiedenen Aminosäuren zusammengesetzt sein können. Manche von diesen, die »essentiellen Aminosäuren«, müssen mit der Nahrung aufgenommen werden, andere können ersetzt werden.
3. Der Organismus braucht – als ein wäßrig-salziges System – zu seiner Erhaltung Zufuhr an Wasser, Salzen und einigen Spurenelementen. Wasser und Salze erfahren zwar meist innerhalb des Körpers keine Veränderungen, aber der Ablauf wichtiger Vorgänge, wie zum Beispiel der Atmung oder der Nierenfunktion, ist mit einem dauernden Verlust an Wasser und Salz verbunden.
Die Nahrung des Menschen besteht überwiegend aus organischer Substanz, also aus Pflanzen und Tieren: Getreide, Gemüse, Früchte, Milch, Eier, Fleisch. Mit der Entwicklung der menschlichen Kultur wurden diese Stoffe immer bekömmlicher und attraktiver aufbereitet: durch Zerkleinern, Kochen, Backen, Braten, Würzen, Vergärung und so weiter.
Die Produktion an Nahrungsmitteln für den Menschen – sei es nun durch pflanzliche oder durch tierische Produkte – wird begrenzt durch die »Photosynthese«: In grünen Pflanzen werden mit Hilfe des Sonnenlichts aus Kohlendioxid und Wasser energiereiche organische Substanzen wie Kohlehydrate

(Stärke und Zucker), Eiweiße und Fette aufgebaut. Diese energiereichen Substanzen dienen der menschlichen Ernährung direkt oder nach Umwandlung durch das Tier.
Die Sonneneinstrahlung wird auch bei modernen Anbaumethoden nur zu einem kleinen Bruchteil (etwa 2 bis 2,5 Prozent) ausgenutzt. Wie wirkungsvoll die Einstrahlung ausgenutzt wird, hängt von der Pflanzenart, der Bodenqualität und den Anbaumethoden ab.

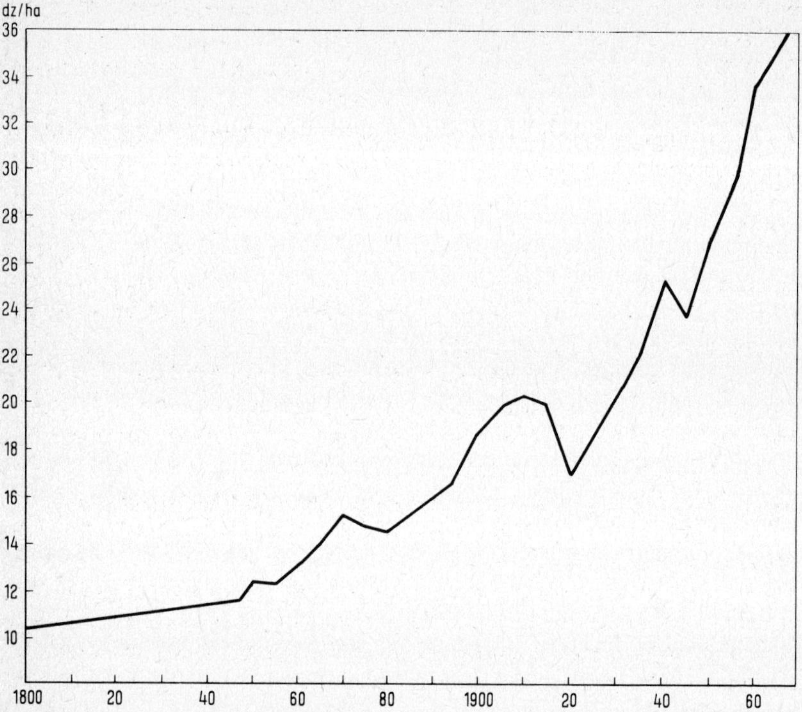

Bild 5: Entwicklung der Weizenerträge in Deutschland in Doppelzentner je Hektar von 1800 bis 1965. (Nach H. H. Cramer.)

Wenn nur die Photosynthese die Nahrungsmittelproduktion begrenzen würde, dann könnten nach Abschätzungen von C. T. De Wit[3] etwa 1000 Milliarden Menschen auf der Erde ernährt werden. Gesteht man aber jedem Menschen einen Raum von etwa 1500 Quadratmetern zu (also Bevölkerungsdichte über die ganze Erde: 670 Menschen pro Quadratkilometer) und einen Fleischverbrauch von 200 Gramm täglich, dann ergibt sich eine mögliche Erdbevölkerung von etwa 80 Milliarden Menschen, die etwa im Jahre 2130 erreicht würde, wenn das gegenwärtige Tempo des Bevölkerungswachstums konstant bliebe. Hierbei würde eine landwirtschaftliche Nutzfläche von nur sieben Prozent der Landfläche benötigt. Die Steigerung der Nahrungsmittelproduktion kann (nach D. Bommer[3]) folgende drei Wege gehen:

1. Regulierung der Wasser- und Nährstoffversorgung der Pflanzen über den Boden, um eine volle Funktionsfähigkeit der Photosynthese und eine rasche Entwicklung der Blattfläche zu erreichen.
2. Gestaltung des Pflanzenbestandes zu einer möglichst vollständigen Ausnutzung der zur Verfügung stehenden Vegetationszeit.
3. Auslese und Züchtung der für einen Standort und für entsprechende Kulturbedingungen einschließlich technischer Verfahren am besten geeigneten Pflanzensorten.

Welche Erfolge hierbei bisher erreicht wurden, zeigt Bild 5. Von 1800 bis 1960 stieg der Weizenertrag in Deutschland von etwa 10 auf etwa 36 Doppelzentner je Hektar. Ähnliche Steigerungen wurden auch in anderen hochentwickelten Ländern erzielt, während bisher beispielsweise in Indien und Pakistan die Erträge nur wenig zunahmen.

Aber nicht alle produzierten Pflanzen können dem gewollten Zweck zugeführt werden: Die Verluste durch Schädlinge und Krankheiten sind beträchtlich. Für die USA werden etwa zehn Prozent angegeben, während über die ganze Erde vermutlich mehr als die Hälfte verlorengeht.

Der Mensch braucht Materie nicht nur zur Ernährung, sondern auch noch für viele andere Zwecke, beispielsweise zur Bekleidung und für die speziellen Zwecke der modernen Technik.

Während die Jäger der Jungsteinzeit (etwa 14000 vor Christus) noch Pelzbekleidung trugen, Kapuzen und Hosen,[19] tauchen um 6000 vor Christus in Klein- und Vorderasien gewobene Kleider auf. Es wird angenommen, daß die Kleidung von Anfang an nicht nur dem Schutz, sondern zugleich kultischen, ästhetischen und sozialen Absichten diente. Hieran hat sich bis in die Gegenwart wenig geändert.

Die Textilien gehen vor allem auf zwei Verarbeitungsmethoden zurück: Flechten (Weben) und Verfilzen. Wegen der Vergänglichkeit der Stoffe können historische Einzelheiten heutzutage kaum mehr rekonstruiert werden. Schon in der Steinzeit wurden Nähnadeln benutzt, der Webstuhl erfunden und die Spindel, um den Faden zu verdrillen. Sehr früh scheint sich auch die Färbetechnik entwickelt zu haben.

In Ägypten fanden sich Textilien aus pflanzlichen oder tierischen Fasern schon um 5000 vor Christus. Schafwolle scheint schon um 4000 vor Christus benutzt

worden zu sein, Baumwolle gab es mit Sicherheit um 2500 vor Christus in Indien. Bild 6 zeigt in einem japanischen Holzschnitt aus dem 19. Jahrhundert, wie Baumwollkapseln entkernt wurden.
Die immer rascher veränderliche Mode trieb die Bekleidungstechnik vorwärts. In der Bundesrepublik Deutschland wurde die Bekleidungsindustrie in unserer Zeit zu einer Milliarden-Industrie: Kleider- und Wäscheherstellung, Putz-, Hut- und Mützenmacherei, Kürschnerei, Handschuh- und Schuhmacherei, Wäscherei und Färberei. Neben industrieller Fertigung findet sich hier auch noch in großem Umfang Heimarbeit. Zu den natürlichen Textilien treten synthetische Fasern, zum Beispiel Nylon, Perlon, Dralon, Orlon, Terylen und so weiter.

Bild 6: Entkernung von Baumwollkapseln. (Japanischer Holzschnitt aus dem 19. Jahrhundert.)

Vor allem durch den Bergbau beschaffte sich der Mensch seit Vorzeiten nützliche Materialien. Schon in der Jungsteinzeit wurde Feuerstein mit primitiven Werkzeugen abgebaut, in der Bronzezeit wurden vor allem Kupfererze und in der Eisenzeit Eisenerze gesucht. Manche Mineralien waren wegen ihres Glanzes oder wegen vermuteter Heilwirkung begehrt. Bild 7 zeigt ein mittelalterliches Bergwerk.

Heutzutage ist der Bergbau ein komplexer technisch-organisatorischer Vorgang: Aufsuchen der gewünschten Mineralien, Erschließen, Gewinnen, Fördern und Aufbereiten. Bild 8 möge hiervon einen Eindruck vermitteln.

Die eigentliche Materialgewinnung besteht in der Herauslösung des gewünschten Materials aus dem Verband. Dies geschah früher vorwiegend durch Schlägelarbeit, heute durch Abbauhämmern, Bohr- und Schießarbeit. Vor allem für die Kohleförderung wurden automatisierte Verfahren entwickelt: Herausschneiden mit der Schrämmaschine oder Herausschälen mit dem Kohlehobel. Die Gewinnung wird vielfach mit dem Abtransport des Materials gekoppelt.

Zum Bergbau gehört auch der Grubenausbau, die Wasserhaltung (Fernhaltung von Wasser) und die Wetterführung (Zufuhr von Frischluft, Abfuhr von Gasen und Kühlung).

Um eine Vorstellung von der Menge der aus der Erde gewonnenen Materialien zu geben, seien folgende Schätzwerte aus dem Jahre 1968 genannt:

Betrag in Milliarden DM	geförderte Materialien	Betrag in Milliarden DM	geförderte Materialien
150	Erdöl	5	Braunkohle
40	Steinkohle	4	Blei
23	Kupfer	4	Mangan
20	Eisenerz	4	Diamanten
13	Erdgas	3	Salz
6	Gold	3	Uranerz
6	Zink		

Nicht weniger als fünf dieser Materialien (Erdöl, Steinkohle, Erdgas, Braunkohle und Uranerz) werden weniger wegen ihrer materiellen Eigenschaften, vielmehr als Energieträger gefördert.

Die Bodenschätze werden heutzutage meist nicht mehr zufällig gefunden, sondern mit wissenschaftlichen Methoden gesucht. Einerseits werden die physikalischen Eigenschaften der Erdoberfläche sorgfältig untersucht (zum Beispiel von Flugzeugen oder Satelliten aus), und andererseits ermöglichen es

Bild 7 (oben): Mittelalterliches Bergwerk. (Meister des Hausbuchs um 1480.)
Bild 8 (rechts): Schematische Darstellung eines zeitgenössischen Bergwerks.

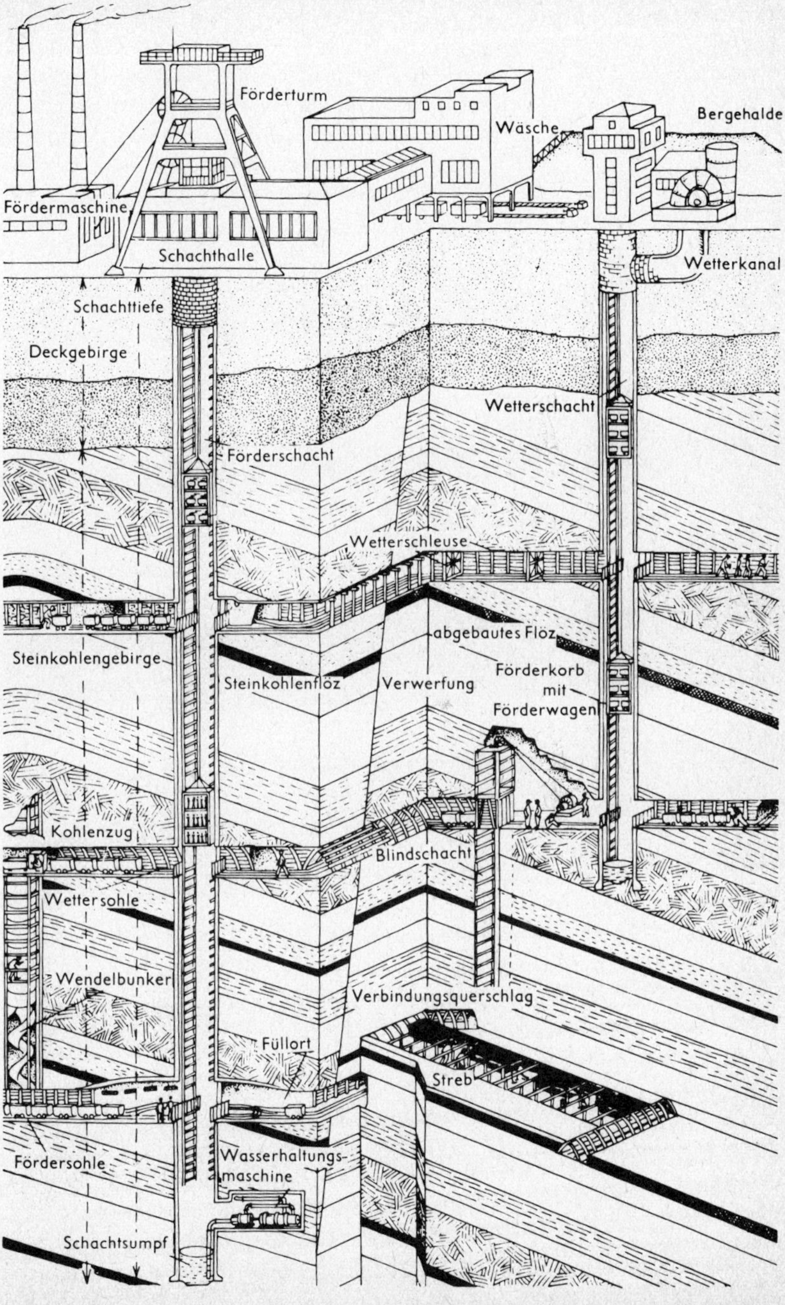

Förderturm
Bergehalde
Wäsche
Fördermaschine
Schachthalle
Wetterkanal
Schachttiefe
Deckgebirge
Wetterschacht
Förderschacht
Wetterschleuse
abgebautes Flöz
Steinkohlengebirge
Steinkohlenflöz
Verwerfung
Förderkorb
mit
Förderwagen
Kohlenzug
Blindschacht
Wettersohle
Wendelbunker
Verbindungsquerschlag
Füllort
Streb
Fördersohle
Wasserhaltungs-
maschine
Schachtsumpf

die Erfahrungen der Montangeologie, wahrscheinliche Lagerstätten anzugeben. So zeigt beispielsweise Bild 9 die Vorkommen der wichtigsten Brennstoffe (Steinkohle, Braunkohle, Erdöl) und Bild 10 die Vorkommen der wichtigsten Eisenerze und Stahlveredler (Mangan, Chrom, Nickel, Kobalt und Molybdän). Ähnliche Übersichten existieren für viele andere nützliche Rohstoffe.

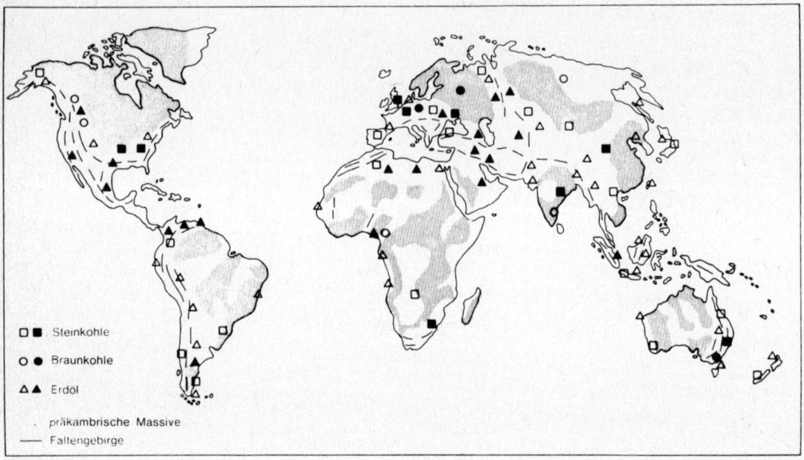

Bild 9: Vorkommen der wichtigsten Brennstoffe. (Nach R. Thienhaus.) Die voll ausgefüllten Signaturen bedeuten Großvorkommen.

Hierbei unterscheidet R. Thienhaus[33] für den Welthandel mit mineralischen Rohstoffen drei wirtschaftliche Großräume:

1. Die stark auf Rohstoffeinfuhren angewiesenen Industriestaaten der westlichen Welt und nördlichen Hemisphäre mit Nordamerika, Westeuropa und Japan.
2. Die mehr oder weniger autarken kommunistischen Länder des Ostblocks einschließlich China.
3. Die Rohstoffländer der Südkontinente mit Mittel- und Südamerika, Afrika, Vorderasien, Südasien und Australien. In diesem Bereich liegen sowohl zahlreiche nicht oder nur unzureichend industrialisierte Entwicklungsländer als auch wirtschaftlich starke Gemeinschaften mit hohem Lebensstandard wie die Südafrikanische Union und das Commonwealth von Australien.

Infolge der wachsenden Menschenzahlen und steigenden Industrialisierung nimmt der Materialbedarf rasch zu. Für die USA wurde schon vorausgesagt,[33] daß sich der Eisenbedarf bis zum Jahre 2000 verdreifache, der Bedarf an Aluminium versechsfache und der Bedarf an Uran möglicherweise verzehnfache. Deshalb wird fortwährend nach neuen Lagerstätten gesucht. Hierbei spielen zunehmend Lagerstätten im Meer (das ja 71 Prozent der Erdoberfläche ausmacht) eine Rolle. Vorläufig beschränkt sich der Abbau großenteils auf

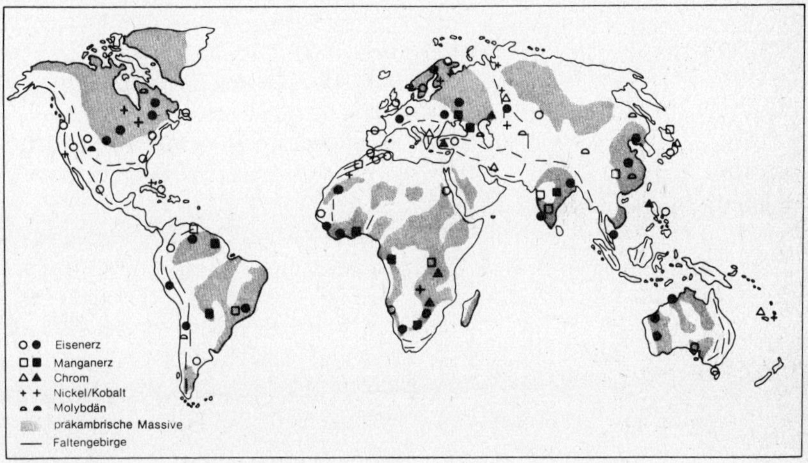

Bild 10: Vorkommen der wichtigsten Eisenerze und Stahlveredler. (Nach R. Thienhaus.) Die voll ausgefüllten Signaturen bedeuten Großvorkommen.

festlandsnahe Lagerstätten in geringer Meerestiefe (Festlandschelf). Hier wird schon heute nach Kohle, Nickel, Eisenerz, Zinn, Kupfer, Kalkstein und Gold geschürft. Der Festlandschelf wird deshalb zum politischen Streitobjekt. Der Abbau wird immer weiter ins Meer hinaus vorgetrieben. Hierfür entstehen in unserer Zeit neue Abbautechniken: Löffelbagger, Greifer, Eimerkettenbagger, Schneidkopf, Schaufelradbagger, Saugbagger, Abbauroboter und so weiter. Je tiefer die Abbaustätte, desto kostspieliger ist meist der Abbau.
Erstaunlich sind die enormen Mengen wertvoller Stoffe, die das Meerwasser enthält: neben unvorstellbaren Mengen von Chlor, Natrium, Magnesium, Schwefel, Kalium, Kalzium, Brom, Strontium und Fluor vor allem etwa:

25 Milliarden Tonnen Molybdän	3 Milliarden Tonnen Nickel
5 Milliarden Tonnen Uran	1 Milliarde Tonnen Kobalt
5 Milliarden Tonnen Zinn	0,5 Milliarden Tonnen Silber
5 Milliarden Tonnen Kupfer	6 Millionen Tonnen Gold

Vorläufig werden von diesem gigantischen Vorrat nur Steinsalz, Magnesium und Brom tatsächlich genutzt. Besonders die Gewinnung von Uran aus dem Meerwasser wird intensiv vorangetrieben.
Die Welt-Erdölproduktion hat etwa folgendermaßen zugenommen: 1960 etwa 1,08 Milliarden Tonnen, 1969 etwa 2,12 Milliarden Tonnen. Gleichzeitig stiegen die bekannten Erdölvorkommen von 41 Milliarden Tonnen auf 73,2 Milliarden Tonnen an. Die Abschätzungen des gesamten Rohöls der Erde liegen um 200 Milliarden Tonnen. Die bekannten Vorkommen liegen vorwiegend in wenigen Ländern, vor allem im Nahen Osten und in Nordafrika. Man sucht deshalb intensiv nach neuen Vorkommen, auch auf dem Meeresgrund. Mit den gegenwärtig schon existierenden Bohrtechniken sind angeblich Tiefen von 8000 Meter zu erreichen, das heißt, daß prinzipiell der gesamte Meeresgrund für Bohrungen zur Verfügung steht.
Das Meer spielt auch für die Ernährung des Menschen eine zunehmende Rolle: So stiegen beispielsweise die Erträge der Fischerei von etwa 27 Millionen Tonnen im Jahre 1953 auf etwa 60 Millionen Tonnen im Jahre 1967. Manchenorts wird so der Eiweißbedarf wirksam gedeckt. Auch für die Ernährung aus dem Meer gilt die oben getroffene Feststellung: Sie wird begrenzt durch die Photosynthese, also den Aufbau energiereicher Substanzen unter Ausnutzung des Sonnenlichtes. Deshalb ist für die Nahrungsmittelproduktion nur eine relativ dünne Schicht des Meeres, etwa bis in 200 Meter Tiefe, wirksam.[7]
Die Erhöhung der Nahrungsmittelproduktion aus dem Meer kann nach H. Friedrich[7] die folgenden Wege gehen:
1. Nutzung bisher ungenutzter Tierarten,
2. Verbesserung der Verarbeitungsmethoden,
3. Erhöhung der Primärproduktion durch Eingriffe in das Zirkulationssystem des Meeres,
4. Anzucht von Fischbrut und damit Verringerung der Verluste in der kritischen Entwicklungsphase,
5. Bewirtschaftung von Salzwasserlagunen nach Art binnenländischer Fischteichwirtschaften,
6. Intensivierung planmäßiger Kultivierungen, wie sie beispielsweise bei Muscheln und Austern bereits betrieben werden.

Diese Eingriffe dürfen aber das biologische Gleichgewicht der Natur nicht zerstören.

Probleme

Die weltweite Versorgung mit Materie, sei es nun für Ernährung, Bekleidung oder technische Zwecke, ist ein recht komplexer Vorgang:
– Die Materialquellen sind ungleichmäßig über die Erde verteilt. Es gibt rohstoffreiche und rohstoffarme Länder.
– Der Bedarf ist ebenso ungleichmäßig über die Erde verteilt.
– Der Bedarf verändert sich zeitlich fortwährend unter dem Einfluß wechselnder Menschenzahlen, Industrialisierung und individueller Ansprüche.
– Der Transport und die Konservierung der Materialien ist kostspielig und nicht unbegrenzt möglich: Transportkapazität, Haltbarkeit und so weiter.
– Viele Materialien können sich – eventuell nach Verarbeitung – gegenseitig ersetzen.
Die allerseits befriedigende Bedarfsdeckung ist deshalb ein schwer zu lösendes Problem: Es wurde in der Vergangenheit nie befriedigend gelöst und dürfte auch in Zukunft nicht zu jedermanns Zufriedenheit gelöst werden. Vor allem auch deshalb, weil bei Produktion, Verteilung und Konsum egoistische Interessen mitspielen, die mit dem übergeordneten Ziel der globalen Bedarfsdeckung kollidieren.
Die weltweite Materialversorgung kann zweifellos nur mit den Methoden der Systemanalyse optimal gelöst werden. Hierbei darf unter »optimal« nicht verstanden werden, daß alle Menschen mit den gefundenen Lösungen einverstanden sind.
Für die Systemanalyse eines solchen komplexen Systems ist wesentlich:
1. Das System muß als ein Geflecht von Ursachen und Wirkungen verstanden, Einzelheiten dürfen nicht isoliert betrachtet werden. Das System darf nicht als eine geheimnisvolle »Ganzheit« mit unverstehbaren Sachzwängen verstanden werden.
2. Es muß geklärt werden, welche Wert- und Zielvorstellungen das System beherrschen sollen. Die Klärung der Wert- und Zielvorstellungen geht über das hinaus, was man als »technokratische Beschränktheit« oder »Eindimensionalität« diffamiert.
3. Die Systemanalyse setzt eine zuverlässige Kenntnis der im System wirkenden Gesetze, Umweltbedingungen, materiellen Ressourcen und so weiter voraus. Sachkenntnis ist Voraussetzung der Systemanalyse. Sie muß hierbei klären, welche Strukturen, Gewohnheiten und so weiter nur der Trägheit des Denkens entsprechen und deshalb veränderbar sind.
4. Die Systemanalyse muß klären, welches Steuersystem die Funktion des Systems bestimmt, zum Beispiel welches Management. Sie muß klären, welche Möglichkeiten dieses Steuersystem bietet, das System zu verändern.

5. Die Systemanalyse ist ein intellektuell offensiver Prozeß: Erst das System geistig durchdringen, dann handeln. Hierin unterscheidet sie sich von manchen anderen zeitgenössischen Versuchen, »die Welt zu verändern«, ohne ihren Mechanismus verstanden zu haben.

Die Systemanalyse der Materialversorgung kann nicht durch eine Ansammlung von Spezialisten geleistet werden. Man kann hier nicht unabhängig voneinander die politischen Probleme, die gesellschaftlichen Probleme, die technischen Probleme und die Probleme der Wirtschaft analysieren. Viele Mißerfolge der Entwicklungspolitik beruhen auf dem Irrglauben, man könnte derartige Probleme ohne Systemdenken lösen.

Welche Wert- und Zielvorstellungen sollen die Materialversorgung beherrschen? Die Antwort auf diese Frage kann nicht aufgrund naturwissenschaftlicher oder technischer Überlegungen gegeben werden, sie ergibt sich aus moralischen und politischen Entscheidungen. Sicher darf man nicht – so wie dies bisher oft geschah – das Wachstum der Produktion oder des Konsums als einen nicht mehr diskutierbaren Endzweck materiellen Geschehens hinnehmen, sondern muß überlegen, ob möglicherweise bei reduzierter Produktion und Konsumtion ein »besseres« Leben möglich ist – nicht nur in der Gegenwart, mehr noch in der Zukunft. Ein »gutes« Leben setzt vor allem saubere Luft, reines Wasser und ein nicht vergiftetes Land voraus, möglicherweise einen reduzierten Konsum, ein hochwertiges Gesundheits- und Bildungssystem, kulturellen Austausch und das Erlebnis unberührter Natur. Ein solches »gutes« Leben ist aber nur dann realisierbar, wenn die Anzahl der lebenden Menschen in einem erträglichen Verhältnis zur Ergiebigkeit unserer Erde steht.

Man kann die Anzahl der maximal lebenden Menschen unter verschiedenen Voraussetzungen abschätzen: Oben wurde schon darauf hingewiesen, daß dann, wenn nur die Photosynthese über die Ernährung als begrenzender Faktor auftreten würde, etwa 1000 Milliarden Menschen ernährt werden könnten. Gesteht man dem Menschen aber täglich 200 Gramm Fleisch und im Mittel über die ganze Erde einen Lebensraum von 1500 Quadratmetern zu, dann ergäben sich etwa 80 Milliarden. Das »Committee on Resources and Man« der National Academy of Sciences hat abgeschätzt,[4] daß, wenn alles kultivierbare Land bebaut und optimal organisiert würde, etwa 30 Milliarden ernährt werden könnten, wobei allerdings viele chronisch unterernährt wären. Wenn die gegenwärtige Steigerungsrate der Erdbevölkerung konstant bliebe (etwa 2 bis 2,5 Prozent pro Jahr), würde dies etwa im Jahr 2070 erreicht werden. Durch optimistische Annahmen kam das »Committee on Resources and Man« zu dem Schluß, daß sich die Erdbevölkerung um das Jahr 2050 auf eine Zahl von etwa zehn Milliarden Menschen einpendeln würde. Nach

Ansicht von P. Cloud[4] – der man wohl zustimmen kann – ist diese Abschätzung zu hoch, wenn auf längere Sicht ein mäßiger Wohlstand herrschen soll. Eine Erdbevölkerung von etwa sieben Milliarden, wie sie zu Ende dieses Jahrtausends vorauszusehen ist, könnte bei Ausnutzung aller Ressourcen und wohldurchdachter weltweiter Organisation in einem mäßigen Wohlstand erhalten werden.

Es ist aber unwahrscheinlich, daß die anderen Rohstoffe, vor allem Metalle, ausreichen werden, allen Menschen ein Konsumniveau zu verschaffen, wie es gegenwärtig für die hochentwickelten Länder typisch ist. Selbst die USA werden Schwierigkeiten haben, den Rohstoffbedarf zu decken, der sich bis zum Jahre 2000 im Mittel etwa verdreifachen wird. Eine genauere Untersuchung zeigt, daß Versorgungslücken vor allem bei Metallen, Edelmetallen, Brennstoffen und Helium zu erwarten sind. P. Cloud schließt seine Analyse der zukünftigen Rohstoffversorgung mit der Feststellung:

»Man braucht kein Experte zu sein, um zu erkennen, daß die Verknappung der mineralischen Rohstoffe in den USA dem Bevölkerungswachstum und dem Wohlstand zu Beginn des 21. Jahrhunderts oder sogar noch eher eine Grenze setzen wird, wenn wir keine wirksamen Gegenmaßnahmen treffen. Genauso wahrscheinlich ist es, daß die globale Bevölkerungszunahme aufgrund anderer Ursachen – nämlich durch den physikalischen, biologischen und psychologischen Verfall sowie durch Fehler in der Verwaltung und Verteilung der Hilfsquellen – aufhören wird, bevor noch die Rohstoffverknappung selbst kritisch wird. Wenn die Bevölkerungszunahme nicht durch katastrophenartige natürliche Prozesse gebremst werden soll, muß es uns vorher gelingen, durch Mittel unserer eigenen Wahl ein Gleichgewicht zu schaffen.«

Mittel unserer eigenen Wahl – das bedeutet Planung, Systemplanung von Grundstoffen und Nahrungsmitteln. Hierzu hat P. Menke-Glückert anläßlich Systems 69 einen wertvollen Beitrag geliefert.[23] Er geht hierbei aus von einer – nach heutigem Wissen wohl vollständigen – Übersicht über alle Methoden der Nahrungsmittelgewinnung (Bild 11).

Eine allerseits befriedigende Deckung materieller Bedürfnisse darf sich keinesfalls auf die Betrachtung materieller Sachverhalte beschränken, sie muß vielmehr eng mit Bildungsplanung, Familienplanung und Planung der Entwicklungshilfe einhergehen. Jede in der Bildungs- oder Familienplanung investierte Mark bringt langfristig etwa den zehnfachen Nutzen technischer Hilfe.

Der Weltleitplan der Welternährungsorganisation (FAO) machte Vorschläge, wie die in den nächsten 15 Jahren zu erwartende zusätzliche Milliarde Menschen ernährt werden könnte. Danach soll die Getreideproduktion in den nächsten Jahren um etwa 3,5 Prozent pro Jahr gesteigert werden (während die Erdbevölkerung um etwa 2 bis 2,5 Prozent wächst). Mit dem vergrößerten

Bild 11: System der Nahrungsmittelgewinnung. (Nach E. Jantsch.)

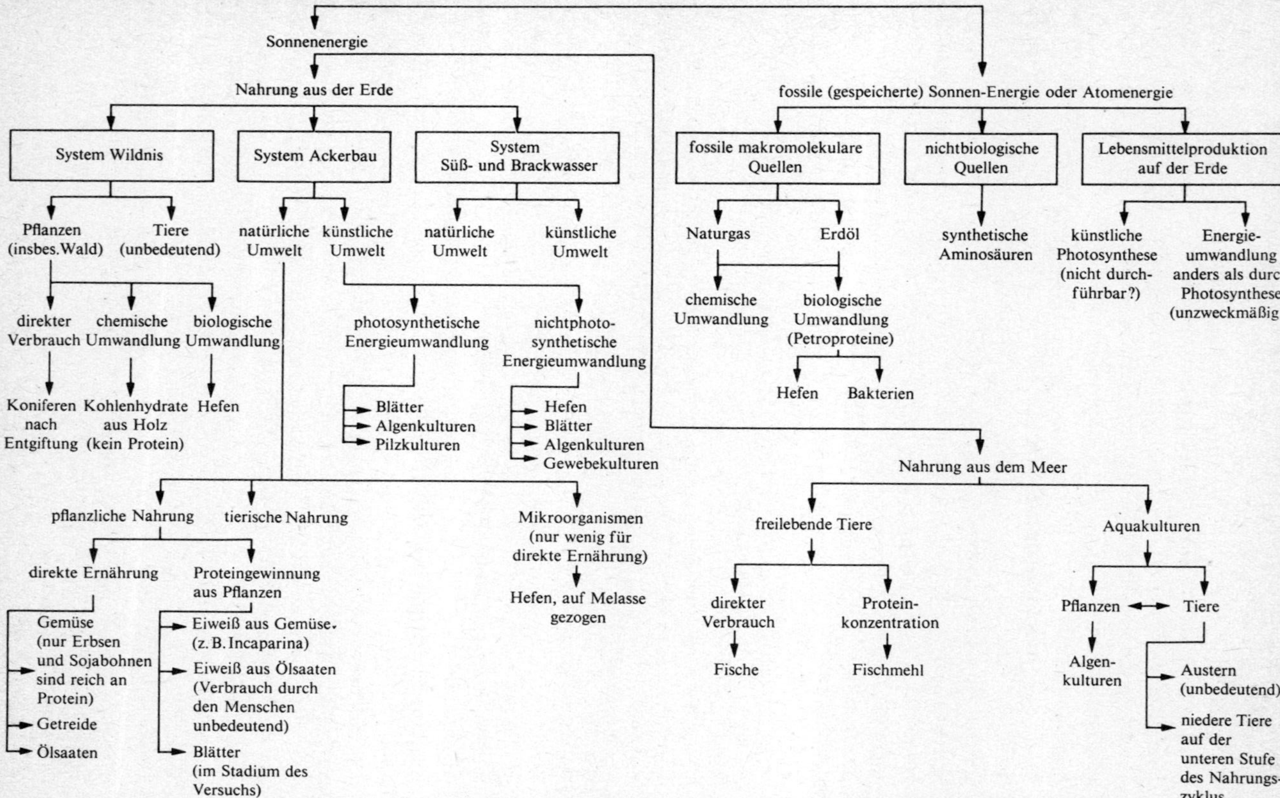

Angebot hofft man, Tiere mästen zu können, so daß auch die Eiweißlücke verkleinert wird. In dem Weltleitplan ist vorgesehen, die Anbauflächen von 562 Millionen Hektar im Jahre 1962 auf 660 Millionen Hektar 1985 zu erhöhen. Gleichzeitig soll die Infrastruktur verstärkt werden: Straßen, Verteilungssysteme und Schulen sollen aufgebaut werden. Die hierfür notwendigen Kredite sollen, verglichen mit dem gegenwärtigen Stand, auf etwa das Fünffache erhöht werden, jährlich über 300 Milliarden DM – eine gigantische Summe!

Die moderne Kommunikation hat eine zwiefältige Wirkung auf die Bedarfsdeckung: Einerseits erweckt sie Begierden durch den Vergleich mit den reichen Ländern, andererseits ermöglicht sie die Unterweisung in Ackerbau, Viehzucht, Organisationsformen, Familienplanung und so weiter.

Bei der Bedarfsdeckung zeigt es sich oft, daß die Problemlösungen der Spezialisten nur Scheinlösungen sind: Wenn zum Beispiel nach amerikanischem oder russischem Vorbild Großfarmen oder Sowchosen aufgebaut werden, dann bricht möglicherweise das Sozialsystem weniger entwickelter Länder zusammen, und Millionen von Landarbeitern und Bauern werden arbeitslos. Die entstehenden Agrarüberschüsse würden die Weltmarktpreise drücken und so weiter. Manche Skeptiker vermuten sogar, daß durch die Einwirkungen der hochindustrialisierten Länder auf die »unterentwickelten Länder« (einschließlich Entwicklungshilfe) eigentlich nur die ungelösten sozialen Probleme der Industrieländer exportiert werden und diese Einwirkungen deshalb unterbleiben sollten.

Die Systemanalyse der Bedarfsdeckung zeigt nach H. Ozbekhan auch einen teuflischen Rückkopplungskreis: Die schlechte Ernährung führt zu niedriger Produktivität, zu geringer Produktion und schließlich wieder zu schlechter Ernährung. Dieser eine Rückkopplungskreis wird überlagert von einem zweiten mit ähnlicher Wirkung: Der niedrige Lebensstandard führt zu geringer Widerstandsfähigkeit gegenüber Krankheiten, hoher Kindersterblichkeit, niedriger Lebenserwartung und so weiter. Um aus diesem teuflischen Rückkopplungskreis herauszukommen, brauchen die »unterentwickelten« Länder Starthilfen: Kapital und Bildung.

Hier wurde die Bedeutung der Systemanalyse, der integrierenden Betrachtung für die Bedarfsdeckung hervorgehoben. Man darf sich aber darüber nicht täuschen: Die globalen Anstrengungen wären erfolglos, wenn nicht zahllose Spezialisten mit größtem Sachverstand und höchster Anstrengung ihre Arbeit leisteten: Chemiker, Physiker, Geologen, Meteorologen, Experten für Landwirtschaft, Bergbau, Meerestechnik, Verfahrenstechnik, Transportwesen und Lebensmittelfrischhaltung.

Hierbei hat zweifellos die Chemie eine Schlüsselfunktion: Sie beschäftigt sich mit den Eigenschaften und der Umwandlung materieller Stoffe. Drei Leistungen sind besonders zu erwähnen:[16]

1. Die Ausbeutung der natürlichen Rohstoffquellen für konventionelle Stoffe wird durch die Chemie ergiebiger.

2. Neuartige Chemiewerkstoffe können konventionelle Stoffe ersetzen (Substitution).

3. Durch die Vielfalt chemischer Reaktionsmöglichkeiten kann man auftretenden Verknappungen mit Verfahrensumstellungen begegnen.

Eine Vorstellung vom Wachstum der Chemie geben folgende Zahlenangaben:[12] Der globale Chemieumsatz stieg von etwa 120 Milliarden DM im Jahre 1950 auf etwa 580 Milliarden DM im Jahre 1968. Es wird angenommen, daß das Wachstum ähnlich weitergeht und im Jahre 1980 etwa 1300 Milliarden erreicht.

Bild 12 möge veranschaulichen, wie der Gesamtverbrauch verschiedener Rohstoffe in der Zeit bis zum Jahr 2000 voraussichtlich zunehmen wird.

Angesichts derartiger Zahlen und Steigerungsraten darf man aber nicht dem Zahlenrausch verfallen. Möglicherweise stellt dieses Wachstum sogar eine Bedrohung der menschlichen Existenz dar. Diese mögliche Bedrohung sei durch folgende Überlegung angedeutet: Die ursprünglichen menschlichen Lebensformen beruhten auf einem leicht übersehbaren Materialkreislauf: Der Bauer entzog bestimmte Stoffe dem Boden durch den Pflanzenanbau. Diese dienten der menschlichen Ernährung entweder direkt oder über Tiere. Die Abfallstoffe führte er direkt oder nach kurzer Verrottung wieder dem Boden zu. So entstand ein geschlossener Materialkreislauf, der räumlich und zeitlich übersehbar war und zu keiner Zerstörung des materiellen Gleichgewichts führte.

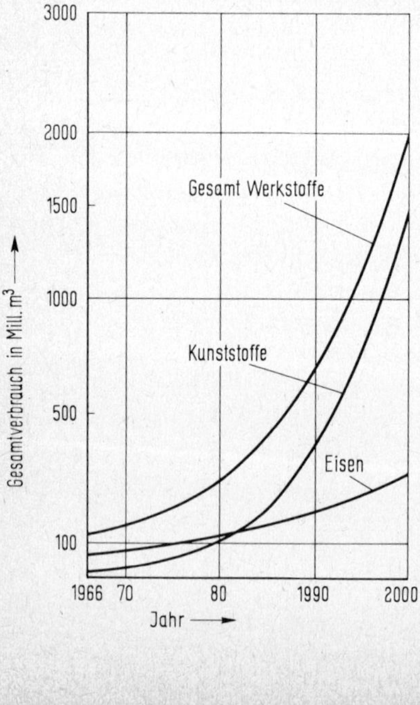

Bild 12 (links): Prognose des Werkstoffverbrauchs der Erde. (Nach J. C. Gerritsen.)

Bild 13 (rechts): Der Materialkreislauf um den modernen Menschen.

Anders ist es in unserer Zeit: Der vorgefundenen Umwelt (Lithosphäre, Hydrosphäre und Atmosphäre) werden viele Stoffe entzogen, sei es nun durch Ackerbau, Bergbau oder andere Gewinnungsmethoden. Diese Stoffe gelangen eventuell nach technischer Veränderung zum Menschen, wo sie nicht nur zur Befriedigung ursprünglicher Bedürfnisse dienen, sondern auch ganz neuen Bedürfnissen, wie zum Beispiel der Fortbewegung oder dem Amüsement. Nach Verwendung dieser Produkte entstehen Abfälle, die vorläufig noch unkontrolliert irgendwo deponiert werden und das noch gänzlich ungelöste Problem der Umweltzerstörung erzeugen. In unserer Zeit entstand ein Materialfluß, der räumlich und zeitlich unübersehbar ist und das materielle Gleichgewicht zerstört.

Wenn die Technostruktur wieder ins Gleichgewicht kommen soll, dann müssen wir wieder einen räumlich und zeitlich übersehbaren und geschlossenen Materialkreislauf herstellen. Einen Entwurf zeigt Bild 13: Hier ist vorgesehen, daß die Möglichkeiten der zeitgenössischen Technik nicht nur zur Produktion genutzt werden, sondern auch zum Abbau der entstehenden Abfälle. Diese sollten nicht unkontrolliert irgendwo deponiert werden, vielmehr in einem möglichst kleinen Kreislauf, am besten unter Umgehung der vorgefundenen Umwelt, wieder der Produktion zugeführt werden: »recycling«. Diese zukünftige Materialverwendung muß zwei Vorgänge vermeiden: Einer-

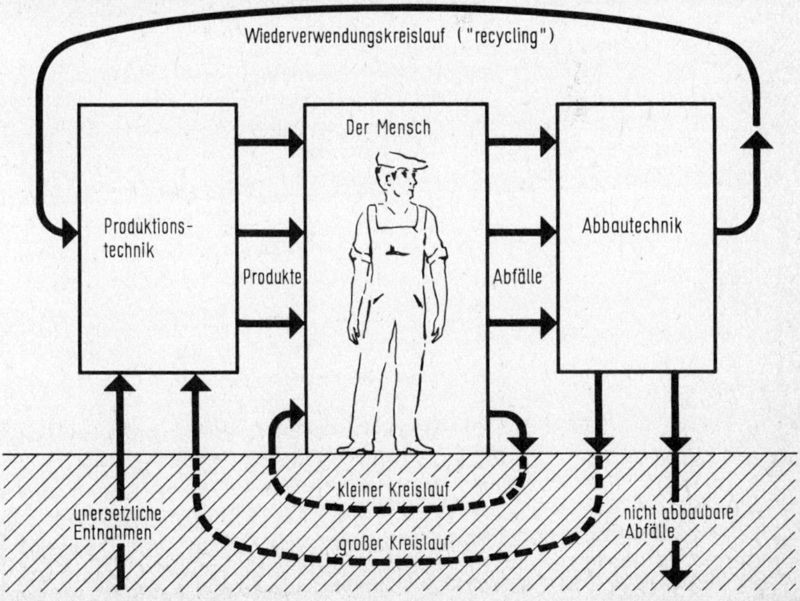

seits die Entnahme unersetzlicher Stoffe aus der natürlichen Umwelt und andererseits die Deponierung nicht abbaubarer Abfälle (wie zum Beispiel Glas, Plastik, DDT und so weiter). Ins Gleichgewicht kommt unsere Technostruktur erst dann wieder, wenn der hochentwickelten Produktionstechnik eine entsprechend wirkungsvolle Abbautechnik gegenübersteht.
Bisherige Untersuchungen zur Frage, wie viele Menschen auf dieser Erde leben können, gingen ziemlich einseitig von der Frage aus, wie viele materiell versorgt, vor allem ernährt werden können. Die Entwicklung der Gegenwart führt auf die entgegengesetzte Begrenzung: Möglicherweise ist die Zahl der Menschen, die auf der Erde existieren können, durch die Menge der Abfälle begrenzt.

Literatur

1 Ackermann, K.: »Bergbau im Meer erschließt neue Rohstoffquellen.« In: »Techniken der Zukunft.« Jg. 1971. H. 1. S. 144 bis 148.
2 Bavink, B.: »Ergebnisse und Probleme der Naturwissenschaften.« Leipzig 1944.
3 Bommer, D.: »Wie schnell läßt sich die Nahrungsmittelproduktion steigern?« In: »Technische Zivilisation – Möglichkeiten und Grenzen.« Hrsg. von G. Kurth. Stuttgart 1969.
4 Cloud, P.: »Hilfsquellen, Bevölkerungszahl und Lebensinhalt.« In: »Umschau in Wissenschaft und Technik.« Jg. 1970. H. 19. S. 591 bis 597.
5 »Elemente des Lebens.« Hrsg. von W. Laskowski. Berlin 1966.
6 Frese, H.: »Bodenfruchtbarkeit auch heute noch aktuell?« In: »Technische Zivilisation – Möglichkeiten und Grenzen.« Hrsg. von G. Kurth. Stuttgart 1969.
7 Friedrich, H.: »Das Meer als Nahrungsquelle.« In: »Technische Zivilisation – Möglichkeiten und Grenzen.« Hrsg. von G. Kurth. Stuttgart 1969.
8 Gerl, F., und H. Kötter: »Die Landwirtschaft.« In: »Nordrhein-Westfalen auf dem Weg in das Jahr 2000.« Hrsg. von E. Schmacke. Düsseldorf 1970.
9 »Das Große Buch der Technik.« Hrsg. vom Lexikon-Institut Bertelsmann. Gütersloh 1970.
10 »Grundlagen des Marxismus-Leninismus.« Hrsg. von einem Übersetzerkollektiv. Berlin 1960.
11 »Grundlagen der marxistischen Philosophie.« Hrsg. von einem Autorenkollektiv. Berlin 1961.
12 Hansen, K.: »Das nächste Jahrzehnt der Weltchemie.« In: »Nordrhein-Westfalen auf dem Weg in das Jahr 2000.« Hrsg. von E. Schmacke. Düsseldorf 1970.
13 Hartmann, N.: »Neue Wege der Ontologie.« Stuttgart 1949.
14 Ilschner, B., und H. J. Oel: »Neue Werkstoffe.« In: »1980 ist morgen.« Hrsg. von E. Schmacke. Düsseldorf 1969.
15 Kausch, H.: »Gewinnung von Mineralien aus dem Meer.« In: »Umschau-Jahrbuch 1971.« Frankfurt a. M. 1970.

16 Kölbel, H., und J. Schulze: »Zukunftsentwicklungen der Chemie.« In: »Systems 69.« Hrsg. von K. Steinbuch. Stuttgart 1970.
17 »Kurzgefaßtes Lehrbuch der Physiologie.« Hrsg. von W. Keidel. Stuttgart 1970.
18 Laban, J.: »Trink- und Nutzwasser aus dem Meer.« In: »Techniken der Zukunft.« Jg. 1971. H. 1. S. 140 bis 143.
19 »Aus Lehm und Gold.« Stuttgart 1967.
20 »Marxistische Philosophie.« Hrsg. von einem Autorenkollektiv. Berlin 1967.
21 McGee, G.: »Natürliche Hilfsquellen der Welt. Situation heute und in der Zukunft.« Köln, Opladen 1964.
22 Meier, R. L.: »Material Resources.« In: »Mankind 2000.« Hrsg. von R. Jungk und J. Galtung. Oslo, London 1969.
23 Menke-Glückert, P.: »Systemplanung von Grundstoffen und Nahrungsmittelreserven.« In: »Systems 69.« Hrsg. von K. Steinbuch. Stuttgart 1970.
24 Park, C. F., und M. C. Freeman: »Famine in raw materials by 2000 AD.« In: »Science Journal.« Jg. 6 (1970). H. 5. S. 69 bis 73.
25 Pauli, F.: »Eine Welt frei von Hunger – Voraussetzung für den Frieden.« In: »Ruperto-Carola.« (»Mitteilungen der Vereinigung der Freunde der Studentenschaft der Universität Heidelberg.«) Jg. 21 (1969). Bd. 47. S. 32 bis 37.
26 Repenning, R.: »Die Zukunft der Petrochemie.« In: »Nordrhein-Westfalen auf dem Weg in das Jahr 2000.« Hrsg. von E. Schmacke. Düsseldorf 1970.
27 Schenck, H.: »Die Stahlindustrie.« In: »Nordrhein-Westfalen auf dem Weg in das Jahr 2000.« Hrsg. von E. Schmacke. Düsseldorf 1970.
28 Schiffers, H.: »Das Wasser der Sahara.« In: »Bild der Wissenschaft.« Jg. 4 (1967). H. 9. S. 749 bis 758.
29 Smith, D. T.: »Bodenschätze am Meeresboden.« In: »Umschau in Wissenschaft und Technik.« Jg. 1968. H. 5. S. 136 bis 140.
30 –: »Bodenschätze am Meeresboden.« In: »Menschen im Jahr 2000.« Hrsg. von R. Jungk. Frankfurt a. M. 1969.
31 Taprogge, R.: »Neue Werkstoffe und neue Konstruktionen in Wechselwirkung.« In: »Techniken der Zukunft.« Jg. 1971. H. 1. S. 101 bis 103.
32 »Technologie der Zukunft.« Hrsg. von R. Jungk. Berlin, Heidelberg, New York 1970.
33 Thienhaus, R.: »Montangeologische Probleme in den Entwicklungsländern der Südkontinente.« In: »Umschau in Wissenschaft und Technik.« Jg. 1967. H. 18. S. 577 bis 583.
34 »Der Weg zum Menschen.« Hrsg. von W. Laskowski. Berlin 1968.
35 Weigert, A.: »Bildung der Elemente im Kosmos.« In: »Atome, Kerne, Elementarteilchen.« Hrsg. von G. Süssmann und N. Fiebiger. Frankfurt a. M. 1968.
36 »Welternährungskrise oder: Ist eine Hungerkatastrophe unausweichlich?« Hrsg. von der Vereinigung Deutscher Wissenschaftler. Reinbek 1968.
37 Westbrook, J. H.: »Materials for tomorrow.« In: »Science and technology in the world of the future.« New York 1970.
38 Wilbrandt, H.: »Existenzgrundlagen in einer überbevölkerten Welt.« In: »Zukunft im Kreuzverhör.« Hrsg. von E. Heimendahl. Gütersloh 1970.
39 Wirths, W.: »Neue Verfahren zur Sicherung der Ernährung.« In: »Nordrhein-Westfalen auf dem Weg in das Jahr 2000.« Hrsg. von E. Schmacke. Düsseldorf 1970.
40 Zimmermann, F.: »Lebenswichtige Probleme um das Wasser in Deutschland, Europa und in der Welt.« In: »Technische Zivilisation – Möglichkeiten und Grenzen.« Hrsg. von G. Kurth. Stuttgart 1969.

Bild 1: Der Holzfäller. (Von F. Hodler.)

4 Energie

Basiswissen

Mit dem Wort »Energie« werden zwei verschiedene Dinge bezeichnet. Sagen wir: »Dieser Mensch steckt voll Energie«, so meinen wir gewisse psychische Eigenschaften, etwa die, stark motiviert zu sein. Sagen wir aber: »Die Energieversorgung ist gesichert«, so meinen wir mit »Energie« etwas anderes, nämlich die Funktion der Elektrizitätswerke, die Versorgung mit Kohle, Erdöl, Erdgas und so weiter. Wir wollen hier unter »Energie« dieses zweite verstehen.

Dieser Begriff »Energie« ist etwas abstrakt. Ein klärender Vorbegriff ist »Arbeit«: Überwinden wir einen Widerstand, so leisten wir Arbeit. Wir können diese quantitativ angeben durch das Produkt aus dem Weg und dem überwundenen Widerstand. Als Widerstand kommt beispielsweise die Reibung oder das Eigengewicht eines Körpers in Frage. Heben wir zum Beispiel einen Körper von einem Kilogramm Gewicht einen Meter in die Höhe, dann haben wir Arbeit von einem Meterkilogramm (besser Kilopondmeter) geleistet. Dieselbe Arbeit wäre auch geleistet worden, wenn wir zwei Kilogramm um einen halben Meter gehoben hätten und so weiter.

Energie ist die Fähigkeit, Arbeit zu leisten. Bild 1 illustriert das Wesen der Energie besonders anschaulich: Der Holzfäller möchte seine Axt möglichst weit in den Stamm des Baumes hineinschlagen, er muß deshalb viel Energie verfügbar machen. Hierzu hebt er die Axt weit über seinen Kopf (um potentielle Energie bereitzustellen), und er nimmt eine solche Körperhaltung ein, daß er der niedersausenden Axt zusätzlich eine möglichst große Bewegungsenergie mitgeben kann.

Der physikalische Begriff »Energie« ist bestimmt durch die Arbeitsfähigkeit eines Systems. Er ist deshalb etwas abstrakt, weil es viele verschiedene Formen der Energie gibt, vor allem:

Die potentielle mechanische Energie ist oft gegeben durch die Höhendifferenz zwischen der Ausgangslage und der Endlage einer Masse, multipliziert mit der Erdanziehungskraft dieser Masse. Diese potentielle mechanische Energie wird zum Beispiel bei Wasserkraftwerken ausgenutzt, wo das fallende Wasser

Bild 2: Wasserkraftwerk.

Mühlräder, Turbinen oder dergleichen antreibt (Bild 2). An die Stelle der Höhendifferenz können auch andere Abstandsdifferenzen treten, zum Beispiel Abstandsdifferenzen von einem Atomkern.

Die chemische Bindungsenergie ergibt sich aus der potentiellen Energie atomarer Teilchen und kann durch chemische Prozesse freigesetzt oder gebunden werden. Beispielsweise wird bei der chemischen Verbindung von Kohle und Sauerstoff (also der Verbrennung) chemische Bindungsenergie als Wärme frei. Ähnlich wird bei elektrischen Primär- und Sekundärelementen (zum Beispiel Akkumulatoren) durch chemische Umsetzungen chemische Bindungsenergie in Form von elektrischem Strom frei.

Bei der Bewegungsenergie (»kinetische Energie«) müssen drei Varianten unterschieden werden:

Erstens die makroskopische lineare Bewegungsenergie, welche sich beispielsweise bei Autozusammenstößen verheerend auswirkt,

zweitens die makroskopische rotatorische Bewegungsenergie, die beispielsweise in einem rotierenden Schwungrad steckt, und

drittens die mikroskopische Bewegungsenergie der Atome und Moleküle, die

Bild 3: Kernreaktor.

meist als Wärmeenergie bezeichnet wird, sich aber bei genauer Betrachtung als Bewegungsenergie der Atome und Moleküle erweist.

Die Feldenergie elektrostatischer und magnetischer Felder, die sich beispielsweise durch die Bewegung von Körpern im Feld nachweisen läßt.

Die Energie aus der Umwandlung von Materie: Nach Einstein ist ja die Masse m einer Energie $E = mc^2$ äquivalent (c = Lichtgeschwindigkeit). Bei manchen Kernreaktionen »verschwindet« Masse und »entsteht« Energie – oder umgekehrt.

Die verschiedenen Erscheinungsformen der Energie lassen sich in vielfältiger Weise ineinander umwandeln. Ein anschauliches Beispiel für die Umwandlung ist das Pendel: Auf dem höchsten Punkt seiner Bewegung ist alle verfügbare Energie potentielle mechanische Energie, auf dem tiefsten Punkt ist aber alle verfügbare Energie Bewegungsenergie. Das Pendeln besteht in der periodischen Umwandlung potentieller in kinetische Energie und umgekehrt.

Eine andere Umwandlung wird durch Bild 2 angedeutet: Aus der potentiellen Energie des fallenden Wassers wird elektrische Energie gewonnen, diese wird durch ein Stromverteilungsnetz den Haushalten, der Industrie und so weiter zugeführt und dort beispielsweise in Wärmeenergie, Licht, Bewegungsenergie, chemische Energie und so weiter umgewandelt. Die Erzeugung der elektrischen Energie muß aber nicht von der Energie des fallenden Wassers ausgehen, an ihre Stelle könnte auch die chemische Energie der Kohle, des Erdöls oder des Erdgases treten oder die Energie aus der Umwandlung von Materie, die Atomenergie.

Es gibt eine beinahe unübersehbare Vielfalt physikalischer oder technischer Anordnungen, mit deren Hilfe Energie von einem Zustand in einen anderen überführt werden kann.[14] Einige wichtige sind:

Die Dampfmaschine – deren Erfindung vorwiegend auf James Watt (1780) zurückgeführt wird – wandelt Wärmeenergie (die meist aus der Verbrennung von Kohle gewonnen wurde) in mechanische Energie um. Hierzu wird der im Kessel erzeugte Dampf in einen Arbeitszylinder geleitet, wo er einen Kolben und schließlich die Antriebsachse bewegt. Bei der Dampfturbine (Persons 1884) wird die kinetische Energie des strömenden Dampfes in mechanische Energie umgewandelt.

Der Elektromotor – an dessen Konstruktion viele Erfinder vorwiegend im 19. Jahrhundert gearbeitet haben – wandelt elektrische Energie in mechanische um.

Der Dynamo – der vorwiegend auf Werner von Siemens 1867 zurückgeführt wird – wandelt mechanische Energie, die beispielsweise von einer Dampfmaschine oder Dampfturbine geliefert wird, in elektrische Energie um. Mit der Erfindung des Dynamos begann die Elektrizität für die Energieversorgung bedeutungsvoll zu werden.

Die Glühlampe – deren Erfindung vor allem auf H. Goebel 1854 und J. W. Swan 1878 zurückgeführt werden kann – wandelt elektrische Energie über einen glühenden Faden in Licht um.

Die Verbrennungsmaschine – unter deren Erfindern besonders N. A. Otto 1876 zu nennen ist – wandelt chemische Energie, die häufig durch die Verbrennung von Benzin freigesetzt wird, über die Wärmeausdehnung der Verbrennungsgase in die Bewegung eines Kolbens und schließlich der Kurbelwelle um. Die Verbrennungsmaschine war mit ihrer hohen Leistung bei geringem Gewicht der eigentliche Anstoß der gegenwärtigen Verkehrsmotorisierung, sowohl für das Auto auf der Straße als auch für das Flugzeug in der Luft. Neuere Konstruktionen, so vor allem der Wankelmotor, die Verbrennungsturbine und so weiter verbesserten das »Leistungsgewicht« weiter oder ergaben einen geringeren Treibstoffverbrauch.

Bei den Kernreaktoren (Bild 3) – deren prinzipielle Möglichkeit sich vor allem durch die Versuche von O. Hahn und F. Straßmann 1938 ergab – werden spaltbare Atomkerne, etwa Uran, in einer kontrollierten Kettenreaktion

gespalten und die hierbei entstehenden großen Energiemengen meist einem geeigneten Aggregat zugeführt, wo sie in elektrische Energie umgewandelt werden. Bemerkenswert ist bei den Kernreaktoren, daß sie aus relativ kleinem Materialumsatz erstaunlich große Energiemengen gewinnen: Würde man beispielsweise ein einziges Gramm Uran 235 vollständig spalten, so würden mehr als 20000 Kilowattstunden frei, eine Energiemenge, zu deren Erzeugung mehr als zwei Tonnen Steinkohle verbrannt werden müßten.
Die Technik der Energieumwandlung ist nicht abgeschlossen, immer wieder werden neue Anordnungen vorgeschlagen und entwickelt, welche die Energieumwandlung vorteilhafter, vor allem mit einem besseren »Wirkungsgrad« (Verhältnis von abgegebener zu aufgenommener Energie) besorgen. Hier sei beispielsweise verwiesen auf die Direktumwandlung von chemischer in elektrische Energie in den Brennstoffzellen und auf die Umwandlung von Wärmeenergie in elektrische Energie in den magnetohydrodynamischen (MHD-) Generatoren, welche keine beweglichen und der Abnutzung unterworfenen Maschinenteile benutzen.
Es gibt also viele technische Möglichkeiten, Energie aus der einen in die andere Form zu überführen. Daß bei all diesen Veränderungen eine bestimmte kennzeichnende Größe, eben die »Energie«, unverändert erhalten bleibt, ist eine grundsätzlich interessante Erfahrung. Der »Energiesatz« sagt aus, daß in einem abgeschlossenen System trotz aller Veränderungen die Gesamtenergie konstant bleibt. Dieser Energiesatz wurde für mechanische Systeme zuerst von Galilei ausgesprochen. Er steht in engem Zusammenhang mit den einst zahlreichen Versuchen, ein »Perpetuum mobile« zu konstruieren, also eine Einrichtung, welche ohne äußere Energiezufuhr unbegrenzte Zeit in Bewegung bleibt. Dies konnte deshalb nicht gelingen, weil bei jeder mechanischen Bewegung Reibungsverluste entstehen, das heißt mechanische Energie in Wärme umgewandelt wird. Da nach dem Energiesatz aber die gesamte Energie konstant bleiben muß, vermindert sich die verfügbare mechanische Energie fortwährend um die Reibungsverluste, und das angebliche »Perpetuum mobile« bleibt irgendwann einmal stehen.
Die Erweiterung des Energiesatzes auf nichtmechanische Vorgänge verdanken wir vor allem dem Arzt Julius Robert Mayer (1842), der auch erstmals das »mechanische Wärmeäquivalent« bestimmte. Heutzutage kennt man die Umtauschregeln für die verschiedenen Energiearten ziemlich genau. Wir benützen beispielsweise folgende Maßeinheiten für die Energie:
Für mechanische Energie: 1 Kilopondmeter (kpm), die Energie, welche erforderlich ist, um ein Gewicht von 1 Kilogramm um 1 Meter gegen die (genormte) Schwerkraft zu heben.
Für Wärmeenergie: 1 Kilokalorie (kcal), die Energie, die erforderlich ist, um

1 Kilogramm Wasser (bei 15 Grad Celsius) um 1 Grad Celsius zu erwärmen. Für elektrische Energie: 1 Wattsekunde (Ws), die Energie, die erforderlich ist, um 1 Watt 1 Sekunde lang zu leisten.
Zur Umrechnung dieser verschiedenen Energieeinheiten ist folgende Tabelle nützlich:

		kpm	kcal	Ws
1 Kilopondmeter	=	1	$2{,}342 \cdot 10^{-3}$	9,807
1 Kilokalorie	=	426,9	1	4187
1 Wattsekunde	=	0,1019	$2{,}388 \cdot 10^{-4}$	1

Nach dieser Tabelle ist ein Kilopondmeter äquivalent 9,807 Wattsekunden oder $2{,}342 \cdot 10^{-3}$ Kilokalorien. Aus dieser Äquivalenz darf man aber nicht schließen, daß es Maschinen gibt, welche Energie genau nach diesen Relationen umwandeln können. Besonders die wichtigen Wärmekraftmaschinen besorgen die Umwandlung meist recht unvollkommen. Aus einer Kilokalorie könnten nach Obigem 426,9 Kilopondmeter mechanische Energie gewonnen werden; die durch realisierte Maschinen gewonnene Ausbeute beträgt aber meist nur etwa 20 bis 50 Prozent dieses theoretischen Wertes. Aber auch sonst können die angegebenen »Umtauschkurse« nur angenähert, nie vollständig erreicht werden, sie stellen eine theoretische Grenze dar.
Eng mit der Energie hängt die Leistung zusammen, das ist die pro Zeiteinheit abgegebene oder aufgenommene Energie. Man kann sie beispielsweise messen in Kilopondmeter je Sekunde, Kilokalorien je Sekunde oder Watt und erhält damit Umtauschgesetze, die sich unmittelbar aus obiger Tabelle ergeben. Das häufig benutzte Leistungsmaß »Pferdestärke«, PS, entspricht 75 Kilopondmeter je Sekunde; das heißt, wer ein PS leisten will, muß beispielsweise 75 Kilogramm in einer Sekunde einen Meter gegen die Erdschwere heben.
Für grundsätzliche Betrachtungen sind einige »Hauptsätze der Thermodynamik« sehr wichtig. Der erste Hauptsatz der Thermodynamik wurde oben schon angedeutet: In einem abgeschlossenen System ist die Gesamtenergie konstant. Er wird häufig auch so formuliert: Bei Zustandsänderungen des Systems (zum Beispiel Kompression eines Gases) ist die Zunahme der Gesamtenergie gleich der Summe der zugeführten Energie.
Etwas abstrakt, aber außerordentlich wichtig ist der zweite Hauptsatz der Thermodynamik: Er beherrscht irreversible Energieumwandlungen. Ein Pendel leistet die periodische Umwandlung potentieller in kinetische mechanische Energie und umgekehrt. Hier handelt es sich – bis auf nebensächliche Reibungsverluste – um einen reversiblen Prozeß, also einen solchen, der rückgängig gemacht werden kann. Wenn aber beispielsweise ein heißes mit

Bild 4: Errichtung des »großen Obelisken« vor dem Petersplatz in Rom im Jahre 1586. (Nach der Darstellung von Domenico Fontana.)

einem kalten Metallstück in Kontakt gebracht wird, dann gleichen sich die Temperaturen aus, beide Metallstücke nehmen eine mittlere Temperatur an, und es gibt keinen Weg, diesen Temperaturausgleich wieder rückgängig zu machen – er war ein irreversibler Prozeß. Man kann nur durch äußere Eingriffe das eine Metallstück wieder heiß und das andere wieder kalt machen, aber damit werden Energiequellen ins Spiel gebracht, welche am ursprünglichen Vorgang nicht beteiligt waren. Damit in engem Zusammenhang steht die Tatsache, daß bei der Umwandlung von Wärme in mechanische oder elektrische Energie nur ein relativ kleiner Teil der Wärmeenergie tatsächlich freigesetzt werden kann. Dieser Teil ist um so größer, je höher die Temperaturdifferenzen sind, zwischen denen die Wärmekraftmaschine arbeitet.
Die Verfügbarkeit großer – heutzutage beinahe unbegrenzter – Energiemengen hat die menschliche Kultur grundlegend verändert. Man denke an die Mühsal vieler altertümlicher Arbeitsprozesse, wo Menschen oder Tiere schwere und

quälende Arbeit verrichten mußten, beispielsweise in Tretmühlen. Besonders deutlich wird dieser einstige mühselige Zustand durch Bild 4 illustriert. Es zeigt, wie im Jahre 1586 der »große Obelisk« vor dem Petersplatz in Rom durch die zusammengefaßte Muskelkraft einiger 1000 Menschen und einiger 100 Pferde mit Hilfe von Keil, Hebel, Schrauben, Flaschenzug und Rad aufgerichtet wurde. Heutzutage würde ein Kran angemessener Größe den Obelisken in wenigen Minuten aufstellen.

Wir können mit technischen Mitteln Energie recht freizügig umwandeln, aber wir können keine Energie erzeugen. Wo kommt dann die Energie überhaupt her? Bild 5 gibt eine Übersicht über die Primärenergie, ihre Quellen und ihren Verbleib nach H. Mandel.[17]

Mandel unterscheidet bei den Quellen der Primärenergie

die fossilen Brennstoffe: Kohle, Erdöl, Erdgas, Ölschiefer, Ölsande, Torf,

die Kernbrennstoffe: Uran, Thorium, Deuterium (schwerer Wasserstoff),

die regenerativen Energiequellen: Sonnenstrahlung, Wasserkraft, Gezeitenkraft, Windkraft, geothermische Energie, Holz, landwirtschaftliche Abfälle, Dung.

Bild 5 zeigt, wie die hieraus gewonnene Primärenergie entweder über Sekundärenergie oder direkt in Endenergie und schließlich in Nutzungsenergie umgewandelt wird. Aber immer wieder ergeben sich Verluste: Umwandlungs- und Transportverluste.

Bei den Transportverlusten sollten wir an die Verluste von Erdgas, Erdöl, Kohle und so weiter beim materiellen Transport ebenso denken wie an die elektrischen Verluste in Übertragungssystemen, beispielsweise die Stromwärme und die »Koronaverluste« an Hochspannungsleitungen.

Bei der Endenergie ist der Trend zur elektrischen Energie sehr stark: Sie kann besonders leicht transportiert und umgewandelt werden. Es wird vermutet, daß um das Jahr 2000 etwa die Hälfte des Energiebedarfs der Bundesrepublik Deutschland aus elektrischer Energie gedeckt wird. Nur für frei bewegliche Fahrzeuge, zu welchen der Transport der elektrischen Energie praktisch nicht möglich ist, wird diese bisher nur selten benutzt. Bisher ist das Gewicht der Primär- oder Sekundärelemente – bezogen auf gleichen Energiegehalt – wesentlich größer als das Gewicht entsprechender Mengen Benzin, Dieselöl oder dergleichen. Der drahtlose Transport elektrischer Energie – beispielsweise mit Hilfe der Lasertechnik – konnte bisher noch nicht mit befriedigendem Wirkungsgrad verwirklicht werden.

Bild 6 gibt eine Übersicht über die Reserven fossiler Primärenergie nach H. Mandel.[17] Als Maßeinheit wurden hier 10^{15} Kilokalorien gewählt, das ist etwa der Halbjahresverbrauch an Primärenergie in der Bundesrepublik Deutschland. Bei derartigen Darstellungen wird häufig auch eine andere

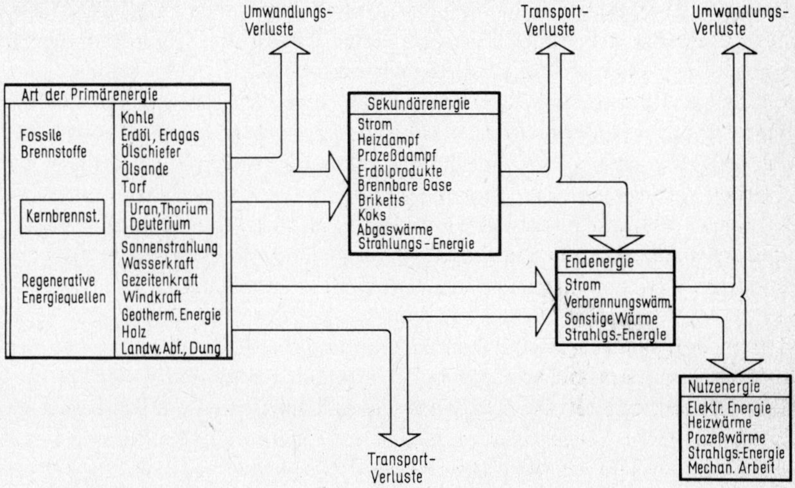

Bild 5: Primärenergie: Quellen und Verbleib. (Nach H. Mandel.)

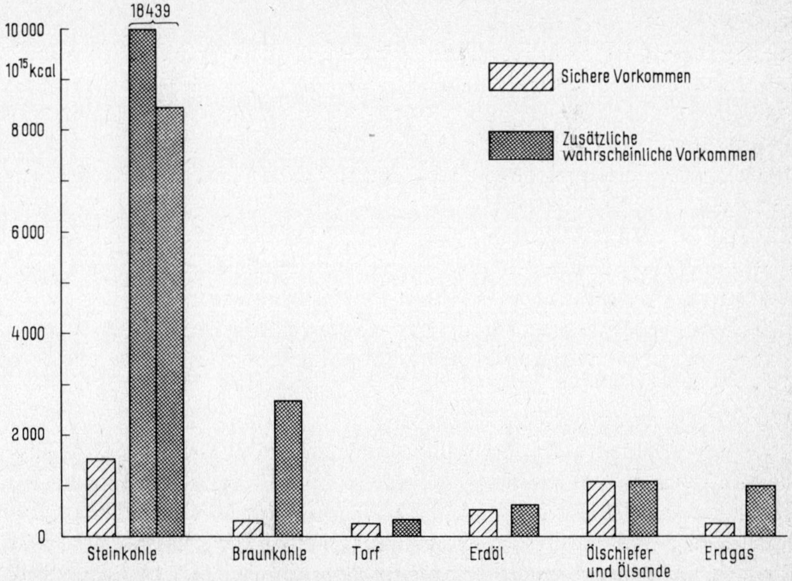

Bild 6: Fossile Primärenergievorräte der Erde. (Nach H. Mandel.)

Maßeinheit verwendet, die sogenannte »Steinkohleneinheit«, SKE (Bild 10). Ein Kilogramm Steinkohleneinheit entspricht etwa 7000 Kilokalorien. Bild 6 unterscheidet sichere Vorkommen und wahrscheinliche Vorkommen. Als gesichert sind Vorräte in Lagerstätten erfaßt, deren Gehalt bekannt ist und die unter den gegenwärtigen wirtschaftlichen Bedingungen abbauwürdig sind. Als wahrscheinlich sind solche Vorkommen erfaßt, die man mit guten Gründen aufgrund von Analogieschlüssen und dergleichen vermuten kann.

H. Mandel stellt eine interessante Überlegung an: Letztendlich stammen doch alle fossilen Brennstoffe der Erde aus der Photosynthese, also der Bildung energiereicher Substanzen und Sauerstoff in grünen Pflanzen aus Kohlendioxid und Wasser mit Hilfe des Sonnenlichts. Wenn aller Sauerstoff unserer Erdatmosphäre das Ergebnis dieser Photosynthese ist, dann müßte der gesamte Vorrat aus fossilen Brennstoffen etwa $2{,}5 \cdot 10^{21}$ Kilokalorien entsprechen. Bild 6 weist aber nur etwa ein Hundertstel dessen aus. Wenn also diese Annahme – aller Sauerstoff stammt aus der Photosynthese – stimmt, dann müßten in Zukunft noch wesentlich größere Vorräte fossiler Primärenergie entdeckt werden können.

Bild 7 zeigt die geographische Aufteilung der fossilen Primärenergievorkommen nach dem Wissensstand von 1968. Übers Ganze wird gegenwärtig folgende Aufteilung der Energievorräte aus fossilen Brennstoffen abgeschätzt:[17]

70 % aus Steinkohle	5 % aus Erdöl
10 % aus Braunkohle	5 % aus Erdgas
8 % aus Ölschiefer und Ölsanden	2 % aus Torf

Die Steinkohleförderung in der EWG sinkt: Von 1967 auf 1968 um 4,3 Prozent auf 181 Millionen Tonnen. Die Zahl der Beschäftigten sank im gleichen Zeitraum um etwa 10 Prozent, gleichzeitig stieg aber die Förderleistung je Schicht um etwa 8 Prozent. Im Bergbau der Bundesrepublik Deutschland sank die Untertagebelegschaft um 14400 auf 145190 Arbeiter.

Die Braunkohleförderung stieg in der BRD von 1967 auf 1968 um etwa 5 Prozent auf 102 Millionen Tonnen und war mit 16 Prozent an der gesamten Primärenergieerzeugung beteiligt. Eine weitere Zunahme wird erwartet.

Besonders rasch steigt gegenwärtig der Verbrauch an Erdöl: Von 1967 auf 1968 um 12 Prozent auf 109,6 Millionen Tonnen. Die Öleinfuhr der EWG stieg im gleichen Zeitraum um 12,5 Prozent auf 315,5 Millionen Tonnen. Ein besonders wichtiger Lieferant ist Nordafrika und hier besonders Libyen, das etwa 42 Prozent des deutschen Bedarfs deckt. Für die Ölversorgung werden in Zukunft möglicherweise die arktischen Gebiete der USA, Kanadas und Rußlands sehr wichtig werden.

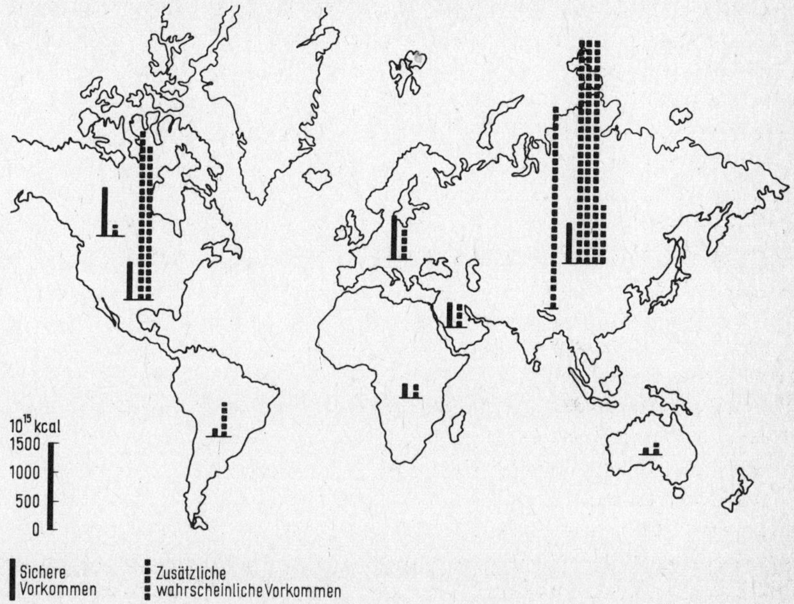

Bild 7: Geographische Verteilung der fossilen Primärenergievorkommen der Erde. (Nach H. Mandel.)

Der Erdgasverbrauch der BRD stieg 1967/68 von 4,1 Milliarden Kubikmeter auf 7,2 Milliarden Kubikmeter.
Wesentlich größer als das Potential fossiler Brennstoffe ist das Potential nuklearer Primärenergieträger. Ausgangsmaterial ist vor allem Uran und Thorium. Hierbei muß beachtet werden, daß das natürliche Uran und Thorium ein Gemisch verschiedener »Isotope« sind, von denen nur bestimmte Isotope für die Kernspaltung geeignet sind.
Als Isotop bezeichnet man eine bestimmte, durch die Kernstruktur ausgezeichnete Art eines chemischen Elementes, das sich chemisch und in der Ordnungszahl nicht von den anderen Arten unterscheidet, aber ein charakteristisches Atomgewicht hat. Beispielsweise hat Uran 235 das Atomgewicht 235. Was in der Chemie als einheitliches Element bezeichnet wird, ist meist ein Gemisch verschiedener Isotope.
Vom natürlichen Uran ist nur das mit einem Anteil von 0,7 Prozent enthaltene Isotop U 235 zur Spaltung geeignet. Andere brauchbare Kernbrennstoffe können künstlich erzeugt werden: Uran 233 aus dem natürlich vorkommen-

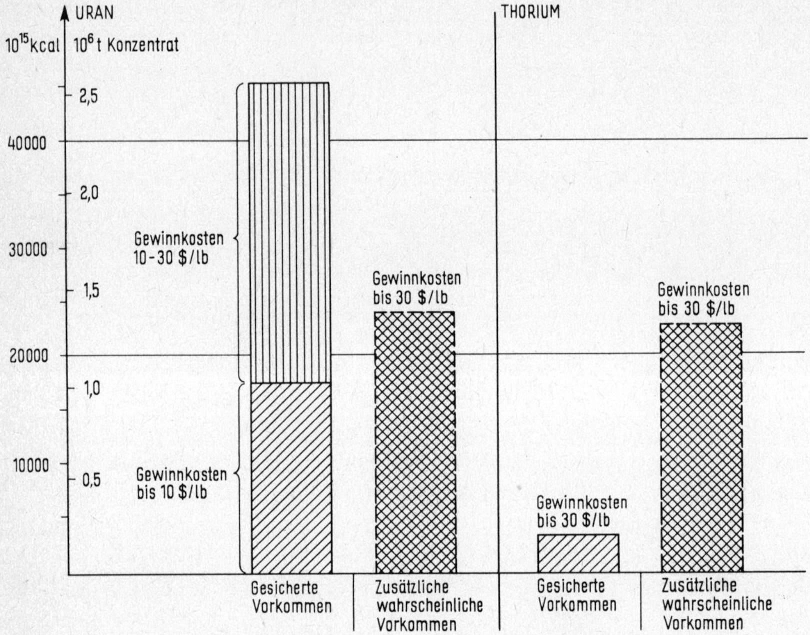

Bild 8: Nukleare Primärenergieträger. (Nach H. Mandel.)

den Thorium 232 und Plutonium 239 aus dem natürlich vorkommenden Uran 238. Da die Vorräte an Th 232 und U 238 wesentlich größer sind als die an U 235, wurden spezielle Reaktoren entwickelt, um die künstlichen Kernbrennstoffe U 233 und Pu 239 zu »erbrüten«.[16]

Das bergmännisch gewonnene Uran wird zu Uranhexafluorid verarbeitet. Für die meisten Reaktortypen muß der Gehalt an U 235 angereichert werden. Diese Trennung geschieht meist in Gasdiffusionsanlagen oder Gaszentrifugen und ist sehr kostspielig. Das hierbei entstandene Uranhexafluorid mit hohem Gehalt an U 235 wird dann meist zu Urandioxid oder Urancarbid umgewandelt und schließlich zu Brennelementen verarbeitet.

Bild 8 zeigt die nuklearen Primärenergieträger nach H. Mandel.[17] Diese sind auch aufgeteilt nach unterschiedlichen Gewinnungskosten. Bei den gegenwärtigen wirtschaftlichen Verhältnissen ist eine interessante Grenze diejenige, bei der die Gewinnungskosten 30 Dollar je Pfund Uranoxid (ein Pfund zu 453,6 Gramm) nicht überschreiten.

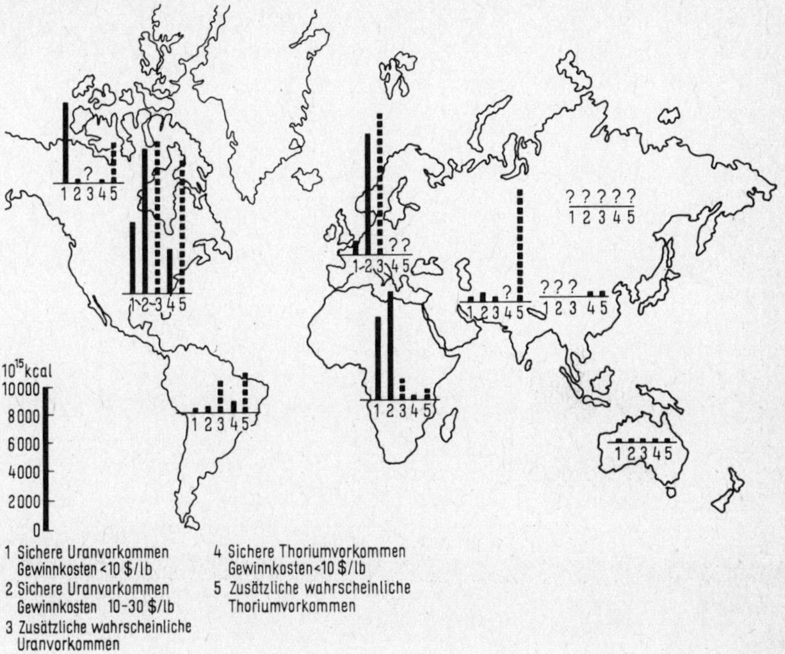

Bild 9: Geographische Verteilung der Uran- und Thoriumvorkommen der Erde. (Nach H. Mandel.)

Nimmt man höhere Gewinnungskosten in Kauf, so ergeben sich wesentlich größere Vorräte, beispielsweise auch im Meerwasser. Bild 9 zeigt die geographische Verteilung der Uran- und Thoriumvorkommen der Erde.[17]
In Bild 5 wurde auch auf die regenerativen Energiequellen wie Sonnenstrahlung, Wasserkraft, Gezeitenkraft, Windkraft, geothermische Energie, Holz, landwirtschaftliche Abfälle und Dung hingewiesen. Diese regenerativen Energiequellen waren in früheren Jahrhunderten von großer Bedeutung, sie werden aber gegenwärtig immer unwichtiger. Eine begrenzte Bedeutung haben auch heute noch die Energiegewinnung aus Holz und landwirtschaftlichen Abfällen, Sonnenenergie und Wasserkraft. Der Nachteil dieser regenerativen Energiequellen liegt darin, daß sie schlecht industriell verarbeitet werden können. Deshalb dürften sie immer mehr durch die bequemeren und wirtschaftlicheren nichtregenerativen Energiequellen verdrängt werden.
Bild 5 zeigte nicht nur die Quellen der Primärenergie, sondern auch deren Nutzung. Der Zweck der Energietechnik ist ja letztendlich die Bereitstellung

von Wärme, mechanischer Kraft, Licht und Nutzelektrizität beim Verbraucher. Dies setzt einerseits angelieferte Energie voraus, also beispielsweise elektrische Energie, feste, flüssige oder gasförmige Brennstoffe, und andererseits geeignete Energiewandler wie zum Beispiel Öfen, Motoren, Lampen und so weiter.

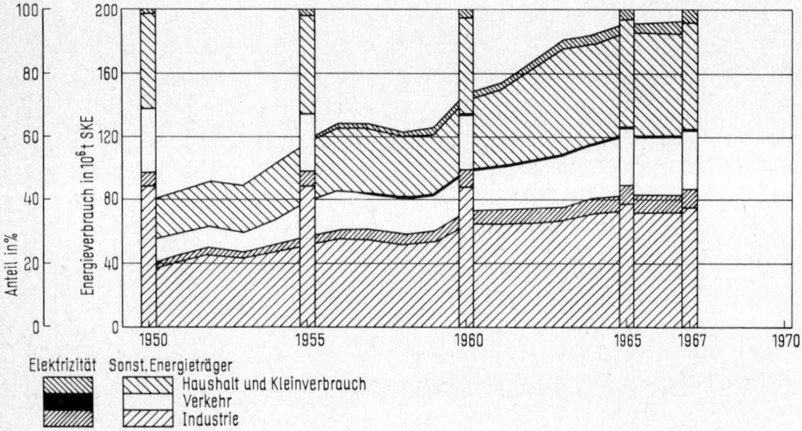

Bild 10: Aufteilung des Energieverbrauchs in der Bundesrepublik Deutschland. (Nach H. Schaefer.)

Bild 10 zeigt den Endenergieverbrauch in der Bundesrepublik Deutschland in der Zeit von 1950 bis 1967 nach H. Schaefer.[21] Bild 10 zeigt einerseits die absoluten Werte – gemessen in Millionen Tonnen Steinkohleeinheiten – und andererseits für einige ausgewählte Jahre die relative Aufteilung des Energieverbrauchs. Hierbei zeigt sich: Der Anteil der elektrischen Energie am Gesamtverbrauch steigt in allen Bereichen, so zum Beispiel in der Industrie von knapp 3 Prozent auf fast 11 Prozent, beim Verkehr von 0,2 Prozent auf fast 2 Prozent und beim Haushalt und Kleinverbrauch von 1 Prozent auf 9,6 Prozent. Der Anteil der einzelnen Bereiche am Gesamtverbrauch verschiebt sich: Während 1950 die Industrie einen Anteil am Gesamtverbrauch von über 48 Prozent, Haushalt und Kleinverbrauch aber nur 31 Prozent hatten, sank der Anteil der Industrie bis zum Jahre 1967 auf 43,6 Prozent, und der Anteil von Haushalt und Kleinverbrauch stieg auf 37,5 Prozent. Dieser Anstieg der Haushalte und des Kleinverbrauchs ist ein Zeichen für den steigenden individuellen Wohlstand.

Während der Primärenergieverbrauch in der Bundesrepublik Deutschland seit 1965 im Mittel etwa um 3,7 Prozent pro Jahr und der Endenergieverbrauch im Mittel etwa um 4,0 Prozent stieg (die Differenz zeigt, daß Verluste und Eigenverbrauch abnahmen), stieg der Verbrauch an elektrischer Energie wesentlich rascher. Bild 11 zeigt, daß in den letzten Jahrzehnten – abgesehen

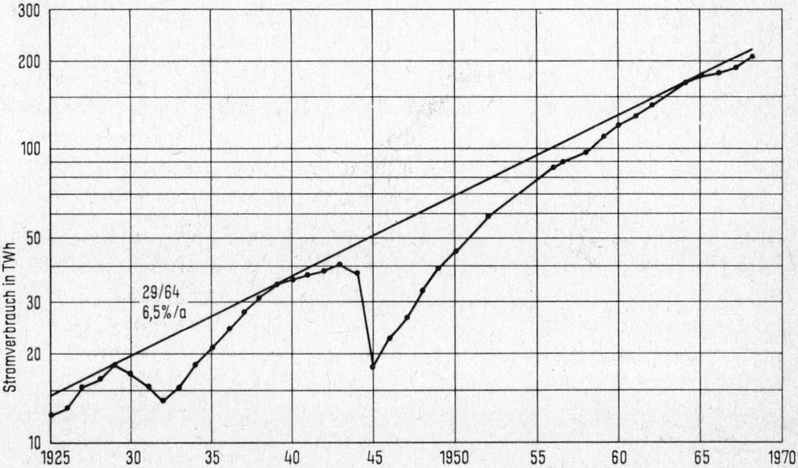

Bild 11: Verbrauch elektrischer Energie im Bereich der Bundesrepublik Deutschland in der Zeit von 1925 bis 1969. (Nach H. Schaefer.) TWh = Terawattstunden = Milliarden Kilowattstunden.

von Schwankungen aufgrund politischer oder wirtschaftlicher Abnormitäten – der Verbrauch elektrischer Energie im Mittel um etwa 6,5 Prozent pro Jahr stieg. In der Zeit von 1958 bis 1968 lag die durchschnittliche Wachstumsrate sogar bei 8,1 Prozent pro Jahr. Dieser rasche Anstieg ist eine Folge des besonderen Komforts, den die elektrische Energie bietet, ihrer leichten Transportierbarkeit und Wandelbarkeit.

In der Zeit von 1967 auf 1968 stieg die Elektrizitätserzeugung in der EWG um 8,4 Prozent. Am größten war die Zunahme in den Niederlanden und Belgien (11 Prozent), darauf folgte die BRD (10 Prozent), Luxemburg (8 Prozent), Italien (7,4 Prozent) und Frankreich (5,5 Prozent).

Die Stromerzeugung betrug:

in den USA	1969	1433 Milliarden Kilowattstunden
in der UdSSR	1969	638 Milliarden Kilowattstunden
in der EWG	1968	493 Milliarden Kilowattstunden
in der BRD	1969	203 Milliarden Kilowattstunden

Für die gegenwärtige technische Entwicklung ist von besonderem Interesse das Verhältnis der Stromerzeugungskosten von Kernkraftwerken zu denen konventioneller Kraftwerke. Dieses Verhältnis hängt natürlich von vielen Einflüssen ab, beispielsweise vom Preis fossiler Primärenergieträger und spaltbaren Materials, von der Art der Ausnutzung, den Kapitalkosten und so weiter. Gegenwärtig werden Kraftwerke meist mit einer Blockleistung von 600 bis 800 Megawatt (1 Megawatt = 1 Million Watt) gebaut. Die spezifischen Baukosten für eine Blockleistung von 600 MW betragen gegenwärtig etwa:[16]

Kernkraftwerke 530 DM/kW, Kohlekraftwerke 500 DM/kW, Ölkraftwerke 420 DM/kW

Die Erstellungs-(und Erstausstattungs-)kosten sind für Kernkraftwerke besonders hoch. Je länger aber die Benutzungsdauer der Kraftwerke ist, desto günstiger wird die Kostensituation für Kernkraftwerke. Bild 12 zeigt die Stromerzeugungskosten einerseits eines Ölkraftwerks und andererseits eines Leichtwasser-Kernkraftwerks in Abhängigkeit von der jährlichen Benutzungsdauer.[16] Offensichtlich sind Kernkraftwerke um so wirtschaftlicher, je größer die Benutzungsdauer ist.

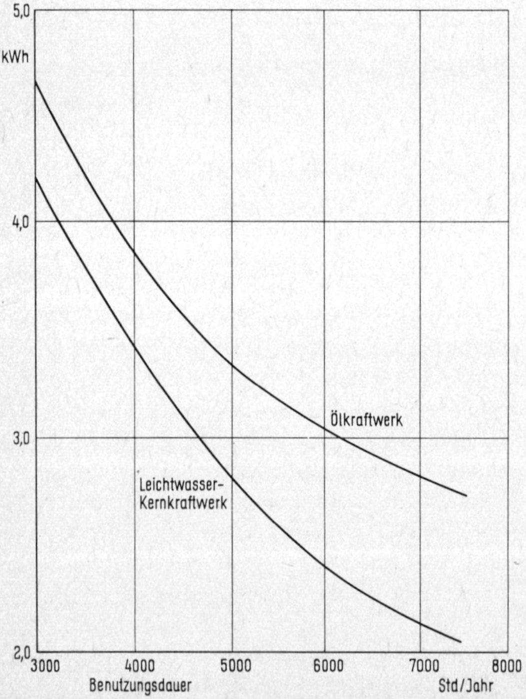

Bild 12: Stromerzeugungskosten in Abhängigkeit von der jährlichen Benutzungsdauer. (Nach K.-H. Lindac

Nach einer Prognose von H. Mandel[16] wird geschätzt, daß im Jahre 1980 in der Bundesrepublik Deutschland von einer Gesamtkraftwerksleistung von 100000 MW rund 25000 MW auf Kernkraftwerke entfallen. Für eine solche Kraftwerksleistung müßten in den nächsten zehn Jahren etwa 25 bis 30 Kernkraftwerke gebaut werden. Eine Übersicht über die existierenden oder geplanten Kernkraftwerke gibt folgende Tabelle:[16]

Auftrag erteilt im Jahre	Bezeichnung Standort	Nettoleistung MW (elektrisch)	Inbetriebnahme
1958	Versuchsatomkraftwerk Kahl/Main	15	1960
1959	Atomversuchsreaktor Jülich	15	1966
1961	Mehrzweckforschungsreaktor Karlsruhe	50	1966
1962	Kernkraftwerk Gundremmingen	237	1966
1964	Kernkraftwerk Lingen	160 (250)	1968
1964	Kernkraftwerk Obrigheim	283 (300)	1968
1965	Heißdampfreaktor Großwelzheim	25	1969
1966	Kompakte, natriumgekühlte Kernkraftanlage Karlsruhe	20	1970
1966	Kernkraftwerk Niederaichbach	100	1970
1967	Kernkraftwerk Würgassen/Weser	640	1971
1967	Kernkraftwerke Stade/Elbe	630	1971
1969	Kernkraftwerk Schleswig-Holstein Geesthacht/Elbe	25	1973
1969	Kernkraftwerk Biblis/Rhein	1145	1973
1969	Kernkraftwerk Brunsbüttelkoog/Elbe	800	1973
1970	Kernkraftwerk Philippsburg/Rhein	865	1974

Probleme

Einst, vor jeglicher Energietechnik, standen dem Menschen durch seine Muskelkraft etwa $^1/_{10}$ Pferdestärke während etwa 10 Stunden zur Verfügung, das ergibt etwa eine PS-Stunde oder etwa 632 Kilokalorien pro Tag. Für den Menschen der gegenwärtigen Industriegesellschaft ist ein täglicher Energieverbrauch (einschließlich Industrie, Verkehr und so weiter) von etwa 100000 bis 200000 Kilokalorien typisch. Diese Steigerung des Energieverbrauchs um mehr als den Faktor 100 ist – positiv gesehen – ein Maß für die viel größeren Wirkungsmöglichkeiten des modernen Menschen, aber auch – negativ gesehen – eine Ursache seiner Abhängigkeit von einem empfindlichen und störungsanfälligen technischen Apparat. Die Energie hat heute ein Doppelgesicht: Wirkungsmöglichkeit und Abhängigkeit.

Unsere gegenwärtigen Lebensformen setzen eine zuverlässige Energieversorgung voraus: Wenn der moderne Haushalt keine Kohle oder kein Öl erhält, dann hat er keine Wärme, die Menschen frieren und können nicht kochen. Noch vor einer Generation konnte man sich durch Verbrennen von Holz und dergleichen behelfen; heute ist dies meist nicht mehr möglich. Liefern die Tankstellen kein Benzin, dann kommen viele Menschen nicht mehr an ihren Arbeitsplatz oder können keine Geschäfte mehr tätigen. Fällt der elektrische Strom aus, dann gibt es kein Licht, die Vorräte im Kühlschrank und in der Tiefkühltruhe verderben, Rundfunk und Fernsehen fallen meist aus, die Haushaltmaschinen können nicht mehr benutzt werden. Was ein derartiger Stromausfall bewirken kann, zeigte sich im November 1965, als 30 Millionen Einwohner im Nordosten der USA plötzlich nicht mehr versorgt wurden; nicht zuletzt an dem Baby-Boom, der auf diesen Stromausfall folgte.
Aber nicht nur die Haushalte werden durch die Mängel der Energieversorgung getroffen, ebenso auch die Industrie, die Produktionsausfälle erleidet, oder beispielsweise die Krankenhäuser, deren Betrieb beeinträchtigt wird. Für besonders wichtige Vorgänge, wie zum Beispiel medizinische Operationen und so weiter, werden deshalb häufig Notstromaggregate bereitgestellt, welche bei Ausfall der öffentlichen Energieversorgung kurzfristig Ersatz schaffen.
Die wichtigsten Merkmale unserer gegenwärtigen Industriekultur, wie zum Beispiel die elektrische Kommunikation (Fernsprechen, Hörrundfunk, Fernsehen und so weiter), die Computertechnik und die Automatisierung setzen eine ausreichende und zuverlässige Energieversorgung voraus.
Die enormen Unterschiede der Energieversorgung hochindustrialisierter und »unterentwickelter« Länder verursachen Unterschiede des Wohlstandes und damit Unzufriedenheit: Beispielsweise wurde schon abgeschätzt, daß der Durchschnittsbürger der USA etwa 50mal soviel Energie für sich arbeiten läßt wie der Durchschnittsbürger Indiens.[5]
H. Schaefer untersuchte den Zusammenhang zwischen Lebensstandard und Energieverbrauch in der Bundesrepublik Deutschland:[21] Im Jahre 1954 haben die privaten Haushalte 2,55 Prozent ihres Einkommens für Strom- und Gasbezug ausgegeben, 1965 lag dieser Anteil (bei gestiegenem Einkommen) bei 2,8 Prozent. In den Rezessionsjahren 1966/67 stieg der Verbrauch bei stagnierenden Einkommen weiter, die Gesamtkosten für Strom- und Gasbezug lagen knapp über 3 Prozent des Einkommens. H. Schaefer rechnet mit einer rückläufigen Entwicklung der relativen Ausgaben für feste und flüssige Brennstoffe im Haushalt.
Besonders interessant ist der Verlauf des Energieverbrauchs in der Steinkohleförderung: Trotz sinkender Fördermenge stieg der Stromverbrauch an, ein Zeichen für die zunehmende Automatisierung.

Jahr	Ära	Haupt-Energiequelle	Energie-Potential der einzelnen Primärenergiequellen	Kumulierter Primärenergie-Verbrauch
	Regenerative Energiequellen	MUSKELKRAFT HOLZ max. Anteil um 1800	Jährlich nutzungsfähige regenerative Energiequellen $0{,}06 \times 10^{18}$ kcal/a davon Holz $0{,}03 \times 10^{18}$ kcal/a	kumulativ bis 1870 2×10^{18} kcal
1870	Fossile Brennstoffe	KOHLE max. Anteil um 1910	Nutzungsfähige Gesamtvorkommen fossiler Brennstoffe 28×10^{18} kcal davon Kohle 23×10^{18} kcal davon Erdöl $1{,}1 \times 10^{18}$ kcal davon Erdgas $1{,}2 \times 10^{18}$ kcal	1870 – 1960 $1{,}3 \times 10^{18}$ kcal
1960		ERDÖL und ERDGAS max. Anteil um 1980		1960 – 2000 $4{,}2 \times 10^{18}$ kcal
2000	Kernenergie	KERNSPALTUNG	Nutzungsfähige Uranvorkommen $1{,}5 \times 10^{21}$ kcal	2000 – 2030 12×10^{18} kcal
2030		? — — — ? KERNFUSION	D-D Reaktionen 9×10^{24} kcal Lithium-Reaktionen (gleiche Größenordnung)	

Bild 13: Geschichtliche Abschnitte der Energiegewinnung. (Nach H. Mandel.)

Das entscheidende Problem der langfristigen Energieversorgung ist: Kann zu jeder Zeit und an jedem Ort die gewünschte Energiemenge bereitgestellt werden? Dies ist besonders für die Bundesrepublik Deutschland problematisch, ist doch damit zu rechnen, daß im Jahre 1969 etwa 42 Prozent, im Jahre 2000 etwa 80 Prozent des Energiebedarfs importiert werden müssen.[17] Um das Jahr 2000 wird unser Primärenergiebedarf mindestens 750 Millionen Tonnen Steinkohleeinheiten betragen, also (im Hinblick auf Bild 6 und Bild 8) mindestens $5{,}2 \times 10^{15}$ Kilokalorien. Die heutige einheimische Produktion liegt aber nur bei 170 Millionen Tonnen Steinkohleeinheiten. In den kommenden Jahrzehnten werden vor allem die nuklearen Brennstoffe einen wesentlichen Beitrag zur Energieversorgung leisten müssen.

Es ist interessant, im Hinblick auf die Energiegewinnung einige typische Abschnitte zu unterscheiden (Bild 13). Bis etwa um 1870 dominierten regenerative Energiequellen. Bis etwa zum Jahre 2000 dürften fossile Energiequellen dominieren, aber allmählich (um das Jahr 2000) durch Kernenergie überholt werden. Nach der bisher ausschließlich benutzten Kernspaltung (Fission) wird als besonders interessante zukünftige Möglichkeit die Kernverschmelzung (Fusion) diskutiert. Während bei der bisher üblichen Kernspaltung schwere Atomkerne unter Freisetzung von Energie gespalten werden, könnten in

Zukunft möglicherweise leichte Atomkerne (zum Beispiel Deuterium) unter Freisetzung von Energie verschmolzen werden. Diese – bisher erst im Diskussionsstadium befindliche – Technik hätte gegenüber der Atomspaltung den Vorzug, daß die Brennstoffe billig und die Abfallprodukte relativ ungefährlich sind. Es zeigt sich aber, daß die technische Verwirklichung der Fusion große Schwierigkeiten bereitet. Das technische Problem ist: Damit die Kernfusion mit positiver Energieausbeute stattfindet, muß ein Plasma (ionisiertes Gas extrem hoher Temperatur) über längere Zeit in hoher Konzentration erhalten werden. Es gelang aber bisher noch nicht, das Plasma mit Temperaturen in der Größenordnung von 100 Millionen Grad genügend lange Zeit in einen begrenzten räumlichen Bereich einzuschließen. Materielle Behälter kommen wegen der hohen Temperaturen nicht in Frage, man versucht deshalb, das Plasma mit starken Magnetfeldern zusammenzuhalten. Bisher bricht das Plasma aber immer wieder aus, so daß sich die Fusion nicht mit der erwünschten Ausbeute einstellt. Wenn es aber dereinst gelingen sollte, die Kernfusion technisch zu beherrschen, dann dürfte die Energieversorgung für praktisch unbegrenzte Zeit gesichert sein.

H. Mandel zieht aus seinen Untersuchungen folgende Schlüsse:[17]
1. Die Energiequellen der Erde in ihrer Gesamtheit können nach menschlichen Maßstäben als unerschöpflich betrachtet werden. Das gilt selbst in Anbetracht des exponentiell weiter wachsenden Energieverbrauchs.

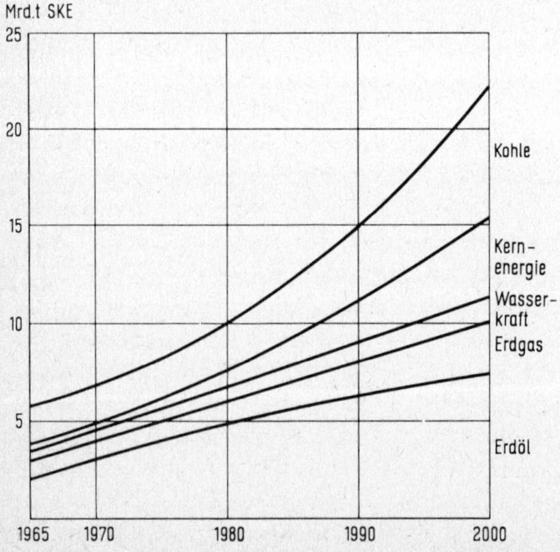

Bild 14: Entwicklung des Welt-Energiebedarfs. (Schätzung nach G. Bischoff.)

2. Die Energieversorgung ist vorwiegend ein Preisproblem. Der Preis wird in übersehbarer Zeit die Nutzung der einzelnen Primärenergieträger bestimmen.
3. Die fossilen Energieträger haben langfristig eine steigende Preistendenz. Sie allein können den Energiebedarf des nächsten Jahrzehnts ohnehin nicht decken.
4. Die Kernspaltung und wahrscheinlich später auch die Kernfusion werden die Hauptquellen einer sicheren und preiswerten Energieversorgung werden.
5. Die Versorgungssicherheit muß vorerst durch eine Mischung der Primärenergieträger unterschiedlicher Art und unterschiedlicher geographischer Herkunft gewährleistet werden. Die Kernenergie wird dieses Problem fast gänzlich lösen.

Bild 14 zeigt eine Prognose der Aufteilung des Welt-Energiebedarfs bis zum Jahr 2000 nach G. Bischoff. Diese Aufteilung unterscheidet sich von anderen Prognosen, so zum Beispiel einer Prognose der Firma ESSO und einer Prognose von R. Proske.[20] Wie unsicher derartige Aussagen über die Aufteilung des Aufkommens an Primärenergie sind, möge folgender Vergleich der Angaben für das Jahr 2000 veranschaulichen:

	Prognose G. Bischoff	Prognose ESSO	Prognose R. Proske
Kohle	30%	17%	23%
Kernenergie	19%	20%	25%
Wasserkraft	5%	3%	2%
Erdgas	13%	16%	13%
Erdöl	33%	44%	37%

Der Energieverbrauch der Bundesrepublik Deutschland dürfte – wenn keine längerdauernden Wirtschaftsrezessionen, keine Schwächung der internationalen Wettbewerbsfähigkeit und ein weiterer Abbau der Arbeitszeit vorausgesetzt wird – bis zum Jahre 2000 um etwa 3 bis 3,5 Prozent pro Jahr steigen, entsprechend einem Anstieg des Gesamtverbrauchs von gegenwärtig etwa $2 \cdot 10^{15}$ Kilokalorien auf etwa $5 \cdot 10^{15}$ Kilokalorien im Jahre 2000.

Besonders kritisch ist die Stagnation oder gar der Rückgang der Steinkohleförderung. Zur Zeit werden in der BRD etwa 112 Millionen Tonnen Steinkohle pro Jahr gefördert. Ab 1973 ist zu erwarten, daß die Absatzmöglichkeiten deutlich geringer als diese Förderung sein werden.

Daß dieser Umstrukturierungsprozeß nicht nur für die in der Steinkohleförderung tätigen Arbeitnehmer wirtschaftliche Nachteile bringt (Umschulung, Versetzung, vorzeitiges Ausscheiden und so weiter), sondern auch wirtschaftspolitisch bedenklich ist, zeigt ein Memorandum des Westeuropäischen Kohlenbergbaus.[9] Hier wird vor allem auf die Gefahren verwiesen, die sich aus der

Vernachlässigung der in unserem Lande verfügbaren Primärenergiequellen ergeben, auf die Unsicherheit der Versorgung mit Erdöl, darauf, daß die Kernenergie praktisch nur für die Elektrizitätserzeugung geeignet ist.
Sicher wirkt die europäische Einigung auf dem Energiesektor integrierend, der gemeinsame Markt wird sich zu einem großen einheitlichen Energie-Wirtschaftsraum entwickeln. Schon Ende 1950 konstituierte sich die »Union pour la Coordination de la Production et du Transport d'Electricité« (UCPTE) als freiwilliger Zusammenschluß der regionalen Versorgungsunternehmen der westeuropäischen Länder, die durch Hochspannungsleitungen verbunden sind. Hier sind außer den Ländern der EWG auch Österreich und die Schweiz, Spanien, Portugal, Jugoslawien, Dänemark, die Tschechoslowakei und Ungarn, teilweise auch Großbritannien und Schweden/Norwegen beteiligt. Der Austausch elektrischer Energie nahm seit der Gründung der UCPTE ständig zu. Ein besonderer Vorzug dieses Verbunds ist der Ausgleich von Lastspitzen: Die Ausnutzung der Stromerzeugung wird durch die großräumige Bündelung immer gleichmäßiger, was wirtschaftlich und technisch von Vorteil ist.
Die Veränderung der Energiekosten hat Konsequenzen für viele Wirtschaftszweige. Im Durchschnitt der Europäischen Gemeinschaft setzt die Volkswirtschaft 5 bis 7 Prozent ihres Gesamtaufwandes für die Bereitstellung von Energie ein.[8] Dieser prozentuelle Anteil ist natürlich von Land zu Land und von Wirtschaftszweig zu Wirtschaftszweig verschieden. Hierbei muß man auch unterscheiden zwischen den
direkten Bezügen von Energie: Energiekosten, die unmittelbar bei der Produktion anfallen, und den
indirekten Bezügen: Energiekosten, die schon in den verarbeiteten Vorprodukten enthalten sind.
Für den durchschnittlichen Anteil der Energiekosten an den Gesamtkosten in der EWG wurden folgende Angaben gemacht:[8]

	direkte Bezüge	direkte und indirekte Bezüge
Landwirtschaft und Nahrungsmittelindustrie	2%	5%
Baustoffe und Glasindustrie	9%	12%
Stahlindustrie	21%	26%
Nichteisen-Metallindustrie	9%	15%
Maschinen- und Elektroindustrie	2%	7%
Chemische Industrie	11%	16%
Textil-, Bekleidungs- und Lederindustrie	2%	7%
Hoch- und Tiefbau	1,5%	7%
Verkehr	11%	14%

Diese Zahlen geben eine Vorstellung davon, wie Veränderungen in den Energiekosten sich auf die verschiedenen Wirtschaftsbereiche auswirken.

Alle die hochkomplexen Formen moderner Produktionstechnik wurden erst durch eine angemessene und flexible Energieversorgung möglich. Charles Babbage versuchte zu Beginn des 19. Jahrhunderts einen mechanischen Computer mit Dampfantrieb zu bauen, scheiterte aber trotz geistreicher Entwürfe. Hätten Babbage die heutigen Methoden der Energieumwandlung, besonders die elektrischen Wandler, zur Verfügung gestanden, dann hätte er wahrscheinlich Erfolg gehabt. Dies ist für viele andere Vorgänge typisch: Die Informationstechnik setzt eine perfekte Energietechnik voraus. Dies gilt auch für den menschlichen Organismus: Wenn die Nerven und das menschliche Gehirn nicht ausreichend mit Energie versorgt werden, dann hört die Informationsverarbeitung auf, Voraussetzung geistiger Leistungen ist die Energieversorgung.

Die zukünftige Energieversorgung wird immer stärker auf der Funktion von Kernreaktoren beruhen. Kernreaktoren sind aber im Prinzip gefährliche Gebilde, überspitzt gesagt: verhinderte Atombomben. Bei der unkontrollierten Kettenreaktion in der Atombombe wächst die freigesetzte Energie in Sekundenbruchteilen lawinenhaft an und bewirkt die für Atombomben charakteristische Zerstörung. In Kernkraftwerken wird die Kettenreaktion mit speziellen Hilfsmitteln (»Neutronenabsorbern«) kontrolliert, so daß die Energieproduktion ein bestimmtes Maß nicht überschreitet. Das entscheidende Problem beim Betrieb von Kernreaktoren ist deshalb, ob diese Kontrolle der Kettenreaktion immer zuverlässig funktioniert oder ob durch irgendeinen technischen Mangel, durch Zusammentreffen verschiedener Mängel, durch Erdbeben oder Flugzeugabstürze die Kontrolle einmal versagen kann und dann aus dem kontrollierten Kernreaktor eine unkontrollierte Atombombe ungeheurer Zerstörungskraft wird. Man kann zwar die Wahrscheinlichkeit für eine derartige Katastrophe durch technische Vorkehrungen sehr klein machen, aber man kann sie nicht zu Null machen. Deshalb werden Kernreaktoren möglichst nicht in der Nähe dichtbesiedelter Gebiete aufgebaut.

Aber auch beim normalen Betrieb der Kernreaktoren drohen Gefahren: Einerseits durch die praktisch unvermeidbare Zerstreuung radioaktiver Substanzen, deren Strahlung die Gesundheit von Menschen gefährdet, und andererseits durch die Wirkungen radioaktiver Abfälle. Neben schwach und mittelaktiven Abfällen ergeben sich immer mehr hochaktive, wärmeentwickelnde, verglaste Abfälle. Bild 15 zeigt eine Abschätzung der Mengen, in denen mit derartigen Abfällen zu rechnen ist. In der BRD werden derartige Abfälle vor allem in stillgelegten Salzbergwerken deponiert.

Ein weiteres Problem, das eng mit dem Betrieb von Kernreaktoren zusammen-

Bild 15: Geschätzter Anfall hochaktiver, wärmeentwickelnder, verglaster Abfälle in der Bundesrepublik Deutschland. (Nach H. Kiefer.)

hängt, ist der Diebstahl radioaktiven Materials, mit dem auch Atombomben hergestellt werden können. Je größer die Zahl der Stellen, welche mit spaltbarem Material arbeiten, desto schwerer kontrollierbar wird der Verbleib des spaltbaren Materials. Mehrere Vorfälle der letzten Zeit lassen vermuten, daß bereits ein schwarzer Markt für Plutonium entsteht. Bis zum Jahre 2000 sind die Mengen umgesetzten Plutoniums so groß, daß schon winzige Bruchteile davon ausreichen, Atombomben zu bauen. Wie sie gebaut werden können, ist den hieran Interessierten längst bekannt. Angesichts der vielen ungelösten politischen Konflikte ist die unkontrollierbare Herstellung von Atombomben eine unmittelbare und schreckliche Gefahr für die menschliche Kultur.

Ein bisher wenig beachtetes Problem des Energieverbrauchs ist die Energiebilanz der Erde. Hier müssen zwei Anteile unterschieden werden:

Einerseits empfängt die Erde eine gewisse Energiemenge durch die Strahlung von der Sonne und gibt im Mittel etwa dieselbe Energiemenge durch Strahlung in den Weltraum wieder ab.

Andererseits wird auf der Erde durch die Energietechnik von Menschen eine bestimmte Energiemenge freigesetzt.

Der Energiehaushalt der Erde war bisher – solange praktisch nur der erste

Vorgang zu Buche schlug – im Gleichgewicht. Mit der ständigen Zunahme der Energieproduktion verschiebt sich aber das Gleichgewicht. So wurde beispielsweise schon abgeschätzt, daß der Bereich um Los Angeles nur etwa 94 Prozent seiner Wärme von der Sonne erhält, etwa 6 Prozent aber vorwiegend aus der Verbrennung fossiler Brennstoffe. Die Frage ist: Wann wird die irdische Energieproduktion ein solches Ausmaß annehmen, daß die Energiebilanz der Erde aus dem Gleichgewicht gerät? A. B. Cambel schätzt, daß, wenn die Energieproduktion weiterhin um etwa 4 Prozent pro Jahr zunimmt, dies in etwa 165 Jahren kritisch wird,[4] und er zieht daraus den Schluß, daß in Zukunft mit der Energie sehr sparsam umgegangen werden muß.

Gefährlich ist auch der Einfluß der zunehmenden Kohlendioxid-Konzentration in der Erdatmosphäre auf das Klima. Bei der Energiegewinnung durch Verbrennung fossiler Brennstoffe entstehen ja große Mengen von Kohlendioxid (und Wasser). Das Kohlendioxid absorbiert nun die infraroten Anteile der Sonnenstrahlung und bewirkt so eine Erhöhung der Lufttemperaturen. Welche Folgen derartige Klimaveränderungen haben werden, ist noch ziemlich unklar, zu fürchten ist nur, daß dieser Effekt in Zukunft stärker wird.

Literatur

1 Bavink, B.: »Ergebnisse und Probleme der Naturwissenschaften.« Leipzig 1944.

2 Beinhauer, H. H., und E. Schmacke: »Fahrplan in die Zukunft.« S. 104 bis 142. Düsseldorf 1970.

3 Bischoff, G.: »Der Weltenergiebedarf . . .« In: »Ausblick auf die Zukunft.« S. 121 bis 124. Gütersloh 1968.

4 Cambel, A. B.: »Energy for a restless world.« In: »Science and technology in the world of the future.« Hrsg. von A. B. Bronwell. New York, London, Sydney, Toronto 1970.

5 —: »Energie.« In: »Technologie der Zukunft.« Hrsg. von R. Jungk. Berlin, Heidelberg, New York 1970.

6 Ebel, C. W.: »Die Einsatzmöglichkeiten von Kernkraftwerken in der Elektrizitätswirtschaft der Bundesrepublik Deutschland bis 1985.« Berlin 1968.

7 »Energie für Baden-Württemberg. Stand und Entwicklung bis 1980.« Hrsg. vom Wirtschaftsministerium Baden-Württemberg. Stuttgart 1968.

8 »Europa und Energie.« Hrsg. von der Sprechergruppe der Hohen Behörde. Luxemburg 1967.

9 »Die europäische Energieversorgung in Gefahr.« Hrsg. vom Studienausschuß des Westeuropäischen Kohlenbergbaus. Essen 1967.

10 Fry, T. M.: »Energy.« In: »Technological forecasting and corporate strategy.« Hrsg. von G. Wills, D. Ashton und B. Taylor. London 1969.

11 »Das Große Buch der Technik.« Hrsg. vom Lexikon-Institut Bertelsmann. Gütersloh 1970.

12 Häfele, W.: »Genug Energie für unbegrenzte Zeit.« In: »Der Volkswirt.« Jg. 23 (1969). H. 40. S. 54 bis 57.
13 Justi, E.: »Die Energie-Direkt-Umwandlung.« In: »Die Wissenschaft und die Zukunft des Menschen.« München 1965.
14 Kazmierczak, H.: »Wandler.« In: »Taschenbuch der Nachrichtenverarbeitung.« Hrsg. von K. Steinbuch. Berlin, Heidelberg, Göttingen 1962.
15 Kemmer, H.-G.: »Papas Kraftwerk will nicht sterben.« In: »Perspektive 1980. Deutschland: Industriestaat ohne Zukunft?« Hrsg. von D. Stolze. Hamburg 1967.
16 Lindackers, K.-H.: »Kernenergie – Nutzen und Risiko.« Stuttgart 1970.
17 Mandel, H.: »Quellen der Primärenergie.« In: »Systems 69.« Hrsg. von K. Steinbuch. Stuttgart 1970.
18 —: »Die Steinkohle hat noch Zukunft.« In: »Der Volkswirt.« Jg. 23 (1969). H. 40. S. 58 bis 60.
19 Meister, R.: »Energiepolitik für das Jahr 2000.« In: »Hamburg auf dem Weg in das Jahr 2000.« Hrsg. von E. Schmacke. Düsseldorf 1970.
20 Proske, R.: »Auf der Suche nach der Welt von morgen.« S. 101 bis 108. Hamburg 1968.
21 Schaefer, H.: »Energiebedarf und -versorgung.« In: »System 69.« Hrsg. von K. Steinbuch. Stuttgart 1970.
22 Schlüter, A.: »Energie und Kernfusion.« In: »Die Wissenschaft und die Zukunft des Menschen.« München 1965.
23 —: »Energiequellen der Zukunft.« In: »Zukunftsaufgaben in Forschung und Entwicklung.« (Forschungspolitik, H. 1.) München 1968.
24 Schneider, E., H. Mandel und J. Seetzen: »Energie von morgen. Die wirtschaftliche Nutzung der Atomenergie.« (Deutscher Industrie- und Handelstag.) Bonn 1967.
25 Schulten, R.: »Der Einsatz des Hochtemperaturreaktors.« In: »1980 ist morgen.« Hrsg. von E. Schmacke. Düsseldorf 1969.
26 —: »Kernreaktoren liefern nicht nur Strom.« In: »Der Volkswirt.« Jg. 23 (1969). H. 40. S. 49 bis 53.
27 —: »Perspektiven der Energiewirtschaft.« In: »Nordrhein-Westfalen auf dem Weg in das Jahr 2000.« Hrsg. von E. Schmacke. Düsseldorf 1970.
28 Siemens, G. von: »Der Weg der Elektrizität. Geschichte des Hauses Siemens.« Freiburg, München 1961.
29 Sporn, Ph.: »Vistas in electric power.« New York 1968.
30 Waterkamp, R.: »Futurologie und Zukunftsplanung.« S. 79 bis 81. Stuttgart 1970.
31 Weinberg, A. M.: »Probleme der Großforschung. Wissenschaftspolitik und Organisationsformen der Forschung.« Frankfurt a. M. 1970.

5 Landesplanung und Städtebau

Basiswissen

In unserer Zeit wurde Erstaunliches gebaut: Computer, Atomreaktoren und Raumfahrzeuge. Etwas viel Wichtigeres wurde aber nicht gebaut: Städte, in denen sich Millionen Menschen wohl fühlen, in denen sie Schutz vor Wetter und Gewalt finden, frische Luft, Licht und Sonne haben, sich bewegen können, ernährt werden, nicht im Unrat verkommen, an menschlichen Kontakten und am kulturellen Leben teilhaben.
Zwar bietet die Stadt heutzutage ihren Bewohnern mehr Annehmlichkeiten als jemals zuvor, aber sie bietet ihnen zugleich auch mehr Unannehmlichkeiten. Vor allem: Zwischen dem, was man sich ausdenken kann, und dem, was verwirklicht wird, besteht ein deprimierendes Mißverhältnis.
Die Öffentlichkeit starrt oft einseitig auf die spektakulären Innovationen unserer Zeit und übersieht diesen gefährlichen Mangel. Deutlich sagte es der 16. Deutsche Städtetag: »Die Zukunft der Menschheit liegt nicht im Weltraum, nicht in den Meeren und in der Wüste, sondern in den Städten.«
Nochmals zu Computern, Atomreaktoren und Raumfahrt: Diese sind von einer mystischen Glorie umgeben, man hält sie für das Komplizierteste, was Menschen jemals erdacht haben. Falsch: Sie sind einfache Systeme im Vergleich mit modernen Großstädten. Die Komplexität der Städte überschreitet weit diejenige der größten Computer, Atomreaktoren und Raumfahrzeuge, sie überschreitet vor allem die Fassungskraft des menschlichen Bewußtseins.
Die oft beklagten Mängel unserer Städte sind vorwiegend nicht durch böse Absichten oder kriminelles Verhalten begründet (die gelegentlich mitspielen mögen), sie sind vorwiegend dadurch begründet, daß hier komplizierte technische Fakten mit vielfältigen subjektiven und gesellschaftlichen Wünschen in Einklang gebracht werden müßten, wozu wir vielfach weder die angemessenen Denkmodelle noch die ausreichende Weite des Bewußtseins haben. Ferner wurden durch die Vorgeschichte viele Entwicklungen zu unserem Nutzen oder Schaden vorweggenommen und können jetzt nicht oder nur unter größten Anstrengungen wieder rückgängig gemacht werden. Deshalb ist das dringendste Bedürfnis nicht der aggressive Appell, vielmehr eine

Bild 1: Der Markt, ein wichtiges Merkmal der Stadt.

solidarische Zusammenarbeit von Landesplanern, Architekten, Bauingenieuren, Verkehrsexperten, Wirtschaftswissenschaftlern, Juristen, Soziologen, Politologen, Psychologen und Systemanalytikern, um noch das Beste aus der verfahrenen Situation zu machen.
Das Problem der Stadtorganisation wird in unserer Zeit immer schwieriger zu lösen, weil nicht nur die Anzahl der Menschen ständig zunimmt, sondern die Menschen sich auch immer stärker in den Städten zusammendrängen und immer größere Anforderungen an deren Leistungen stellen.
Die Frage »Was ist eine Stadt?« ist nicht einfach zu beantworten. So sah beispielsweise Max Weber als wesentliches Merkmal der Stadt den öffentlichen Markt (Bild 1), auf dem die ortsansässige Bevölkerung ihren Bedarf deckt.
H. P. Bahrdt betont[6] die Polarisierung gesellschaftlichen Verhaltens in der Stadt: einerseits die öffentliche Sphäre (zum Beispiel Markt, Verkehrswesen, Kommunalpolitik) und andererseits die private Sphäre (vor allem Familie). Bahrdt sieht gerade in dieser Polarität und Wechselbeziehung von öffentlicher und privater Sphäre den städtischen Charakter einer Ansiedlung.
In beiden Erklärungen kommt der informationelle Aspekt der Stadt zu kurz: Das enge räumliche Zusammensein vieler Menschen unterschiedlicher Berufe, Erfahrungen, Interessen und so weiter ermöglicht viele befruchtende Kontakte. »Urban« bedeutet ja nicht nur »städtisch«, sondern auch »gebildet«. Hier wirken ähnliche Gesetze, wie sie in der Atomtechnik erst oberhalb einer

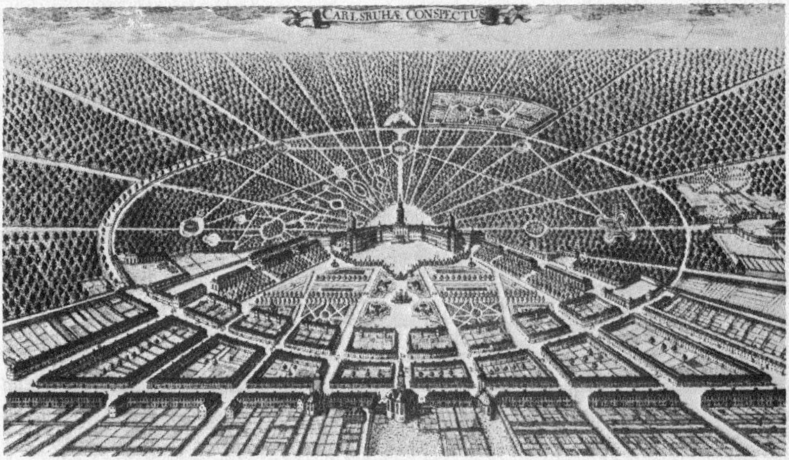

Bild 2: Karlsruhe, die Fächerstadt.

kritischen Masse Kettenreaktionen ermöglichen: Erst oberhalb einer gewissen Konzentration von Menschen können lebensfähige Gruppen, Vereine, Parteien, Schulen, Universitäten, Theater, Zeitungen und so weiter entstehen und sich erhalten.

Diese Strukturen sind wiederum Anreiz weiteren Zuzugs: Viele Menschen bevorzugen Ansiedlungen, die diese Strukturen besitzen; die Städte vergrößern sich weiter aufgrund der Anziehungskraft, die ihre Größe erzeugte.

Für das Verständnis der gegenwärtigen Stadt darf die konzentrierende Wirkung der Industrialisierung nicht übersehen werden. Die zeitgenössische Technostruktur setzt ein Geflecht zusammenwirkender Einzelproduktionen voraus: Je enger diese zusammengeflochten werden können, desto besser gelingt die Arbeitsteilung und desto billiger ist der Transport der Halbzeuge und Fertigprodukte.

Schon hier sei aber auf gegenläufige Einflüsse hingewiesen: Verunreinigung von Luft und Wasser, Lärm, Verkehrsmisere und steigende Bodenpreise.

Über den Erklärungsversuchen für die abstrakte Stadt darf man nicht vergessen, daß jede Stadt individuelle Merkmale hat und sich von allen anderen Städten in der geographischen Lage, Geschichte, Organisationsform, im Stadtplan, in den Bauformen, Menschentypen und so weiter unterscheidet. Manche Städte sind das Ergebnis eines langwierigen geschichtlichen Prozesses, andere entstanden aus der Laune eines Fürsten, wie zum Beispiel Karlsruhe (Bild 2), und zeigen recht einfache Grundstrukturen.

Weiter ist zu bedenken, daß die Grenzen einer Stadt oft schwer anzugeben sind: Mit zunehmender Größe verschmelzen mehrere Städte, deren Verwaltungsgrenzen nur noch historisch begründbar sind (hierfür gibt es vor allem im Ruhrgebiet Beispiele). Auch ist es aus einigen Gründen unbefriedigend, wenn die Stadtgrenze Arbeitsstätten und Schlafstätten voneinander trennt.
Man kann also die Probleme der Stadt nicht punktuell verstehen, vielmehr muß man sie in ihren vielen Beziehungen zum Land, zur Region sehen. Hier stellen sich dann Fragen der Art: Wo sollen Ansiedlungen, im besonderen Städte welcher Art entstehen, wie sollen die menschlichen, materiellen und energetischen Ressourcen genutzt werden, welche Infrastrukturen (vor allem Straßen, Eisenbahnen, Wasserversorgung, Energieversorgung, Abwasserbeseitigung) müssen erstellt werden und so weiter. Dies heißt aber, daß Landesplanung und Städtebau eng zusammengehören. »*Polis* und *Regio*« überschreibt E. Salin seinen lesenswerten Sammelband.[34]
Die zunehmende Kooperation hat erfreulicherweise dazu geführt, daß sich der Europarat neuerdings der Regionalplanung im europäischen Rahmen annimmt.[36] Bild 3 zeigt die gegenwärtige Bevölkerungsverteilung in Westeuropa. Einen Anstoß zur nationalen Planung enthält bereits der Artikel 29 des Grundgesetzes für die Bundesrepublik Deutschland: »Das Bundesgebiet ist unter Berücksichtigung der landsmannschaftlichen Verbundenheit, der geschichtlichen und kulturellen Zusammenhänge, der wirtschaftlichen Zweckmäßigkeit und des sozialen Gefüges durch Bundesgesetz neu zu gliedern . . .«
Zweck der »Regionalplanung« ist – nach Le Corbusier – die räumliche Ordnung menschlicher Einrichtungen, so daß die Wünsche der Menschen am besten erfüllt werden.
Praktisch besteht keine rechte Einigkeit darüber, welcher räumliche Bereich mit dem Begriff »regional« gemeint ist: Einerseits versteht man hierunter abstrakt Teile der Erdoberfläche, und andererseits versteht man hierunter bestimmte organisatorische oder Verwaltungseinheiten, beispielsweise Stadtregionen oder Verkehrsregionen oder auch abgrenzbare »Lebens- und Wirtschaftsräume«.[37]
Hierzu sagte einer der Begründer der Regionalplanung, Lewis Mumford:

»Wenn man eine Region abgrenzt, so ist es einmal notwendig, einen Teilraum zu wählen, der groß genug ist, um eine genügende Zahl von Interessen (oder wohl besser von Funktionen) zu umfassen, und andererseits klein genug ist, um diese Interessen (beziehungsweise Funktionen) überblicken zu können, damit sie Gegenstand einer unmittelbaren kollektiven Betrachtung und Entscheidung werden können.«

Der Begriff der »Region« spielt also in der Raumplanung eine ähnliche Rolle wie der Begriff »System« in der Systemplanung.
Mumford betont auch, daß Bestandsaufnahme, Analyse und Planaufstellung

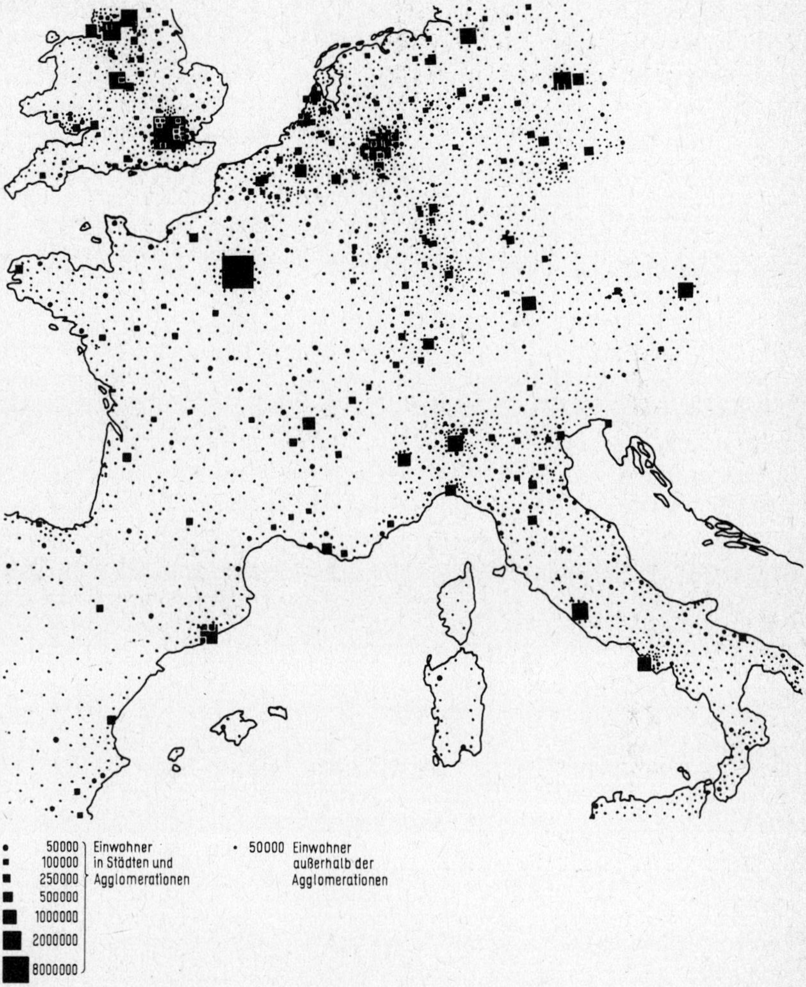

Bild 3: Bevölkerungsverteilung in Europa etwa im Jahre 1962. (Nach Unterlagen des Europarates.)

lediglich Vorstufen der Regionalplanung sind, die entscheidende Leistung aber in der bewußten geistigen Verarbeitung des Plans durch die Gesellschaft besteht und in der Verwirklichung durch die zuständigen politischen und wirtschaftlichen Stellen.

System der zentralen Orte nach dem Versorgungsprinzip.

Grenzen der Versorgungsgebiete
- - - - - - 1. Ranges
– – – – – – 2. Ranges
——— 3. Ranges
——— 4. Ranges

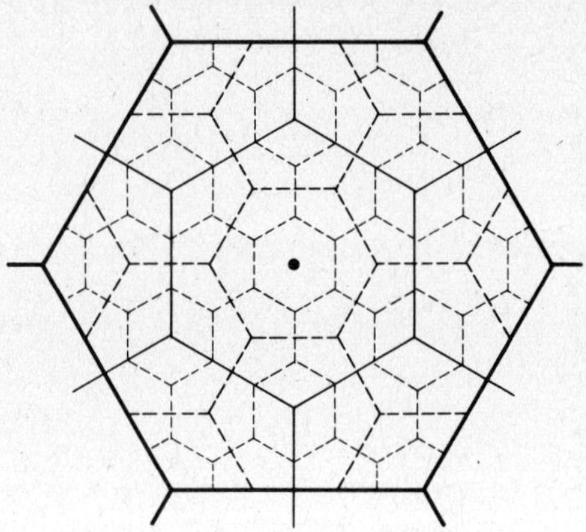

System der zentralen Orte nach dem Verkehrsprinzip.

Verkehrsstraßen
– – – – – – 1. Ranges
——— 2. Ranges
——— 3. Ranges

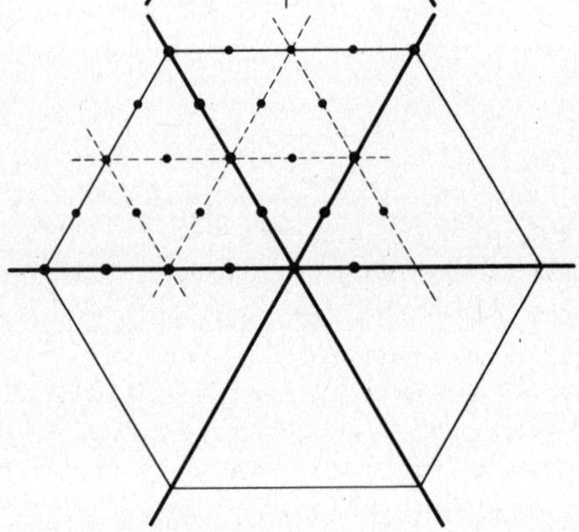

System der zentralen Orte nach dem Absonderungs-(Verwaltungs-)prinzip.

Grenzen der Verwaltungseinheiten
- - - - - - 1. Ranges
– – – – – – 2. Ranges
——— 3. Ranges

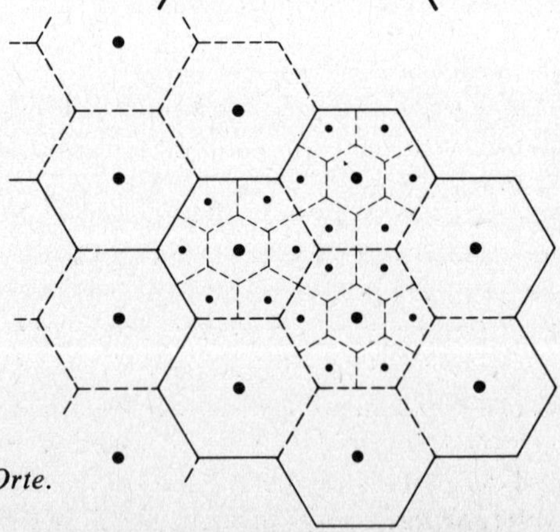

Bild 4: Systematik der zentralen Orte. (Nach W. Christaller.)

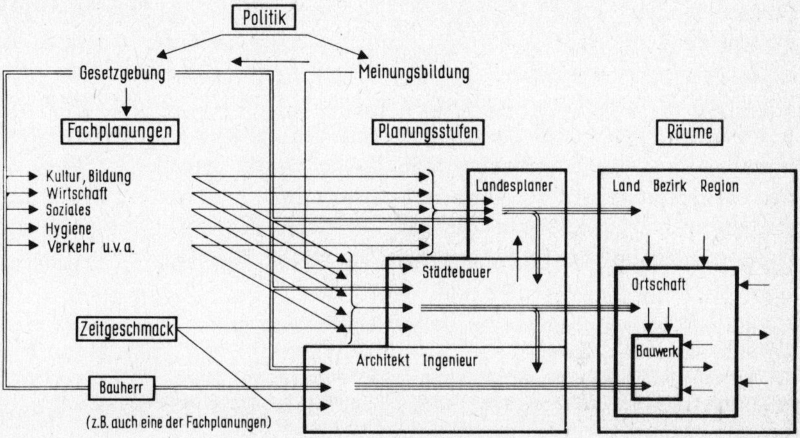

Bild 5: Stufen der Planung und Wechselspiel der Einflüsse. (Nach W. Müller.)

Teil der Regionalplanung ist die »Theorie der zentralen Orte«.[9] Aus dieser kann ein regelmäßiges Schema der räumlichen Anordnung der Siedlungen abgeleitet werden, in der die kleineren Raumeinheiten (also kleinere Städte mit ihren Einzugsgebieten) durch übergeordnete (höherrangige) Funktionen einer größeren Stadt in größere Raumeinheiten integriert werden. Bild 4 zeigt eine derartige Systematik der zentralen Orte nach W. Christaller. Hier werden drei Ordnungsprinzipien dargestellt: das Versorgungsprinzip, das Verkehrsprinzip und das Absonderungsprinzip. Man kommt hierbei zwangsläufig auf hierarchische Strukturen: Komplexe Organisationen sind ohne hierarchischen Aufbau nicht funktionsfähig.

Das Schema gemäß Bild 4 könnte das Ergebnis einer ungeplanten, ökonomisch bestimmten Entwicklung sein. Die Realplanung folgt etwas anderen Gesetzen.

Bei der nationalen Planung kann man drei Stufen unterscheiden:[30] Landesplanung als oberste Stufe, Stadtplanung als mittlere Stufe und Einzelbauplanung als unterste Stufe.

Bild 5 veranschaulicht diese Stufen der Planung und ihre Abhängigkeiten (nach W. Müller[30]). Landesplanung und Städteplanung werden von öffentlichen Instanzen wahrgenommen, wobei die Landesplanung der Stadtplanung übergeordnet ist. Hierbei muß Perfektion vermieden und eine gewisse Beweglichkeit erhalten werden, damit Anpassung an neu entstehende oder nicht vorausgesehene Bedingungen möglich ist.

Anders ist das Verhältnis zwischen Stadtplanung und Bauplanung. Der Stadtplanung stehen viele Partner unterschiedlicher, teilweise widersprüchlicher Interessen gegenüber. Sie muß deshalb eine starke Autorität und juristische Kompetenz haben, wenn sie nicht zum Spielball privater Interessen werden soll. Hierzu muß die Stadtplanung den demokratisch legitimierten Rückhalt der von der Planung betroffenen Bürger haben. Die Bauaufsichtsbehörden müssen vor allem sicherstellen, daß die Bauwerke der Stadtplanung nicht zuwiderlaufen, den Anforderungen des Umweltschutzes, des Unfallschutzes und der Hygiene entsprechen und so weiter.
Die wichtigsten Aufgaben der Stadtplanung sind:[30]

1. Aufnahme des landschaftlichen und baulichen IST-Zustandes,
2. Aufdeckung seiner Mängel,
3. Planung von Neuanlagen, Änderungen und Erweiterungen,
4. Koordination der Interessen aller Beteiligten und Suche nach Kompromissen,
5. rechtliche Absicherung der Planung und Verwirklichung.

Die Stadtplanung hat in unserer Zeit deshalb eine so große Bedeutung, weil sich die Bevölkerung sehr rasch in den Städten zusammendrängt. Diesen weltweiten Trend veranschaulicht Bild 6: Während im Jahre 1800 nur etwa 20 Millionen der damals lebenden 900 Millionen, also etwa 2,2 Prozent in Städten über 100000 Einwohnern lebten, waren es 1950 schon 350 von 2800 Millionen, also etwa 12,5 Prozent.
Diese Zusammenballung steht in engem Zusammenhang mit der Industrialisierung: Ein immer größerer Anteil der Bevölkerung arbeitet im Industriesektor und zieht deshalb in die Städte, ein immer kleinerer Anteil bleibt in der Landwirtschaft und damit auf dem Land. Ähnlich steht es mit den im Dienstleistungssektor Beschäftigten (siehe auch Kapitel 11, Automatisierung): Sie ziehen vielfach in die Städte, um die Vielzahl der sich hier bietenden Kontakte zu nutzen.
Als Folge dieser Zusammenballung wuchsen die Städte außerordentlich schnell: Bild 7 zeigt das Wachstum Londons in der Zeit von 1650 bis 1958. Ähnliche Bilder könnten für die meisten anderen Großstädte gezeichnet werden: Die meisten Städte »explodieren« geradezu, manche mit Wachstumsraten von 4 bis 6 Prozent pro Jahr (vor allem in Südamerika).
In diesen dichtbesiedelten oder gar überbesiedelten Räumen wachsen die Kosten für den Ausbau und die Erhaltung der Städte schneller als die Zahl ihrer Bewohner. Dies ist vor allem eine Folge der steigenden Ansprüche, welche die Stadtbevölkerung an die verschiedenen Dienste stellt.
Für Aufbau, Ausbau und Erhaltung der Städte werden deshalb geradezu gigantische Summen gebraucht. So hat beispielsweise der Deutsche Städtetag errechnet, daß der Investitionsbedarf der Gemeinden für die Jahre 1966 bis

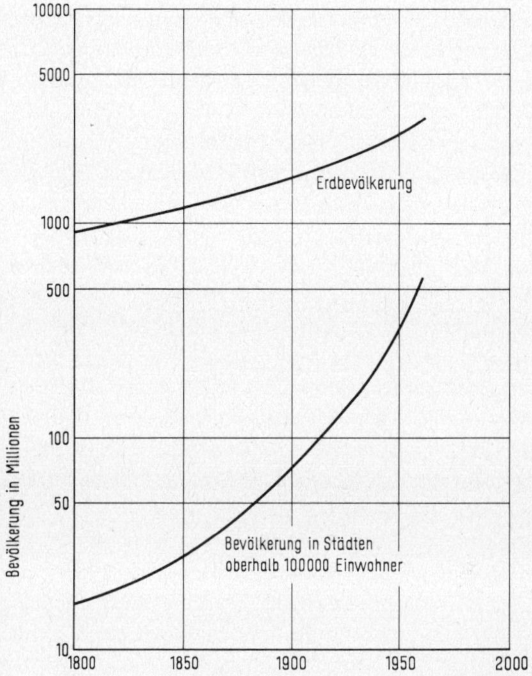

Bild 6: Die schnelle Verstädterung der Erdbevölkerung zeigt dieses Diagramm: Es vergleicht die Gesamtbevölkerung (obere Kurve) mit der Zahl der in Städten (oberhalb 100000 Einwohner) lebenden Menschen (untere Kurve).

Bild 7: Wachstum Londons in der Zeit von 1650 bis 1958.

1975 (ohne Wohnungsbau, Selbstschutzeinrichtungen und so weiter) bei etwa 218 Milliarden DM liegt.[35] Damit könnten einige hunderttausend Bettenplätze in Krankenhäusern, annähernd eine Million Plätze in Altersheimen, etwa eine halbe Million Klassenzimmer und eine viertel Million Studienplätze erstellt werden. Neuerdings wurden vom 10. Deutschen Städtetag für die Zeit bis 1980 noch höhere Summen – bis 400 Milliarden DM – genannt.

Derartige Beträge, die ja aus der Arbeit unserer Bürger kommen, dürfen nicht unüberlegt ausgegeben werden, sondern nur aufgrund sorgfältiger Planung. Hier müssen Theorie und Praxis eng zusammenwirken: Die Theorie muß die Begriffe und Denkmodelle bereitstellen, und die Praxis muß Brauchbares vom Unbrauchbaren scheiden.

Die besondere Schwierigkeit dieser Planung ist: Ihr fehlt das Labor, in dem andere Wissenschaften ihre Theorien prüfen können (J. Maurer). Man kann keine Städte versuchsweise bauen, hierzu fehlen die Geldmittel und die menschlichen »Versuchskarnickel«. Ferner sind die meisten Planungen recht speziell, man kann nur schwer die Erfahrungen formal von der einen Planung (wo sie sich bewährt haben) auf andere Planungen übertragen (wo sie möglicherweise unbrauchbar sind). Eine weitere Schwierigkeit dieser Planung liegt in der Unterschiedlichkeit des Sprachgebrauchs der (meist vielen) an der Planung beteiligten Menschen und Instanzen.

Weiter muß – worauf schon durch Bild 5 hingewiesen wurde – eine große Anzahl verschiedener Sachverhalte in der Planung berücksichtigt werden. Man muß nicht nur nach dem Geltungsbereich der Planung unterscheiden (Landesplanung, Städteplanung, Einzelplanung), sondern auch nach ihren verschiedenen Merkmalen: Landschaftsplan, Siedlungsplan, Verkehrsplan, Versorgungsplan, Plan der öffentlichen Bauten und Anlagen und so weiter. Schließlich müssen die »exogenen Einflüsse« berücksichtigt werden, also solche, die nicht vom Planer beeinflußt werden können, wie zum Beispiel übergeordnete politische Zwänge.

Nützlich erscheint J. Maurers Unterscheidung:[32]

Gegebenheiten sind für eine bestimmte Planung als unveränderlich anzusehen. Sie können auf der Topographie, dem Klima oder exogenen Einflüssen beruhen.

Prinzipien sind die veränderbaren Leitsätze, Maßstäbe und Kriterien, nach denen Entwürfe bewertet werden.

Sachverhalte sind alle Objekte, über die durch den Plan verfügt wird, zum Beispiel Flächennutzungen, Verkehrssysteme, Landschaftsschutz und so weiter.

Maurer betont vor allem, daß die anzusteuernden Zieldefinitionen »operabel und widerspruchsfrei« sein müssen: Oft werden Ziele gesetzt, die sich ganz

oder teilweise ausschließen. Vor allem passen häufig die Größe der Ziele und die Beschränktheit der Mittel nicht zusammen. Eventuell schließt der angestrebte Verkehrsfluß die Bildung eines Stadtkerns aus und so weiter.
Städtebauliche Ziele können auch am Unverständnis der Öffentlichkeit oder politischer Instanzen scheitern. Deshalb ist es häufig ein wichtiger Teil der Stadtplanung, Vorschläge zu entwickeln, die den Planungsträger zu Entscheidungen zwingen. Viele Planer neigen dazu, derartigen Auseinandersetzungen auszuweichen.
Man kann bei derartigen Planungen (nach D. Bökemann) auch zwischen beschränkender Planung und stimulierender Planung unterscheiden. Beschränkende Planungen kosten die Verwaltung meist nichts, während stimulierende Planungen recht teuer sein können.
Regionale Planungen sind häufig theoretisch interessante Grenzfälle: Sie haben viele Merkmale politischer Planungen (im weiteren Sinn), beispielsweise den öffentlichen Einfluß auf die Planung, die Komplexität der Probleme und so weiter. Gleichzeitig unterscheiden sie sich aber von vielen anderen politischen Planungen dadurch, daß Fehler meist innerhalb der Lebenszeit der Planer »zum Himmel schreien«. Deshalb können sich in der Landes- und Stadtplanung realitätsferne Demagogen langfristig nicht ganz so erfolgreich behaupten wie bei anderen politischen Planungen.
Planungen beruhen – bewußt oder unbewußt – auf subjektiven und gesellschaftlichen Wertsystemen: Prinzipien, nach denen Entwürfe ausgewählt oder verworfen werden.
Diese können beispielsweise sein:[32]

Erhöhung des Volkseinkommens
Eigenproduktion an Nahrungsmitteln
Ballung der Bevölkerung
Dispersion der Bevölkerung
Entwicklung der Dienstleistungen
Entwicklung der Industrie

Es gibt keine zwingende wissenschaftliche Methode, derartige Ziele und Bewertungen absolut zu begründen, sie können nur aufgrund subjektiver und gesellschaftlicher Entscheidungen angenommen oder abgelehnt werden. In der Auseinandersetzung um derartige Prioritäten zeigt sich der politische Aspekt der Planung: Eine allgemeinverbindliche Bewertung gibt es nicht.
Dieser Sachverhalt wurde von G. Albers anläßlich SYSTEMS 69 so formuliert:[1]

»... daß die Gesellschaft an der Aufgabe nicht vorbeikommt, Ziele oder zumindest Maßstäbe zu finden für ihre Entwicklung – daß sie Prioritäten in der Verwendung ihrer Mittel setzen muß, daß sie Vorstellungen darüber erarbeiten muß, wie denn eine menschenwürdige Umwelt heute und morgen aussehen könne ... Wie weit man auch die

Quantifizierbarkeit und Skalierbarkeit innerhalb des Mensch-Umwelt-Systems vorantreiben mag – und hier kann und muß gewiß noch viel geschehen: die letzte Entscheidung darüber, mit welchen Wertvorstellungen vom Menschen und von der Gesellschaft wir unsere Städte – und uns selbst – in die Zukunft hinein entwerfen, wird uns nicht abgenommen.«

Für eine bewußte Planung fehlen aber häufig nicht nur die Ziel- und Wertvorstellungen, sondern auch eine Organisation, welche die akzeptierten Ziele in erträglicher Zeit zu verwirklichen gestattet. Die Stadt- und Landesplaner sehen sich vielfach in der Lage einer Reparaturwerkstatt, die nachträglich die voraussehbaren Folgen verfehlter Entwicklungen korrigieren muß.

Oben wurden einige Ziele der Regionalplanung ausdrücklich genannt. Hieraus kann nicht geschlossen werden, ein ausgesprochenes oder unausgesprochenes, bewußtes oder unbewußtes Ziel würde konsequent verfolgt und es würde praktisches Handeln eindeutig bestimmen. Zwischen Absicht und Verwirklichung schieben sich Mängel der Organisation.

In unserer Gesellschaftsform stört häufig der politische Einfluß kapitalstarker Gruppen auf Entscheidungen. Andererseits verhalten sich in unserem liberalen System viele Menschen nicht so, wie es die Planer erwarten oder anstreben. Beispielsweise entvölkern sich Stadtkerne trotz vieler entgegengerichteter Planungen. Die Förderung von Industrieansiedlungen auf dem Lande führt häufig nicht zu dem erhofften Erfolg, das Pendlerwesen abzubauen. Wissenschaftliche Labors finden in landschaftlich reizvoller Umgebung keine Mitarbeiter, weil diese in ständigem Kontakt mit Universitäten und dergleichen bleiben wollen.

In unserer Kulturstufe ist das Individuum meist abhängig von vielen Leistungen, welche die Gesellschaft, der Staat, die Kommunen oder die Wirtschaft bereitstellen. Diese werden als »Infrastruktur« bezeichnet. Hierzu gehören vor allem:

Verkehr
Straßen der verschiedenen Art, Eisenbahn, Straßenbahn, Untergrundbahn, Schnellbahn, Flughäfen

Materielle Versorgung
Wasserversorgung, Abwasserbeseitigung, Straßenreinigung, Müllabfuhr

Energetische Versorgung
Elektrizität, Kohle, Öl, Gas, Fernheizung

Informationelle Versorgung
Briefzustellung, Zeitungszustellung, Fernsprechanschluß, Rundfunk, Fernsehen

Zur Infrastruktur im weiteren Sinn kann man auch rechnen: Gesundheitswesen, Schulen, Universitäten, Theater, Altersheime, Seelsorge, Naturschutz, Polizei, Verkehrsregelung, Notdienste, Feuerschutz und Verteidigung, schließlich auch noch die Versorgung über den öffentlichen Markt und Banken. Je vielfältiger das Angebot an Infrastruktur, desto attraktiver ist eine Ansiedlung.

Solche Versorgungseinrichtungen haben spezifische Wirkungen auf die Siedlungsstruktur. So bemerkte beispielsweise E. Salin,[34] daß einst die Gasversorgung die Stadtbindung verstärkt habe, während die Elektrizität mit ihrer leichteren Transportierbarkeit die Stadtbindung gelockert habe. Ohne die Elektrizität wäre wahrscheinlich die Entwicklung stärker zum Zentrum hin verlaufen. Mit Elektrizität und dem modernen Kraftfahrzeugverkehr setzte aber eine weiträumige innerstädtische Dezentralisierung ein.
Wenngleich der Verkehr in Kapitel 6 ausführlich behandelt werden soll, sei doch schon hier auf die starke Wechselwirkung zwischen Landesplanung, Städtebau und Verkehr hingewiesen. Der Verkehr ist Voraussetzung für die Aktivität der Bewohner in Beruf und Freizeit, in Handel, Gewerbe, Industrie, Verwaltung und Kultur. Für die Verkehrseinrichtungen muß ein großer Teil des verfügbaren Raumes bereitgestellt werden. Man kann entsprechend Bild 4 eine Hierarchie verschiedener Straßentypen unterscheiden:

Anliegerstraßen
Wohnsammelstraßen
Anbaufreie Sammelstraßen
Hauptverkehrsstraßen
Schnellverkehrsstraßen
Stadtautobahnen

Die Aufwendungen für den Straßenbau hängen zwar von Grundstückspreisen, Untergrund, Fahrbahnbefestigung und so weiter ab, sind insgesamt gesehen aber sehr hoch. So muß schon bei Anliegerstraßen mit Baukosten in der Größenordnung von einer halben Million DM je Kilometer gerechnet werden, bei Stadtautobahnen können die Kosten aber 20 bis 30 Millionen DM je Kilometer erreichen. Für Bundesautobahnen sind 4 bis 7 Millionen DM je Kilometer typisch. Für den Ausbau der Bundesfernstraßen wurden für die Zeit von 1959 bis 1970 Ausgaben von etwa 38 Milliarden DM geplant, für die Zeit bis 1985 wird von einem Aufwand von etwa 100 Milliarden DM gesprochen. Die Frage ist, ob diese Aufwendungen die Möglichkeiten unseres Staates angesichts der hohen zukünftigen Anforderungen vor allem für den Umweltschutz und das Bildungswesen nicht überschreiten.
Die Konfrontation des Fußgängers mit Kraftfahrzeugen ist nicht nur eine gefährliche Ursache von Unfällen, sondern zerstört auch die Gelassenheit der Bewegung und die Bereitschaft zur Aufnahme menschlicher Kontakte. Weiter verunreinigen Kraftfahrzeuge die Luft und erzeugen Lärm. Deshalb werden Stadtformen diskutiert, bei denen die Verkehrsarten getrennt werden (Bild 8). Man strebt Wohngebiete an, in denen die Fußgänger sich ungefährdet von Kraftfahrzeugen bewegen können.
»Entmischung« bestimmte die Veränderung der Siedlungsformen während der letzten zwei Jahrhunderte: Früher wurden die wesentlichen menschlichen Funktionen, zum Beispiel Wohnen, Gewerbe, Handel, Bildung und Verwaltung, meist räumlich eng beieinander praktiziert. Vor allem mit der Industria-

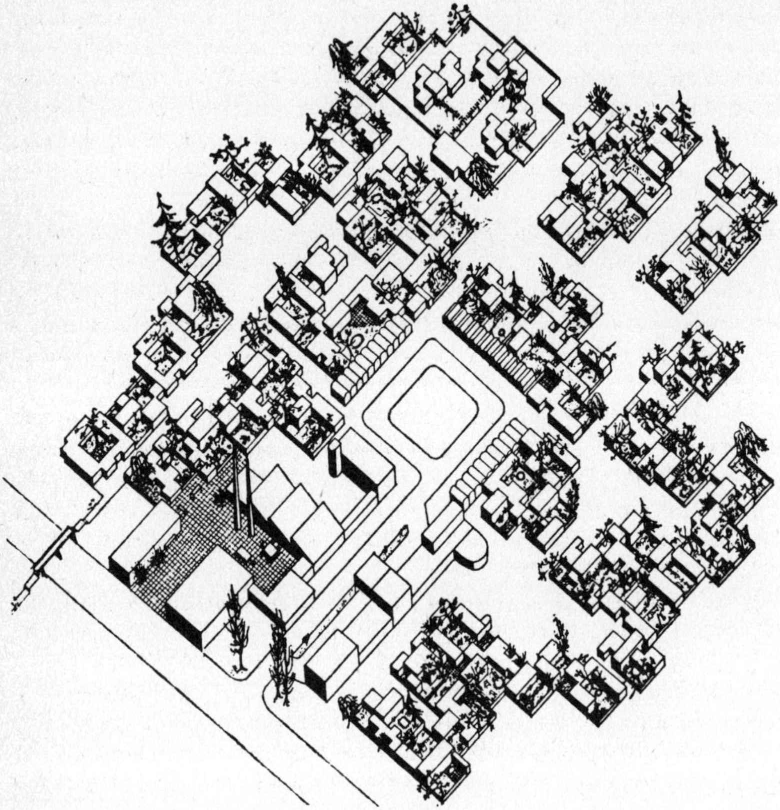

Bild 8: Trennung von Fahrzeug- und Fußgängerverkehr. (Nach W. Schwagenscheidt.)

lisierung löste sich diese räumliche Geschlossenheit auf, es entstanden Gebiete, die vorwiegend industriell genutzt wurden, andere Gebiete für Verwaltung, Handel, Bildung und Erholung und schließlich Gebiete, die vorwiegend für Wohnen benutzt wurden. Die Folgen dieser Entmischung sind mindestens teilweise unerfreulich: Erinnert sei beispielsweise an die außerhalb der Geschäftszeit toten Innenstädte oder an die »grünen Witwen«. Deshalb wird für zukünftige Siedlungen angestrebt, die Funktionen wieder in einer organischen Weise anzuordnen.

Eine solche Ordnung wird durch die gegenwärtige technische Entwicklung begünstigt: Während für die Anfänge der industriellen Produktion menschenunfreundliche Merkmale, zum Beispiel Hitze, Lärm, Materialbewegung, Schmutz und so weiter, typisch waren, entstehen neuerdings Produktionsformen, die mit dem Wohnen verträglicher sind, so beispielsweise die elektronische Industrie oder die »Software-Industrie«, das sind Produktionsformen, die überwiegend am Schreibtisch erledigt werden können. Diese Entwicklung dürfte in Zukunft weitergehen und dem Zwang zur Entmischung entgegenwirken.

Hierbei wird die Entmischung auch differenzierter geschehen: Extrem unverträgliche Installationen, wie zum Beispiel manche Schwerindustrie, oder gefährliche Einrichtungen, wie zum Beispiel Kernkraftwerke, werden auch in Zukunft weitab von Wohngebieten errichtet werden müssen, während ungefährliche und menschenfreundliche Produktionen (wie zum Beispiel Software-Industrie) unmittelbar in die Wohngebiete eingefügt werden können.

Eine andere Strukturänderung ist die »Entstäderung«: die Tendenz, von der konzentrierten Stadtsiedlung abzugehen und aufgelockerte, weiträumige Siedlungen zu schaffen. Die gegenwärtig verfügbaren Verkehrs- und Kommunikationsmittel begünstigen eine solche Entwicklung. Ist eine solche Entwicklung aber auch im wohlverstandenen Interesse der Menschen? H. P. Bahrdt argumentiert gegen die Entstädterung:[6]

». . . daß das Ziel einer Erneuerung der Großstadt ›Urbanisierung‹ sei, das heißt, daß der Städtebau die Aufgabe hat, den teils verschütteten, teils heute nur noch schwer realisierbaren städtischen Lebensformen wieder geeignete Entfaltungsmöglichkeiten zu schaffen.«

Er betont hierbei, daß städtisches Leben zwar eine gewisse Distanzierung von der Natur darstelle, aber durchaus nicht unnatürlich zu sein brauche – wenn die Städte entsprechend gestaltet würden. Hierbei stößt man rasch auf die Frage nach dem vermeintlichen »Wesen« des Menschen und damit auf ideologische Vorurteile.

Es ist zu erwarten, daß in Zukunft ein immer größerer Teil der menschlichen Lebenszeit »Freizeit« sein wird, also Zeit, die nicht für Arbeit, Schlafen, Essen, Arbeitsweg und Körperpflege gebraucht wird. Dem muß die Planung Rechnung tragen.

Nicht nur die private Sphäre dient der Freizeitgestaltung, auch die Möglichkeiten des städtischen Beisammenseins müssen für Freizeit und vor allem für menschliche Kontakte genutzt werden: Gemeindesäle, Versammlungsräume, Theater, Museen, Erholungsparks, Vergnügungsparks, Tiergärten, Naturschutzparks und so weiter.

Weiter ist zu erinnern an öffentliche Bauwerke und Kulturdenkmäler als Orientierungsmarken für das Leben in einer Stadt. Die Grünflächen spielen hier eine große Rolle: Einerseits wegen ihrer psychischen Wirkung und andererseits wegen ihrer Klimaverbesserung.

Hinzu kommen Städte, die vorwiegend oder ausschließlich der Erholung dienen, und Städte, die vorwiegend für den Lebensabend eingerichtet sind.
Bei derartigen Überlegungen zeigen sich einige Gründe für die hohen Kosten großstädtischen Lebens: Während man im Durchschnitt pro Kopf der Einwohner in Stadt und Land etwa 25 Quadratmeter Wohnraum rechnen muß, unterscheiden sich die Anforderungen an Erholungsflächen und Verkehrsflächen sehr stark: In kleinen Siedlungen braucht man pro Kopf etwa 5 Quadratmeter als Erholungsfläche und etwa 5 Quadratmeter als Verkehrsfläche. In großen Siedlungen braucht man jedoch pro Kopf wesentlich mehr: etwa 45 Quadratmeter Erholungsfläche und etwa 25 Quadratmeter für Verkehrsfläche. Dies ist einer der Gründe, weshalb die finanziellen Ansprüche der Städte schneller als ihre Einwohnerzahlen wachsen.

Probleme

Die schärfste Kritik an unserem Städtebau übte Alexander Mitscherlich mit seinem 1965 erschienenen Buche »Die Unwirtlichkeit unserer Städte – Anstiftung zum Unfrieden.«[28]
Dieses Buch ist im Hinblick auf seine berechtigte Kritik ebenso bemerkenswert wie im Hinblick auf seine diffamierende Irrationalität.
Der beherrschende Gedanke ist (Seite 9):

»Unsere Städte und unsere Wohnungen sind Produkte der Phantasie wie der Phantasielosigkeit, der Großzügigkeit wie des engen Eigensinns.
Da sie aber aus harter Materie bestehen, wirken sie auch wie Prägestöcke; wir müssen uns ihnen anpassen. Und das ändert zum Teil unser Verhalten, unser Wesen. Es geht um einen im Wortsinn fatalen, einen schicksalsbildenden Zirkel: Menschen schaffen sich in den Städten einen Lebensraum, aber auch ein Ausdrucksfeld mit Tausenden von Facetten, doch rückläufig schafft diese Stadtgestaltung am sozialen Charakter der Bewohner mit.«

Zuerst seien einige Thesen zustimmend zitiert, danach möchte ich mein Urteil »diffamierende Irrationalität« begründen:

(Seite 18): »Unsere Aufgabe liegt in einer neuen Selbstdarstellung . . . Nichts anderes als ein in Städten geschultes Bewußtsein hat die technische Welt hervorgebracht – und diese technische Welt verlangt nun ihrerseits hohe Bewußtheit als Integrationsleistung.«
(Seite 31): »Wenn sie in Ordnung ist, wird die Stadt zum Liebesobjekt ihrer Bürger. Sie ist ein Ausdruck einer kollektiven, Generationen umspannenden Gestaltungs- und Lebenskraft; sie besitzt eine Jugend, unzerstörbarer als die der Geschlechter, ein Alter, das länger dauert als das der einzelnen, die hier aufwachsen. Die Stadt wird zur tröstlichen Umhüllung in Stunden der Verzweiflung und zur strahlenden Szenerie in festlichen Tagen.«
(Seite 43): »Was die Herstellung eines Systems seelischer, affektiver Kommunikationen betrifft, die in den vorindustriellen Städten so dicht geknüpft waren, so haben die Planer hier vollkommen versagt.«

(Seite 82): »Die Erhaltung des Lebens im Beziehungsgefüge einer modernen Industriegesellschaft – nunmehr ständig von der atomaren Selbstvernichtung bedroht – erfordert, gemessen an jenen Zeiten, ein unvergleichliches Maß an kritischem Bewußtsein.«

Diese Aussagen konnte ich kommentarlos zitieren. Starke Bedenken habe ich aber gegen folgende:

(Seite 17): »Wir beobachten ein schroffes Nebeneinander von Rationalität und blinder Selbstsucht. Ja schlimmer noch: Rationalität und Selbstsucht sind oft eins, weil Rationalität sich in unserer Gesellschaft meist nur auf unmittelbare, begrenzte Zwecke bezieht, nicht auf die Stimmigkeit des Ganzen.«

Hier stört mich die unreflektierte Selbstverständlichkeit »Stimmigkeit des Ganzen«: Was versteht er denn unter dieser »Stimmigkeit des Ganzen«? Ist das die heile Welt, die in den Köpfen zeitgenössischer Sozialrevolutionäre ihr Unwesen treibt? Oder ist das die bürokratische Stimmigkeit einer zentralistisch verwalteten Welt? Oder ist es die Stimmigkeit, mit der Gottfried Feder im Dritten Reich gemeinschaftsfördernde Siedlungsformen forderte? Dieses ist nicht Stilkritik, vielmehr die zentrale Frage des ganzen Problems: Wenn wir nicht die ideologischen Hintergründe dieser scheinbar so klaren Forderung aufdecken, geraten wir in eine leichtfertige Zustimmung zu einer Verführung, der wir bei ausreichender Klarheit widerstehen würden.

(Seite 17): »Da uns die technischen Möglichkeiten in die Hand gegeben sind, die vernünftigsten Dinge von der Welt ungehemmt für ideologischen Terror auszubeuten . . .«

Ich möchte diesen Satz einmal variieren, das Wort »technisch« durch das Wort »psychologisch« ersetzen und dann fragen, ob der Satz falsch wurde: »Da uns die psychologischen Möglichkeiten in die Hand gegeben sind, die vernünftigsten Dinge von der Welt ungehemmt für ideologischen Terror auszubeuten . . .« Ich meine, der Satz stimmt auch dann noch und beschreibt einen nicht minder akuten Notstand unserer Gesellschaft: Den Mißbrauch der Psychologie für ideologischen Terror. Wer die Zustände an unseren Universitäten mit dem kritischen Bewußtsein betrachtet, das Herr Mitscherlich und ich immer wieder fordern, der muß es beklagen: Welcher Mißbrauch wird in unserer Zeit mit Psychologie und Technik getrieben! Der Unterschied zwischen den beiden ist nur, daß das Geschimpfe über die Technik alt und eingefahren ist, während das psychologisierende Getue auch heute noch als schick und dessen Kritik als reaktionär und technokratisch gedeutet wird.
Ähnlich ist meine Kritik im Anschluß an eine andere These:

(Seite 47): »Noch nie in der Geschichte hat eine so bedenkenlose und vorerst noch keineswegs abgeschlossene Traditionsvernichtung stattgefunden, wo immer das von Erfordernissen der *technischen* Entwicklung nahegelegt wurde.«

Wohl, wohl, bloß ist die Traditionsvernichtung durch die naive Psychologisierung in unserer Zeit so verantwortungslos wie die Traditionsvernichtung durch die Technik. Wieviel menschliches Leid bewirkt zum Beispiel die psychologisierende Traditionsvernichtung durch die rücksichtslose Zerstörung des Vertrauensverhältnisses zwischen Eltern und Kindern in Millionen deutscher Familien!

(Seite 35): »Nicht die großen Visionäre farbiger, neuer Städte fehlen, sondern die ansteckbaren Gemüter der Stadtväter, die für die Idee einer beschwingten Vorausschau, wie ihre Stadt werden sollte, empfänglich sind.«

Vermutlich ist Herr Mitscherlich genau dem Mangel verfallen, den er hier rügt: Er entwirft wohlfeile Visionen, hat aber keine Ahnung, wie sie realisiert werden sollen. Wenn es ginge, dann sollte man Herrn Mitscherlich einmal die Kompetenz eines Stadtvaters geben und ihn nach drei, vier Jahren fragen, was er von seinen Visionen verwirklicht hat. Ich fürchte, es wäre deprimierend. Die einzige Rechtfertigung, die er für sein Pamphlet vorbringen kann, ist die in unserem Lande verbreitete politische Gleichgültigkeit gegenüber Gemeinschaftsaufgaben.

(Seite 48): »Wenn sich der Psychoanalytiker in der Städteplanung zu Worte meldet, dann ist es nicht so, daß hier ein neuer Spezialist zu den alten hinzukommt. Er repräsentiert vielmehr das kritische Bewußtsein, unter dessen Mitwirkung menschliche Umwelt gestaltet werden sollte.«

Es scheint mir das Kennzeichen unkritischer Spezialisten zu sein, daß sie ihre eigene Funktion als exzeptionell verstehen und die Unterordnung aller anderen Spezialisten erwarten. Was würde Herr Mitscherlich beispielsweise darauf antworten, wenn der Statiker sagen würde: »Die Mitwirkung des Statikers am Städtebau ist nicht die eines Spezialisten, garantiert vielmehr, daß die Häuser nicht einstürzen und Menschen ums Leben kommen. Deshalb hat der Statiker eine übergeordnete Funktion beim Städtebau.«
Statiker sagen so etwas nicht, aber es schiene mir so vertretbar wie Herrn Mitscherlichs Meinung über die Superiorität der Psychoanalytiker.
Bösartig und unanständig empfinde ich die These:

(Seite 7): »Darum widmet der Autor es (das Buch) auch gleich jenen Leuten, die dem Todestrieb unserer Zivilisation mit soviel naiver Emsigkeit und durchtriebener Schläue dienen: *den Hausbesitzern in Deutschland und anderswo*.«

Unterstellen wir, Herr Mitscherlich hätte von seinen Vorfahren nicht eine solch außerordentliche Intelligenz und blendende (blind machende) Eloquenz geerbt, vielmehr eine mäßige Intelligenz und Eloquenz, dafür aber ein Haus, aus dem er seinen Unterhalt bezieht. Wie – so frage ich Herrn Mitscherlich (original) – würde sich dieser Herr Mitscherlich (mäßig intelligent, hausbesitzend) wohl verhalten? Würde er sich anders verhalten als die Hunderttausende von Hausbesitzern, die eben aus ihrem Vermögen das Beste machen wollen?

Wer Verantwortung für die Zukunft empfindet, der kann gerade das nicht tun, was Herr Mitscherlich mit seinem Buche getan hat, nämlich Haß predigen, sondern muß aufklären. Es ist paradox: Mitscherlich hat für die Stadtplanung einige gute Anstöße geliefert, aber er hat gerade dort versagt, wo er eigentlich zuständig ist, nämlich im psychologischen Bereich. Sein Pamphlet war eines derjenigen Bücher, welche die Gesellschaftskritik in unserem Lande so unheilvoll veränderten: Wir haben nicht mehr viel ernstzunehmende öffentliche Diskussion unserer gesellschaftlichen Probleme, aber ein Überangebot öffentlicher Anklagen ohne ausreichenden Sachverstand und ohne Kenntnis der Gegengründe. Die Macher reagieren auf das selbstgefällige Geschwätz der professionellen Besserwisser in voraussehbarer Weise: Sie hören nicht mehr zu. Gesellschaftliche Kritik und gesellschaftliches Handeln wurden entkoppelt: Hie Theorie ohne Praxis, dort Praxis ohne Theorie.

Bemerkenswert ist schließlich die These:

(Seite 81): »Alles ist artifiziell, gewollt, beabsichtigt, geplant – manipuliert also.«

Damit rückt Mitscherlich in die Nähe der unheilvollen Antiplanungsideologie und »Formierten Gesellschaft«. Wenn wir aber unsere Städte jemals in einen erträglichen Zustand bringen wollen, dann müssen sie artifiziell, gewollt, beabsichtigt und geplant, kurzum, auf einem Höchstmaß intellektueller Klarheit aufgebaut sein. Hier geht es nicht um Bewußtseinsveränderungen, sondern um Systemanalyse. Sorgen wir dafür, daß diese nicht durch Diffamierungen manipuliert, vielmehr auf einem demokratischen Konsens aller Beteiligten aufgebaut wird.

Daß die Stadtplanung mit den besten intellektuellen Mitteln betrieben werden muß, ist heutzutage unter Fachleuten kaum mehr strittig: Die Zeiten des »Laissez faire« sind endgültig vorbei. Es sind vor allem drei Gründe, weshalb heutzutage geplant werden muß (G. Albers):[34]

1. Die Mittel zur Veränderung der Umwelt und zur Raumüberwindung sind gewachsen und wachsen weiter.
2. Über die zahlenmäßige Bevölkerungszunahme auf der Erde hinaus steigt – vor allem in der Wohlstandsgesellschaft – der Raumanspruch des einzelnen für eine Fülle verschiedener Lebensäußerungen.
3. Die Interdependenzen der menschlichen Lebensbereiche nehmen ständig weiter zu.

In den USA wurde schon versucht, die zukünftige Stadtentwicklung durch Computersimulation abzuschätzen. R. Duke entwickelte ein spezielles System, mit dem beispielsweise untersucht wurde, welche Konsequenzen es hat, wenn in einer Stadt ein Unternehmen mit 4000 Beschäftigten angesiedelt wird. Hierbei haben Politiker, Grundstücksmakler, Städteplaner und Pädagogen die entscheidenden Rollen simulatorisch mitgespielt (»WELT« vom 25. 7. 69). Ähnliche Planspiele wurden auch in der BRD begonnen. Von Experten wird

dringend eine Datenbank für Raumordnung gefordert, um die Übersicht nicht zu verlieren (oder wohl besser, erst einmal zu gewinnen).
Die wirklichen Schwierigkeiten der Stadtplanung liegen dort, wo die anzusteuernden Ziele konkretisiert werden müssen. Wir nannten oben einige, zum Beispiel Erhöhung des Volkseinkommens, Ballung der Bevölkerung und so weiter. Nun baut man ja Städte nicht für den Augenblick, sondern für Jahrzehnte oder Jahrhunderte. Deshalb müßte man Stadtplanung eigentlich an den Zielen orientieren, die in den kommenden Jahrzehnten oder gar Jahrhunderten akzeptiert werden. Aber welche sind dies? Bedürfnisse, Gewohnheiten und Funktionen der Menschen wandeln sich fortwährend, gegenwärtig schneller als jemals zuvor. Wie soll man da eine wohlbegründete Stadtplanung betreiben? Zweifellos bedarf Stadtplanung der Prognose zukünftiger Bedürfnisse, Gewohnheiten und Funktionen. Damit begibt sie sich aber auf das unsichere Eis der Futurologen. Der Planer steht vor unklärbaren Prämissen, wie zum Beispiel: Gelingt es, die Gewohnheit des privaten Autofahrens in den nächsten Jahrzehnten drastisch einzuschränken, oder müssen wir unsere Städte für einen weiterhin exponentiell ansteigenden Autoverkehr bauen?
Über die theoretisch unbefriedigende Basis sagte B. Lutz:[34]

».. . möchte ich behaupten – und ich bin gern bereit, den Beweis im einzelnen anzutreten –, daß es kaum ein Gebiet im Bereich der Sozialwissenschaften gibt, auf dem die Forschung so dringend wäre und sich in einem so unzureichenden Zustand befindet wie auf dem Gebiet der Großstadt- und Regionalforschung. Es hat sich in den letzten Jahren ein regelrechtes Syndrom gebildet von Unverständnis der potentiellen Auftraggeber, Hindernissen für eine systematische Grundlagenforschung, sukzessivem Rückzug kluger Leute aus diesem Gebiet, auf dem weder Lorbeeren zu ernten noch eine vernünftige Arbeit zu machen ist, daß es absolut lebensnotwendig ist, endlich einmal die Voraussetzungen für eine breite, kontinuierliche wissenschaftliche Arbeit zu schaffen.«

Ähnliche Äußerungen finden sich bei Gremien des Deutschen Städtetages, des Deutschen Gemeindetages und des Deutschen Landkreistages.[35]
Die verfahrene Situation wird durch die in unserer Gesellschaft noch sehr lebendige »Anti-Stadt-Ideologie« erschwert. Hier wirken viele Ideen unterschiedlicher Herkunft zusammen, vom »Sündenbabel« über »Blut und Boden« bis hin zur angeblichen Vermassung in der Stadt. Eine gründliche Kritik der Großstadtkritik findet sich in H. P. Bahrdts Buch »Die moderne Großstadt«.[6]
Die ideologische Stadtfeindschaft findet neuerdings nichtideologische Unterstützung durch die Umweltzerstörung und die scheinbaren Möglichkeiten moderner Verkehrs- und Kommunikationssysteme. Vielfach wird neuerdings von einer »Erosion« der Städte in dem Sinne gesprochen, daß der Stadtkern immer mehr verödet und nur noch für wenige Stunden als hektischer Umschlagplatz genutzt wird. B. Lutz stellt ganz konkret die Frage:[34] »Wir

müssen also wissen, ob die Stadt in diesem Sinne überhaupt noch lebensfähig und vor allem lebenswert ist und ob man die Kosten zu ihrer Bewahrung aufbringen soll oder nicht.« Lutz beantwortet diese selbstgestellte Frage so, daß er die Stadt als Leitbild für die Zukunft dann für sinnvoll hält, wenn die Städte so strukturiert werden können, daß möglichst viele Menschen mit möglichst geringen Zugangskosten an vielen der in ihnen lokalisierten Austauschsysteme intensiv teilnehmen können. Ohne Quantifizierung ist diese Bedingung allerdings inhaltsleer.

Eine sinnvolle Stadtplanung scheitert vielfach an der Praxis unseres Bodenrechts. Zwar ist im Artikel 14 des Grundgesetzes ausdrücklich festgelegt, daß Eigentum verpflichtet und sein Gebrauch dem Wohle der Allgemeinheit dienen solle. Die Praxis ist aber hiervon ziemlich unberührt, und so können vielfach dringend notwendige Planungen nicht oder erst nach unerträglich langer Zeit verwirklicht werden. Die Durchsetzung des Grundgesetzgebotes ist möglicherweise einer der Angelpunkte, an denen sich entscheidet, ob unser Gesellschaftssystem erhalten werden kann.

J. K. Galbraith sagte hierzu: »Wir müssen daher bereit sein, jene Stadtverwaltungen zu verteidigen, die offen sagen: ›Natürlich wird das für die Geschäftswelt schädlich sein, das stört sehr wohl die freie Marktwirtschaft, das kann die Wirtschaft schon etwas kosten – aber das Glück der Menschen in den Städten ist uns wichtiger!‹«

Unerträglich ist es, daß aus der Stadtplanung einige wenige enorme Gewinne ziehen, weil sie im Besitz des Bodens sind, der durch die Planung und Infrastruktur, also durch öffentliche Leistungen, aufgewertet wird. So beklagte beispielsweise H. J. Vogel, der Oberbürgermeister von München, daß die Bodenpreise ins Astronomische stiegen. Wer im Jahre 1950 ein Grundstück von 10000 DM besaß, der kann heute mehr als 200000 DM dafür bekommen. Vogel schlägt konkret vor (»Stern« vom 25. 5. 1971):

Beseitigung des Spekulationsprivilegs;

Versteuerung des Wertzuwachses;

Abführung der Planungsgewinne an die Gemeinschaft, die ja auch jeden Planungsschaden auf Heller und Pfennig ersetzen muß;

erweiterte An- und Vorkaufsrechte der Gemeinde zu Preisen, die sich nicht am sogenannten Marktwert, sondern am versteuerten Wert orientieren.

Woran soll und kann sich die »Dynamisierung der Stadt« orientieren? Wie kann »prozessualer Städtebau« organisiert werden? Mit diesen Schlagworten können viele ungelöste Probleme markiert, aber wenig praktikable Methoden gekennzeichnet werden.

Der oft und gerne angeprangerte Sündenbock, die »Bürokratie«, ist – genau betrachtet – die unvermeidliche Folge der gegenwärtigen Interdependenz städtebaulichen Geschehens und der Notwendigkeiten des Umweltschutzes, Unfallschutzes und der Hygiene. Es gibt keine ernstzunehmenden Vorschläge, die »bürokratische« Kontrolle abzuschaffen, auch wenn sie zweifellos rationalisiert und flexibler gestaltet werden kann. Phantastisch und irreal ist die Vorstellung, eine sorgfältige Überwachung des Städtebaus durch legitimierte Instanzen könnte in Zukunft durch eine »Adhocratie« (A. Toffler) ersetzt werden.

Welches sind die wichtigsten Anstöße zur Veränderung der Siedlungsstrukturen? Hier ist vor allem die Bevölkerungs- und Wirtschaftsbewegung zu erwähnen. In Mitteleuropa ist eine Verdichtung besonders längs der Linie südenglisches Industriegebiet – London – Randstadt Holland – Agglomerat Rhein-Ruhr – Rhein-Neckar-Region – Basel – norditalienisches Industriegebiet festzustellen.[9] Ob sich eine andere West-Ost-Achse Paris – Brüssel – Ruhrgebiet – mitteldeutsches Industrieagglomerat – Berlin – Warschau entwickelt, hängt von den politischen Randbedingungen ab (Bild 9).

Große zusammenhängende Stadtbänder bildeten sich in den USA bereits: »Boswash« zwischen Boston und Washington, »Sansan« zwischen San Franzisko und San Diego.

Außer dieser Bevölkerungsbewegung wirkt auch noch die Veränderung der Ansprüche auf die Stadtplanung ein. So weist beispielsweise H. Jürgensen[35] auf die Entwicklung der Einkommen hin: Gegenwärtig nimmt die Zahl der Haushalte mit geringen Nettoeinkommen rasch ab, dagegen die Zahl der Haushalte mit hohen Nettoeinkommen rasch zu. Die Veränderung der Einkommensstruktur verändert die Ansprüche an die Wohnungsqualität, Wohnungsgröße und Infrastruktur.

Auf die geradezu gigantischen Aufwendungen für Aufbau, Ausbau und Erhaltung unserer Städte wurde schon hingewiesen. Hier stoßen sich die Wünsche und Möglichkeiten hart im Raume. Vorläufig herrscht öffentliche Armut bei privatem Wohlstand.

R. L. Meier untersuchte die Ökonomie des Stoffwechsels zukünftiger Städte und entwarf Prinzipien zukünftiger »Resource-Conserving«-(material- und energieersparender) Städte.[27] Er strebt vor allem an, den Verbrauch von Wasser, Öl, Mineralien, Holz, Papier und so weiter durch geeignete Organisationsformen drastisch zu senken. Für die Wasserverwendung machte er beispielsweise folgende Vorschläge:

1. Abwasser kann für Gartenbewässerung und manche industrielle Zwecke weiterverwendet werden.
2. Obwohl Entsalzungsanlagen vorläufig für innerstädtische Zwecke ökonomisch noch nicht vertretbar sind, sollte man sie in Zukunft benutzen, um Abwässer wieder aufzubereiten.

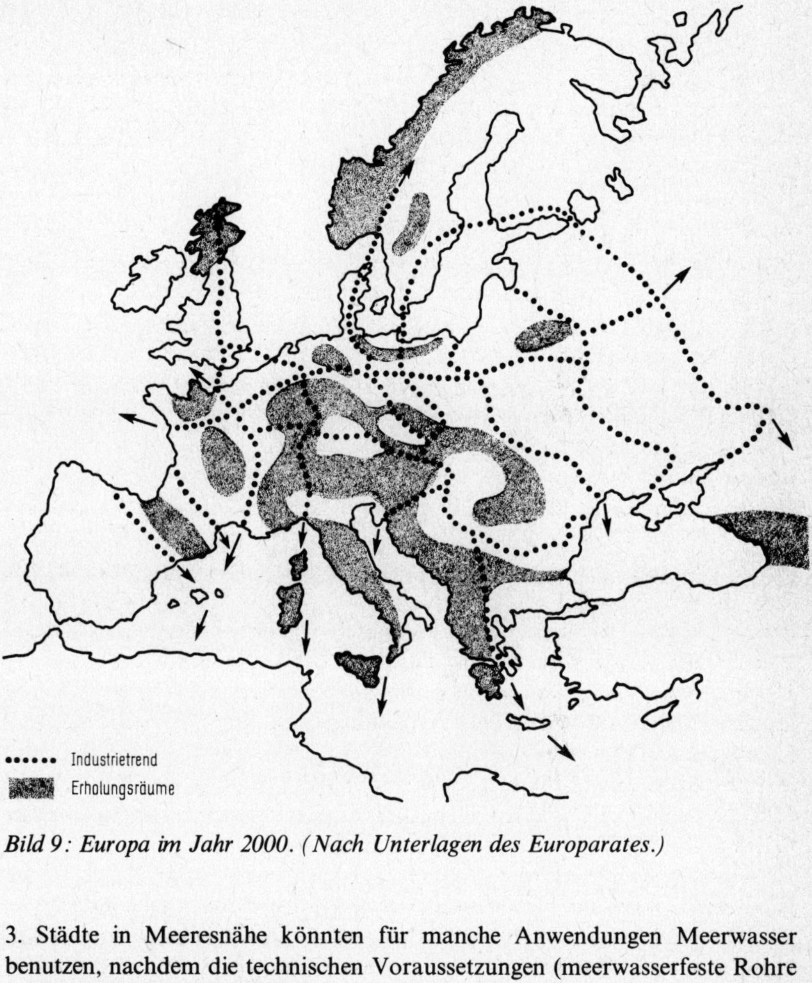

Bild 9: Europa im Jahr 2000. (Nach Unterlagen des Europarates.)

3. Städte in Meeresnähe könnten für manche Anwendungen Meerwasser benutzen, nachdem die technischen Voraussetzungen (meerwasserfeste Rohre und Pumpen) vorhanden sind.
4. Es sollten Versorgungssysteme für Wasser unterschiedlicher Qualität vorgesehen und der Wasserpreis an der Qualität und Nachfrage orientiert werden.
5. Der Wassertransport entlang der Küste sollte dazu benutzt werden, um Überschüsse und Mängel auszugleichen.
6. Künstliche Inseln im Meer erleichtern Produktionen mit hohem Kühlwasserbedarf.
7. Durch geeignete Zusammenarbeit von Nahrungsmittelproduktion, Bädern,

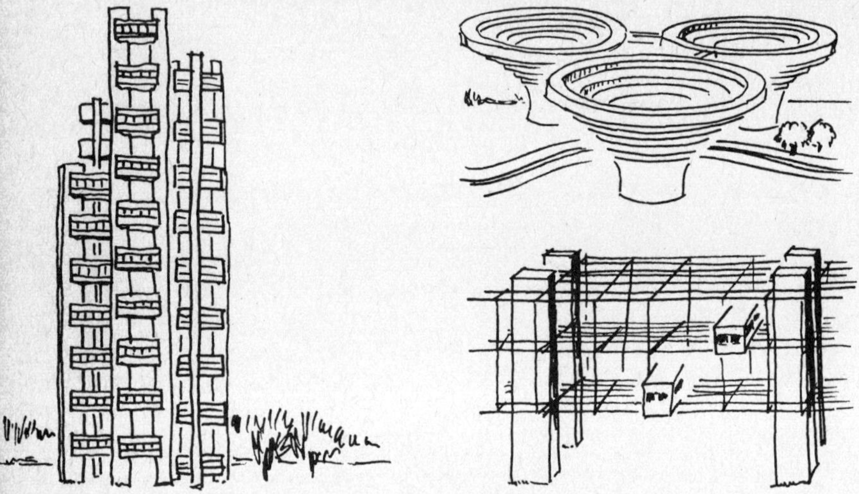

Bild 10: Schematische Entwürfe zukünftig möglicher Bauformen. (Nach W. Müller.)

Wäschereien und sanitären Einrichtungen mit Wasserreinigungseinrichtungen kann der spezifische Verbrauch verringert werden.

Der Grundgedanke ist, einen möglichst großen Teil der Verbrauchsgüter innerhalb der Stadt einer Wiederverwendung zuzuführen (siehe hierzu auch Kapitel 3 und 7). Es darf also keine »Wegwerfkultur« entstehen, wie A. Toffler leichtfertig meinte, es muß vielmehr mit Materie, Energie und Information sparsam umgegangen werden. Ganz zukunftsfremd erscheint der publizierte Vorschlag, eine »Wegwerf-Architektur« zu entwickeln.

Wie werden die Städte der Zukunft aussehen? Vor dieser Frage stehen Heerscharen von Kritikern, Regimenter weltfremder Utopisten und ein verlorenes Häuflein Sachverständiger. Leicht ist es, die Öffentlichkeit mit phantastischen Parolen zu erregen, aber sehr schwer, Entwürfe zu produzieren, die wenigstens den wichtigsten Kritiken standhalten. »Man kann den Weg in die Zukunft nicht auf ungeprüfte Ideologien gründen. Wir brauchen vielmehr das Experiment« (G. Albers).[34]

Ernstzunehmende Vorschläge sind meines Erachtens:[30]

1. Anordnung atriumartiger Wohneinheiten an steilen Hängen oder Traggerüsten in mehreren Geschossen so übereinander gestapelt, daß ihre Grundflächen sich zeilenweise überdecken, aber jede Einheit einen gut besonnten und gegen Einblick geschützten Freiraum (Atrium) hat.

2. Baukastenmäßige Kombination großer Wohngruppen aus vorgefertigten mobilen Wohneinheiten, beispielsweise nach den schematischen Entwürfen von Bild 10.
3. Wohneinheiten auf Gestellen, die Meeresbuchten überspannen.

Literatur

1 Albers, G.: »Zukünftiger Städtebau.« In: »Systems 69.« Hrsg. von K. Steinbuch. Stuttgart 1970. S. 191 bis 203.
2 Alsleben, K., u. a.: »Bürohaus als Großraum.« Quickborn 1961.
3 Aregger, H.: »Stadt der Zukunft.« In: »Was wird morgen anders sein?« Hrsg. von O. Hersche. Olten, Freiburg i. Br. 1969. S. 174 bis 189.
4 »Aus Lehm und Gold.« Stuttgart 1967.
5 Bahrdt, H. P.: »Humaner Städtebau.« Hamburg 1968.
6 —: »Die moderne Großstadt. Soziologische Überlegungen zum Städtebau.« Hamburg 1969.
7 »Bauen konkret.« Jg. 1971. H. 2.
8 Bernt, A.: »Deutschlands Bürgerhäuser.« Tübingen 1968.
9 Bökemann, D.: »Der Wandel des Siedlungsgefüges. Ursachen und Tendenzen.« In: »Futurum«. Jg. 3 (1970). H. 1. S. 64 ff.
10 Brandt, J.: »Planungsfibel.« München 1966.
11 Döring, W.: »Politik der Utopien.« In: »Deutsche Bauzeitung.« Jg. 1971. H. 4. S. 393 bis 398.
12 Doxiadis, C. A.: »Cities of the Future.« In: »Science and Technology in the World of the Future.« Hrsg. von A. B. Bronwell. New York, London, Sydney, Toronto 1970. S. 61 bis 94.
13 »Das Ende der Städte? Über die Zukunft der menschlichen Umwelt. Strukturen – Systeme – Pro(vo)gramme.« Hrsg. von R. Schmid. Stuttgart 1968.
14 »Environment for man.« Hrsg. von W. R. Ewald jr. 4. Aufl. Indianapolis 1968.
15 Flieger, H.: »Unser Städtebau.« In: »1980 ist morgen.« Hrsg. von E. Schmacke. Düsseldorf 1969. S. 277 bis 290.
16 Güldner, H.: »Unsere Stadt – Tragödie einer Spätkultur.« Pinneberg 1968.
17 Haller, F.: »Totale Stadt.« Olten 1968.
18 Halstenberg, F.: » Ein Land plant seine Zukunft.« In: »Nordrhein-Westfalen auf dem Weg in das Jahr 2000.« Hrsg. von E. Schmacke. Düsseldorf 1970. S. 24 bis 42.
19 Hillebrecht, R.: »Die moderne Stadt in Gegenwart und Zukunft.« In: »Ausblick auf die Zukunft.« Gütersloh 1968.
20 »Kapitalistischer Städtebau.« Hrsg. von H. G. Helms und J. Janssen. Neuwied, Berlin 1970.
21 Keeble, L.: »Principles and practice of town and country planning.« London 1969.
22 Kern, H.: »Region Unterelbe auf dem Weg in das Jahr 2000.« Hrsg. von E. Schmacke. Düsseldorf 1970. S. 1 bis 18.
23 Kramer, G., u. a.: »Modell für eine städtische Struktur.« (Privatdruck.) Karlsruhe 1968.

24 Kramer, G.: »Stadtbau im letzten Drittel dieses Jahrhunderts.« In: »KS-Neues.« H. 1.
25 Kühn, E.: »Überlegungen zur Städteplanung.« In: »Nordrhein-Westfalen auf dem Weg ins Jahr 2000.« Hrsg. von E. Schmacke. Düsseldorf 1970. S. 83 bis 108.
26 Lenz-Romeiß, F.: »Die Stadt – Heimat oder Durchgangsstation.« München 1970.
27 Meier, R. L.: »Resource-Conserving Urbanism: Progress and Potentials.« (International Conference on Future Research.) Kyoto 1970.
28 Mitscherlich, A.: »Die Unwirtlichkeit unserer Städte.« Frankfurt a. M. 1965.
29 Moholy-Nagy, S.: »Matrix of Man.« New York, Washington, London 1968.
30 Müller, W.: »Städtebau.« Stuttgart 1970.
31 Mumford, L.: »The urban prospect.« New York 1968.
32 »Neue Methoden in der Raumordnung.« Schriften des Instituts für Städtebau und Raumordnung Stuttgart. Bd. 3. Stuttgart 1968.
33 Papaioannou, J. G.: »Future urbanization patterns: A long-range world wide view.« (International Conference on Future Research.) Kyoto 1970.
34 »Polis und Regio. Von der Stadt- zur Regionalplanung.« Hrsg. von E. Salin, N. Bruhn und M. Marti. Basel 1967.
35 »Politik und Städtebau.« (Dokumentation über die öffentlichen Veranstaltungen im Rahmen der Jahreshauptversammlung der Gesellschaft für Wohnungs- und Siedlungswesen e. V. am 25. und 26. 9. 1968.) Hamburg 1968.
36 »Regional planning a European problem.« (Report of the Consultative Assembly. Council of Europe.) Strasbourg 1968.
37 »Regionalplanung.« Köln 1966.
38 Reichow, H. B.: »Die autogerechte Stadt.« Ravensburg 1959.
39 Rieger, H. Chr.: »Begriff und Logik der Planung.« Wiesbaden 1967.
40 Rittel, J.: »Zukunftsorientierte Raumordnung.« In: »Systems 69.« Stuttgart 1970. S. 174 bis 192.
41 Schnelle, E., und A. Wankum: »Architekt und Organisator.« Quickborn 1964.
42 Sombart, N.: »Stadtstrukturen von morgen.« In: »Zukunft im Zeitraffer.« Hrsg. von E. Schmacke. Düsseldorf 1968.
43 »Städtebau der Zukunft. Tendenzen – Prognosen – Utopien.« Hrsg. von L. Lauritzen. Düsseldorf, Wien 1969.
44 Stahl, K., und G. Curdes: »Umweltplanung in der Industriegesellschaft. Lösungen und ihre Probleme.« Reinbek 1970.
45 Suter, G.: »Die großen Städte.« Bergisch Gladbach 1966.
46 »Die Zukunft unserer Städte in einer großen Gesellschaft.« Hrsg. vom Städtebau-Institut Nürnberg. Nürnberg 1966.

Die Probleme von morgen . . .

... haben eines gemeinsam mit den Problemen von heute und denen von gestern: Sie zu lösen kostet Geld.

Geld löst zwar nicht alle Probleme, aber der Mangel an Geld schafft neue Probleme, statt alte aus der Welt zu schaffen.

6 Verkehr

Basiswissen

Als »Verkehr« (im engeren Sinn) bezeichnet man den Transport von Personen oder Gütern über räumliche Entfernungen. Im weiteren Sinn versteht man hierunter auch den Transport von Energie und Information (siehe Kapitel 4 und 8).

Die wichtigsten Erscheinungsformen des zeitgenössischen Verkehrs sind:
Schienenverkehr
Straßenverkehr
Schiffahrt (Binnen- und Seeschiffahrt)
Luftverkehr
Rohrleitungsverkehr.

Andererseits unterscheidet man auch
Nahverkehr (Stadtverkehr, Regionalverkehr usw.) und Fernverkehr (Landesverkehr, Kontinental- und Interkontinentalverkehr).

Die existierenden Verkehrseinrichtungen haben einen enormen Wert, und die geplanten Ausbauten werden einen großen Anteil unseres Sozialprodukts verschlingen:

– Nach einer jährlichen Zuwachsrate von über 11 Prozent gab es im Jahre 1970 in der BRD + WB etwa 12 Millionen Personenkraftwagen. Nach Bild 1 gibt es im Jahre 1971 etwa 230 Pkw je 1000 Einwohner, für 60 Millionen also etwa 13 bis 14 Millionen. Im Jahre 1985 dürften es etwa 18 bis 20 Millionen Pkw sein – falls es so weitergeht wie bisher.

– Die Entwicklung des Güterverkehrs – aufgeteilt auf Eisenbahn, Binnenschiffahrt, Straßengüterfernverkehr und Pipelines – zeigt Bild 2. Das gesamte Transportaufkommen dürfte in der Zeit von 1970 bis 1975 von etwa 790 Millionen Tonnen auf etwa 910 Millionen Tonnen steigen, im langfristigen Mittel um etwa 4 bis 5 Prozent pro Jahr.

– Der Lastkraftwagenbestand wuchs jährlich um etwa 4,2 Prozent auf etwa 1,1 Millionen im Jahre 1970.

– Die Anzahl der von der Bundesbahn beförderten Personen stieg um etwa 6,8 Prozent auf 1,532 Milliarden im Jahre 1970.

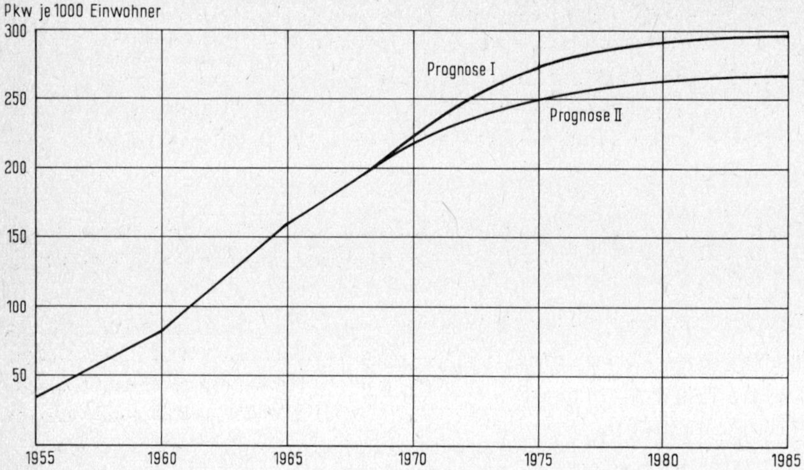

Bild 1: Vorausschätzung des Pkw-Bestandes je 1000 Einwohner in der Bundesrepublik Deutschland einschließlich West-Berlin. (Nach Angaben der Firma Shell.)

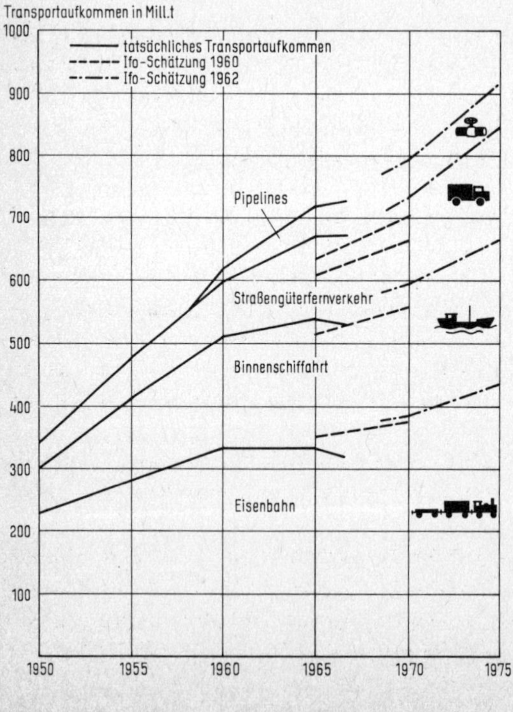

Bild 2: Entwicklung des Güterverkehrs in der Bundesrepublik Deutschland einschließlich West-Berlin. (Nach W. Leutzbach.)

– Die Anzahl der von öffentlichen Verkehrsbetrieben beförderten Fahrgäste stieg im Jahre 1970 um 5,4 Prozent auf 7,55 Milliarden.
– Die jährliche Zuwachsrate des Straßennetzes betrug etwa 2 Prozent, gegenwärtig sind es etwa 4000 km Autobahnen und etwa 34000 km Bundesstraßen.
– Abschätzungen des Aufwandes für den zukünftigen Ausbau ergeben bis 1980 für Bundesfernstraßen etwa 70 Milliarden DM, zusätzlich für Gemeindestraßen weitere 182 Milliarden DM.

Diese Angaben lassen erkennen, welch enorme Bedeutung der Verkehr für unser gegenwärtiges Leben hat, er ist dem Blutkreislauf unseres Organismus vergleichbar.

Trotz dieser Vitalität wächst das Gefühl, daß es so wie bisher nicht mehr lange weitergehen kann: Die Toten und Verletzten auf unseren Straßen, die ständige Überforderung des Menschen im Verkehr, die Umweltzerstörung und die rapide wachsenden Aufwendungen zeigen, daß grundsätzliche Veränderungen unvermeidbar sind. Doch betrachten wir zunächst die wichtigsten Systeme.

Seit etwa 150 Jahren transportiert man Personen und Güter auf vorbereiteten Bahnen, den Schienen. Die wichtigsten Schienenverkehrssysteme sind Eisenbahn (im engeren Sinn), S-Bahn (Hochbahn), Straßenbahn, U-Bahn, Hängebahn, Seilbahn und Einschienenbahn.

Die Entwicklung begann Ende des 18. Jahrhunderts.[40] Damals stand ja plötzlich mit der Dampfmaschine eine ergiebige Energiequelle zur Verfügung (siehe Kapitel 4). Es lag nahe, deren Energie auch für den Verkehr zu nutzen. Einige Entwürfe zielten auf schienenlose Dampfautomobile, die auch tatsächlich an verschiedenen Orten bis zum Ende des 19. Jahrhunderts im Betrieb waren.

Die schienengebundene Eisenbahn als praktisch brauchbares Verkehrsmittel begann mit der Eröffnung der Strecke Stockton–Darlington im Jahre 1825 (G. und R. Stephenson). Die Lokomotive, bedient durch Stephenson in Bratenrock und Zylinder, zog zwölf Güterwagen und zweiundzwanzig Personenwagen. Im Jahre 1835 wurde die Eisenbahnverbindung Nürnberg–Fürth in Betrieb genommen. Bemerkenswert manche Warnungen vor dieser neuen Technik: Man erwartete Schreckliches vom Fahren mit der Eisenbahn, bis hin zu Hirnkrankheiten.

In den folgenden Jahrzehnten breitete sich die Eisenbahn schnell aus und wurde zum wichtigsten Verkehrssystem: Sie transportierte Massen schnell, sicher und pünktlich.

Unser Land wurde durch die Eisenbahn stark verändert. Hierüber schrieb W. H. Riehl in seinem Buch »Naturgeschichte des deutschen Volkes« 1854:[31]

»Eine so gründliche, so allgemeine und so reißend schnell durchgeführte Umlegung aller Verkehrsstraßen, wie sie mit dem Ausbau des europäischen Eisenbahnnetzes vollendet

Bild 3: Ludgate Hill, London, um die Jahrhundertwende. (Von Wilhelm Trübner.)

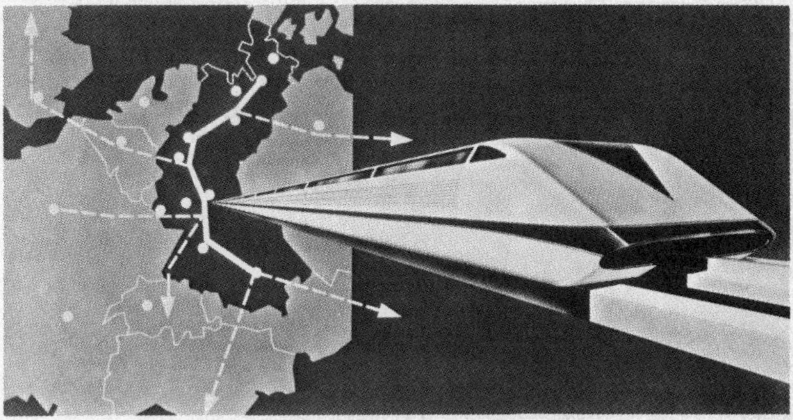

Bild 4: Entwurf einer Schnellstbahn mit Schwebeführung.

sein wird, ist noch nicht erhört worden, solange die Welt steht. Es werden freilich nicht, wie bei der Veränderung der Handelswege am Ausgang des Mittelalters, reiche Großstädte veröden; wohl aber sind zahllose kleine Städte, blühende Flecken und Dörfer dem Kränkeln, Abmagern und Absterben ebenso sicher geweiht, als sich in den großen Städten eine immer unförmlichere Korpulenz ansetzen wird. Darin liegt eine europäische Krisis. Die Herrschaft der großen Städte über das Land ist eine der sozialen Kernfragen unserer Zeit.«

Das Netz der Eisenbahn hat gegenwärtig (auf der ganzen Erde) eine Länge von mehr als einer Million Kilometer, mehr als den dreißigfachen Umfang des Äquators. Erinnert sei an die Wirkung des Eisenbahnbaus bei der Erschließung des »Wilden Westens«, Sibiriens und der Mandschurei. Zu den Personen- und Güterwagen traten Schlafwagen, Speisewagen und Spezialtransportwagen. Bild 3 möge veranschaulichen, wie die Eisenbahn in das Bild der Städte hineingewoben wurde.

Der traditionelle Antrieb der Eisenbahn, die Dampfmaschine, wich in den letzten Jahrzehnten dem Antrieb durch Dieselmotor und Elektromotor. Die Elektrifizierung vermindert Luftverunreinigung und Lärmerzeugung und erhöht Beschleunigung und Geschwindigkeit. Verbesserungen des Unterbaus und der Geleise gestatten neuerdings Geschwindigkeiten bis zu etwa 250 Kilometern je Stunde.

Auf die Einschienenbahnen sei ausdrücklich hingewiesen. Bei ihnen hängen die Fahrzeuge entweder an Laufwerken unter der Schiene (wie z. B. bei der bekannten Schwebebahn in Wuppertal) oder »reiten« auf der Schiene, ähnlich Bild 4.

Bisher benutzten Schienenfahrzeuge beinahe ausschließlich das Rad zur Unterstützung des Fahrzeugs. Neuerdings werden auch ganz andere technische Lösungen diskutiert, so vor allem das Luftkissen und die magnetische Unterstützung. (Um Mißverständnisse auszuschließen: Hier geht es um Schienenfahrzeuge, es gibt Luftkissenfahrzeuge aber auch ohne Schienen.)
Bei den Luftkissenfahrzeugen wird durch Pumpen zwischen dem Tragteil des Fahrzeugs und der Schiene ein Luftüberdruck erzeugt. Ihr Vorzug ist die weiche Unterstützung, ihr Nachteil der große Energiebedarf für das Pumpen, der starke Verschleiß und die Störanfälligkeit bei Eis und Schnee.
Der Vorschlag, anstelle des Rades Magnetfelder zur Unterstützung von Fahrzeugen zu verwenden (»Magnetkissen«), wurde schon Anfang dieses Jahrhunderts gemacht.[10] Man kann entweder die Abstoßung gleichnamiger Magnetpole benutzen oder aber die elektronisch geregelte Anziehung ungleichnamiger Pole. Hierbei stehen drei verschiedene Verfahren zur Erzeugung der starken Magnetfelder zur Diskussion: starke Dauermagnete, normale Elektromagnete und supraleitende eisenfreie Spulen. Das Problem ist hier: Wie können die benötigten starken Magnetfelder mit dem geringsten Aufwand erzeugt werden? Normale Elektromagnete brauchen viel elektrische Energie. Supraleitende Spulen müssen bis auf die Temperatur des flüssigen Heliums abgekühlt werden (was auch viel Energie kostet). Dauermagnete (die keine Energie kosten) ermöglichen aber nur kleine Spalte zwischen Fahrbahn und Schiene (etwa einen Zentimeter), die für schnelle Fahrt kaum ausreichen.
Außer neuartigen Methoden der Unterstützung werden auch neuartige Methoden des Antriebs diskutiert, so zum Beispiel der Linearmotor (Bild 5). Während beim normalen Elektromotor die antreibenden Elektromagnete kreisförmig angeordnet sind, werden sie beim Linearmotor linear angeordnet, wobei die normalerweise im Stator des Elektromotors befindlichen Teile auf die Länge der Schiene verteilt werden und so das Fahrzeug nicht belasten. Ein solches Antriebssystem ist allerdings recht kostspielig und hat bei den für schnelles Fahren notwendigen großen Spaltbreiten einen geringen Wirkungsgrad. Seine Vorzüge sind: wenig Luftverschmutzung, Lärm und Verschleiß bei hoher Beschleunigung und Geschwindigkeit.
Der Ersatz des Rades wird deshalb gegenwärtig so intensiv diskutiert, weil es für die angestrebten hohen Geschwindigkeiten zunehmende Nachteile bringt, so zum Beispiel Stöße, Geräusche und Abnützung. Allerdings sind die Praktiker noch skeptisch: Einerseits ist der Energiebedarf zur Überwindung der Rollreibung des Stahlrades geringer als der Energiebedarf konkurrierender Anordnungen (Luft- und Magnetkissen), und andererseits kommen für viele Transportaufgaben die hohen Geschwindigkeiten, bei welchen der Ersatz des Rades sinnvoll ist, überhaupt nicht in Frage. Dies beispielsweise wegen der

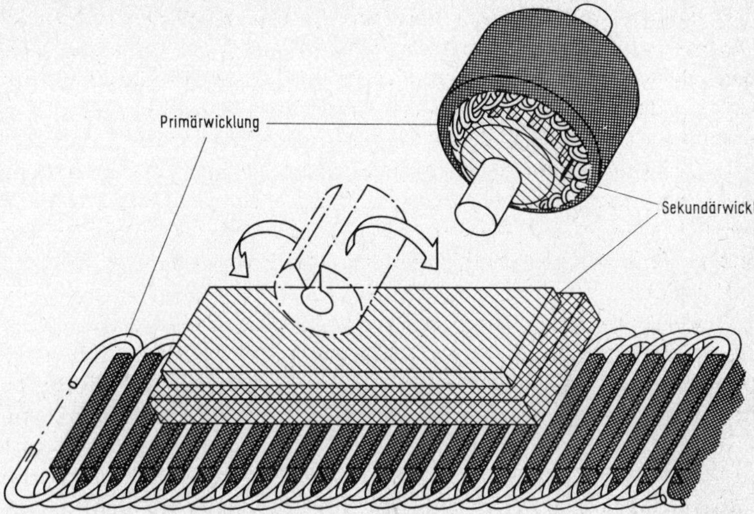

Bild 5: Prinzip des Linearmotors.

geringen Abstände der Haltestellen und geringen zulässigen Beschleunigungen beim Menschentransport:[53] Soll zum Beispiel die halbe Strecke zwischen zwei Haltepunkten mit der erreichbaren Höchstgeschwindigkeit befahren werden, so beträgt bei einem mittleren Haltestellenabstand von 700 Metern und der für Menschen zumutbaren mittleren Beschleunigung und Verzögerung von 1,4 m/s^2 die erreichbare Höchstgeschwindigkeit nur etwa 80 km/h.

Andere Bedenken gegen die magnetische oder pneumatische Unterstützung des Fahrzeugs ergeben sich aus der Schwierigkeit, auch bei Unebenheiten, in Kurven und bei Windböen den richtigen Abstand zwischen Fahrzeug und Schiene einzuhalten.

Trotz all dieser Schwierigkeiten werden diese neuen Techniken deshalb energisch vorwärtsgetrieben, weil in der Transportleistung zwischen dem Flugzeug mit seiner Geschwindigkeit von etwa 1000 Kilometern je Stunde und dem konventionellen Schnellzug mit seiner Reisegeschwindigkeit von etwa 200 Kilometern je Stunde eine Lücke klafft. Dringend gebraucht werden Schnellverbindungen mit Reisegeschwindigkeiten von 300 bis 500 Kilometern je Stunde zwischen den Mittelpunkten der Ballungsräume. Mit ihnen könnten die wichtigsten Punkte Europas innerhalb eines einzigen Tages erreicht werden, von den meisten könnte man an demselben Tage wieder zurückkehren (Bild 4). Verglichen mit dem Flugzeug würden solche Schnellverbindungen die Umwelt weniger belasten.

Neuerdings wurden mehrere derartiger Systementwürfe bekannt, so beispielsweise der Versuchs-Magnet-Schwebezug der Firma Messerschmitt-Bölkow-Blohm, der Magnetbahn-»Transrapid« der Firma Krauss-Maffei, die Arbeiten des »Birlinghovener Kreises« (u. a. die Firmen Siemens, AEG, Krupp, BBC) und schließlich die Initiativen der Deutschen Bundesbahn zur Entwicklung einer Hochleistungsschnellbahn. In Frankreich und Großbritannien scheint die Sympathie zum Luftkissenprinzip etwas stärker zu sein (Aérotrain, Hover-Zug).
Viel älter als der Schienenverkehr ist der Straßenverkehr: Das Römische Reich verfügte einst über etwa 150000 Kilometer gepflasterter Straßen, Napoleon ließ in seinem Machtbereich ein ausgezeichnetes Straßennetz ausbauen. Lange Zeit verkehrten auf Straßen nur Pferdewagen, Reiter und Fußgänger. Dazu kamen im 19. Jahrhundert einige dampfgetriebene Vehikel. Ein Straßenverkehr im heutigen Sinne entwickelte sich erst nach den Erfindungen von Karl Benz und Gottlieb Daimler. Daimler baute im Jahre 1885 einen Einzylinder-Verbrennungsmotor in ein Zweirad ein und schuf so das erste Motorrad. In demselben Jahr trieb Benz erstmalig ein Dreiradfahrzeug mit einem Verbrennungsmotor an: das erste Automobil.
Das wichtigste Merkmal des heutigen Straßenverkehrs ist die Individualisierung: Wenn die Straßen bereitstehen, dann setzt der Personen- oder Gütertransport keine weiteren Vorleistungen mehr voraus, die nicht auch von mäßig Begüterten erbracht werden könnten. So entstand der unkontrolliert wuchernde Individualverkehr.
Mit gegenwärtig einem Personenwagen je 4 bis 5 Einwohnern steht die Bundesrepublik Deutschland trotz relativ geringen Verkehrsraums international an zweiter Stelle (Bild 1).
Ein immer größerer Teil der privaten und öffentlichen Ausgaben fließt direkt oder indirekt in den Straßenverkehr. Die Fahrzeuge werden technisch immer perfekter: schneller, bequemer, leiser, modischer und vordergründig auch sicherer. Sie befriedigen nicht nur das Transportbedürfnis, sondern auch viele andere Bedürfnisse, bis hin zur Befriedigung des Machtrausches.
Die gegenwärtige technische Entwicklung sei durch folgende Stichworte markiert:[16]
automatische Kraftübertragung, die das Schalten ersetzt oder erleichtert.
Lenkhilfen, welche die zum Lenken erforderliche Kraft verringern und die Lenkung zuverlässiger machen,
Bremskraftregler, welche die Bremskräfte der Fahrzeugbelastung anpassen,
Blockierschutz, der die Blockierung der Räder verhindert,
Niveauregelung, welche den Abstand des Fahrzeugaufbaus von der Fahrbahn und seine Neigung regelt,

Blendschutz, welcher zwar die Beleuchtung der Fahrbahn ermöglicht, entgegenkommende Fahrer aber nicht blendet,
Abstands-Warneinrichtungen, die den Fahrer rechtzeitig warnen, wenn der Abstand zum vorausfahrenden Fahrzeug oder zu Hindernissen zu klein wird,
automatische Spurhaltung, mit deren Hilfe das Fahrzeug ohne oder mit Zutun des Fahrers auf einer vorgegebenen Bahn geführt wird,
Gestaltung des Innenraums so, daß bei Zusammenstößen die Insassen möglichst wenig verletzt werden,
Gestaltung des Aufbaus so, daß die Gefahren verringert werden.

Zu den Maßnahmen am Kraftfahrzeug kommen Entwicklungen in der Verkehrsregelung und im Straßenbau, so zum Beispiel die Festlegung von Mindest- und Richtgeschwindigkeiten, das Spurhaltegebot, Nebel- und Glatteiswarnungen, Verkehrslenkung und Verkehrsfunk.

Das wichtigste gegenwärtige Problem ist aber zweifellos die Verminderung der Umweltbelastung, also der Luftverunreinigung und der Erzeugung von Lärm. Die gegenwärtig meistbenutzten Fahrzeugmotore emittieren große Mengen giftiger Gase, vor allem Kohlenmonoxid, Kohlenwasserstoffe und Stickoxide, ferner Bleiverbindungen und Ruß (siehe Kapitel 7). Besonders stark sind die Emissionen im Leerlauf und beim Beschleunigen, also in den Zuständen, die an Verkehrsknotenpunkten häufig vorkommen.[41]

Deshalb wird seit langem an andersartigen Antriebsaggregaten für Kraftfahrzeuge gearbeitet, vor allem an Gasturbinen, Dampfmaschinen und Heißgasmotoren (»Stirlingmotoren«). Die Chancen dieser Alternativen sind aber vorläufig noch nicht gut: Beim gegenwärtigen Stand der technischen Entwicklung gibt es keinen wirtschaftlicheren Motor für den Antrieb von Kraftfahrzeugen als die Kolbenkraftmaschine in ihren zwei Varianten Otto- und Dieselmotor.[41] Vor allem haben sie das günstigste Verhältnis von Leistung und Gewicht, sie sind auch bei großer Kälte rasch startbereit, befriedigen in weiten Betriebsbereichen und können auch als Bremse dienen. Ähnliches gilt auch für den Wankelmotor.

Gasturbinen (mit kontinuierlicher, kolbenloser Funktion) belasten zwar die Umwelt weniger, kommen aber praktisch nur für sehr große Leistungen (oberhalb etwa 300 PS) in Frage und sind sehr groß. Der Heißgasmotor (»Stirlingmotor«) belastet zwar die Umwelt nur wenig, ist aber in seinen praktischen Eigenschaften (Anlassen bei Kälte, Beschleunigung, Bremswirkung und Leistungsgewicht) konventionellen Verbrennungsmotoren unterlegen.

Die für die Zukunft bedeutungsvollste Entwicklung ist aber wahrscheinlich der elektrische Antrieb der Kraftfahrzeuge. Er produziert nur wenig Lärm und praktisch keine Abgase (und kann einfach kontrolliert werden). Die Energie

kann auf zwei Wegen bereitgestellt werden: entweder durch mitgeführte Akkumulatoren oder aber durch »Brennstoffzellen«, welche die chemische Energie zum Beispiel flüssigen Brennstoffs direkt in elektrische Energie umwandeln. Der elektrische Antrieb bietet die Möglichkeit, die Antriebsaggregate unmittelbar in die Radnaben einzubauen, was für Straßenlage und Federungseigenschaften vorteilhaft ist.
Soweit die Energie als elektrische Energie zur Verfügung gestellt wird (und nicht beispielsweise als Benzin), sprechen für diese Art des Antriebs auch die wachsenden Schwierigkeiten der Benzinbeschaffung (politische Querelen, Transport und so weiter), die sinkenden Kosten der elektrischen Energie (siehe Kapitel 4) und der Umweltschutz (siehe Kapitel 7).
Prototypen akkumulatorgespeister Elektrofahrzeuge waren schon Ende des neunzehnten Jahrhunderts im Betrieb, sie waren aber sehr langsam und hatten nur eine geringe Reichweite.
Beim heutigen Stand der Technik können Fahrzeuge mit (akkumulatorgespeistem) elektrischem Antrieb zwar beim Beschleunigen und am Berg mit konventionellen Fahrzeugen mithalten,[16] aber Speicherkapazität, Anschaffungskosten und Lebensdauer sind noch unbefriedigend. So liegt beispielsweise die typische Reichweite bei 50 bis 100 Kilometern. Zur Vergrößerung der Reichweite müssen bessere Verfahren der Energiespeicherung entwickelt werden, zum Beispiel Akkumulatoren mit wesentlich größerer Leistung bei geringem Gewicht und erträglichen Kosten. Schließlich müssen die Eigenschaften des Akkumulators ein rasches »Auftanken« gestatten. Vorläufig ist ein solcher allerseits befriedigender Akkumulator offensichtlich noch nicht gefunden, ebensowenig wie ein praktisch brauchbares Verfahren der Direktumwandlung. Die Schiffahrt, der Verkehr auf dem Meer, Flüssen und Seen, hat eine sehr alte Tradition: Die ersten Schiffe dürften annähernd zehntausend Jahre alt sein, Leif Erikson überquerte den Nordatlantik vor beinahe tausend Jahren, die ersten dampfgetriebenen Schiffe entstanden Ende des 18. Jahrhunderts.[24]
Die Welthandelsflotte wächst gegenwärtig trotz der Konkurrenz durch die Luftfahrt stetig um fünf bis sechs Prozent in jedem Jahr und liegt bei etwa 200 Millionen Bruttoregistertonnen. Die Schiffseinheiten werden durchschnittlich immer größer. Die Situation der Bundesrepublik ist unausgeglichen: In der internationalen Rangliste steht sie beim Welthandel zwar an zweiter Stelle, im Tonnageanteil aber erst an neunter Stelle. Die Transportausgaben übersteigen die Einnahmen. In der Rangliste der Neubautonnage lag die BRD im Jahre 1969 mit 9,5 Prozent an zweiter Stelle hinter Japan (mit 49 Prozent) und vor Schweden (6,7 Prozent) und England (4,4 Prozent). Die Stärke der europäischen Werften (im Vergleich mit japanischen) liegt im Bau

Bild 6: Luftaufnahme der Kolumbuskaje in Bremerhaven mit dem Passagierschiff »Bremen« im Vordergrund und dem Kaiserhafen im Hintergrund.

von Spezialschiffen, zum Beispiel für Container-, Schwergut- und Kühlladung.[23]

Steigender Beliebtheit (vor allem für Kreuzfahrten) erfreuen sich gegenwärtig Fahrgastschiffe in der Größenordnung von 5000 bis 25000 BRT (Bild 6). Größere Einheiten sind für die Fahrgäste weniger attraktiv, kleinere zu unwirtschaftlich.

Bei den Massengutschiffen zeigt sich ein deutlicher Trend zu immer größeren Einheiten, zum Beispiel Tankern in der Größenordnung von 200000 bis etwa 500000 BRT. Der Grund liegt darin, daß mit zunehmender Größe die Transportkosten je Ladungseinheit abnehmen. Noch größere Einheiten sind zwar technisch realisierbar, sie können aber viele Häfen nicht anfahren und stellen (vor allem für Versicherungen) ein unerträglich hohes Risiko dar. Die Situation hat sich hier durch die Schließung des Suezkanals und die Entdeckung großer Ölvorkommen in Nordalaska stark verändert. Diskutiert werden auch Unterwassertanker.

Den stärksten Tonnagezuwachs hatten im letzten Jahr Stückgutfrachter, bei ihnen wird auch mit weiteren Zunahmen gerechnet. Der Transport von Stückgütern in Behältern genormter Abmessungen, den sogenannten »Containern«, hat sich in allen Verkehrsarten, besonders auch in der Schiffahrt, rasch durchgesetzt. Container ermöglichen einen schnelleren Güterumschlag, so daß die kostspielige Hafenliegezeit beträchtlich gesenkt werden kann. Das Containerschiff ist Glied einer Transportkette, in der Schienenverkehr, Straßenverkehr, Luftverkehr und in Zukunft eventuell auch der Rohrleitungsverkehr zusammenwirken.

Der Antrieb ist ein wichtiges Teilproblem des Schiffbaus, er kann bei schnellen Schiffen die Hälfte des Investitionsaufwandes ausmachen. Bei Einheiten aller Größen dominiert zur Zeit der Dieselmotor, bei höheren Leistungen findet sich auch die Dampfturbine und bei noch größeren die Gasturbine, in Zukunft wohl auch Kernenergieantriebe. Die Antriebsleistung wird um so besser ausgenutzt, je größer die Schiffseinheiten sind.

Einige neuere Konstruktionsprinzipien setzen sich – trotz spektakulärer Ankündigungen – kaum durch: Luftkissenboote sind nicht allwettertauglich, sie werden schon durch schwachen Seitenwind vom Kurs abgetrieben. Tragflügelboote mit ihrer hohen Geschwindigkeit (80 bis 100 km/h) sind sehr empfindlich gegen im Wasser treibende Festkörper.[10]

Die Binnenschiffahrt hat seit langem einen beachtlichen Anteil (annähernd 30 Prozent) am gesamten Transportaufkommen (siehe Bild 2). Trotz ihrer geringen Geschwindigkeiten ist die Binnenschiffahrt für den Transport billiger Massengüter (zum Beispiel Kohle, Erz, Steine, Holz und so weiter) besonders vorteilhaft. Die Binnenwasserstraßen verbinden den europäischen Wirtschaftsraum über politische Grenzen hinweg (Bild 7).

Der Luftverkehr begann – abgesehen von Versuchen mit Geräten »leichter als Luft« – mit Flugversuchen der Brüder Lilienthal Ende des 19. Jahrhunderts und der Brüder Wright (vor allem 1903 bis 1908).[24]

In den zwanziger Jahren gelangen die ersten Atlantiküberquerungen, und 1939 startete das erste Flugzeug mit Strahltriebwerk, die Heinkel 178. 1947 flog erstmalig ein Flugzeug, die Bell X-1, schneller als der Schall, und 1949 umflog erstmalig ein Flugzeug ohne Zwischenlandung die Erde.

Der Luftverkehr wächst gegenwärtig um etwa 14 Prozent pro Jahr, das heißt, er verdoppelt sich in etwa fünf Jahren. Die Wirtschaftlichkeit der Transportflugzeuge nimmt mit ihrer Größe rasch zu, deshalb werden immer größere Einheiten gebaut. Andererseits wachsen aber mit der Einheitsgröße die Schwierigkeiten beim Starten und Landen und bei der Abfertigung der Passagiere.

Strahltriebwerke ermöglichen den Flug in großen Höhen bei geringem Luftwiderstand. Bisher fliegen Strahltransportflugzeuge noch meist mit »Unterschallgeschwindigkeit«, das heißt mit weniger als 1190 km/h. Man gibt ihre Geschwindigkeit meist als Bruchteil der Schallgeschwindigkeit an. So bedeutet

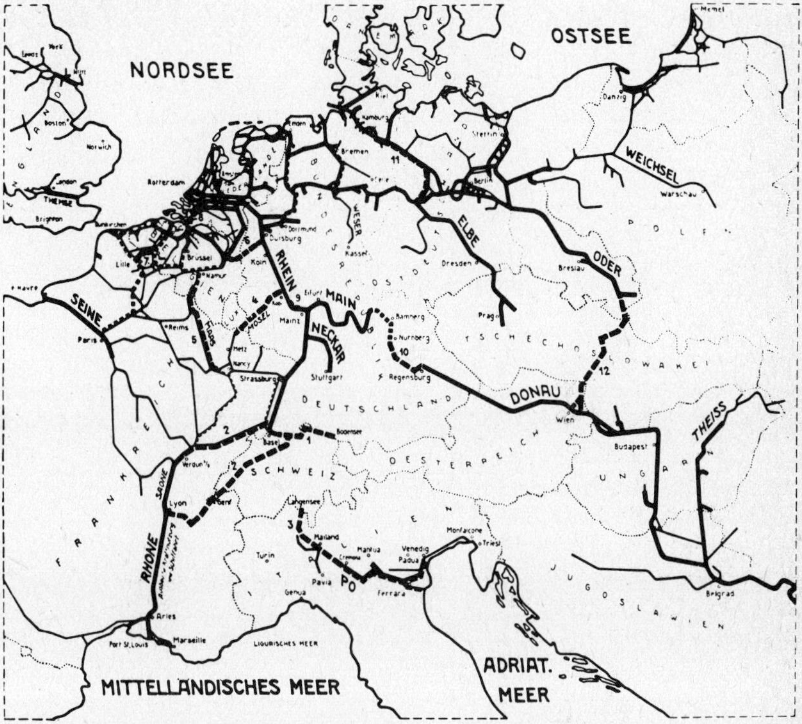

Bild 7: Die europäischen Wasserstraßen.

— *Bestehende Wasserstraßen, Klasse I und II*

▬ *Bestehende Wasserstraßen, Klassen III bis V*

-·-·- *Nationale Ausbauprogramme*

- - - *Internationale Wasserstraßenprojekte von europäischem Interesse*

Internationale Wasserstraßenprojekte

1 *Ausbau des Hochrheins*
2 *Verbindung Rhône–Rhein (2 Arten)*
3 *Verbindung Adria–Langensee*
4 *Kanalisierung der Mosel*
5 *Ausbau der Maas*
6 *Verbindung Maas–Rhein*
7 *Verbindung Dünkirchen–Schelde (Lille–Tournay)*
8 *Verbindung Schelde–Rhein*
9 *Rheinvertiefung zwischen Mainz und St. Goar*
10 *Verbindung Main–Donau*
11 *Ausbau der Elbe*
12 *Verbindung Oder–Donau*

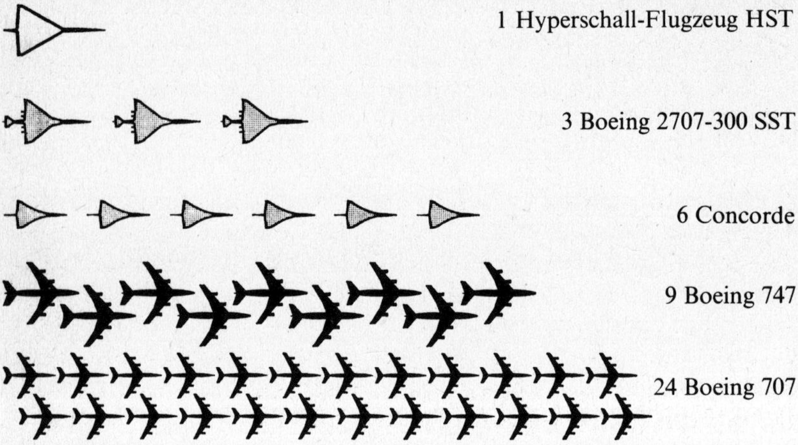

Bild 8: Flottengröße gleicher Transportleistung.

beispielsweise Mach 0,8 eine Geschwindigkeit von $0{,}8 \times 1190 = 950$ km/h. Dies ist etwa die optimale Geschwindigkeit gegenwärtig benutzter Strahltransportflugzeuge.

Bild 8 zeigt einige Flottengrößen gleicher Transportleistungen. Während die Boeing 707 und die Boeing 747 (»Jumbo-Jet«) mit Unterschallgeschwindigkeit fliegen, werden Concorde, Boeing 2707 und das projektierte Hyperschallflugzeug HST mit Überschallgeschwindigkeit fliegen. Für die in französisch-britischer Gemeinschaftsarbeit entwickelte Concorde wird Mach 2,2 genannt, für die russische Tu 144 Mach 2,35 und für die Boeing 2707 Mach 2,7. Experten erwarten, daß in wenigen Jahren auf den Atlantik- und Pazifiklinien Überschallflugzeuge regelmäßig verkehren werden.

H. Busch prognostiziert:[10]

»Ende dieses Jahrhunderts kann damit gerechnet werden, daß die ersten Hyperschallflugzeuge im globalen Passagierverkehr eingesetzt werden. Ein solches Hyperschallflugzeug kann die vierundzwanzigfache Transportleistung eines heutigen Strahlverkehrsflugzeugs erbringen.

Die gesamte Zahl der eingesetzten Flugzeuge wird sich selbstverständlich ebenfalls erhöhen, genauso wie die Zahl der Flugplätze. Die Streckennetze werden dichter und größer werden. Wenn man jetzt in dieses System des Luftverkehrs auch noch ein intensiv betriebenes Kurzstreckennetz einführt, das etwa 30 Prozent der Personen-Sitzplatz-Kilometer erbringt, so kann man sich die Vervierundsechzigfachung des heutigen Luftverkehrs bis zum Jahre 2000 vorstellen.

Trotz allem steckt in dieser starken Expansion des Luftverkehrs die große Gefahr, daß

dieses bedeutende Verkehrssystem, das wir bis heute noch recht gut in der Hand haben, unserer Kontrolle entgleitet.
Die zur Zeit betriebenen Großflugplätze sind praktisch alle ausgelastet, wenn nicht sogar überlastet. Der Bau neuer Großflugplätze mit allen seinen Schwierigkeiten der Landbeschaffung muß von staatlicher Seite in Angriff genommen werden. Nur allzu leicht werden diese Verfahren zum politischen Spielball und von Interessengruppen bekämpft, die so klein sind, daß sie den Ausdruck Minorität nicht verdienen.«

Bemerkenswert ist in diesem Zusammenhang Buschs Ankündigung: »Der Lärmpegel wird sogar noch ganz gewaltig ansteigen . . .«
Die Entwicklungskosten moderner Überschalltransportflugzeuge sind gigantisch, sie liegen in der Gegend von zehn Milliarden DM und können ohne staatliche Hilfe kaum mehr aufgebracht werden.
Zu den Flugzeugtypen, die für große Entfernungen und hohe Geschwindigkeiten gebaut werden, treten neuerdings Flugzeugtypen, die mit 200 bis 300 Passagieren relativ kurze Entfernungen überbrücken: der »Airbus«. Bei diesem wird Wert auf kurze Startbahnen und niederen Lärmpegel gelegt. Zur Verbindung der Flugplätze mit den Stadtzentren werden spezielle Kurzstartflugzeuge (Short Take Off and Landing, STOL-Flugzeuge) und Senkrechtstarter (Vertical Take Off and Landing, VTOL-Flugzeuge) entwickelt. Mit ihnen verbindet sich die Hoffnung, unmittelbar in Stadtmitte starten zu können, beispielsweise auf Dächern großer Gebäude.
Bei Großraumflugzeugen, zum Beispiel der B 747 oder der DC 10 mit rund 500 Passagieren, entstehen schwer zu lösende Probleme bei der Bodenorganisation. Bild 9 zeigt das Modell einer modernen Flugplatzanlage. Was nützt es den Passagieren, beim Flug einige Minuten oder auch Stunden eingespart zu haben, wenn anschließend die Abfertigung und die Fahrt in das Stadtzentrum länger dauern?
Bisher stand beim Luftverkehr der Gütertransport im Schatten des Personenverkehrs. Gegenwärtig wächst aber der Gütertransport schneller als der Personentransport. Es wird vermutet, daß in den achtziger Jahren die Frachteinnahmen im Weltluftverkehr die Einnahmen aus dem Passagierverkehr übersteigen werden.
Bei vielen Diskussionen über zukünftige Verkehrssysteme spielt das Rohr eine wichtige Rolle. Schon lange wird die Rohrpost zum Transport kleiner und leichter Güter (Schriftstücke, Lochkarten, Zettel und so weiter) benutzt. Hinzu kamen in den letzten Jahren Pipelines zum Transport von Flüssigkeiten, vor allem Öl, Trinkwasser oder Abwasser, über größere Entfernungen, bis zu Hunderten und Tausenden von Kilometern.
Neuerdings werden Rohrsysteme auch noch für ganz andere Aufgaben vorgesehen, so beispielsweise zum Transport von zerkleinertem Müll oder von Erzen.[26] Hier sind zwei grundsätzlich verschiedene Techniken zu unterschei-

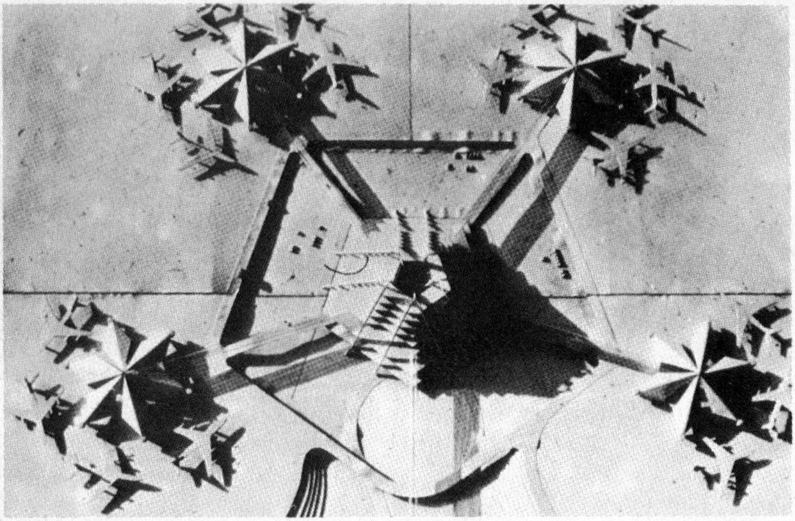

Bild 9: Moderne Flugplatzanlage (Modell).

den: einerseits das »Schwemmverfahren« und andererseits die »Kapselrohrleitungen«. Beim Schwemmverfahren werden die festen Stoffe zerkleinert und einer geeigneten Trägerflüssigkeit beigemischt. Das Gemisch kann dann durch die Rohre gepumpt werden. Voraussetzung dieser Technik ist allerdings, daß das Gut sich nicht in der Flüssigkeit löst oder von ihr verunreinigt wird. Bei den »Kapselrohrleitungen« wird das Ladegut in Stahlbehälter oder Plastiksäcke eingefüllt und dann – meist zusammen mit einer Trägerflüssigkeit – durch das Rohr gedrückt.
Der Vorzug des Rohrleitungsverkehrs ist, daß er relativ leicht automatisch abgewickelt werden kann, von Außenbedingungen, zum Beispiel Wetter, unabhängig ist und deshalb zuverlässig hohe Transportleistungen ermöglicht.
Neuerdings werden einige Hochgeschwindigkeits-Rohr-Transportsysteme diskutiert, so vor allem:
Bei der Tube Transit Inc. in Palo Alto, Kalifornien, ein mit Rädern auf Stahlschienen mit 800 km/h Geschwindigkeit fahrender Zug, dessen Rohre in etwa 1000 Meter Tiefe im Meer versenkt werden sollen.
Am Rousselaer Polytechnic Institute werden »Tubeflight-Vehicles« untersucht, die mit 800 bis 3200 km/h, eventuell von Strahlturbinen angetrieben, durch Stahl- oder Betonröhren fliegen sollen.

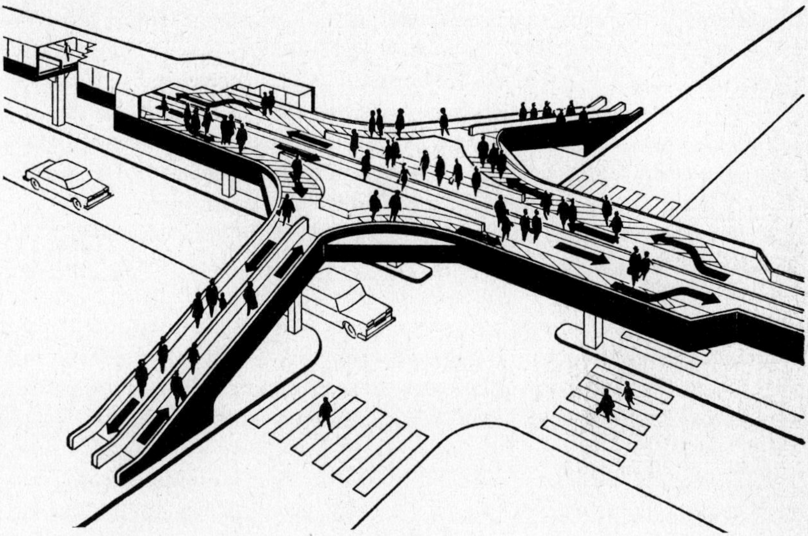

Bild 10: Rollender Gehsteig.

Bei diesen Systemen sind aber noch beträchtliche technische Schwierigkeiten zu überwinden.

In Zukunft muß der individuelle Kraftfahrzeugverkehr aus den Ballungsräumen der Großstädte möglichst entfernt werden. Wie soll aber dann der Individualverkehr abgewickelt werden? Die Untergrundbahnen leiden unter folgender Schwierigkeit: Liegen die Haltestellen nahe beeinander, zum Beispiel 500 Meter, dann ist die Benutzung zwar bequem, die Reisegeschwindigkeit über größere Entfernungen aber zu langsam. Liegen die Haltestellen aber weiter auseinander, zum Beispiel 2000 Meter, dann ist die Benutzung sehr unbequem. Um trotz dieser Schwierigkeiten freizügige individuelle Bewegungen zu ermöglichen, wird eine Technik diskutiert, für die sich noch keine einheitlich akzeptierte Bezeichnung durchgesetzt hat: »Rollender Gehsteig«,[60] »Fußwegverkehr«,[10] »Umsteigesysteme«,[8] »High Volume Continuous System, HVCS-System«.[8]

Derartige Vorschläge sind schon recht alt:[60] So wurde beispielsweise schon im Jahre 1874 in New York eine »rollende Plattform« vorgeschlagen: Platten auf Rädern, die sich mit einer Geschwindigkeit von etwa 25 km/h bewegen. Die Schwierigkeit ist: Wie können Fußgänger gefahrlos auf das Transportband steigen? Unter den zahlreichen vorgeschlagenen Lösungen ist der »Bouladon-

Integrator«[8] besonders interessant: Der Integrator nimmt einige, beispielsweise vier, Passagiere auf Trittbrettern mit geringer Geschwindigkeit auf, beschleunigt diese und reiht sie hintereinander mit entsprechend vergrößerter Geschwindigkeit auf. Die Passagiere können dann gefahrlos auf das mit gleicher Geschwindigkeit laufende Transportband umsteigen und die gewünschte Strecke mit relativ hoher Geschwindigkeit zurücklegen. Das Absteigen geschieht mit einer umgekehrt funktionierenden Einrichtung.
Bild 10 möge veranschaulichen, wie sich ein derartiges Transportsystem in das Straßensystem einfügen kann.
Eine andere Lösung des Nahverkehrsproblems ist das »Netztaxi«: Die Fahrgäste werden in kleinen zwei- bis viersitzigen Kabinen befördert, die spurgeführt ohne Zwischenhalt zum Zielpunkt verkehren.[32] Der Fahrgast wählt hier vor Antritt der Fahrt sein Ziel, die weitere Steuerung übernimmt dann ein Computer.
Eine Variante dessen, die »Cat«, die »Kabinenkatze«, vor allem für Stadtrandgebiete, wird neuerdings ernsthaft diskutiert: Hier soll der Komfort des individuellen Fahrzeugs, bis hin zu Liegesitz, Klimaanlage, Radio und Gepäckablage, ohne seine Nachteile verwirklicht werden, also ohne Warten an Ampeln und ohne Parkplatzsuche. Die Kabinen sollen, von Linearmotoren getrieben, an Leitschienen das selbstgewählte Ziel erreichen. Im Jahre 1972 sollen die ersten Anlagen der BRD in Versuchsbetrieb gehen. Bild 11 zeigt, wie sich ein solches »Cat«-System in Freiburg im Breisgau einfügen soll.
Angesichts der enormen Kosten der Verkehrssysteme dürfen die Verkehrsanlagen sich nicht unabhängig voneinander entwickeln. Sonst zeigt sich – eventuell nach sehr hohen Investitionen –, daß sie nicht zueinander passen, daß einerseits ein Überangebot und andererseits ein Mangel besteht oder daß das Gesamtsystem nicht ökonomisch ist und so weiter. Um derartige Fehlleistungen zu vermeiden, muß sorgfältig geplant werden. Hierbei ist vor allem zu bedenken:
1. Viele Verkehrsmittel können sich gegenseitig ersetzen: So kann ein Vorort an den Stadtkern beispielsweise durch eine Straßenbahn, U- oder S-Bahn, Omnibusverbindung oder Cat angeschlossen werden. Welches Verkehrsmittel in der gegebenen Situation das günstigste ist, hängt von vielen Faktoren ab, die sorgfältig gegeneinander abzuwägen sind. Ähnliche Konkurrenzsituationen ergeben sich auch zwischen vielen anderen Verkehrsmitteln.
2. Die verschiedenen Verkehrsmittel müssen zusammenwirken, vor allem müssen die transportierten Personen oder Güter ohne Schwierigkeit vom einen auf das andere Verkehrsmittel umwechseln können. Hierzu muß nicht nur der Ort der Haltepunkte passend gewählt werden, sondern auch die Fahrpläne, die Gebühren, die Verpackungen (Container!) und so weiter. Die verschiedenen

Bild 11: Entwurf für die Einführung des »Cat«-Systems in die Stadt Freiburg im Breisgau. (Entwurf von G. Kramer und anderen.)

Verkehrsmittel müssen zu einer »Verkehrsfamilie« werden.[52] Wenn dies nicht gelingt, dann sind die Chancen gering, den wuchernden Individualverkehr einzudämmen.

3. Die Verkehrsplanung hat starke Wechselwirkungen mit Landesplanung und Städtebau (siehe Kapitel 5): Einerseits wird ein großer Teil des verfügbaren Raumes für die Verkehrsanlagen gebraucht (Eisenbahnanlagen, Straßen, Parkplätze, Flugplätze, Hafenanlagen und so weiter), und andererseits siedeln sich Menschen und Industrie bevorzugt dort an, wo gute Verkehrsverbindungen bestehen.

Wie unheilvoll eine versäumte Verkehrsplanung sein kann, zeigen amerikanische Erfahrungen:[61]

– Städte und Länder können die erforderliche Infrastruktur für ein neues Verkehrssystem nicht erstellen, solange über seine Einführung nicht entschieden wurde.

– Die Verkehrsträger können ohne eine verbindlich geplante Infrastruktur kein neues Verkehrsgerät in Auftrag geben.

– Die Verkehrsplanung kann ihre Arbeiten nicht beginnen, solange sie die spezifischen Leistungen und Anforderungen des neuen Systems nicht kennt.

– Die Industrie schließlich kann ohne Aussicht auf einen genügend großen Markt kein neues System entwickeln.

Ein Ausweg aus diesem Teufelskreis ist – nach Ansicht von H. Rinsche und K. A. Wendt[61] – nur in einer Gesamtschau der Problematik zu finden, wobei

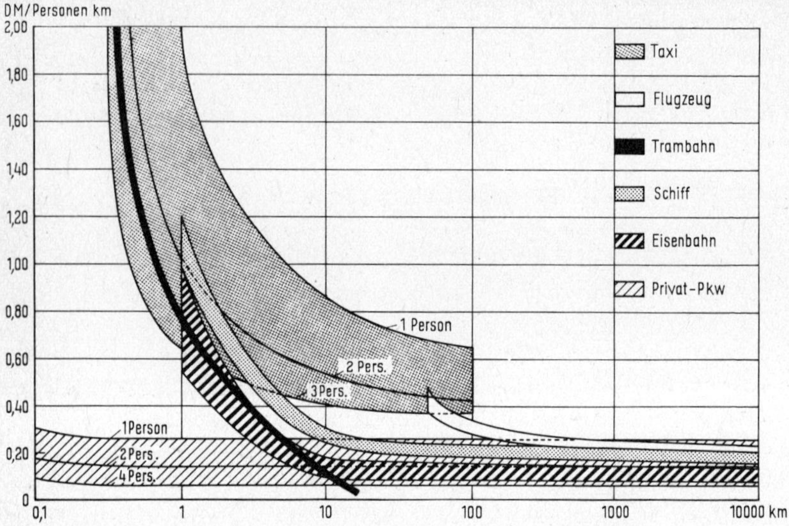

Bild 12: Tarife öffentlicher Verkehrsmittel im Vergleich mit den Kosten privater Personenkraftwagen. (Nach H. Busch.)

die künftige Nachfrageentwicklung und das künftige Angebot aus der Entwicklung neuer Technologien im zeitlichen Nebeneinander, nicht aber im Nacheinander zu untersuchen sind.

Aus der Sicht des Benutzers stellt sich eine andere Frage: Wie kann eine gegebene Entfernung am schnellsten überwunden werden? Hierbei darf nicht einfach die Entfernung durch die Geschwindigkeit dividiert werden, vielmehr müssen die für Warten, Abfertigung und so weiter gebrauchten Verlustzeiten mit berücksichtigt werden. Daß sich hierbei andere Relationen ergeben können, als nach den spektakulären Geschwindigkeiten zu erwarten wäre, zeigt folgende Übersicht:

Verkehrsmittel	Verlustzeit	Entfernung 30 km	100 km	300 km
Pkw (75 km/h)	10 Minuten	34 Minuten	90 Minuten	250 Minuten
Schnellbahn (300 km/h)	30 Minuten	36 Minuten	50 Minuten	90 Minuten
Flugzeug (900 km/h)	60 Minuten	62 Minuten	67 Minuten	80 Minuten

Unter den hier gemachten Voraussetzungen ist also für eine Entfernung von 30 Kilometer der Pkw das schnellste Verkehrsmittel, für 100 Kilometer die Schnellbahn und für 300 Kilometer das Flugzeug.

Außer den benötigten Zeiten können zum Beispiel auch die Kosten verschiedener Verkehrsarten verglichen werden. In Bild 12 werden die Tarife öffentlicher Verkehrsmittel mit den Kosten privater Personenkraftwagen verglichen.[10] Hierbei zeigt sich ein folgenschwerer Sachverhalt: Für kurze Entfernungen ist der private Personenkraftwagen das billigste Verkehrsmittel. Deshalb ist seine Benutzung gerade dort ökonomisch, wo er am meisten Unheil anrichtet: im innerstädtischen Verkehr.

Probleme

Der Verkehr erzeugt viele außertechnische Probleme. Vor allem erwachsen aus dem wuchernden Kraftfahrzeugverkehr Gefahren, welche die menschliche Existenz bedrohen und vorläufig noch gänzlich ungelöst sind: so vor allem die ständige Überforderung des Menschen (sei es nun als Fahrer oder als Fußgänger), die ungenügende Verkehrssicherheit und die Umweltzerstörung. Die Ursache der Wucherung liegt darin, daß das private Kraftfahrzeug für viele Verkehrsaufgaben das billigste und komfortabelste Verkehrsmittel ist und viele bewußte und unbewußte Wünsche befriedigt. Ohne Zweifel hat das private Kraftfahrzeug die geistige Mobilität des Menschen gefördert, es hat Vorurteile und Kirchturmdenken abgebaut. Dem stehen aber schwere Nachteile gegenüber.
Zwar glauben bei uns die meisten, die Anzahl der Kraftfahrzeuge müßte verringert werden, aber sie meinen zugleich, diese Verringerung dürfe nicht auf ihre Kosten gehen: Auf dieses eine Auto, das man nun anschafft, komme es ja wirklich nicht mehr an. So stellt sich der paradoxe Zustand ein, daß in einer Gesellschaft, die unisono über den wuchernden Straßenverkehr klagt, dieser Straßenverkehr stetig zunimmt. In dieser paradoxen Situation hat die Anklage der Industrie und ihrer Werbung wohl mehr Entlastungsfunktion, man mag nicht zugeben, daß man selbst die Verantwortung für dieses Wuchern trägt. Wer die Produzenten anklagt, weil sie das produzieren, was wir, die Konsumenten, kaufen, qualifiziert uns als denkunfähige Konsumsklaven ab.
Der Mensch ist im Stadtverkehr überlastet – sei es nun als Autofahrer oder als Fußgänger. Als Fahrer ist er überlastet durch die Vielzahl der Vorgänge und Verkehrszeichen, die sein Verhalten bestimmen sollten, um Unfälle zu vermeiden. Die Informationsmenge, die er eigentlich aufnehmen müßte, übersteigt seine Aufnahmefähigkeit. Es ist nur eine Frage der Wahrscheinlichkeit, wann aus den zahlreichen, nicht wahrgenommenen Vorgängen ein Unfall resultiert. Diese fortwährende Überforderung führt zu nervöser Überlastung, Gereiztheit und so weiter.

Im Fernverkehr, zum Beispiel auf Autobahnen mit Fahrgeschwindigkeiten von 100 bis 150 km/h, reicht die Unaufmerksamkeit während des Bruchteils einer Sekunde aus, um Unfälle zu erzeugen, bei denen Menschen ums Leben kommen oder zu Krüppeln werden. Den hier notwendigen Zustand ständiger höchster Aufmerksamkeit glauben viele Fahrer zehn, zwölf oder vierzehn Stunden am Tage aushalten zu können. Daß dies nicht möglich ist, zeigen die vielen schweren Unfälle auf den Autobahnen.
Beim autofahrenden Menschen verändert sich die Einstellung zum Mitmenschen: Während der natürliche Mensch auf körperliche Annäherung selektiv reagiert, teils positiv, teils negativ, besteht die Fahrausbildung darin, Annäherungen unter allen Umständen zu vermeiden: Vorsicht, Blechschäden! Hier ergeben sich Verhaltensänderungen: Was normale Menschen kaum tun würden, zum Beispiel um die Reihenfolge in einer Schlange mit roher Gewalt zu kämpfen, ist im Autoverkehr die täglich geübte Praxis.
Streßsituationen entstehen auch beim Fußgänger: Sein Verhalten erinnert oft an ein gehetztes Wild, das nur mit schärfster Aufmerksamkeit die Straße überqueren kann, gejagt von Hupen, Motorlärm, Abgasschwaden und Gestank. Diese Streßsituation wird bewußt, wenn man in autofreie Zonen kommt: Es ist plötzlich eine andere Welt, Menschen können sich wieder gelassen als Menschen begegnen, sie sind nicht mehr in Angst und auf der Flucht vor den hupenden und verletzenden Blechungeheuern.
Das »Gemetzel, das wir Verkehr nennen«[21], hinterläßt gegenwärtig allein in der BRD und West-Berlin annähernd 20000 Tote und etwa eine halbe Million Verletzte jährlich. Hierbei spielt der Straßenverkehr die dominierende Rolle: So weist die Statistik beispielsweise für das Jahr 1967 folgende Zahlen aus:[74]

	Getötete	Verletzte
Straßenverkehr	17084	462048
Bahnbetrieb	410	998
Luftfahrt	69	101
Binnenschiffahrt	20	103
Seeschiffahrt	53	8

Die Folgekosten dieser Unfälle stiegen von etwa 4,3 Milliarden DM im Jahr 1959 auf etwa 12,6 Milliarden DM im Jahr 1967. Aber was bedeuten diese Zahlen, verglichen mit dem Leid, das diese Unfälle erzeugen: Wenn beispielsweise ein querschnittsgelähmter Jugendlicher lebenslänglich an den Rollstuhl gefesselt wird, Familienväter arbeitsunfähig werden, Hirnverletzte dahinvegetieren oder ein Kind in einem Augenblick Eltern und Geschwister verliert!
Die Ursachen für das »Gemetzel, das wir Verkehr nennen«, sind vor allem

menschliches Versagen, mangelnde Sicherheit der Kraftfahrzeuge, der unzureichende Zustand unseres Straßennetzes, Mängel der Verkehrsregelung und des Rettungsdienstes.
Das menschliche Versagen beginnt eigentlich schon bei dem Entschluß, mit einem Auto in das Gemetzel hineinzufahren. Dazu kommen physiologische und psychische Mängel, wie unzureichendes Sehvermögen, mangelhafte Fahrtechnik, unbeherrschter Aggressionstrieb, mangelhafte Konzentration, Geschwindigkeitsrausch, Krankheiten, Alkoholgenuß und so weiter.
Die Sicherheit der Fahrzeuge könnte und müßte eigentlich erhöht werden durch obligatorische Sicherheitsgurte, Kopfstützen, Sicherheits-Windschutzscheiben, stabile Fahrgastzelle mit Stoßfängersystem, seitenwindunempfindliche Konstruktion, auffällige Farbe und so weiter. Gegenwärtig wird viel über ein zukünftiges »Sicherheitsauto« geschrieben, das auch bei einem Frontalzusammenstoß mit hoher Geschwindigkeit (80 km/h) noch Überlebenschancen bieten soll.
Auch durch Verbesserung unseres Straßennetzes könnte die Zahl der Unfälle verringert werden:[16] Beseitigung schienengleicher Bahnübergänge, kreuzungsfreie Hauptverkehrsstraßen, bauliche Verbesserungen an Kreuzungen (Verbreiterung des Stauraums und so weiter), verkehrsgerechte Fahrspurmarkierung, Trennung von Fußgänger- und Kraftfahrzeugverkehr, Entmischung von Individual- und öffentlichem Verkehr und so weiter.
Dazu kommen noch Mängel der Verkehrsregelung und des Rettungsdienstes: Vermutlich könnten jährlich etwa 4000 Menschen gerettet werden, wenn der Unfall-Rettungsdienst modernisiert würde: mehr ausgebildetes Personal, mehr Notrufdienste (Funk und Fernsprecher), mehr Rettungswagen und mehr Hubschrauber.
Aber das kostet Geld, hohe Milliardenbeträge. Diese müßten in einer Zeit aufgebracht werden, in der gleichzeitig für den Umweltschutz, das Gesundheitswesen und das Bildungssystem Summen in der Größenordnung von hundert Milliarden DM aufgebracht werden müßten. Das, was zur Sanierung des Kraftfahrzeugverkehrs notwendigerweise getan werden müßte, kann mit Sicherheit nicht geleistet werden.
Weiter sollte nicht vergessen werden, daß der Kraftfahrzeugverkehr wesentlich an der gegenwärtigen Umweltzerstörung beteiligt ist: Die Emission von Kohlenmonoxid, Kohlenwasserstoffen, Schwefeldioxid, Stickoxiden, Bleiverbindungen und Ruß geht zwar nicht ausschließlich, wohl aber großenteils auf Kraftfahrzeuge zurück, die Müll-Lawine wird durch Schrottautos und Abfallreifen gewaltig aufgetürmt, und der Straßenlärm rührt vorwiegend vom Verkehr. Goethe und Kant empörten sich einst über das Peitschenknallen der Kutschknechte, was aber von Autos und Mopeds Tag und Nacht in unseren

Städten an Lärm unwidersprochen hingenommen wird, ist ein Vielfaches dessen, was Kutschknechte einst erzeugten.
Kürzlich publizierte der ADAC eine Studie über die Verkehrsentwicklung in deutschen Städten: Das Auto bleibt im Jahre 2000 das Verkehrsmittel Nummer eins, die Straßenbahn stirbt aus, elektrische Stadtwagen bleiben Utopie, ... (Future Trends 45.6).
Möglicherweise entspricht diese Prognose einer korrekten Verlängerung des bisherigen Verlaufs – aber sie läuft allen menschlichen Notwendigkeiten zuwider. Hier müssen politische Entschlüsse, auch höchst unpopuläre Entscheidungen, den wildwüchsigen Verlauf korrigieren. Dieses Gemetzel, dieser Wahnsinn muß beendet werden.
Bei uns wurde stolz publiziert, die DDR werde unsere gegenwärtige Kfz-Dichte erst nach dem Jahr 2000 erreichen. Im Gegensatz hierzu hoffe ich, daß wir noch vor dem Jahr 2000 die geringe Kfz-Dichte der DDR wieder erreichen werden.
Oberbürgermeister H. J. Vogel schrieb kürzlich unter der Überschrift »Das Auto mordet unsere Städte«:[73]

» – Wir müssen den Straßenbau in unseren Städten begrenzen. Wer glaubt, er könne so viele Straßen und Parkflächen bauen, daß es keine Stauungen mehr gibt, jagt einer Utopie nach ...
– Die Masse des Verkehrs in den Verdichtungsgebieten kann nur mit Hilfe moderner Schienenschnellverkehrssysteme bewältigt werden. Ihr Ausbau muß deutlich vor dem Straßenausbau rangieren ...
– Unsere Innenstädte müssen in große Fußgängerbereiche umgewandelt werden ...
– Die Auflagen für den Sicherheitszustand und die technische Beschaffenheit der Kraftfahrzeuge – so etwa hinsichtlich der Entgiftung der Abgase – müssen verschärft werden ...
– Schließlich müssen wir uns viel entschiedener um neue technische Entwicklungen auf dem Gebiet des Massenverkehrs bemühen ...«

Vogel schließt seine Überlegungen so: »Ich meine, das Auto ist ein nützliches Hilfsmittel, aber keine Heilige Kuh, und die Wachstumsrate der Automobilindustrie ist es nicht wert, ihr die Zukunft unserer Städte zu opfern.«
Zur raschen und wirkungsvollen Verringerung des Kraftfahrzeugverkehrs sollte man nicht nur auf das Entstehen technischer Alternativen warten, sondern auch andere Mittel einsetzen:
– Die elektrische Kommunikation kann vielfach den Transport von Personen oder Gütern ersetzen. So kann beispielsweise manche Reise durch eine perfekte Sprach- und Bildübertragung, eventuell mit Konferenzschaltung, ersetzt werden (siehe Kapitel 8).
– Weiter sollte der Straßenverkehr steuerlich stärker belastet werden, sei es nun durch direkte Steuern oder durch indirekte Steuern wie zum Beispiel die Mineralölsteuer. Diese – zweifellos höchst unpopuläre – Maßnahme muß aber

soziale Korrekturen vorsehen. So darf zum Beispiel der mittellose Versehrte nicht benachteiligt werden; auch nicht der Siedler, der einst, in einer ganz anderen Situation, ein Haus weitab von der Stadt gebaut hat.

– Die Raumordnung muß den Weg zwischen Wohnung und Arbeitsplatz verringern. Viele moderne Industrien (beispielsweise die rasch wachsende »Software-Industrie«) können ohne Belästigung der Anwohner in Wohnbezirken angesiedelt werden. Allerdings wird eine solche Raumordnung durch die berufliche Mobilität teilweise unwirksam gemacht.

– Schließlich sollte öffentlich, in Presse, Rundfunk und Fernsehen, gegen den hemmungslosen Verkehr und für bewußten Verzicht geworben werden.

E. Lange wies auf die engen Beziehungen zwischen Moral und Verkehrsverhalten hin.[45] Unter Bezug auf die vielen Unfälle schrieb er:

»Man könnte diese entsetzlich hohe Zahl von Verkehrsopfern mit wirksamen Strafen für Verkehrsdelikte entscheidend vermindern. Aber die gesetzgebenden politischen Parteien nehmen aus Sorge um den Verlust von Wählerstimmen zu viel Rücksicht auf ein falsch verstandenes Freiheitsstreben der Verkehrssünder.

Allerdings kann man einem Unheil bloß mit Strafmaßnahmen nicht beikommen. Die tatsächliche Lage wäre noch schlimmer, wenn man nicht schon heute durch Ausbildungs- und Erziehungsmaßnahmen bei den Kraftfahrern ihr Wissen und Können, ihre Motive sachgerecht *moralisch* beeinflußte, das heißt, das, was dem Verkehr nützt, vorsorglich unterstützte und das, was diesem schaden kann, nach Möglichkeit zu verhindern versuchte ...

Die ... Befähigung hierzu, die über Selbstbeherrschung hinausgeht und als ›Selbstlosigkeit‹ bezeichnet werden kann, kann in einer ›sozialethischen‹ Erziehung in zumutbaren Grenzen anerzogen werden. In diesem Sinn kann also ein einzelner Mensch, eine begrenzte Gruppe von Personen, sogar eine Nation, *keine unbegrenzte Freiheit* für sich beanspruchen. Ohne eine angemessene Unterordnung unter eine gesellschaftliche Ordnung sind keine positiven Gesamtleistungen kleinerer oder größerer Personengruppen zu erzielen; andernfalls könnte sogar mit Wahrscheinlichkeit ein Kampf aller gegen alle resultieren.«

Der Verkehr zeigt besonders deutlich: Das Thema unserer Zeit ist nicht die unbegrenzte Emanzipation, vielmehr die reflektierte Bindung, die Unterwerfung unter Verhaltensregeln, welche die Erhaltung der menschlichen Art ermöglichen.

Dieser Imperativ stellt sich auch vor der gegenwärtigen Entwicklung der Luftfahrt. Zur Diskussion stehen heute drei Überschall-Verkehrsflugzeuge.

	Boing 2707 (USA)	Concorde (Franz.-Brit.)	Tu 144 (Russ.)
Passagiere	300	140	120
Höchstgeschwindigkeit (Mach)	2,7	2,2	2,35
Reichweite (km)	6500	6500	6500

Diese Flugzeuge haben unerträgliche Eigenschaften: so vor allem den Lärm den sie über riesige Gebiete verbreiten (Knallteppich bis zu 100 km Breite) ferner die Abgase, welche die Luft verpesten und in der oberen Atmosphäre Klimaveränderungen bewirken können.
H. Zbinden stellt in den VDI-Nachrichten die Frage »Muß solcher Fortschritt sein?«[78] und schreibt hierzu:

»Hunderttausende zerplatzter Fensterscheiben, Risse in Gebäuden, Einsturz älterer Bauwerke und Bedrohung alter Kunstdenkmäler sind einige der Schäden an Sachen. Sie allein haben bereits viele Millionen Dollar Schadensvergütung erfordert.
Die Wirkungen auf die Menschen sind analog: Tod gebrechlicher älterer Menschen, von Herzkranken, Frischoperierten, schwere gesundheitliche Schäden für Spitalpatienten, Unglücksfälle verursacht durch Knallschreck, Schlaf- und andere Störungen mit jahrelangem Trauma bei Kindern und dauernde hochgradige Nervosität. Schockreaktionen im vegetativen Nervensystem, Gefäßverkrampfungen, tödliche Folgen bei Arteriosklerose des Hirns – dies sind nur einige Folgen, die bisher in großer Zahl bereits festgestellt werden konnten. Autounfälle, Absturz von Bergsteigern in exponierter Lage, Fehlgriffe bei chirurgischen Operationen können um so häufiger auftreten, je öfter der Knallteppich täglich und nächtlich große Ländergebiete überzieht.«

Von der Einführung der Eisenbahn wurde Schreckliches erwartet, bis hin zu Hirnkrankheiten. Sind die gegenwärtigen Befürchtungen ebenso haltlos? Vermutlich nicht: Die Warnungen vor der Eisenbahn entsprangen der naiven Angst vor dem Unbekannten, die Warnungen vor den Überschallflugzeugen entspringen jedoch erfahrungsgemäßen Befunden.
Das schwierigste Problem dürfte das folgende sein: Wenn sich schon ein Konsens zwischen der Mehrzahl der betroffenen Menschen darüber ergibt, daß sie diese schreckliche technische Entwicklung nicht haben wollen, wie können sie es dann erzwingen, daß die Regierungen diese nicht betreiben? Die Euphorie, mit der George Pompidou »Vive la Concorde« ausrief, stimmt wenig optimistisch, daß dieser unheilvolle technische Fortschritt unter Kontrolle gebracht werden kann. Die Entwicklung der amerikanischen B 2707 ist zwar momentan gestoppt: Kann man aber erwarten, daß die Luftfahrt-Großmacht USA den Überschall-Verkehrsflug ihren Konkurrenten überlassen wird und kann?
Grotesk: Die »kapitalistischen und imperialistischen« USA haben den Bau von Überschallflugzeugen mindestens teilweise aus humanitären Gründen gestoppt oder verzögert. Die UdSSR scheint solche Hemmungen nicht zu haben.

Literatur

1 Afheldt, H.: »Infrastrukturbedarf bis 1980.« Stuttgart, Berlin, Köln, Mainz 1967.

2 »Aus Lehm und Gold.« Stuttgart 1967.

3 Beilage der VDI-Nachrichten Nr. 43 vom 28. 10. 1971.

4 Böhringer, A.: »Verkehrsplanung und Verkehrsforschung.« In: »1980 ist morgen.« Hrsg. von E. Schmacke. Düsseldorf 1969. S. 243 bis 253.

5 Bongers, Hans M.: »Deutscher Luftverkehr. Entwicklung, Politik, Wirtschaft, Organisation. Versuch einer Analyse der Lufthansa.« Bad Godesberg 1967.

6 Bos, Y. H. L.: »Forecasting developments in transportation.« In: »Technological forecasting.« Hrsg. von R. V. Arnfield. Edinburgh 1969.

7 Bouladon, G.: »Aviation's role in future transportation.« In: »Technological forecasting.« Jg. 1 (1969). H. 1. S. 5 bis 16.

8 –: »Verkehr.« In: »Technologie der Zukunft.« Hrsg. von R. Jungk. Berlin, Heidelberg, New York 1970. S. 94 bis 109.

9 Burmester, H.: »Probleme und Möglichkeiten einer planwirtschaftlichen Verkehrsordnung.« Göttingen 1968.

10 Busch, H.: »Personentransportsysteme der nächsten Jahrzehnte.« In: »Systems 69.« Hrsg. von K. Steinbuch. Stuttgart 1970. S. 220 bis 244.

11 –: »Personentransportsysteme der nächsten drei Jahrzehnte.« In: »Umschau-Jahrbuch 1971.« Hrsg. von H. Schultze. Frankfurt a. M. 1970. S. 225 bis 240.

12 Dahl, J.: »Das Sterben der Autos.« In: »Die Zeit« vom 9. 7. 1971. S. 46.

13 Delvendahl, H.: »Die Infrastruktur der Eisenbahn von morgen.« In: »Techniken der Zukunft.« Jg. 1971. H. 2. S. 49 bis 54.

14 Deneffe, P.: »Die Zukunft des Nahverkehrs.« In: »Hamburg auf dem Weg in das Jahr 2000.« Hrsg. von E. Schmacke. Düsseldorf 1970. S. 81 bis 98.

15 Eberhorst, E. v.: »Das Fahrzeug von morgen.« In: »Technische Möglichkeiten von morgen.« Hrsg. von R. Risser. Düsseldorf, Wien 1968.

16 »Ergebnisvermerk der Sitzung der Kleinen Kommission ›Verkehr der Zukunft‹ des VDA.« 2. 2. 1971.

17 Feldman, M. L.: »Transportation: an equal opportunity for access.« In: »Environment and policy – The next fifty years.« Hrsg. von W. R. Ewald jr. Bloomington, London 1968.

18 Fiala, E.: »Das Auto von morgen.« In: »Technische Möglichkeiten von morgen II.« Düsseldorf, Wien 1970.

19 –: »Über die zukünftige Lösung der Transportaufgaben.« In: »Analysen und Prognosen.« Jg. 1969. H. 3. S. 9 bis 12.

20 Förster, H. J.: »Die Zukunft des Automobils.« In: »Baden-Württemberg auf dem Weg in das Jahr 2000.« Hrsg. von E. Schmacke. Düsseldorf 1971. S. 189 bis 213.

21 »Das Gemetzel, das wir Verkehr nennen.« In: »Der Spiegel« vom 28. 6. 1971. S. 32 bis 48.

22 Georgi, H.: »Cost-benefit-analysis als Lenkungsinstrument öffentlicher Investitionen im Verkehr.« Göttingen 1970.

23 Gietzelt, M.: »Schiffstechnik der Zukunft.« In: »Hamburg auf dem Weg in das Jahr 2000.« Hrsg. von E. Schmacke. Düsseldorf 1970.

24 »Das große Buch der Technik.« Gütersloh 1970.

25 Hamilton, W. F., und D. K. Nance: »System Analysis of Urban Transportation.« In: »Scientific American.« Jg. 1969. Nr. 1. Vol. 221. S. 19 bis 27.

26 Heck, G.: »Das Rohr als Verkehrsträger und Bauelement der Zukunft.« In: »Hamburg auf dem Weg in das Jahr 2000.« Hrsg. von E. Schmacke. Düsseldorf 1970. S. 99 bis 122.
27 Hedrich, S. H.: »Schnellbahnen der achtziger Jahre.« In: »Bild der Wissenschaft.« Jg. 8 (1971). H. 6. S. 564 bis 573.
28 Heidtmann, W., E. Noth und W. Scheldes: »Grundlagen für eine regionale Verkehrsplanung. Untersuchung über den Einfluß des Verkehrsgefüges auf die wirtschaftliche und soziale Entwicklung ländlicher Gemeinden.« Köln, Opladen 1968.
29 Hitchcock, A.: »Transport and distribution.« In: »Technological forecasting and corporate strategy.« Hrsg. von G. Wills, D. Ashton und B. Taylor. London 1969.
30 Hoffmann, G. A.: »Future electric automobiles.« In: »Technological forecasting.« Jg. 1 (1969). H. 2. S. 173 bis 184.
31 Hoffmann, R.: »Rückzug der Eisenbahnen aus der Fläche? Ein Problem der Regional- und der Verkehrspolitik.« Hannover 1965.
32 Holste, W., und J. Helling: »Zukünftige Verkehrstechnik.« In: »Systems 69.« Hrsg. von K. Steinbuch. Stuttgart 1970. S. 204 bis 219.
33 »Innovation in Urban Transportation.« Hrsg. von der Consultative Group on Transportation Research der Organisation For Economic Co-Operation and Development. Paris 1970.
34 IFO-Institut für Wirtschaftsforschung: »Die voraussichtliche Entwicklung der Nachfrage nach Personenverkehrsleistungen in der Bundesrepublik Deutschland bis zum Jahre 1980.« Berlin, München 1967.
35 Jones, J. C.: »A credible future for city traffic.« In: »Technological forecasting.« Hrsg. von R. V. Arnfield. Edinburgh 1969.
36 Jürgensen, H.: »Der kombinierte Verkehr von morgen.« In: »Technische Möglichkeiten von morgen II.« Düsseldorf, Wien 1970.
37 Kádas, K.: »Technisch-ökonomische Steuerung von Verkehrsabläufen mit Hilfe kybernetischer Systeme.« Göttingen 1970.
38 Kapteyn, P. J.: »Europa sucht eine gemeinsame Verkehrspolitik.« Brügge 1968.
39 Kinzler, H. M.: »Luftfahrt heute und morgen.« In: »Baden-Württemberg auf dem Weg in das Jahr 2000.« Hrsg. von E. Schmacke. Düsseldorf 1971. S. 214 bis 233.
40 Klinckowstroem, C. v.: »Knaurs Geschichte der Technik.« München, Zürich 1959.
41 Kollmann, K.: »Das Kraftfahrzeug der Zukunft.« In: »Techniken der Zukunft.« Jg. 1971. H. 2. S. 44 bis 48.
42 »Kooperation im Verkehr. Strukturpolitische Aufgaben und Perspektiven.« (Beiträge zur Verkehrs- und Gewerbepolitik.) Hrsg. von H. Schmidt. Bad Godesberg 1969.
43 Korte, J. W.: »Stadtverkehr gestern, heute und morgen.« Berlin, Göttingen, Heidelberg 1959.
44 Kurz, K.: »Zukünftige Transportsysteme des städtischen Nahverkehrs.« In: »Nahverkehrs-Praxis.« Jg. 1970. Nr. 12.
45 Lange, E.: »Moral und Kraftverkehr.« In: »Reformer-Zeitung.« 10. Jg. (1969). Nr. 121. S. 7 bis 10.
46 Lehner, F.: »Verkehr und Städtebau – Probleme der Gegenwart.« Bielefeld 1971.
47 Leibbrand, K.: »Verkehr und Städtebau.« Basel, Stuttgart 1964.
48 Leutzbach, W.: »Prognose des zukünftigen Verkehrs.« In: »Systems 69.« Hrsg. von K. Steinbuch. Stuttgart 1970. S. 245 bis 260.
49 Mackensen, R.: »Soziologische Anmerkungen zur Verkehrsprognose.« In: »Analysen und Prognosen.« Jg. 1969. H. 3. S. 18.

50 »Marktmacht und marktbeherrschende Verhaltensweisen im Verkehr.« Göttingen 1966.
51 »Marktwirtschaftliche Verkehrspolitik.« W. Hamm u. a. Ludwigsburg 1968.
52 Mross, M.: »Die Verkehrsfamilie – ein Weg in eine bessere Zukunft des öffentlichen Personen-Nahverkehrs.« Bielefeld 1970.
53 Nebelung, H., und W. Meyer: »Perspektiven des Verkehrs.« In: »Nordrhein-Westfalen auf dem Weg in das Jahr 2000.« Hrsg. von E. Schmacke. Düsseldorf 1970. S. 109 bis 129.
54 Nelson, R. A., und P. W. Shuldiner: »Transportation, Lever of Progress – 30 Year Prospects.« In: »Science and Technology in the World of the Future.« Hrsg. von A. B. Bronwell. New York, London, Sidney, Toronto 1970. S. 95 bis 125.
55 »Neue Wege europäischer Verkehrspolitik.« Hrsg. von H. St. Seidenfus. Göttingen 1969.
56 Pantenburg, V.: »Am Anfang war die Fährte.« In: »VDI-Nachrichten.« Jg. 25 (1971). Nr. 28. S. 17 bis 18.
57 Pilz, B.: »System Engineering bei der Planung neuer Verkehrswege.« In: »Techniken der Zukunft.« Jg. 1971. H. 2. S. 41 bis 43.
58 Prigge, E.: »Praktische Möglichkeiten einer optimalen Nutzung der Verkehrsflächen in den Städten.« Göttingen 1968.
59 Rehbein, G., und H. Wagener: »Grundlagen der Ökonomik des Transport- und Nachrichtenwesens.« Berlin 1967.
60 Richards, B.: »Stadtverkehr von morgen.« München 1970.
61 Rinsche, H., und K. A. Wendt: »Den Verkehr der Zukunft planen.« In: »Umwelt.« Jg. 1971. H. 2. S. 20 bis 25.
62 Rößger, E.: »Luftverkehrswirtschaft und -politik. Stand und Prognosen.« In: »Analysen und Prognosen.« Jg. 1969. H. 3. S. 13 bis 18.
63 Scherz, P.: »Zukunftstendenzen des deutschen Verkehrswesens.« In: »Der deutsche Techniker.« Jg. 1970. H. 2. S. 4 bis 6.
64 Seidenfus, H.: »Konsequenzen der Verkehrslenkung in der Marktwirtschaft, erörtert am Beispiel der verkehrspolitischen Diskussion in der Bundesrepublik Deutschland seit dem Herbst 1968.« Kassel 1968.
65 –: »Das Verkehrsbild von morgen.« In: »Technische Möglichkeiten von morgen.« Hrsg. von R. Risser. Düsseldorf, Wien 1968.
66 Siegener, W.: »Projekt Metran.« In: »Deutsche Bauzeitung.« 103 Jg. (1969). H. 5. S. 325 bis 334.
67 »Stadtverkehr gestern, heute und morgen.« Hrsg. von J. W. Korte. Berlin, Göttingen, Heidelberg 1969.
68 Tappert, H., H. Brückner und W. Labs: »Null-Tarife oder wertgerechte Fahrpreise?« Bielefeld 1971.
69 »Traffic in towns. A study of the long term problems of traffic in urban areas.« (Reports of the Steering Group and Working Group appointed by the Minister of Transport.) London 1963.
70 »Trends in motorization and highway programs in 16 european countries.« Hrsg. von der International Road Federation. Washington, Geneva 1969.
71 »Verkehrsplanung.« Hrsg. vom Zentralinstitut für Städtebau der Technischen Universität Berlin. Berlin o. J.
72 »Verkehrspolitik für eine wachsende Wirtschaft.« Hrsg. vom Deutschen Industrie- und Handelstag. Bonn 1968.

73 Vogel, H. J.: »Das Auto mordet unsere Städte.« In: »Stern« vom 2. 5. 1971. S. 15 und 17.

74 Voigt, F., und E. Helms: »Die gesamtwirtschaftliche Problematik steigender Verkehrsunfälle. Die volkswirtschaftlichen Kosten der Verkehrsunfälle.« Köln, Opladen 1970.

75 Waterkamp, R.: »Futurologie und Zukunftsplanung.« Stuttgart 1970.

76 Weigelt, H.: »Evolution der Nahverkehrssysteme.« In: »ITE-Mitteilungen.« Jg. 1971. Nr. 4. S. 1 bis 20.

77 Winter, K.: »Verkehrsordnung in Städten und Regionen.« Berlin, München 1968.

78 Zbinden, H.: »Muß solcher Fortschritt sein?« In: »VDI-Nachrichten.« Jg. 24 (1970). Nr. 51. S. 9.

7 Umweltschutz

Basiswissen

Die explosive Entwicklung der Erdbevölkerung (wenn es so weitergeht, im Jahre 2000 etwa sieben Milliarden Menschen, im Jahre 2040 etwa 15 Milliarden) könnte durch verschiedene Einflüsse gestoppt werden: durch Geburtenbeschränkung, durch weltweite Hungersnöte, durch einen großen Krieg oder auch durch die Zerstörung der menschlichen Umwelt. Es ist keinesfalls unwahrscheinlich, daß unsere gute Erde im nächsten Jahrhundert so verändert wird, daß nur noch wenige Menschen recht menschenunwürdig leben können. Diese schlimmen Veränderungen sind vor allem die Verschmutzung der Atemluft, des Wassers und des Landes, die Wirkung von Giftstoffen und radioaktiven Substanzen. Teilweise zielen diese Beschädigungen direkt auf den Menschen, teilweise treffen sie ihn aber indirekt, zum Beispiel über die Vergiftung von Tieren und Pflanzen.
Organisches Leben setzt eine »Biosphäre« voraus: flüssiges Wasser in ausreichender Menge, reichliche Energieversorgung (durch die Sonne), feste Materie, Luft, Grenzflächen zwischen flüssiger, fester und gasförmiger Materie.[24]
Wir kennen im Weltraum nur einen einzigen, relativ kleinen Planeten, auf dem Menschen existieren können: die Erde. Nur hier gilt: Hier bist du Mensch, hier kannst du's sein.
Heute stehen wir vor der Frage, ob wir diese einzigartige Biosphäre vollends zerstören wollen oder ob wir Verstand und Technik dazu benutzen wollen, sie zu erhalten.
Zuerst einige Tatsachen:
– Durch die zunehmende Industrie und den zunehmenden Verkehr wird die Luft immer stärker verschmutzt: In der Bundesrepublik Deutschland werden jährlich über 8 Millionen Tonnen Kohlenmonoxid, 3 bis 5 Millionen Tonnen Schwefeldioxid und 1 bis 3 Millionen Tonnen Stickoxid emittiert.
– In der BRD entstehen jährlich über 16 Milliarden Kubikmeter Abwasser. Hiervon fließen etwa 26 Prozent gänzlich ungereinigt und weitere 40 Prozent unzureichend gereinigt in die Gewässer. So werden unsere Seen und Flüsse zu Kloaken.

– Gegenwärtig müssen in jedem Jahr annähernd 260 Millionen Tonnen Müll und Unrat irgendwie untergebracht werden. Wald und Flur werden immer mehr durch wilde Müllhalden verunreinigt.
– In jedem Jahr werden Tausende Tonnen Öl verschüttet. Aber ein Liter Öl kann eine Million Liter Wasser verderben.
– Von kompetenter Seite wurde abgeschätzt, daß im Jahre 1980 etwa 7000 Kubikmeter radioaktiver Abfälle anfallen werden, davon etwa 50 Kubikmeter hochaktive wärmeentwickelnde Abfälle, deren Beseitigung Sorgen bereitet.

Für die USA wurde abgeschätzt,[9] daß Ende der sechziger Jahre von den rund 90 Millionen Kraftfahrzeugen jährlich etwa 66 Millionen Tonnen Kohlenmonoxid, 1 Million Tonnen Schwefeldioxid, 6 Millionen Tonnen Stickoxide, 12 Millionen Tonnen Kohlenwasserstoffe und eine Reihe anderer gefährlicher Stoffe emittiert wurden.

Die besondere Gefahr liegt darin, daß die Schmutzproduktion exponentiell zunimmt und deshalb – wenn sie nicht bald unter Kontrolle gebracht wird – zur Systemzerstörung führt.

Der Umweltschutz ist gegenwärtig publizistisch hochaktuell, schon beinahe zu Tode geredet. Wenn Worte diese Probleme lösen könnten, dann bliebe wohl nichts mehr zu tun. Aber nicht Worte lösen die Probleme, sondern Taten: diese setzen Sachverstand und politische Macht voraus.

Betrachten wir zunächst die Sachverhalte: Luftverschmutzung, Wasserverunreinigung, Müll, Ausbreitung spezifischer Giftstoffe, Radioaktivität und Lärmbelästigung.

Ohne Atemluft stirbt der Mensch innerhalb weniger Minuten. Luft ist im Idealfall ein Gemisch von etwa 78 Prozent Stickstoff, 21 Prozent Sauerstoff, 0,9 Prozent Edelgasen, 0,03 Prozent Kohlendioxid und wechselnden Mengen von Wasserdampf. Tatsächlich kommen aber hierzu noch beträchtliche Mengen an Staub, Stickstoff- und Schwefelverbindungen, verschiedene gewerbliche Abgase und Schwebestoffe.

Von den verschiedenen Bestandteilen der Luft ist der Sauerstoff der wichtigste: Atmung ist der Transport des Sauerstoffs von der umgebenden Atmosphäre hin zu den Körperzellen, die Oxydation der hochmolekularen Nahrungsstoffe unter Freisetzung von Energie zu niedermolekularen, energiearmen Stoffen (letzten Endes Wasser und Kohlendioxid) sowie der Transport des hierbei entstandenen Kohlendioxids zurück in die umgebende Atmosphäre.[30]

Bild 1: Luftverunreinigung durch Abgase.

Steigt die Konzentration des Kohlendioxids (CO_2) in der Atemluft über 30 Prozent, so kann Bewußtlosigkeit und schließlich (bei über 40 Prozent) der Tod eintreten.
Hohe Konzentrationen von Kohlendioxid entstehen dort, wo große Menschenmassen in schlechtgelüfteten Räumen zusammen sind oder wo durch Verbrennung, zum Beispiel in Kraftfahrzeugen, Kohlendioxid erzeugt wird.
Nicht nur örtlich, sondern auch global wird gegenwärtig eine Steigerung der Kohlendioxid-Konzentration beobachtet, im Laufe dieses Jahrhunderts wird der Gehalt an CO_2 voraussichtlich um etwa die Hälfte steigen. Dies ist zwar absolut wenig, in seinen Folgen jedoch äußerst bedenklich: Wegen der Absorption infraroter Strahlung durch CO_2 hat diese Zunahme unübersehbare Folgen für das Klima.
Gefährlicher ist für den Menschen das Kohlenmonoxid (CO): Wenn in der Lunge dem im Blut befindlichen Hämoglobin außer dem lebenswichtigen Sauerstoff Kohlenmonoxid angeboten wird, dann bindet es vorwiegend Kohlenmonoxid und ist dann außerstande, Sauerstoff zu transportieren. Deshalb können schon kleinste Mengen des Kohlenmonoxids schwere Vergiftungen verursachen. Nun tritt dieses Kohlenmonoxid aber im Stadtgas und vor allem in den Abgasen von Verbrennungsmotoren in hoher Konzentration auf: Als Folge treten Vergiftungen verschieden hohen Grades auf bis hin zu den beabsichtigten Tötungen durch Autoabgase in den Konzentrationslagern.
Vielfach wird stillschweigend angenommen, der Sauerstoffvorrat der Erde sei für alle Menschen und alle Zeiten ausreichend. Dieser Annahme wird neuerdings zum Teil widersprochen. So weist vor allem L. C. Cole darauf hin,[5] daß der Sauerstoffvorrat der Erde das Ergebnis der Photosynthese chlorophyllhaltiger Grünpflanzen ist. Die Menge des produzierten Sauerstoffs wird also durch die eingestrahlte Sonnenenergie begrenzt. Für das Gebiet der USA errechnet Cole, daß nur 60 Prozent des verbrauchten Sauerstoffs auch hier wieder neu produziert würden, die fehlenden 40 Prozent aber aus anderen Gebieten, zum Beispiel dem Pazifikraum, kommen müßten. Bedenklich ist hierbei, daß die Sauerstofferzeugung in den Gewässern nach Verschmutzung absinkt.
Die Luftverunreinigung stammt aus verschiedenen Quellen: vor allem der Industrie (Bild 1), dem Verkehr und dem Hausbrand. Unter den schädlichen Stoffen ist wohl Schwefeldioxid (SO_2), das Verbrennungsprodukt des Schwefels, nächst Kohlenmonoxid der gefährlichste. Wenige Milligramm Schwefeldioxid je Kubikmeter Luft reichen schon aus, den Pflanzenwuchs zu schädigen. Die rasche Zerstörung alter Baudenkmäler in unserer Zeit (siehe Bild 2) wird überwiegend auf die chemische Aggressivität des Schwefeldioxids zurückgeführt. Beim Freiburger Münster wurde beobachtet, wie die Schwefeloxide in

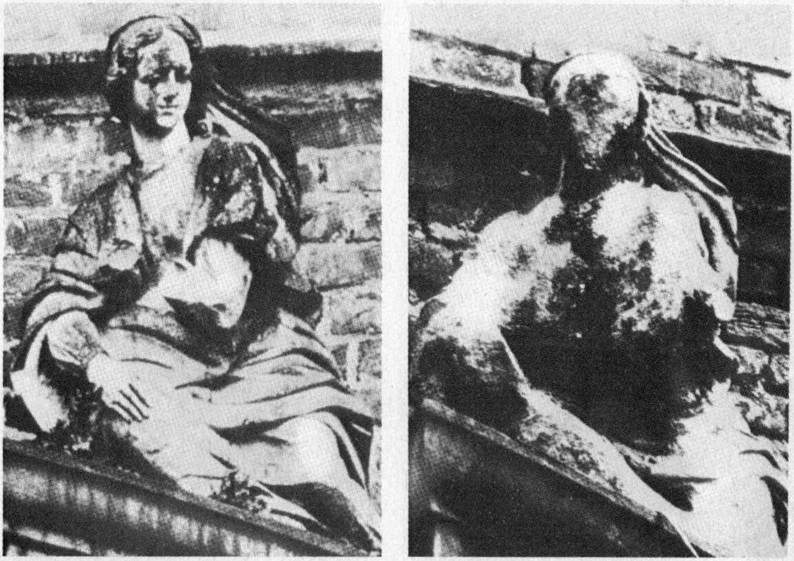

Bild 2: Madonnenfigur – etwa aus dem Jahr 1700 über dem Portal von Schloß Herten – 1908 (links) und 1969 (rechts).

den weichen Sandstein eindringen. Gefährdet sind auch die berühmten Glasfenster.

Bild 3 zeigt den Schwefelgehalt verschiedener Brennstoffe, bezogen auf jeweils denselben Heizwert. Am ungünstigsten sind Steinkohle, Braunkohle und schweres Heizöl.

Die große und ständig wachsende Anzahl von Kraftfahrzeugen mit Verbrennungsmotoren, teils Ottomotoren, teils Dieselmotoren, erzeugt enorme Mengen schädlicher Gase: Kohlendioxid, Kohlenmonoxid, Schwefeldioxid und so weiter, die in den Innenstädten lebensgefährliche Konzentrationen erreichen. Menschen, die längere Zeit in diesem »Luftsumpf« bleiben müssen, sind schwer gefährdet. Für die Bundesrepublik Deutschland wurde schon abgeschätzt, daß sich die Anzahl der Personenkraftwagen in der Zeit von 1966 bis 1985 von etwa 10 auf etwa 20 Millionen erhöhen würde: Damit wächst diese Gefahr weiter.

Das Benzin unserer Kraftfahrzeuge enthält Blei. Mit den Abgasen gelangt es in die Atmosphäre, verteilt sich dort und schlägt sich schließlich auf dem Boden, auf Pflanzen, Tieren und Menschen nieder. Besonders gefährdet ist die

Umgebung stark befahrener Straßen (Bild 4). Es konnte nachgewiesen werden, daß Pflanzen in der Nähe der Autobahnen 50 bis 200 Milligramm Blei je Kilogramm Pflanzenmasse enthalten.[31]

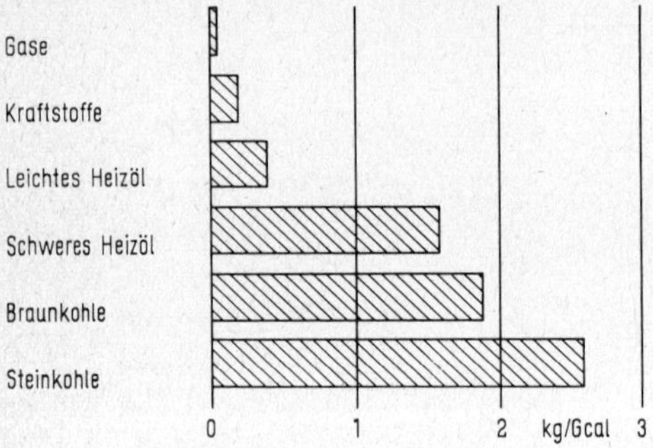

Bild 3: Vergleich des Schwefelgehaltes verschiedener Brennstoffe. (Nach Unterlagen der Firma ESSO.)

Das Blei gelangt nicht nur durch die Atemluft, sondern auch über verzehrte Pflanzen oder Tiere in den menschlichen Körper. Hierbei erhöht sich häufig die Konzentration. Als Folgen der Bleivergiftung wurden schon genannt: Kreislaufstörungen, Darm- und Nervenentzündungen, psychische Störungen. Allerdings sind die Angaben widersprüchlich: Nach einer Studie des Bundesgesundheitsamtes aus dem Jahre 1969 ist eine unmittelbare Gesundheitsgefährdung durch die Aufnahme von Blei aus Autoabgasen noch nicht gegeben. Andere Publikationen berichten über gesicherte Befunde, beispielsweise Stoffwechselstörungen durch Bleivergiftung.

Bei der Luftverunreinigung spielt der sogenannte »Smog« eine besonders große Rolle. Dieses Wort ergab sich durch Zusammenziehen von *Sm*oke = Rauch und F*og* = Nebel.

Bild 5 veranschaulicht, unter welchen klimatischen Bedingungen der gefährliche Smog entsteht: Normalerweise sinkt die Lufttemperatur mit steigender Höhe über der Erdoberfläche ab. Unter diesen normalen Voraussetzungen steigen die Abgase der Industrie, des Verkehrs und des Hausbrandes und so weiter immer weiter nach oben, zirkulieren und verdünnen sich über weite Bereiche. Tritt jedoch eine sogenannte »Inversionsschicht« in der Atmosphäre auf, eine Luftschicht, in der mit zunehmender Höhe die Temperatur nicht sinkt, sondern steigt, dann begrenzt diese Inversionsschicht das Aufsteigen und die Zirkulation der Abgase, sie werden in engen räumlichen Bereichen zusammengehalten und erreichen hier möglicherweise sehr hohe Konzentrationen.

Bild 4: Beiderseits stark befahrener Straßen ist die Vegetation in einer Breite von mehreren hundert Metern durch Blei belastet.

Hier werden auch photochemische Reaktionen vermutet, deren Ablauf im einzelnen noch nicht bekannt sind.

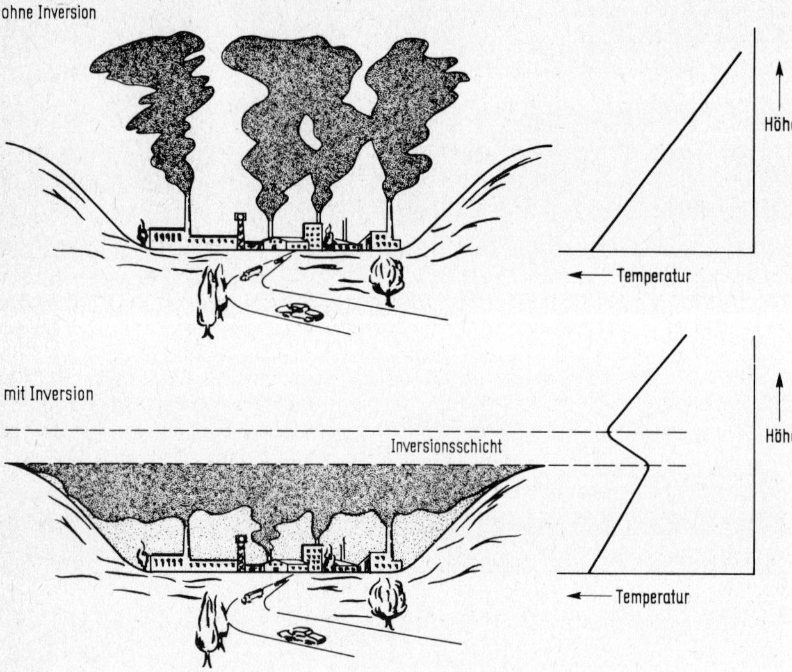

Bild 5: Entstehung des Smogs durch Inversionsschicht.

Besonders gefährdet ist zum Beispiel Los Angeles, wo an beinahe jedem zweiten Tag Inversionsschichten auftreten. Hier setzte auch eine rigorose Smog-Bekämpfung ein: Strenge Kontrollen der Industrie, Emissionsbegrenzungen für Kraftwerke, Raffinerien und andere Luftverunreiniger. Allerdings ist der Erfolg aller dieser Maßnahmen noch recht unzureichend. So schreiben P. R. und A. H. Ehrlich:[9]

»Günstigstenfalls wurden weitere Verschlechterungen vermieden. Von einer Verbesserung der Luftqualität im Los-Angeles-Bereich kann man seit dem Jahre 1960 nicht reden. Unerwarteterweise nahm die Verunreinigung durch Stickoxide sogar noch zu, vor allem, weil die Kraftfahrzeuge neuerdings ein höheres Verdichtungsverhältnis haben, vielleicht auch teilweise durch Nebenwirkungen von Anti-Smog-Geräten, welche die Konzentration von Kohlenwasserstoffen reduzieren sollen. Zum Glück ist die Konzentration von Kohlenwasserstoffen und von Kohlenmonoxid nicht mehr gestiegen. Die Konzentration

von Schwefeldioxid nahm einen wechselnden Verlauf, sie nimmt gegenwärtig jedoch ab. Seit 1962 nahm die Anzahl öffentlich bekanntgemachter Smog-Alarme zu. Weiter ist bedenklich, daß seit 1960 zwar die Konzentration des Smogs nicht mehr wesentlich zugenommen hat, wohl aber das Volumen stark verschmutzter Luft. Der Smog breitet sich in der Höhe und in der Fläche weiter aus, weil die Wärmeentwicklung der Stadt die Inversionsschichten nach oben verschiebt. Man hat abgeschätzt, daß der Bereich um Los Angeles nur etwa 94 Prozent seiner Wärme von der Sonne erhält, ganze 6 Prozent stammen aus der Verbrennung fossiler Brennstoffe. Die Luftverschmutzung wird jetzt als Ursache für Pflanzenschäden angesehen, die Hunderte von Meilen ostwärts Los Angeles auftreten.
Warum gelingt es Los Angeles trotz stärkster Anstrengungen nicht, der Luftverunreinigung Herr zu werden? Die wichtigste Ursache ist das Bevölkerungswachstum. Zwar nahm der Beitrag des einzelnen zur Luftverschmutzung ab, gleichzeitig aber die Anzahl der Einwohner zu. Jeder neue Arbeiter muß ein Automobil benutzen, um die Entfernungen in dieser ungeheuren Stadt zu überwinden, die kein wirkungsvolles öffentliches Verkehrssystem hat. Die natürliche Folge der wachsenden Einwohnerzahlen sind größere Produktionen und mehr Industrie, und diese ziehen wiederum mehr Menschen an. Zwar ist die Situation in Kalifornien besonders kritisch, aber viele andere Bereiche der USA gehen ähnlichen Verhältnissen entgegen. Ein Erfolg im Kampf gegen die Luftverunreinigung wird verhindert einerseits durch die Zunahme von Menschen und Automobilen, andererseits durch den Widerstand gegen die Smog-Kontrolle bei der Industrie und industriehungrigen kommunalen Behörden.«

Für die Stadt New York gibt es einen Smogalarm-Stufenplan, der folgende Stufen vorsieht:[18]
Stufe 1: Krankenhäuser, städtische Gebäude und Müllabfuhr drosseln die Müllverbrennung. Die Bevölkerung wird aufgefordert, das Autofahren zu beschränken.
Stufe 2: Müllabfuhr bringt Abfall auf Abladeplätze außerhalb der Stadt. Scharfe Kontrolle, ob Verschmutzungs-Schutzbestimmungen für Industrie und Kraftfahrzeuge eingehalten werden.
Stufe 3: Fahrverbot für Kraftfahrzeuge mit Ausnahme von Feuerwehr, Polizei, Ärzten, Krankenwagen, Müllabfuhr, Massenverkehrsmitteln und Einsatzwagen für die Reparatur öffentlicher Anlagen.
Stufe 4: Nur noch Fahrzeuge mit Aufschrift »Notdienst« oder »Lebenswichtig« dürfen fahren; Autobusse nur dort, wo kein anderes Verkehrsmittel fährt. Sämtliche Müllverbrennung wird eingestellt. Die Kraftstromerzeugung wird auf das äußerste gedrosselt.
Wie sehr die Luftverschmutzung Pflanzen schädigt, wurde kürzlich durch ein Experiment des Statewide Air Pollution Research Center der Universität von Kalifornien nachgewiesen:[18] Zwei Vergleichsgruppen von je 24 Weinstöcken wurden zwei Jahre lang gezogen. Die eine Kultur erhielt gefilterte Luft, der die giftigen Bestandteile entzogen waren. Die andere Kultur wuchs in verschmutzter Luft. Während sich die Luftverunreinigung im ersten Jahr mit 15 Prozent

Bild 6: Teppich, sauber (links) und verschmutzt (rechts).

weniger Trauben nur geringfügig bemerkbar machte, waren die Auswirkungen im zweiten Jahr ganz erheblich. Die Reben, die in gereinigter Luft wuchsen, trugen je Weinstock 2,5mal mehr Trauben als die Reben in ungereinigter Luft. Außerdem enthielten ihre Trauben mehr Zucker.

Nach diesen Erfahrungen nimmt es nicht wunder, wenn in der Einflugschneise des Frankfurter Flughafens Bäume absterben und Balkonpflanzen die Köpfe hängen lassen.

Sehr anschaulich wurde die Luftverschmutzung vor allem durch H. Reumuth und seine Mitarbeiter mit Mikrofotografien nachgewiesen.[39, 40] So zeigt Bild 6 einen Teppich, links sauber und rechts nach typischer Verschmutzung.

Ein besonders bedenklicher Sachverhalt wird durch Bild 7 veranschaulicht: die Verschmutzung der Pflanzenoberfläche, welche für den Sauerstoffhaushalt von grundlegender Bedeutung ist. Bei dem in Bild 7 rechts unten dargestellten Föhrenblatt zeigt sich bei starker Vergrößerung, daß die Spalten, durch welche der Luftaustausch geschehen sollte, weitgehend durch den Schmutz verstopft sind. H. Reumuth weist darauf hin, daß durch derartige Verschmutzungen besonders die Jungpflanzen Wachstumsschäden erleiden.

Durch die Bronchien und Lungen des Menschen strömen täglich etwa zehn Kubikmeter Luft. Diese Luft ist verunreinigt. Die schädlichen Bestandteile

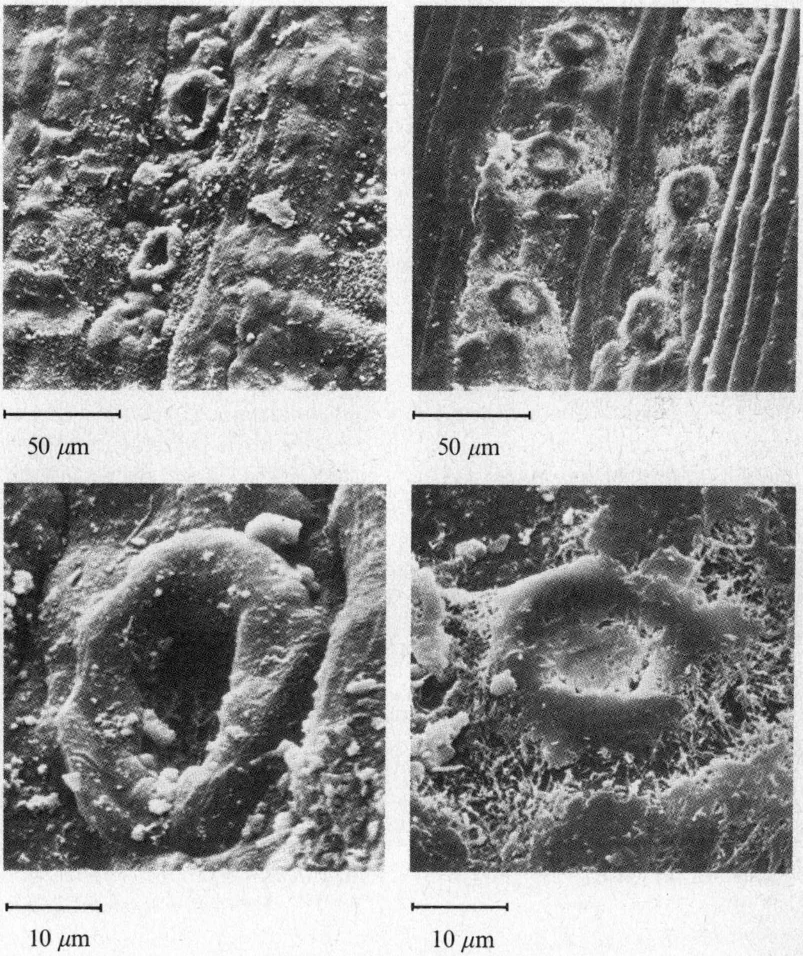

Bild 7: Elektronenmikroskopische Aufnahmen einer verhältnismäßig sauberen Kiefernadel (linke Reihe) und eines stark verschmutzten Föhrenblattes in verschieden starker Vergrößerung. Bei geringer Vergrößerung (obere Bilder) sieht man kaum wesentliche Unterschiede, erst bei starker Vergrößerung (untere Bilder) zeigt es sich, wie die Eingangspforten zu den tieferliegenden Zellen durch Schmutz versperrt werden.

sind teilweise fest und verletzen die Schleimhäute, andere sind gasförmig und giftig oder infektiös.
Die menschliche Lunge hat gewisse Mechanismen der Selbstreinigung – die Bewegung der Flimmerepithel –, aber diese werden durch Schwefeldioxid lahmgelegt.
In welchem Umfang die verschmutzte Luft die Lebensdauer verkürzt, ist nicht recht klar. Publizierte Abschätzungen nennen mehrere Jahre. Die Todesfälle durch Lungenkrebs und andere Lungenerkrankungen könnten angeblich um 25 Prozent, tödliche Herz- und Gefäßerkrankungen um 10 bis 15 Prozent verringert werden.
Angeblich könnte der amerikanische Staat jährlich über sieben Milliarden DM an Pflege- und Krankenhauskosten sparen, wenn die Luftverschmutzung nicht wäre (dpa, Nr. 2 vom 24. 8. 1970).
Der Mensch braucht nicht nur saubere Luft, sondern auch sauberes Wasser. Natürliches Wasser ist kein chemisch reines Wasser: Natürliches Wasser enthält normalerweise einige gelöste und aufgeschwemmte Beimengungen, Salze, Gase, Staub und organisches Material. Der menschliche Körper besteht zu etwa zwei Dritteln aus Wasser, dieses vermittelt die meisten physikalisch-chemischen Prozesse in seinem Körper; er braucht Wasser zum Trinken, Kochen, Reinigen, Waschen, zur Wasserspülung und so weiter. Die Industrie hat einen sehr hohen Wasserbedarf: So braucht man beispielsweise zur Herstellung eines Liters Bier mehrere Liter Wasser und zur Herstellung eines Kilogramms Papier über 1000 Liter Wasser. Übers Ganze ist der Verbrauch in der Größenordnung von 100 bis 400 Liter Wasser je Kopf und Tag. Bild 8 zeigt den Wasserverbrauch und die Bevölkerungsentwicklung in der Bundesrepublik Deutschland.
Der Wasserbedarf wird auf verschiedenen Wegen gedeckt: Regenwasser wird manchenorts in Zisternen gesammelt, Oberflächenwasser wird nach mehr oder weniger gründlicher Reinigung dem Verbrauch zugeführt, Grundwasser wird mit Bohrungen und Brunnen erfaßt, Quellwasser wird Sammelbehältern zugeführt. Wenngleich die örtliche Aufteilung auf diese verschiedenen Herkunftsarten recht unterschiedlich ist, zeigt sich doch eines in den Ballungszentren ganz deutlich: Der Anteil des meist sauberen Quell- und Grundwassers geht zugunsten des meist weniger sauberen Oberflächenwassers zurück.
Das Wasser durchläuft »normalerweise« einen Zyklus: Es verdunstet, steigt in der Atmosphäre nach oben, kondensiert dort, fällt als Regen, Schnee oder Tau wieder zur Erde, fließt durch den Boden in Bäche, Flüsse, Seen und Meere, verdunstet hierbei wieder, steigt nach oben und so weiter.
Bild 9 links veranschaulicht diesen »natürlichen Kreislauf« des Wassers. Er geht über die Verdunstung des Wassers, die eine radikale Reinigung darstellt,

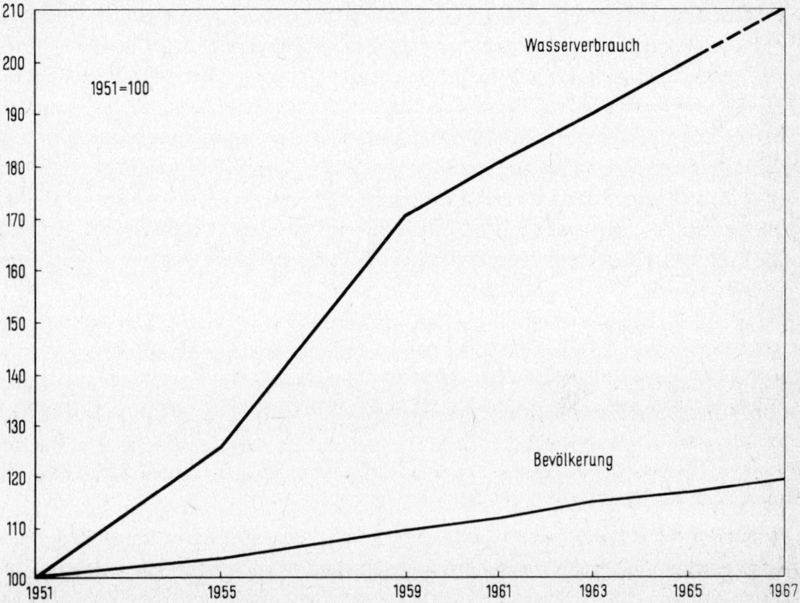

Bild 8: Wasserverbrauch und Bevölkerungsentwicklung in der Bundesrepublik Deutschland. (Nach Unterlagen der Firma ESSO.)

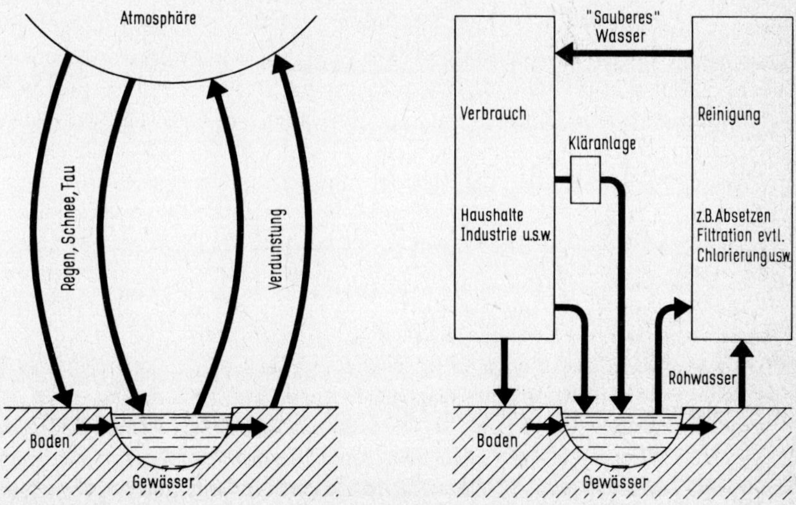

Bild 9: Der natürliche und der künstliche Kreislauf des Wassers.

vergleichbar der Destillation. Ganz anders verläuft der künstliche Kreislauf des Wassers: Hier wird Wasser aus Bächen, Flüssen oder Seen dem Verbraucher zugeführt, danach wieder in Seen oder Flüsse geleitet, nach Reinigung erneut dem Verbraucher zugeführt und so weiter. Dieser künstliche Kreislauf geht nicht über die gründliche Reinigung durch Verdunstung oder Destillation, manche Schmutzstoffe nehmen bei jedem Durchlauf zu. Besonders die Entfernung von Pharmazeutika und zum Teil Viren und so weiter ist bisher unzureichend. Diese ekelhafte Situation wird ebenso zutreffend wie zynisch charakterisiert durch die Inschrift einer Toilette am Oberlauf des Mississippi: »Flush the toilet, they need the water in St. Louis.«[9]
Zum Ausgleich der unzulänglichen Entfernung von Krankheitskeimen im künstlichen Kreislauf werden dem Wasser häufig desinfizierende Chlorverbindungen zugesetzt. Daß eine derartige »Reinigung« problematisch ist, vermutet der Nobelpreisträger Joshua Lederberg:[9]

»Manche Genetiker haben zur Vorsicht vor Chemikalien aufgerufen, weil sie möglicherweise Veränderungen des menschlichen Erbgutes bewirken; ich rechne Chlorverbindungen zu den Stoffen, die einer scharfen Überwachung bedürfen.«

Waschmittel bewirken eine besonders gefährliche Verschmutzung des Wassers: Früher – als nichtabbaubare Detergentien noch verwendet wurden – war die Verschmutzung für jeden sichtbar: Auf den Abwässern trieb ein dicker, weißer Schaum. Seitdem im Jahre 1964 diese in der Bundesrepublik Deutschland verboten sind, ist die Gefahr zwar unsichtbar, aber eher noch größer geworden: Die verwendeten phosphathaltigen Waschmittel verändern die Lebensbedingungen in den Flüssen und Seen und führen zur »Eutrophierung«.
Das Wasser in unseren Flüssen und Seen enthält normalerweise viele winzig kleine Pflanzen und Tiere im Schwebezustand: Plankton (Bild 10). Diese bilden zusammen mit größeren Pflanzen und Tieren eine Lebensgemeinschaft, bei der jede Art auf andere angewiesen ist und bei der ein Gleichgewicht erhalten werden muß, wenn der See oder Fluß nicht »umkippen« soll.
Bei diesem Gleichgewicht sind zwei gegenläufige Funktionen unterscheidbar:
Die autotrope Reaktion: Aus Wasser, Kohlendioxid, Stickstoff und Phosphor wird organische Substanz aufgebaut.
Die heterotrope Reaktion: Organische Substanz wird unter Sauerstoffaufnahme vor allem in Kohlendioxid und Wasser abgebaut.
Wo diese beiden Reaktionen in angemessener Geschwindigkeit gleichzeitig verlaufen, ist das Gewässer im Gleichgewicht.
In »eutrophierten« Gewässern ist ein Überschuß an organischer Substanz vorhanden. Dieser entsteht vor allem durch die Mästung der Algen zum Beispiel mit Phosphaten. Die gemästeten Algen sammeln sich an der Oberfläche der Gewässer, absorbieren dort das Sonnenlicht und führen so schließ-

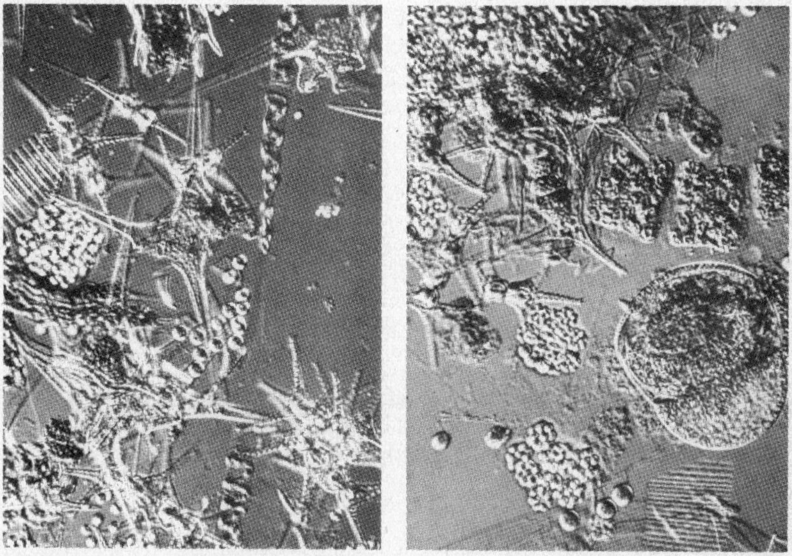

Bild 10: Leben im Süßwasser.

lich zum Absterben der Pflanzen in den tiefer liegenden Schichten. Die absterbenden Pflanzen zersetzen sich, entziehen hierbei dem Wasser Sauerstoff und ersticken schließlich auch die dort lebenden Tiere. Der Endzustand des umgekippten Gewässers ist eine stinkende Brühe.
Die Gewässer können aber auch in entgegengesetzter Richtung umkippen: Wenn der Abbau organischer Substanzen deren Produktion übersteigt, dann verschwindet organisches Leben vollständig, und es entsteht Sauerstoffmangel.
Die Gewässer haben zwar eine gewisse Stabilität gegenüber derartigem Umkippen, aber die gegenwärtigen Verunreinigungen überfordern die Selbstreinigungskraft der Gewässer: große Mengen giftiger Metallverbindungen, Schwefelsäure, Fluorsäure, Phenole, Äther, Benzol, Ammoniak, Düngemittel, Pestizide und so weiter.
Wenn beispielsweise vom United States Department of Agriculture geschätzt wurde, daß sich der Verbrauch anorganischer Stickstoffdünger bis zum Jahr 2000 verzehnfache, so sind ökologische Katastrophen voraussehbar.
Wenig konkretes Wissen, wenngleich viele schlimme Vermutungen gibt es über die Vergiftung des Wassers durch andere Stoffe, zum Beispiel Quecksilber- und Kadmiumverbindungen. So wurde beispielsweise berichtet, mehr als

100 Japaner seien gestorben, nachdem sie Wasser aus einem Fluß getrunken hätten, in den Kadmiumabfälle eingeleitet wurden.
Von einer Arbeitstagung der »Internationalen Arbeitsgemeinschaft der Wasserwerke im Rheineinzugsgebiet« wird berichtet:[44]

»In einer Resolution stellte die Arbeitsgemeinschaft fest, daß Berichte über eine zu erwartende Verbesserung der Qualität des Rheinwassers noch keineswegs durch eine gemessene Senkung des Verschmutzungsgrades bestätigt würden. Die Verunreinigung habe 1969 eher noch zugenommen. Wenn man damit fortfahre, das erstaunlich große Selbstreinigungsvermögen des Rheins immer mehr zu beanspruchen, könne die Verschmutzung schon in absehbarer Zeit im Rhein und in seinen Nebenflüssen zu Verhältnissen führen, bei denen es auch mit weiter verbesserten Aufbereitungsanlagen den Wasserwerken nicht mehr gelinge, mit Sicherheit einwandfreies Trinkwasser zu gewinnen.
Die Versalzung des Rheins, vor allem durch die Abwässer aus elsässischen Kaligruben und Kohlegruben des Ruhrgebiets, ist nicht geringer geworden. Die Verunreinigung durch organische Stoffe, verursacht durch Abwässer aus Haushalten und Industrie, nimmt nicht ab. Die Ölunfälle auf dem Rhein – im ersten Halbjahr 1970 waren es zwischen Mannheim und der niederländischen Grenze 17 – haben ein unzulässiges Ausmaß erreicht. Infolge der Verschmutzung des Wassers durch synthetische Waschmittel . . . ergibt sich eine weitergehende Überdüngung (Eutrophierung) des Rheinwassers und damit eine ernste Zunahme der Gefahr der Bildung von Algen, die beim Absterben Geruch und Geschmack des Wassers beeinträchtigen können.
Der Gehalt an Schwermetallen (unter anderem Chrom, Quecksilber, Blei, Kupfer und Nickel) . . ., deren Salze giftig sind, steigt. Hinzu kommen Giftstoffe wie Zyanide, Sulfite, Chromate, Arsen und die von der Landwirtschaft zunehmend verwendeten Bekämpfungsmittel, Insektizide und Herbizide, die durch Regenfälle und Wind in die Gewässer gelangen können.«

Nicht nur die materiellen Schmutzstoffe können Gewässer in unerträglicher Weise verändern, auch die Veränderung der Wassertemperaturen stört das biologische Gleichgewicht und das Selbstreinigungsvermögen, verändert die Algenkulturen, das Laichverhalten der Fische und bewirkt Klimaveränderungen, beispielsweise Nebelbildung. Es wurde schon abgeschätzt, daß ein 600-Megawatt-Kernkraftwerk ausreichen würde, den Rhein nahe der niederländischen Grenze um etwa 10 Grad Celsius zu erwärmen.
Noch vor wenigen Jahren herrschte die Vorstellung, für die Ernährung der zukünftigen Milliarden Menschen stellten die Weltmeere eine beinahe unerschöpfliche Vorratskammer, besonders für Proteine dar. Dieser Optimismus weicht gegenwärtig teilweise dem Pessimismus, der sagt: Wir können das Meer entweder als Speisekammer oder aber als Mülltonne benutzen, beides zugleich geht aber nicht. Daß die Entwicklung der letzten Jahrzehnte die Weltmeere großenteils aber bereits zu Mülltonnen gemacht hat, zeigen einige Meldungen neueren Datums: Proben aus 8000 Meter Meerestiefe brachten menschlichen Unrat nach oben: Bierbüchsen, Aluminiumfolien, leere Flaschen, Taschenlampenbatterien. Erschreckend Thor Heyerdahls Aussage nach seiner Atlan-

Bild 11:
Öl verklebt das Gefieder der Vögel: ein qualvoller Tod.

tik-Überquerung: »Zeitweise bewegten wir uns in einem Meer von Petroleum.« Diese Ölverschmutzung rührt nicht nur von den vieldiskutierten Tankerunfällen, bei denen Zehntausende oder gar Hunderttausende Tonnen von Öl in das Meer fließen, sondern auch von der großen Zahl unbekannter Fälle von Ölabpumpen. Diese Ölverschmutzungen haben verheerende Wirkungen auf die Tiere und Pflanzen im freien Meer und an den Küsten.
Viele Mikroben sterben in ölverschmutztem Wasser: Die »Gesundheitspolizei« fällt aus.
Das Gefieder von Wasservögeln ist mit einer wasserabweisenden Fettschicht überzogen. Öl bleibt aber fest im Gefieder und verklebt dieses: Die Folge ist meist ein qualvoller Tod der Vögel. Bild 11 möge an diese schrecklichen Wirkungen erinnern.
Auf dem Grund der Meere wurden viele gefährliche Stoffe »deponiert«, so zum Beispiel chemische und radioaktive Abfälle oder Giftgasgranaten aus dem zweiten Weltkrieg. Man meinte, dort sei ihre Gefahr gebannt. Was aber geschieht, wenn die Behälter durchgerostet sind oder durch Seebeben zerstört werden?
Schließlich gelangen schon aus der Luft beträchtliche Mengen von Giftstoffen ins Meer. Beispielsweise wurde abgeschätzt, daß hochgefährliche Giftstoffe, wie zum Beispiel DDT und dergleichen, durch die Luft in jedem Jahr etwa tonnenweise in die Weltmeere getragen werden.

Mit der Verschmutzung von Luft und Wasser steht die Müllproduktion in engem Zusammenhang. Als Müll bezeichnet man Hausabfälle, Straßenkehricht und so weiter, die aus hygienischen Gründen möglichst schnell aus dem menschlichen Wohnbereich entfernt werden müssen. Der typische Anfall liegt bei einem Kilogramm je Tag und Person, er nimmt aber rasch zu. Einige besonders schwer zu beseitigende Stoffe, vor allem Kunststoffe, nahmen in den letzten Jahren ganz extrem schnell zu.

Der Müll kann entweder auf Schuttplätzen deponiert werden, wo er langsam in Luft, Regen und Sonnenstrahlung verrottet, er kann aber auch in Müllverbrennungsanlagen rasch verbrannt werden. Die schnell zunehmenden Kunststoffabfälle widersetzen sich aber der natürlichen Verrottung und erzeugen bei der Verbrennung höchst unangenehme Chlorverbindungen.

Von den Schuttplätzen geraten die Zersetzungsprodukte vielfach in das Grundwasser und schließlich in das Trinkwasser. Gasförmige Zersetzungsprodukte verunreinigen die Luft und belästigen Anwohner durch üble Gerüche. Nur wenige Prozente des Mülls gelangen in Verbrennungsanlagen. Es würde hohe Milliardenbeträge kosten, vollständig auf Verbrennungsanlagen umzustellen.

Der gesamte Müllanfall in der Bundesrepublik Deutschland wird bis zum Jahr 1975 auf etwa 90 Millionen Kubikmeter pro Jahr steigen. Der Anteil des verbrannten Mülls am gesamten Aufkommen steigt von etwa 10 Prozent im Jahre 1960 auf etwa 25 Prozent im Jahre 1975.

Vielfach wird versucht, den Müll nützlichen Zwecken zuzuführen: beispielsweise als Grundlage für den Straßenbau oder als Füllmaterial für Spanplatten und so weiter. Es wird auch versucht, Papier und andere Zelluloseabfälle über geeignete Bakterien abzubauen oder aus Müll Rohöl zu gewinnen. Bisher scheint es aber noch nirgends gelungen, mit derartigen Methoden das Müllproblem wirksam zu lösen.

Ästhetisch besonders unangenehm ist die unkontrollierte Verschmutzung unserer menschlichen Umgebung, besonders der Erholungsgebiete. Die landschaftlich schönsten Gebiete sind vielfach übersät von Abfällen, Zigarettenschachteln, Flaschen, Büchsen, Textilabfällen, Plastikbehältern und so weiter. Autowracks türmen sich zu Bergen oder werden einfach am Straßenrand zurückgelassen.

Welche schrecklichen Situationen entstehen, wenn in Großstädten, wie zum Beispiel London oder New York, einige Tage die Müllabfuhr ausfällt, ist durch Presse und Fernsehen ausführlich dargestellt worden.

Von den vielen Verunreinigungen unserer Umwelt muß eine Gruppe ausdrücklich erwähnt werden, nämlich die giftigen Chemikalien, die zur Bekämpfung von Schädlingen, Insekten, Unkraut und so weiter benutzt werden. Bei den Insektiziden sind einerseits chlorierte Kohlenwasserstoffe (DDT, Chlordan, Dieldrin, Heptachlor, Endrin und so weiter) zu erwähnen und andererseits die phosphorhaltigen Insektizide wie zum Beispiel »E 605«.[4] Bei den Unkrautbekämpfungsmitteln ist »Utox«, »Anicon«, »Falitox«, »Dikofag« oder »Hedonal« und so weiter zu erwähnen.[36] Manche dieser Schädlingsbekämpfungsmittel sind nahe Verwandte militärischer Wirkstoffe.

Die Notwendigkeit, derartige hochwirksame Giftstoffe zu verwenden, besteht besonders bei Monokulturen, wo gleichartige Pflanzen in großer Anzahl angebaut werden. Sie sind für spezifische Schädlinge besonders fruchtbare Räume, hier müssen sie deshalb besonders wirkungsvoll bekämpft werden. Es führt also ein direkter Weg vom effizienten Anbau zur Verwendung dieser Giftstoffe.

Die Weltproduktion derartiger Giftstoffe wird auf mehr als eine Million Tonnen im Jahr geschätzt und steigt rasch an. Diese Giftstoffe verteilen sich über die gesamte Erdoberfläche: Man findet sie in Pinguinen in der Antarktis ebenso wie im Plankton in der Nordsee, im Mehl ebenso wie in der Muttermilch.

Eine im Jahre 1968 in den USA und in Großbritannien durchgeführte Untersuchung ergab, daß der Mensch täglich im Mittel etwa 20 Mikrogramm Dieldrin und 70 Mikrogramm DDT und so weiter aufnimmt, 5 Prozent davon mit dem Trinkwasser und der Atemluft.[52]

Diese Giftstoffe sind vielfach sehr langlebig und können mehrere aufeinanderfolgende Stufen der Nahrungskette unverändert durchlaufen, hierbei möglicherweise sogar in immer stärkeren Konzentrationen auftreten. So wird berichtet,[52] daß selbst dort, wo diese Pestizide unbeabsichtigt vorkommen, die Konzentration vom Plankton mit 0,01 ppm über Krebse oder Muscheln und Fische bis zu Raubvögeln mit 10 ppm zunimmt. Die höchsten Konzentrationen finden sich in Vögeln, die Vögel fressen, hier wurden bis zu 20 ppm festgestellt (ppm: pro Million).

An Schäden für Mensch und Tier als Folgen der Pestizide wurden vor allem genannt: Leberschäden, anginaartige Beschwerden, psychische Störungen, Gefährdung des Embryos im Mutterleib, bei Vögeln verminderte Kalkschalenbildung und so weiter.

Die schleichende Vergiftung unserer Umwelt nimmt die Öffentlichkeit kaum wahr: Es bedarf so spektakulärer Ereignisse wie des großen Fischsterbens im Rhein im Sommer 1969, das auf das Insektenvernichtungsmittel Endosulfan oder Thiodan, einen chlorierten Kohlenwasserstoff, zurückgeführt wurde. Dieses traf mit allgemeiner Sauerstoffknappheit zusammen und bewirkte so das große Sterben im Rhein (Bild 12).

Die Geschichte dieser Schädlingsbekämpfungsmittel zeigt, daß die bekämpf-

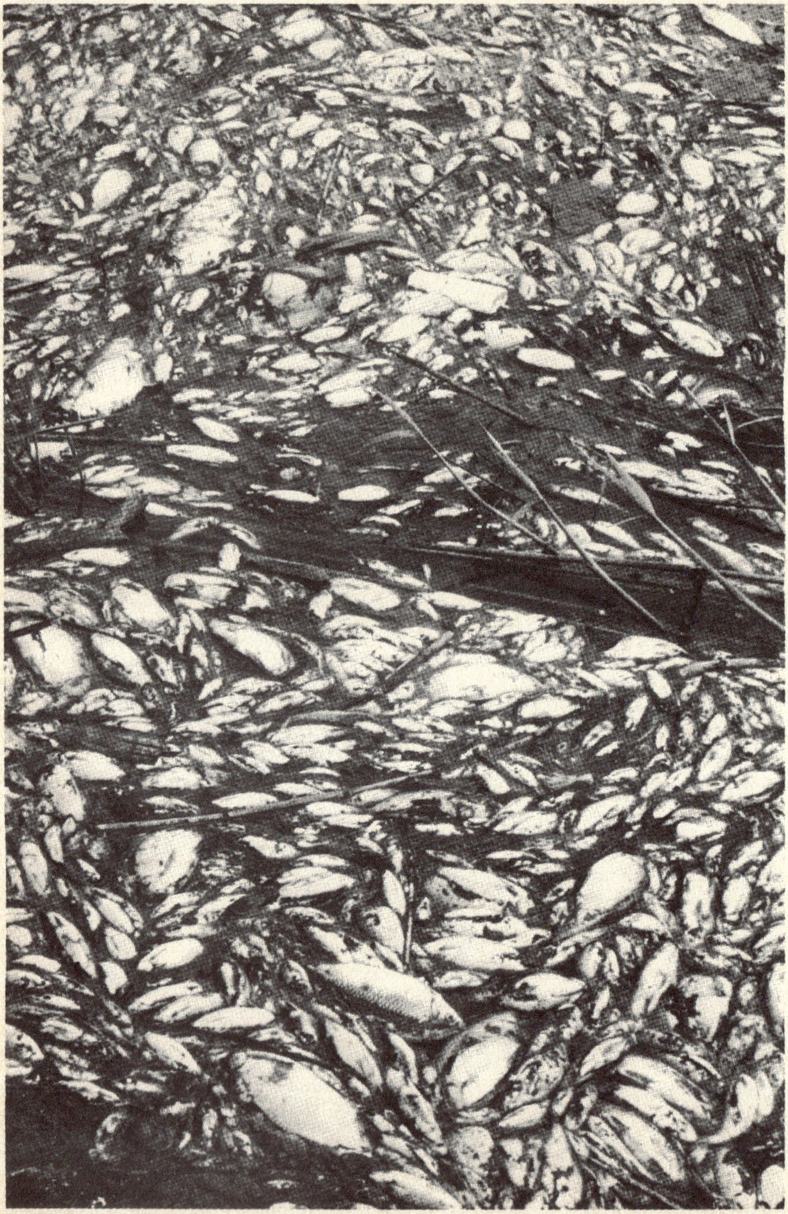

ten Schädlinge schnell unempfindlich werden, aber der Mensch, den man ungefährdet glaubte, hochgradig gefährdet wird.
Es gibt keine bessere Darstellung dieser Situation als das Buch »Der stumme Frühling« der amerikanischen Biologin Rachel Carson.[4] Hieraus seien einige besonders wichtige Sätze zitiert:

»Es dauerte Hunderte von Millionen Jahren, die Lebewesen hervorzubringen, die jetzt die Erde bewohnen, Äonen, in denen dieses Leben sich entfaltete, weiterentwickelte und die verschiedensten Formen annahm, bis es einen Zustand erreichte, in dem es der Umwelt angepaßt und mit ihr im Gleichgewicht war. Von bestimmten Gesteinen ging eine gefährliche Strahlung aus; sogar das Sonnenlicht enthielt kurzwellige Strahlen, die schädigend wirken konnten. Gewährt man dem Leben Zeit – nicht Jahre, sondern Jahrtausende –, paßt es sich an, und so hat sich schließlich ein Gleichgewicht eingestellt. Denn dazu braucht es vor allem Zeit; an Zeit jedoch fehlt es in der heutigen Welt.
Der schnelle Wandel und die Geschwindigkeit, mit der immer neue Situationen geschaffen werden, richten sich mehr nach dem ungestümen und achtlosen Hasten des Menschen als nach dem bedächtigen Gang der Natur . . .
Sich an diese Chemikalien anzupassen würde Zeit in einem Maßstab erfordern, wie er der Natur eigen ist; dafür wären nicht nur die Jahre eines Menschenlebens, sondern die von Generationen nötig. Doch selbst wenn dies durch ein Wunder möglich würde, wäre damit nichts geholfen, denn die neuen Chemikalien kommen in einem endlosen Strom aus unseren Laboratorien; nahezu 500 finden allein in den Vereinigten Staaten jährlich den Weg zum Verbraucher . . .«

Solange es Menschen gibt, waren sie radioaktiven Strahlungen ausgesetzt, möglicherweise spielten diese sogar eine wesentliche Rolle für die Entstehung und Entwicklung der menschlichen Art. Diese natürliche Strahlenbelastung rührt einerseits aus kosmischen und andererseits aus terrestrischen Quellen. Eine wichtige Folge der Strahlenbelastung ist die Mutation der Erbsubstanz, die genetische Veränderung. Diese Veränderungen können im Prinzip Verbesserungen (in einem zu erklärenden Sinn) sein, sie können aber auch Verschlechterungen sein. Da sich die menschliche Erbsubstanz aber in sehr langen Zeiten an die Lebensbedingungen auf der Erde angepaßt hat, sind die meisten Abweichungen als Verschlechterungen anzusehen, und nur in seltenen Ausnahmefällen wird durch die zufällige Veränderung eine Verbesserung bewirkt. Die Strahlenbelastung wird meist in der Einheit »rad« gemessen: Als tödliche Dosis werden meist etwa 500 rad angesehen. Aus natürlichen Quellen empfängt der Mensch im Durchschnitt während seines Lebens etwa 10 rad.
Besonders gefährliche Quellen radioaktiver Strahlen sind atomare Zerfallsprozesse, seien es solche in Kernkraftwerken oder in Kernwaffen. Kernkraftwerke sind meist mit großer Sorgfalt gebaut und relativ ungefährlich. Absolute Sicherheit kann aber kein Konstrukteur garantieren. Schlecht steht es aber mit

Bild 12: Das große Fischsterben im Rhein.

den Abfallprodukten, die zum Teil außerordentlich gefährlich sind. Wie sich zum Beispiel ein weggeschüttetes Präparat radioaktiven Cäsiumchlorids auswirken kann, illustriert E. Busse[3] so:

»Wird es achtlos weggeschüttet, so kann ein Präparat mehrere 1000 Kubikmeter Grund- oder Flußwasser so verseuchen, daß sie in Filmfabriken oder auch in Papierfabriken, die die Pappen oder Papiere zur Verpackung von Fotomaterial herstellen, schädlich wirken würden. Da die Halbwertszeit über zwei Jahre beträgt, dauert es etwa zehn Jahre, bis die ursprüngliche Aktivität auf ein Prozent ihres Wertes abgeklungen ist. Bei steigender Häufigkeit der Verwendung radioaktiver Substanzen wird man also in Zukunft sowohl das Gebrauchs- wie auch das Abwasser größerer Fabriken und Siedlungen sorgfältig auf seine Radioaktivität überwachen müssen.«

U. Hasserodt schreibt:[22]

»Berücksichtigt man die ungeheuren Dimensionen, die die nukleare Energieumwandlung in wenigen Jahren erreichen wird, dann ist die Feststellung, daß die Bedeutung der Kernkraftwerke für die Beeinflussung der Umwelt zur Zeit weitgehend unbekannt ist, berechtigt . . .
Die dabei anfallenden radioaktiven Abfälle werden beängstigende Größenordnungen erreichen.«

Die Beseitigung radioaktiver Abfälle wird um so problematischer, je größer deren Mengen und je länger deren Halbwertszeiten sind. Man gießt sie zum Teil in Betonklötze ein, versenkt sie in stillgelegte Bergwerkschächte oder auf den Meeresgrund und so weiter. Aber keine dieser Beseitigungsarten erscheint auf lange Sicht und bei ungewöhnlichen Einwirkungen, wie zum Beispiel Erdbeben oder Vulkanausbrüchen, zuverlässig.
Auf die schrecklichen Folgen des Kernwaffeneinsatzes – sei es im Krieg, sei es im Frieden – soll nur hingewiesen werden. So werden vielfach noch jetzt Spätfolgen der kriegerischen Atombombenabwürfe in Japan 1945 oder der »friedlichen« Wasserstoffbombenerprobungen im Pazifik in den fünfziger Jahren entdeckt. Mit ihnen wurde die Strahlenbelastung durch die Atmosphäre beträchtlich erhöht.
Die Langzeitwirkungen radioaktiver Verseuchung scheinen schlimmer zu sein, als früher geglaubt wurde. Wo vor Jahren radioaktiver Staub niederging, wird noch heute über eine unnormal hohe Säuglingssterblichkeit, viele angeborene Mißbildungen, Knochenkrebs und Leukämie berichtet.
Die internationalen Absprachen gegen Atomwaffenexperimente sind weder in ihrem sachlichen Gehalt noch in ihrer politischen Verbindlichkeit ausreichend. Erfreulich ist immerhin, daß neuerdings durch internationale Verträge wenigstens die Stationierung von Kernwaffen und anderen Massenvernichtungsmitteln auf dem Meeresgrund ausgeschlossen wurde.
Zur Umweltverschmutzung wird häufig auch die Lärmerzeugung gerechnet. Diese wirkt einerseits physiologisch beispielsweise dahin, daß die Hörfähigkeit

abnimmt, eventuell bis zur vollständigen Taubheit: andererseits aber als psychische Belastung.[29, 33, 48]

Man unterscheidet bei der Lärmerzeugung meist folgende Arten:
gewerblicher beziehungsweise industrieller Lärm,
Baulärm,
Straßenverkehrslärm,
Fluglärm,
sonstiger Lärm.

Ferner unterscheidet man häufig mehrere Lärmstufen, zum Beispiel:
Lärmstufe I: 30 bis 65 Phon,
Lärmstufe II: 65 bis 90 Phon,
Lärmstufe III: 90 bis 120 Phon.

Angeblich führt die Lärmstufe I »nur« zu psychischen Wirkungen, die Lärmstufe II zusätzlich zu vegetativen Wirkungen, aber erst die Lärmstufe III zu psychischen, vegetativen und organschädigenden Wirkungen.

Sowohl die Kompetenz als auch die Aktivität für die Lärmverminderung ist bei den verschiedenen staatlichen Instanzen unbefriedigend: Für einiges sind die Kommunen zuständig, für anderes die Länder oder der Bund (wie zum Beispiel für die Probleme des Luftverkehrs). Die Abgrenzungen sind nicht immer klar. Sicher ist nur eines: Der gegenwärtige Zustand ist unerträglich.

Probleme

Die Zahl der Publikationen über den Umweltschutz stieg in letzter Zeit sprunghaft an. Man könnte vermuten, dieses Thema sei zu Tode geredet. Dies stimmt leider nicht: Manchenorts wird auch jetzt noch geglaubt, die Warnungen vor der Umweltzerstörung entsprängen einer Wichtigtuerei, wie sie unausgeglichene Leute eben betreiben. Ein typisches Beispiel für die Fehleinschätzung unserer Situation lieferte Johannes Groß mit seinem im Jahre 1970 erschienenen Buch »Absagen an die Zukunft«:[20]

»Im Jahre 1257 zog Eleonore von Aquitanien, die Gemahlin Heinrichs II. von England, nach Tutbury Castle, um dem unerträglichen Smog in Nottingham zu entgehen; 1661 klagt John Evelyn über die Londoner Luft: ›Es ist unreiner und dicker Nebel, versetzt mit widerlichem Gestank, der die Einwohner tausend Unbequemlichkeiten aussetzt, die Lungen, ja den Organismus verderbt, so daß Katarrh, Husten und Schwindsucht mehr in dieser einen Stadt wüten als auf der ganzen übrigen Erde‹; und der Philosoph Seneca notiert im Jahre 61: ›Sobald ich der schweren Luft von Rom entronnen war und dem Gestank der rauchigen Kamine, die pestilenzialische Gerüche und Ruß ausspeien, fühlte ich eine Veränderung meines Zustandes.‹ Das Problem ist also nicht so neu, wie Zivilisationskritiker meinen. Es hat auch schon Lösungen in der Vergangenheit gegeben;

Rom hatte, als es nicht mehr die Hauptstadt des Reiches war, als die Schafherden im Kolosseum weideten und die Einwohnerzahl des Mittelalters auf wenige Prozent der antiken gefallen war, eine reine und frische Luft – Landluft, die in allen Städten so selten ist.«

In zweierlei Hinsicht muß man Groß widersprechen: Erstens ist unsere gegenwärtige Situation mit früheren unvergleichbar. Wenn ihn Zahlen nicht beeindrucken, dann sollte er bedenken, daß zum Beispiel Madonnenfiguren, die unverändert Jahrhunderte überstanden haben, gegenwärtig kurzfristig von Abgasen zerfressen werden (Bild 2). Zweitens ist die angedeutete Art, Großstädten frische Luft zu verschaffen, sicher kein Rezept für die Zukunft. Sollte man die Millionen Menschen in den Ballungsräumen Tokios, New Yorks, Londons und des Ruhrgebiets beseitigen oder zerstreuen, damit dort wieder Schafe weiden und frische Luft weht?

Die Konservativen bauen darauf, daß sich diese Probleme irgendwie von selbst lösen. Vielleicht lösen sie sich tatsächlich so, weil wir keine bewußten Lösungen verwirklicht haben, aber diese unbewußten Lösungen werden grauenhaft sein.

Die Futuristen haben sich bisher beim Umweltschutz auch nicht sehr hervorgetan. So prognostizierte A. Toffler in seinem Buch »Der Zukunftsschock«[49] die »Wegwerfgesellschaft«:

»Die Dauer war das Ideal der Vergangenheit. Ob nun ein Mensch ein paar Schuhe fertigte oder eine Kathedrale baute – in jedem Fall setzte er alle Kräfte und Fähigkeiten daran, seiner Schöpfung größtmögliche Dauer zu verleihen. . . . Aber die Gesellschaft verändert sich immer schneller, und die Wirtschaft folgt diesem Trend: Langlebige Güter werden durch kurzlebige ersetzt, auf Dauerhaftigkeit folgt Vergänglichkeit . . .
. . . hat die Wegwerfkultur zur Folge, daß die Beziehungen zwischen Menschen und Dingen immer kürzer werden.«

Zweifellos entspricht diese Prognose der gegenwärtigen Tendenz. Zweifelhaft erscheint allerdings, ob diese Tendenz noch lange vorherrschen kann. Wahrscheinlicher ist die entgegengesetze Prognose: Wenn die gegenwärtige Phase unkontrollierter industrieller Produktion einmal überwunden sein wird, dann werden alle verfügbaren politischen, wirtschaftlichen und erzieherischen Mittel dafür eingesetzt, daß keine »Wegwerfkultur« entsteht, vielmehr mit Materie, Energie und Information sparsam umgegangen wird. Wo tatsächlich etwas Nutzloses entsteht, darf es nicht unbedacht weggeworfen werden, sondern muß einer Umwandlung zugeführt werden, welche aus dem Nutzlosen wieder Nützliches macht (»recycling«, siehe Kapitel 3, Bild 13). Das Ziel kann nicht die »Wegwerfgesellschaft« sein, sondern die Reinhaltungs- und Umwandelgesellschaft. Nur so kann das Leben in den dichtbesiedelten Ballungsgebieten erträglich gemacht werden.

Ingenieure haben die Gefahren schon viel früher erkannt und ihre warnende

Stimme erhoben: So finden sich schon vor 20, 30 Jahren Warnungen in den USA und in Deutschland. Aus der großen Zahl möglicher Beispiele sei ein besonders frühes herausgegriffen. E. Zschimmer, Professor an der Technischen Hochschule in Karlsruhe, schrieb im Jahre 1929 über den Sinn technischen Schaffens:[57]

»... die Zukunft der Großstädte: Eine Hölle von Benzindampf und Spektakel, ein Bergwerk des Verkehrs auf der Erde, unter der Erde, in der Luft, vollgedrängt von Automobilen, die Sonne verfinstert von Flugzeugen.
Wir können heute – gerade weil wir Techniker sind – in diesem Chaos der entfesselten Mittel, der rauchenden Schlote, der verwüsteten Natur, der vom ›technischen Fortschritt‹ geplagten Menschheit, in diesem Massenunfug mißbrauchter, mißverstandener Schöpfungen des Erfindergeistes unmöglich den wahren und letzten Sinn unseres Schaffens erblicken. Es ist an der Zeit, daß wir uns allen Ernstes fragen: Leben wir denn in einer solcherart ›technisierten‹ Welt, die man so gern das technische Zeitalter genannt hat, beginnend mit der ersten Dampfmaschine, gekrönt durch die Überwindung der Zeit und des Raumes – leben wir denn schon in einem Zeitalter, das wir mit gutem Gewissen als eine Periode höchster Vollendung der Kultur durch die Technik preisen könnten?«

Aber zweifellos die größten Verdienste um die Aufklärung der Öffentlichkeit hat die Biologin Rachel Carson mit ihrem Buch »Der stumme Frühling«[4], das literarisch und wissenschaftlich ein Meisterwerk ist. Sie schließt ihr Buch so:

»Die ›Herrschaft über die Natur‹ ist ein Schlagwort, das man in anmaßendem Hochmut geprägt hat. Es stammt aus der ›Neandertaler-Zeit‹ der Biologie und Philosophie, als man noch annahm, die Natur sei nur dazu da, dem Menschen zu dienen und ihm das Leben angenehm zu machen. Die Begriffe und üblichen Verfahren der angewandten Entomologie erwecken den Anschein, als stammten sie größtenteils aus dem ›Steinzeitalter‹ der Naturwissenschaften. Es ist ein beängstigendes Unglück für uns, daß sich eine so primitive Wissenschaft für ihren Kampf gegen die Insekten mit den modernsten und fürchterlichsten Waffen ausgerüstet und damit die ganze Welt gefährdet hat.«

Nachdem dieses Buch im Jahre 1962 erschienen war und sofort ein Bestseller wurde, beauftragte Präsident Kennedy ein Gremium von Wissenschaftlern mit der Prüfung der Beanstandungen. Seitdem ist der Umweltschutz fortgesetzt auf der Tagesordnung internationaler und nationaler Diskussionen.
So fand beispielsweise beim Europarat in Straßburg im Sommer 1964 eine Europäische Konferenz über die Luftverunreinigung statt.[6] 1966 publizierte der Europarat seine Untersuchungen über die Wasserverunreinigung.[7] Viele Konferenzen auf verschiedenen Ebenen folgten.
Hierbei zeigt es sich ganz deutlich: Die Probleme des Umweltschutzes sind keine Probleme für Spezialisten, hier muß die Kooperation der Spezialisten durch Generalisten vermittelt werden. Die benötigten Spezialisten sind vor allem Physiologen, Biologen, Chemiker, Physiker, Verfahrenstechniker, Wirtschaftswissenschaftler, Fachleute für Regionalplanung und Bauwesen und so weiter. Der Umweltschutz setzt Systemdenken voraus: Man kann nicht die

Sachverhalte einzeln und isoliert betrachten, sondern muß das ganze Geflecht von Wechselwirkungen zusammen sehen und in eine Vielzahl von Ursache-Wirkung-Beziehungen auflösen.

Dies erzeugt für die Ingenieursausbildung besondere Probleme. Diese hat E. Naudascher (im »Seminar Zukunft« der Universität Karlsruhe am 11. 12. 1970) so zusammengefaßt:

1. Einführung in ökologische Gesetzmäßigkeiten für jeden Ingenieurstudenten.
2. Förderung des Verantwortungsbewußtseins hinsichtlich der vom Ingenieur verursachten Veränderungen der Umwelt und der Gesellschaft. (Ohne gesellschaftsorientierte Lehrveranstaltungen und ohne neue didaktische Methoden wird dies nicht gelingen.)
3. Förderung der Kommunikationsfähigkeit der Ingenieure. (Es wird nicht mehr genügen, daß die Ingenieure weiterhin nur Aufträge entgegennehmen und technische Alternativen ausarbeiten. In verstärktem Maße werden sie bei der Auswahl und Realisierung ihrer technischen Entwürfe mitwirken müssen.)
4. Förderung des Arbeitens im interdisziplinären Team unter Zuhilfenahme der neuen Methoden zur Simulation, Synthese, Analyse und Optimierung von Systemen. (Ein Ingenieur sollte also . . . auch die Methoden der Systemplanung kennen.)

Schließlich wird aber auch eine zukunftsgerechte Umweltplanung abhängen von

5. der Förderung der Kreativität und der Anleitung zum wissenschaftlichen Arbeiten in einem jeweils eng abgegrenzten technischen Fachgebiet. . .

Beim Umweltschutz darf man nicht – wie es in unserem Lande so gerne geschieht – den Menschen aus der Zwangsläufigkeit natürlichen Geschehens herauslösen, sondern muß den Menschen als Teil dieses natürlichen Systems verstehen, als einen Partner der außermenschlichen Natur, der mit ihr in vielfacher materieller, energetischer und informationeller Wechselwirkung steht. Seine Sonderstellung in diesem System besteht nicht darin, daß er den Gesetzen der Physik, Chemie, Biologie und so weiter entrinnen könnte, sondern darin, daß er ein Bewußtsein hat, das ihm die Folgen seines Verhaltens und der allgemeinen Entwicklung vorauszusagen gestattet.

W. Steltzer hat in einem Referat[46] bei der Arbeitstagung des Deutschen Werkbundes in Saarbrücken im Mai 1970 die Systemanalyse als Vorstufe planmäßiger Umweltgestaltung so dargestellt:

»Systemanalyse . . . setzt also Klarheit über das jeweilige Ziel voraus, geht eigentlich von der Zielvorstellung aus. Eine Zielvorstellung ist wiederum ohne Wertung nicht denkbar. Um die Frage beantworten zu können, wie die Umwelt durch systematische Gestaltung schließlich werden soll, muß die Vorfrage geklärt sein, vor welchen Maßstäben das angestrebte Ziel sich zu bewähren haben wird.

. . . sei hier eine grobe Skala von Maßstäben für eine eventuelle Diskussion angeboten:

1. Die ökologische Balance, die Funktionsfähigkeit der Biosphäre, jener dünnen Schicht aus Luft, Erde und Wasser, die unseren Planeten umgibt und menschliches Leben im biologischen Sinne überhaupt ermöglicht, muß wiederhergestellt und gesichert werden.
2. Der Mensch als Person muß der Funktion des Menschen als mittragender Bestandteil gesellschaftlicher Ordnung übergeordnet sein.

3. Die Gesellschaft muß als bewußt gestaltende, regulierende Kraft gesehen werden, die zu den beiden vorgenannten Punkten in dienender Funktion steht.«

Steltzer betont abschließend, daß es gegenwärtig vor allem um Zeitgewinn geht, wobei die Siegeschancen nicht besonders groß sind. Als Ergebnis dieser Tagung des Deutschen Werkbundes wurde unter anderem vorgetragen:

1. In unserer Situation, wo alle einzelnen nur im Verbande existieren können, zeigt sich, daß die Gesellschaft mit allen ihren Kräften und Mitteln dem einzelnen zu Hilfe kommen muß.
2. Die Gattung Mensch ist bedroht und herausgefordert.
3. Es geht um die Bewahrung und Verwirklichung des Humanen für den einzelnen und die Gesellschaft.
4. Menschenwürdige Existenz (Umwelt, Wohnen, sozial ausgeglichener Lebensstandard), der dazu notwendige Raum der Freiheit mit den Möglichkeiten der Selbstverwirklichung und Gleichheit der Chancen sind wesentlicher Bestandteil des Humanen.
5. Nur unter dieser Bedingung vermag der einzelne seine soziale Rolle wirksam zu übernehmen. Die Erforschung, Formulierung und Sicherung dieser Bedingung ist wichtigste Funktion der Gesellschaft und Maßstab für Umweltgestaltung.

Diese Ausgangsthesen sind einem permanenten Lern- und Kontrollprozeß unterworfen. Es wird vorgeschlagen, daß der Werkbund seine Arbeit an der Umweltordnung auf diese These stellt.

Der Umweltschutz ist eine »Antiproduktion«: Bei der normalen Produktion werden erwünschte Güter hergestellt, beim Umweltschutz müssen unerwünschte Güter beseitigt werden. Aus dieser Antifunktion des Umweltschutzes ergibt sich auch seine Schwierigkeit, mit den bei uns üblichen Methoden gelöst zu werden: Für den Umweltschutz besteht praktisch kein marktwirtschaftlicher Anreiz. Man kann zwar leicht die persönliche Eitelkeit dafür aktivieren, Milliarden für Automobile auszugeben, aber es gibt keinen vergleichbaren Anreiz, Milliarden für den Umweltschutz auszugeben. Der Umweltschutz gehört – wie zum Beispiel das Bildungssystem oder das Gesundheitswesen – zu den Aufgaben, die offensichtlich nicht marktwirtschaftlich gelöst werden können. Erschwerend tritt hinzu, daß die Antiproduktion unerwünschter Stoffe nicht an wenigen, bekannten und übersehbaren Punkten geschieht, sondern an vielen verstreuten und manchmal unbekannten Punkten. Es ist sogar noch schlimmer: Man kann den Umweltschutz nur schwer auf eine marktwirtschaftlich organisierte Industrie aufpfropfen: Der Umweltschutz muß vielfach mit einer bewußten und gewollten Verringerung der Produktion und Rentabilität beginnen. Man kann die Menge des Schmutzes pauschal durch eine Gleichung erfassen:

Schmutzmenge = Produktionsvolumen × Schmutzgrad.

Diese pauschale Gleichung sagt vor allem, daß es zwei Wege gibt, die Menge des Schmutzes abzubauen: einerseits das Produktionsvolumen zu verringern (also beispielsweise eine »Nicht-Wegwerf-Kultur« anzusteuern) und anderer-

seits durch immer reinlichere Produktionsverfahren die spezifische Schmutzerzeugung möglichst klein zu halten. Daß das Produktionsvolumen mit der Bevölkerungszahl eng zusammenhängt, sei ausdrücklich festgestellt.
Zur Verringerung der spezifischen Schmutzerzeugung müssen vielfach Maßnahmen ergriffen werden, welche die wirtschaftliche Effizienz der Produktion verringern: Eine Fabrik, welche Abwässer und Abgase sorgfältig reinigt, braucht höhere Investitionen als eine Fabrik, welche Schmutzwasser und Abgase rücksichtslos abläßt (siehe Kapitel 13, Bild 1). Dies bedeutet aber, daß der Umweltschutz die Konkurrenzfähigkeit der Betriebe verringert. Wo die Gesellschaft aber so stark auf internationale Konkurrenzfähigkeit angewiesen ist, wie es die unsere ist, da muß man mit Erschwernissen der Konkurrenzfähigkeit, beispielsweise durch staatliche Eingriffe, sehr vorsichtig sein.
Man kann einfach nicht – wie es manchen Fanatikern vorschwebt – die industrielle Produktion kurzfristig oder langfristig stillegen. Man muß vielmehr den schmalen Weg suchen, der zwei Voraussetzungen unserer Existenz gleichzeitig schafft: die ausreichende Produktion *und* die menschenwürdige Umwelt.
Daß die obengenannte Funktion des Umweltschutzes, die »Antiproduktion«, wirtschaftlich schwer zu verkraften ist, zeigt sich täglich. Besonders kraß zeigte es sich am Beispiel des Reeders, der Giftstoffe verbotswidrig in den Rhein schüttete, anstatt sie in das Meer zu transportieren, und sich damit entschuldigte, die durch sein Unternehmen verursachte Verschmutzung sei doch unerheblich.
Es muß jedoch zugestanden werden, daß ein großer Teil der Unternehmer, vielleicht die meisten, große Anstrengungen machen, um die Umwelt zu schützen. Es ist unverantwortlich, den Umweltschutz zu einer Hexenjagd auf unsere Industrie zu machen, wir müssen vielmehr eine sinnvolle Zusammenarbeit von Politik, Industrie, Forschung und Öffentlichkeit organisieren, so daß vernünftige und rasche Lösungen erhofft werden können.
Möglicherweise entscheidet sich aber beim Umweltschutz, ob es in Zukunft überhaupt noch »freie« Unternehmer geben kann: Die Marktwirtschaft setzt zwar enorme Initiativen frei, aber sie macht zugleich das wirtschaftliche und industrielle Geschehen potentiell hemmungslos. Angesichts der elementaren Bedrohungen unserer Existenz vermute ich, daß die Alternative so lautet: Entweder es gelingt, die »freien« Unternehmer auf ein Verhalten zu verpflichten, welches die menschliche Umwelt erhält, oder aber es wird nicht mehr lange »freie« Unternehmer geben, und wir gehen den Weg in einen zentralistischen Planstaat.
Der Weg von der »naiven Marktwirtschaft« zur »aufgeklärten Marktwirtschaft« ist nur der erste Schritt einer Entwicklung, welche schließlich zu einer

aufgeklärten Politik führen muß, die nicht durch die Wirtschaft beherrscht wird.

Diese Entwicklung kann durch eine weitsichtige Gesetzgebung eingeleitet werden: Durch angemessene Gesetze können die Unternehmer zu umweltbewußtem Verhalten gebracht werden. Solange der verantwortungsbewußte Unternehmer die Aufwendungen für Umweltschutz mehr oder weniger freiwillig betreibt, verschlechtert er seine eigene Position gegenüber den verantwortungslosen Konkurrenten. Wenngleich die Steuergesetzgebung kein Zauberstab für den Umweltschutz ist, sollte man sie doch dazu nützen, Investitionen für diesen zu fördern und umweltfeindliche Produkte zu belasten.

Die Angaben über den finanziellen Aufwand zur Sauberhaltung von Luft, Wasser und Boden gehen weit auseinander. Sie stimmen jedoch darin überein, daß es sich hier um hohe Milliardenbeträge handelt. Aus der Vielzahl der Abschätzungen sollen nur einige charakteristische herausgegriffen werden: Eine Schätzung spricht davon, daß der Nachholbedarf für Wasserhygiene in der BRD etwa 50 Milliarden DM ausmache, etwa die Hälfte dessen brauche man zusätzlich für die Luftreinhaltung. Eine andere Schätzung spricht davon, daß in den nächsten 20 Jahren in der Bundesrepublik Deutschland etwa 200 Milliarden DM für den Umweltschutz investiert werden müßten.

Es bleibe dahingestellt, wie zutreffend oder unzutreffend diese Zahlen sind. Übereinstimmend zeigt sich jedoch, daß die notwendigen Aufwendungen für den Umweltschutz in der BRD in den nächsten Jahrzehnten in der Größenordnung von 100 Milliarden DM liegen. Auf jeden Fall sind es Summen, die angesichts des Bundeshaushaltes von etwa 100 Milliarden DM gigantisch und auch im Vergleich zum Bruttosozialprodukt von etwa 600 Milliarden DM noch sehr groß sind.

Aber nicht nur beim Umweltschutz besteht ein riesiger Nachholbedarf, sondern auch beim Bildungssystem, beim Gesundheits- und Verkehrswesen. Hier muß offensichtlich entschieden werden, wo der Umweltschutz in der Prioritätenliste rangieren soll.

Sicher müssen wir alle, die wir eine saubere Umwelt haben wollen, dafür bezahlen. Wer seinen politischen Einfluß dafür geltend macht, das private Einkommen auf Kosten gesellschaftlicher Leistungen zu vergrößern, der erschwert oder verhindert Umweltschutz, Bildungsreform und Verbesserung unseres Gesundheitswesens. Erschreckend die Einsicht: Wir alle sind es, welche derartige notwendige Veränderungen erschweren oder verhindern, wir alle sind der Feind. Es geht nicht an, sich hier gegenseitig den »Schwarzen Peter« zuzuschieben. Man kann auch der Industrie nicht vorwerfen, daß sie das produziert, was wir, die Käufer, kaufen.

Aber der Umweltschutz kann auf nationaler Basis überhaupt nicht erfolgreich

angegangen werden: Was nützte zum Beispiel die Abwasserreinigung in der Bundesrepublik Deutschland, wenn die anderen Anlieger des Rheins keine entsprechenden Vorkehrungen treffen würden?
Ähnlich steht es um die Luftreinhaltung und das Verbot gefährlicher Giftstoffe: Nationale Regelungen sind unzureichend, es müssen großräumige, möglichst weltweite Regelungen getroffen und eingehalten werden.
Der Umweltschutz ist vorwiegend eine Frage des Aufwandes, die technischen Probleme sind lösbar: Aufbau solcher Produktionen, bei welchen der Schmutzgrad möglichst gering wird, Abscheidung und Abtransport des entstehenden Schmutzes, Sanierung verschmutzten Wassers, gründliche Überprüfung aller Giftstoffe auf ihre Wirkungen und schließlich auch der Nachweis verirrten Schmutzes und Giftes.
Für die Probleme der Luftverunreinigung gibt es seit Jahren detaillierte Anweisungen und Vorschriften, die der Initiative des VDI (Verein deutscher Ingenieure) zu danken sind.
Eine leistungsfähige Industrie produziert Abgasanlagen, Rauchreiniger, Luftreinigungsanlagen, Filter und Filteranlagen, Klimaanlagen und so weiter.
Für einen umweltfreundlichen Verkehr gibt es viele unterschiedliche Vorschläge. Die konservativen zielen darauf hin, durch Benzinzusätze die Automobilabgase weniger giftig zu machen, die radikalen steuern eine totale Abschaffung des Verbrennungsmotors an.
Einige derartige Bemühungen sind: Herabsetzung des Bleigehaltes bis zum bleifreien Benzin, Metallkatalysatoren zur Entfernung von Kohlenmonoxid aus den Autoabgasen, dampfgetriebene Automobile und Elektromobile, Verbot von Autos mit Verbrennungsmotoren. Der Verzicht auf Autos mit Verbrennungsmotoren bedeutet aber wahrscheinlich den Verzicht auf kleine und schnelle Fahrzeuge und enorme wirtschaftliche Verluste durch die Umstellung.
Voraussetzung der Wasserreinhaltung ist die sorgfältige Überwachung des Zustandes der Gewässer. Typisch hierfür ist beispielsweise die Tätigkeit des Geologischen Landesamtes für Baden-Württemberg, das seit Jahrzehnten an der Reinhaltung des Grundwassers und der Oberflächengewässer mitwirkt. Es prüft beispielsweise die Verunreinigung durch Abwässer, auch solche durch Streusalz, Lagerflüssigkeiten, schädliche Fettstoffe, Düngemittel und Schädlingsbekämpfungsmittel, Erdöl, Erdgas und so weiter.
Ein ganzer Industriezweig ist in den letzten Jahren für die Abwassertechnik entstanden: Abwasserreinigung, Kläranlagen, Abwasserneutralisation und Abwasserentgiftung. Voraussetzung eines erfolgreichen Einsatzes dieser technischen Hilfsmittel ist aber die sorgfältige und vorausschauende Systemanalyse.

Hierzu schreibt H. H. Hahn:[21]

»... ergeben sich für die Umweltplanung zwei Vorausbedingungen:
1. Die Schaffung eines dynamischen Modells, das den betrachteten Umweltausschnitt bestmöglich in seiner funktionalen Beziehung wiedergibt und
2. die allgemeine Anerkennung eines Wertungssystems, das erlaubt, verschiedenste Nutzungsarten miteinander zu vergleichen und in der Systembetrachtung gefundene Alternativvorschläge für die Planung zu bewerten.«

Wie notwendig für die Umwelterhaltung Systemdenken ist, zeigt die dpa-Meldung Nr. 217 vom 21. 7. 1970:

»Ob Ölverschmutzungen in der Arktis eine Gefahr für das Klima und andere Umweltbedingungen auf der Erde heraufbeschwören können, wollen amerikanische Wissenschaftler untersuchen ... Mit den Experimenten in der Arktis soll in den kommenden Monaten geklärt werden, ob eine Ölschicht auf dem arktischen Eis wie eine Art ›Heizdecke‹ wirkt und dadurch das Eis zum Schmelzen bringt.
Wissenschaftler sind schon lange davon überzeugt, daß ein Abschmelzen der arktischen Eismassen eine erhebliche Klimaveränderung auf der Erde bewirken könnte ...«

Bei der Analyse des Systems »Mensch–Umwelt« stößt man auch auf die Notwendigkeit, in den dichtbesiedelten Ballungsräumen Erholungsgebiete zu schaffen, Zonen, die weder durch Verkehr noch durch Industrie verunreinigt werden und wo sich Menschen in reiner Umgebung erholen können.
Bild 13 zeigt den gegenwärtigen Zustand: Die natürliche Umgebung des Menschen wird immer weiter durch rücksichtslose Ausnutzung zurückgedrängt. Wenn ein menschenwürdiges Leben auch in Zukunft noch möglich sein soll, muß diese Entwicklung schleunigst gestoppt werden.
Ebenso erweist sich die Notwendigkeit, größere Erholungsgebiete und Naturschutzparks zu schaffen, wo die Menschen wieder in eine »natürliche« Umgebung zurückkehren können. Die Systemanalyse zeigt auch, wie unsere Ballungsräume in den kommenden Jahrzehnten wie Vulkankrater erodieren werden, wenn hier keine menschenfreundlichere Umgebung geschaffen wird.
Der Umweltschutz ist letztlich ein ethisches Problem. Hierauf stießen wir schon bei der Frage, ob es gelingt, die »freien« Unternehmer auf ein Verhalten zu verpflichten, das die menschliche Umwelt erhält. Wenn es nicht gelingt, das Erwerbsstreben zu kontrollieren, dann ist kein Erfolg zu erwarten. Besonders Garrett Hardin hat diesen Sachverhalt im »Environmental Handbook«[12] vortrefflich dargestellt: Der Umweltschutz kann nicht rein technisch gelöst werden, hier muß eine tiefgreifende Veränderung menschlicher Wertsysteme einsetzen. Ganz falsch ist die Vorstellung, wer seinen eigenen Gewinn vermehrt, diene damit der Allgemeinheit am besten. Hier gilt besonders der Grundsatz, daß Freiheit die Einsicht in die Notwendigkeit ist.
So wird der Umweltschutz schließlich zu einem Erziehungsproblem: Wie können wir in den Köpfen der heranwachsenden Generation Denk- und

Bild 13: Umweltzerstörung. (Von A. Paul Weber.)

Verhaltensformen verankern, die nicht zur Zerstörung der menschlichen Umwelt führen, die vielmehr zu einem wohlbedachten und vorsorglichen Umgang mit Materie, Energie, Information und so weiter führen und Rücksicht auf den Nächsten nehmen?
Zur Erhaltung der menschlichen Umwelt sind zeitgemäße Gesetze und internationale Verträge, vor allem aber deren Einhaltung und Überwachung, notwendig. Man sollte sich aber nicht auf den Staat allein verlassen: Angesichts der Größe der Gefahr sollten auch der einzelne und kompetente Gruppen Initiativen ergreifen.
Hierzu möchte ich vier Vorschläge machen beziehungsweise wieder aufgreifen:

1. Öffentliche Umweltschutz-Verhandlungen
Es müssen rasch öffentliche Verhandlungen, Hearings, beispielsweise im Fernsehen, veranstaltet werden, in denen die Bürger unseres Landes ihre Beschwerden vorbringen können und in denen die Beanstandungen geprüft werden und über Abhilfe beraten wird. Die resultierenden Empfehlungen müssen nach angemessener Zeit erneut einer öffentlichen Prüfung unterworfen

werden: Sind die empfohlenen Veränderungen verwirklicht, haben sie zum Erfolg geführt oder müssen andere Maßnahmen eingeleitet werden?
Derartige Hearings dürfen nicht zu einer Hexenjagd auf die Industrie werden, sie müssen vielmehr mit Konzilianz und Sachverstand geführt werden und müssen auf die Erhaltung der Produktivität und Konkurrenzfähigkeit achten. Hierzu müssen kompetente Fachleute aus Forschung, Industrie, Verwaltung und Rechtswesen beitragen. Derartige Hearings dürften auch wertvolle Erfahrungen für eine spätere Gesetzgebung liefern.

2. Schaffung eines Umweltschutzzeichens für Betriebe
Bei gefährlichen Geräten, zum Beispiel elektrischen Haushaltungsgeräten, ist es selbstverständlich, daß sie Gütezeichen, beispielsweise des VDE, tragen. Man müßte für Kommunen und Produktionsanlagen vergleichbare Gütezeichen einführen: Zeugnisse für sauberes Abwasser, einwandfreie Produktion, saubere Abluft, einwandfreie Produkte und so weiter. Die Öffentlichkeit müßte darüber unterrichtet werden, welche Betriebe in welchem Umfang sich umweltbewußt verhalten und diese deshalb bevorzugen. Firmen, die sich den begründeten Forderungen des Umweltschutzes nicht unterwerfen, sollten der öffentlichen Anprangerung ausgesetzt werden.
Dieser Prozeß müßte in öffentlichen Verhandlungen verfolgt werden und beispielsweise zur Feststellung führen: Die Firma X entspricht zwar selbst den Anforderungen des Umweltschutzes, aber sie arbeitet mit der Lieferfirma Y, welche diese Anforderungen nicht erfüllt. So würde die öffentliche Kontrolle auch solche Firmen erfassen, welche die Forderung des Umweltschutzes nur scheinbar erfüllen. Natürlich können derartige Umweltschutzzeichen gesetzliche Vorschriften nicht ersetzen.

3. Einrichtung eines Bundesamtes für Umweltschutz
Dieses soll einerseits die Überwachungsfunktionen im Bundesgebiet koordinieren (auch mit internationalen Maßnahmen) und andererseits Abhilfemaßnahmen mit hoher Kompetenz verfügen. Dieses Bundesamt für Umweltschutz muß von wirtschaftlichen Interessen unabhängig sein und mit den unter 4. genannten Instituten für technische Prognosen eng zusammenarbeiten. Es muß Einfluß auf die Regional- und Stadtplanung haben, zusammenhängende Bereiche zusammenhängend schützen und deshalb auch bei internationalen Planungen mitwirken.

4. Einrichtung von Instituten für technische Prognosen
In unserem Lande fehlen unabhängige Instanzen, welche die technischen Veränderungen systematisch und vorausschauend analysieren, drohende

Gefahren rechtzeitig erkennen und mögliche Wege zu ihrer Abwendung suchen. Dies erfordert große Anstrengungen und kann langfristig nur mit den modernsten technischen Hilfsmitteln gelöst werden. Hier müssen gleichzeitig drei Forderungen erfüllt werden:

– Die inneren Zusammenhänge der Technostruktur müssen durchschaubar gemacht werden.

– Die Auswirkungen technischer Veränderungen müssen an den Bedingungen der menschlichen Existenz, vor allem den Forderungen des Umweltschutzes, gemessen werden.

– Das Gesamtsystem muß widerstandsfähig sein gegenüber allen Versuchen, egoistische Interessen durchzusetzen.

Weiter muß die Lehre und Forschung auf dem Gebiet des Umweltschutzes forciert werden, besonders auch das interfakultative Gespräch zwischen den verschiedenen Experten, die zum Umweltschutz beitragen. Ein besonderer Schwerpunkt der Forschung müßte die Entwicklung neuer Abfallbeseitigungs- und Wiederverwendungsmethoden sein (»recycling«).

Die Gesetzgebung muß unter dem Gesichtspunkt des Umweltschutzes systematisch überprüft werden. So sollte beispielsweise die unsinnige Besteuerung des Hubraumes bei Kraftfahrzeugen ersetzt werden durch eine Besteuerung der Umweltbelastung, vor allem der Produktion an Lärm und giftigen Abgasen.

Gefährdete Gebiete müssen schleunigst mit »Schnüffelgeräten« ausgerüstet werden, welche fortwährend den Gehalt der Luft an giftigen Stoffen überwachen und bei Überschreiten vorgegebener Grenzen alarmieren. Entsprechendes sollte auch für Flüsse und Seen eingerichtet werden. Verschmutzungen, die nicht automatisch festgestellt werden können, sollten durch häufige Stichproben erkannt und unterbunden werden.

Literatur

1 »Air and water pollution.« Hrsg. von G. Leinwand. Washington 1969.
2 »Assessment of Airborne Radioactivity.« Hrsg. von der International Atomic Energy Agency. Wien 1967.
3 Busse, E.: »Kernspaltung.« In: »Medizin und Städtebau.« München, Berlin, Wien 1957.
4 Carson, R.: »Der stumme Frühling.« München 1970.
5 Cole, L. C.: »Sauerstoffnot durch technologischen Fortschritt?« In: »Naturwissenschaft und Medizin.« Jg. 6 (1969). Nr. 26. S. 3 bis 9.
6 Council of Europe (Hrsg.): »European Conference on air pollution.« Strasbourg 1964.

7 Council of Europe (Hrsg.): »Fresh water pollution control in Europe.« Strasbourg 1966.
8 Dubos, R.: »Der entfesselte Fortschritt.« Bergisch Gladbach 1970.
9 Ehrlich, P. R., und A. H. Ehrlich: »Population resources environment.« San Francisco 1970.
10 »Environment for man.« Hrsg. von W. R. Ewald jr. 4. Aufl. Indianapolis 1968.
11 »The environmental crisis.« Hrsg. von H. Helfrich. New Haven 1970.
12 »The environmental handbook.« Hrsg. von B. de Bell. New York 1970.
13 ESSO AG (Hrsg.): »Öl und die Reinhaltung von Wasser und Luft.« (Studie 4.) Hamburg 1969.
14 Firnhaber, R. B.: »Der Bodensee wird immer schmutziger.« In: »VDI-Nachrichten.« Jg. 24 (1970). Nr. 46. S. 1 bis 2.
15 —: »Pestizide im Trinkwasser.« In: »VDI-Nachrichten.« Jg. 24 (1970). Nr. 43. S. 6.
16 Fischer, P. W.: »Von der Traumstadt zum Alptraum. Die Lebensumstände in New York werden bedrohlich.« In: »VDI-Nachrichten.« Jg. 24 (1970). Nr. 39. S. 2.
17 Fowler, E. B.: »Radioactive fallouts, soils, plants, foods, man.« Amsterdam, London, New York 1965.
18 »Garten und Landschaft.« Jg. 80 (1970). H. 123.
19 »Global effects of environmental pollution.« Hrsg. von F. Singer. 1970 o. O.
20 Gross, J.: »Absagen an die Zukunft.« Frankfurt a. M. 1970.
21 Hahn, H. H.: »Umwelt von morgen.« In: »Umschau in Wissenschaft und Technik.« Jg. 1970. H. 16. S. 495 bis 500.
22 Hasserodt, U.: »Umweltprobleme bei der Energieumwandlung heute und morgen. (Vortrag anläßlich des 1. Internationalen Symposiums »Aspekte der chemischen und toxikologischen Beschaffenheit der Umwelt«.) München 1969.
23 Henning, G. A.: »PCB spült die Hormone aus.« In: »Die Zeit« vom 5. 2. 1971.
24 Hutchinson, G. E.: »The Biosphere.« In: »Scientific American.« Vol. 223 (1970). Nr. 3. S. 45 bis 53.
25 Kapp, K. W.: »Environmental disruption and social costs: A challenge to economics.« In: »KYKLOS – Internationale Zeitschrift für Sozialwissenschaften.« Vol. 23 (1970). S. 833 bis 848.
26 Kegel, S.: »Die Luftverunreinigung. Derzeitiger Zustand; technische und organisatorische Möglichkeiten der Abhilfe.« In: »Medizin und Städtebau.« München, Berlin, Wien 1957.
27 Kollmansperger, F.: »Die progressive Austrocknung Afrikas – ein Weltproblem.« In: »Naturwissenschaft und Medizin.« Jg. 3 (1966). Nr. 15. S. 25 bis 41.
28 Krause, W.: »Für eine menschenfreundliche Umwelt.« In: »Vorwärts« vom 14. 1. 1971. S. 17.
29 Kurtze, G.: »Physik und Technik der Lärmbekämpfung.« Karlsruhe 1964.
30 »Kurzgefaßtes Lehrbuch der Physiologie.« Hrsg. von W. D. Keidel. Stuttgart 1970.
31 Lan, H. van der: »Vergiften wir unsere Umwelt?« In: »Bild der Wissenschaft.« Jg. 6 (1969). H. 11. S. 1048 bis 1057.
32 Löbsack, Th.: »Der Atem der Erde.« München 1963.
33 »Medizinische Leitsätze der Lärmbekämpfung.« Hrsg. vom Deutschen Medizinischen Informationsdienst e. V. Bad Godesberg 1966.
34 Mommsen, W.: »Wirtschaft und Umwelt.« (Vortrag vor dem Unternehmerverband der Industrie Ruhr-Niederrhein am 15. 12. 1970.)

35 »Morgen kam gestern. Der Mensch zerstört die Erde.« In: »Der Spiegel.« Jg. 24 (1970). Nr. 41. S. 74 bis 96.
36 Neudecker, T.: »Unkrautvertilger unter Anklage.« In: »Die Zeit« vom 22. 5. 1970.
37 »The next 95 years.« Hrsg. vom California Institute of Technology. Pasadena 1967.
38 »Reinhaltung der Luft.« (Kongreß »Aktuelle Wege zur Reinhaltung der Luft«.) Hrsg. vom VDI-Verlag. Düsseldorf 1970.
39 Reumuth, H., u. a.: »Die Luftverunreinigung und ihr Einfluß auf die Vegetation – eine mikroskopische Studie am Beispiel der Karlsruher Waldstadt.« In: »Garten und Landschaft.« Jg. 78 (1968). H. 12. S. 417 bis 420.
40 —: »Der Schmutz in seiner ganzen Vielfalt.« (100. Mitteilung aus dem Institut für angewandte Mikroskopie.) In: »Reiniger-Revue.« Jg. 1965. H. 5 bis 9.
41 Robinson, J.: »Beständige Schädlingsbekämpfungsmittel.« In: »Umschau-Jahrbuch 1971.« Frankfurt a. M. 1970.
42 Schneider, D.: »Umweltschutz wird Politikum.« In: »VDI-Nachrichten.« Jg. 24 (1970). Nr. 40. S. 18 bis 19.
43 Schwabe, G. H.: »Der See als Ökosystem.« In: »Naturwissenschaft und Medizin.« Jg. 7 (1970). Nr. 32. S. 32 bis 48.
44 Seegers, H.: »Rheinwasser – kein Reinwasser.« In: »VDI-Nachrichten.« Jg. 24 (1970). Nr. 48. S. 15 bis 16.
45 Stahl, H., und G. Curdes: »Umweltplanung in der Industriegesellschaft.« Reinbek 1970.
46 Steltzer, W.: »Systemanalyse als Vorstufe planmäßiger Umweltgestaltung.« (Referat für die 1. interne Arbeitstagung des Deutschen Werkbundes in Saarbrücken vom 1. bis 3. 5. 1970.)
47 Tagungsbericht »Wirtschaftliche und gesellschaftliche Auswirkungen des technischen Fortschritts.« Hrsg. von der VDI-Hauptgruppe Mensch und Technik. Düsseldorf 1970.
48 Tischendorf, F. von: »Gesundheitsgefährdung durch Lärm.« In: »Medizin und Städtebau.« München, Berlin, Wien 1957.
49 Toffler, A.: »Der Zukunftsschock.« Bern, München, Wien 1970.
50 Traut, H.: »Die genetische Strahlungsgefährdung des Menschen.« In: »Naturwissenschaft und Medizin.« Jg. 5 (1968). Nr. 22. S. 20 bis 33.
51 »Treatment of airborne radioactive wastes.« Hrsg. von der International Atomic Energy Agency. Wien 1968.
52 »Umweltchemikalien konzentrieren sich zu Giften.« In: »VDI-Nachrichten.« Jg. 25 (1971). Nr. 3. S. 1 bis 2.
53 »Umweltgestaltung als industrielle Aufgabe. Anmerkungen zu einem Vortrag von Staatssekretär Mommsen über Wissenschaft und Umwelt.« In: »VDI-Nachrichten.« Jg. 24 (1970). Nr. 51. S. 2.
54 Voigt, J.: »Das große Gleichgewicht.« Reinbek 1969.
55 Waterkamp, R.: »Futurologie und Zukunftsplanung.« Stuttgart 1970.
56 Wiethaup, H.: »Lärmbekämpfung in der Bundesrepublik Deutschland.« Köln, Berlin, Bonn, München 1967.
57 Zschimmer, E.: »Zum Technischen Schrifttum.« Hrsg. vom Karlsruher Studentendienst. Karlsruhe 1929.

8 Informationsübertragung

Basiswissen

Wo immer menschliche oder tierische Individuen gesellschaftlich zusammenleben, benutzen sie Techniken der Informationsübertragung. Erinnert sei an den Schwänzeltanz der Bienen (womit sie Artgenossen die Lage von Futterplätzen mitteilen), die Sprache der Delphine (die wir noch nicht verstehen) und die vielen tierischen Informationstechniken, die Konrad Lorenz so anschaulich beschrieb in seinem Büchlein »Er redete mit dem Vieh, den Vögeln und den Fischen«.

Die Ausbildung einer differenzierten Sprache ist ein wesentliches Kennzeichen des biologischen Übergangs vom Tier zum Menschen. Sie ist die diffizilste und wirkungsvollste Technik menschlicher Informationsübertragung, sei es nun in Form gesprochener Sprache, sei es in Form geschriebener Sprache. Die Geschichte vom Turmbau zu Babel illustriert, daß eine funktionierende Informationstechnik Voraussetzung einer funktionierenden Gesellschaft ist.

Die Entwicklung der Informationsübertragung sei durch einige historische Vorgänge angedeutet:

- In Herodots Historien (8. Buch) wird das Stafettensystem der persischen reitenden Boten beschrieben.
- Aischylos beschreibt in seiner Tragödie Agamemnon, wie der Fall Trojas durch eine aus Signalfeuern bestehende Kette nach Argos gemeldet wurde.
- Im Machtbereich Napoleons hatte der optische Telegraf von Chappe eine große Bedeutung: Bei ihm wurde mittels verstellbarer Arme auf hohen Masten die Information sichtbar übertragen.
- Die elektrische Telegrafie begann in der ersten Hälfte des 19. Jahrhunderts mit den Untersuchungen von Gauß und Weber in Deutschland und den seit dem Jahre 1844 in den USA praktisch benutzten Geräten von Samuel Morse.
- Die Fernsprechtechnik begann nach einigen Versuchen von Philipp Reis im Jahre 1861 mit den Geräten von Alexander Graham Bell im Jahre 1876.
- Die Fernsehtechnik schließlich begann nach einigen ersten Vorschlägen (de Paiva 1878 und P. Nipkow 1884) in der ersten Hälfte des 20. Jahrhunderts durch Leistungen vieler Erfinder aus mehreren Ländern.

Dieser geschichtliche Rückblick zeigt, daß sich über Jahrtausende hinweg nur geringe Veränderungen ergaben, im letzten Jahrhundert jedoch revolutionäre Veränderungen ereigneten.

Bei diesem kurzen historischen Rückblick wurden so verschiedene Dinge wie reitende Boten, Feuerzeichen, optische Telegrafen, elektrische Telegrafen, Fernsprechtechnik und Fernsehtechnik zusammengefaßt. Was berechtigt zu dieser Zusammenfassung? Offensichtlich dieses: Alle diese Techniken dienen der Übertragung von Information über räumliche Entfernungen. Diese verschiedenen Vehikel, die der Informationsübertragung dienen können, seien als »Signale« bezeichnet. Diese Signale können zwar Information übertragen, aber sie sind keinesfalls mit der Information identisch.

Was also ist diese geheimnisvolle »Information«? Diese Frage zu beantworten ist außerordentlich schwierig. Grundkategorien unseres Weltverständnisses wie »Materie«, »Energie« oder »Information« können nicht mehr durch Verweis auf tiefer liegende Sachverhalte erklärt werden, man kann nur bemerken, daß sie zum Denken und Diskutieren nützlich sind.

Hier werden die beiden Begriffe »Information« und »Nachricht« als sinngleich angesehen. Was im zeitgenössischen wissenschaftlichen Sinn als »Information« bezeichnet wird, ist viel mehr als das, was umgangssprachlich so bezeichnet wird. Umgangssprachlich hat es beispielsweise einen Sinn zu sagen: »Information ist das Gegenteil von Propaganda!« Im wissenschaftlichen Sinn ist Propaganda eine spezielle Art der Information. Dieses »sehr viel mehr«, was die wissenschaftlich definierte »Information« von der umgangssprachlich definierten unterscheidet, erfaßt beispielsweise den Gesang des Vogels, eine Grafik von Picasso, einen Liebesbrief, Literatur vom Telefonbuch bis zur Bibel, Gesetze und Verordnungen, Musik vom Trommelschlag bis zur neunten Symphonie, die Gene, die Erbinformation übertragen, und so weiter.

Norbert Wiener sagte: »Information is information, not matter or energy. No materialism which does not admit this can survive at the present day.« Zu deutsch etwa: »Information ist Information, nicht Materie und nicht Energie. Materialismus, der diesem nicht gerecht wird, ist heutzutage indiskutabel.«

Dieser Vergleich mit den Grundbegriffen »Materie« und »Energie« läßt erkennen, daß der Begriff »Information« für die Zukunft möglicherweise eine ähnlich grundlegende Bedeutung haben wird, wie die Begriffe »Materie« und »Energie« für die bisherige Entwicklung schon hatten.

Der Begriff »Information« wird häufig im Zusammenhang mit der auf den amerikanischen Mathematiker C. E. Shannon zurückgehenden statistischen Informationstheorie gebraucht. Sein Gedankengang ist etwa der folgende: Wenn ein Repertoire von Informationen und deren Vorkommenswahrscheinlichkeit bekannt ist, dann kann man ermitteln, wie viele Auswahlkriterien und damit Code-Elemente man mindestens braucht, um die einzelnen Informationen eindeutig zu kennzeichnen. Deren theoretische untere Grenze wird als »Informationsgehalt« bezeichnet.

Diese Erklärung begründet aber noch kein Verständnis des Wesens der Information: Sowenig »Materie« erklärt wird durch »Man kann ihr Gewicht bestimmen«, sowenig wird »Information« erklärt durch »Man kann ihren Codierungsaufwand bestimmen«.

Tatsächlich gibt es über das Wesen der Information wenig brauchbare Aussagen. Mir scheint folgendes wesentlich:

1. Information bedarf stets eines Trägers, eines Signals, zum Beispiel der Schallwellen, der Tinte, des elektrischen Stroms, der Magnetisierung oder der Nervenaktionsimpulse.
2. Information ist invariant gegenüber Wechseln des Trägers: Dieselbe Information kann beispielsweise gesprochen, geschrieben oder gedruckt sein.
3. Charakteristisch für Information ist, daß sie Empfänger zu spezifischem Verhalten veranlaßt. Beim Empfänger wird einer aus einer Menge vorbereiteter Mechanismen ausgewählt.
4. Der Sinn der Informationsübertragung liegt in der Übertragung fremder Erfahrung und damit in der Ermöglichung besserer Problemlösung.

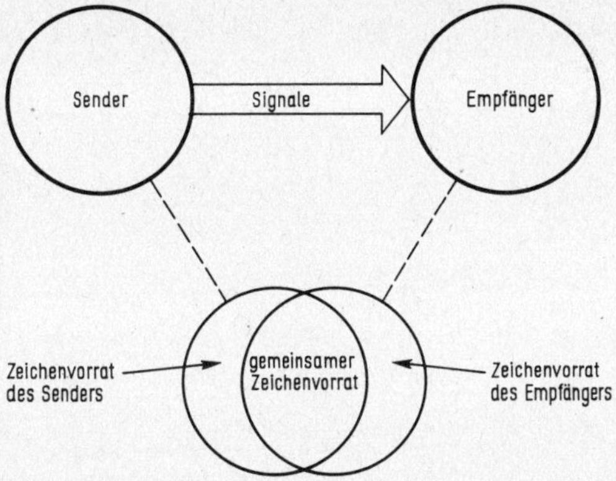

Bild 1: Schema zur Informationsübertragung.

Wenn ein Sender an einen Empfänger Information überträgt (Bild 1), dann setzt er diesen in den Stand, eine »richtige« Auswahl zu treffen. Hierzu übermittelt der Sender an den Empfänger irgendwelche Signale, zum Beispiel akustische Signale oder optische Signale. Besteht nun zwischen Sender und Empfänger eine Übereinkunft darüber, welches Signal welcher Auswahl entspricht, besitzen also Sender und Empfänger einen gemeinsamen Zeichenvorrat, dann können Informationen übertragen werden.

Der gemeinsame Zeichenvorrat kann beispielsweise bedeuten, daß der Sender Schriftzeichen benutzt, die dem Empfänger bekannt sind, oder in einer Sprache spricht, die der Empfänger versteht.
Für die Beschreibung der Signale ist die »Frequenz« von besonderer Bedeutung: Beispielsweise sind Töne periodische Druckschwankungen der Luft, bei denen sich Überdruck und Unterdruck mit einer angebbaren Schnelligkeit abwechseln (Bild 2). Die Tonhöhe hängt dabei ab von der Anzahl der Schwingungen je Sekunde, nicht jedoch von der Stärke der Druckschwankungen. Statt »Schwingungen je Sekunde« sagt man häufig »Hertz« zu Ehren des Physikers Heinrich Hertz, der im Jahre 1886 erstmalig elektromagnetische Schwingungen nachwies.

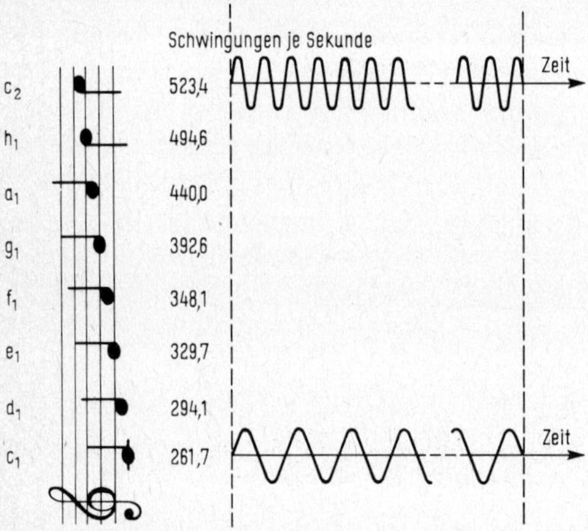

Bild 2:
C-Dur-Tonleiter und zugehörige Schwingungszahlen.

Wenn wir Töne mit zunehmender Tonhöhe, also zunehmender Frequenz, in ein normales Telefon singen oder pfeifen, dann kann der Empfänger am anderen Ende der Verbindung diese nicht immer hören. Manche Töne gehen beinahe unverändert durch das Telefonsystem, andere kommen jedoch beim Empfänger gar nicht an. Bei Telefonsystemen, die internationalen Normen entsprechen, werden Töne mit Frequenzen zwischen 300 und 3400 Hertz übertragen. Sie haben also eine Bandbreite von 3400 — 300 = 3100 Hertz.
Dieses Frequenzband wurde so gewählt, weil mit ihm eine ausreichende Sprachverständlichkeit erzielt werden kann, ohne daß die Übertragungssysteme unnötig teuer werden. Tatsächlich kann das menschliche Ohr aber einen viel größeren Frequenzbereich wahrnehmen. Das gesunde junge menschliche Ohr nimmt Frequenzen zwischen etwa 16 und 16000 Hertz als Töne wahr.
Nicht nur bei akustischen Signalen (die aus periodischen Druckschwankungen

der Luft bestehen) spricht man von Frequenz und Bandbreite, vielmehr auch bei elektrischen Signalen und bei elektromagnetischen Schwingungen, die sich durch die Luft oder den leeren Raum ausbreiten. Beispielsweise haben Fernsehsignale der bei uns üblichen Norm eine Bandbreite von 5000000 Hertz oder fünf Megahertz. Diese Fernsehsignale werden vom Sender meist im Frequenzbereich von einigen hundert Megahertz ausgestrahlt.
Bei der Informationsübertragung mischen sich dem Nutzsignal stets irgendwelche Störungen bei. Bild 3a veranschaulicht diesen Sachverhalt: Die Informationsquelle steuert einen Signalsender, der die Nutzsignale auf den Übertragungsweg schickt. Die zahlreichen Quellen der Störung, wie zum Beispiel das unvermeidbare Rauschen des elektrischen Stromes, Störungen aus der Strom-

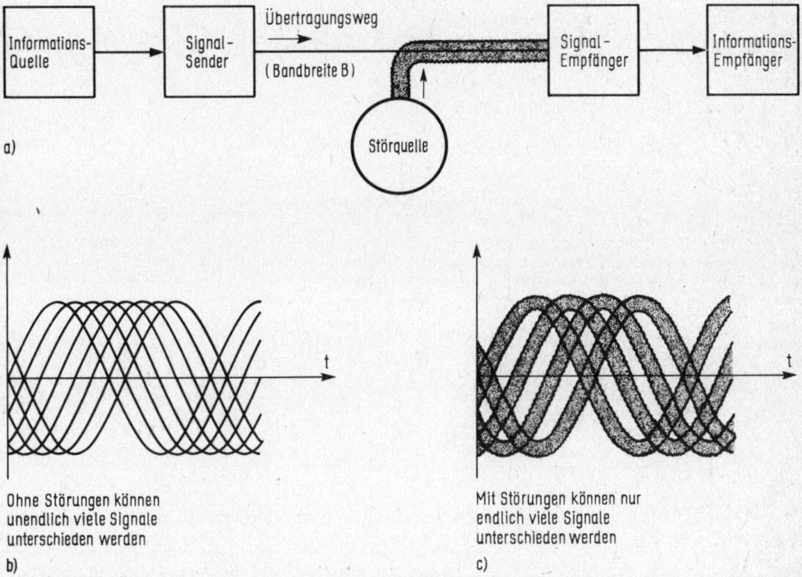

Bild 3: Störung der Informationsübertragung.

versorgung oder Atmosphäre und so weiter werden in Bild 3a als »Störquelle« zusammengefaßt. Beim Signalempfänger kommt deshalb das Nutzsignal nicht rein an, sondern vermischt mit den Störungen.
Aus der Bandbreite des Übertragungsweges und dem Verhältnis von Nutzleistung zu Störleistung kann man nach C. E. Shannon die »Kanalkapazität« ermitteln (Bild 3b). Diese hängt damit zusammen, daß die Information eine

quantifizierbare Größe ist: Man mißt die Information meist in »Bit«, das entspricht einer Auswahl zwischen zwei gleichwahrscheinlichen Alternativen. Bild 3c zeigt nun, daß die Kanalkapazität um so kleiner ist, je stärker die Störungen im Verhältnis zum Nutzsignal sind. Man kann sich dies anschaulich dadurch klarmachen, daß mit zunehmender Störung der Unsicherheitsbereich des einzelnen Signals immer größer wird und deshalb immer weniger Signale unterschieden werden können.
Bild 4 zeigt die gegenwärtig wichtigsten Arten von Informationsübertragungsgeräten.

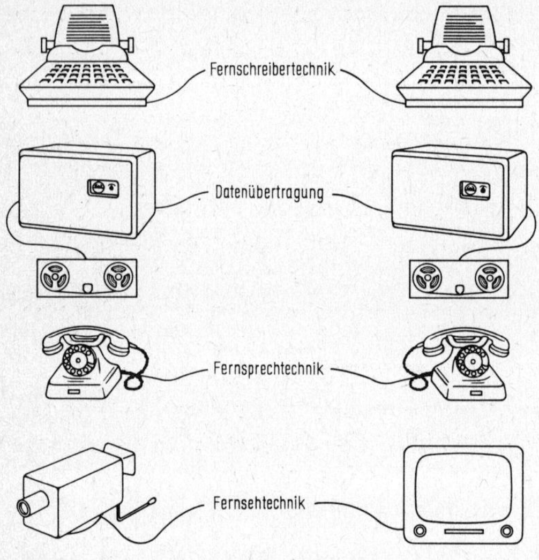

Bild 4:
Wichtige Arten der Informationsübertragung.

Für die Übertragung von Informationen spielt die »Redundanz« oder »Weitschweifigkeit« eine große Rolle. Was Redundanz ist und bewirkt, soll kurz dargestellt werden: Wenn man im vorliegenden Zusammenhang beispielsweise die sechs Buchstaben »Inf . . . . . ion« liest, besteht kein Zweifel daran, daß die fehlenden fünf Buchstaben »ormat« sind und das ganze Wort »Information« ist. Von den tatsächlich verwendeten elf Buchstaben reichen also schon sechs zur Auswahl des Begriffes »Information« aus. Wenn wir über eine gestörte Leitung telefonieren, so verstehen wir häufig nur einen Bruchteil der Buchstaben beziehungsweise Laute. Unser Hörsystem ergänzt die fehlenden Teile. Bewußt werden die ergänzten Sätze meist fehlerfrei. Ausgiebige Messungen haben gezeigt, daß selbst dann, wenn wir nur die Hälfte der Silben richtig verstehen, die Satzverständlichkeit noch ausreichend ist.

Diese Korrektur gestörter Signale ist deshalb möglich, weil das benutzte Zeichenrepertoire Redundanz hat, das heißt, daß nicht jede Buchstabenfolge (beziehungsweise Lautfolge) vorkommt, so daß gestörte meist als gestört erkannt werden können. Man muß sich jedoch darüber im klaren sein: Redundanz bedeutet einen erhöhten Signalaufwand bei der Informationsübertragung, die primitivste Form redundanter Übertragung ist die Wiederholung der Signale.
Hier sei nur kurz darauf hingewiesen, daß auch die Kapazität unseres Bewußtseins bei der Aufnahme oder Abgabe von Informationen eine meßbare Größe ist. Die Informationsaufnahme des Menschen geschieht so, daß äußere Reize auf Rezeptoren treffen und diese zur Aussendung von Nervenimpulsen veranlassen. Diese Reizkombinationen werden im sensorischen Bereich des Nervensystems verarbeitet. Hierbei wird der Informationsfluß stark eingeengt. Während an der Peripherie durch die Rezeptoren Milliarden Bit in jeder Sekunde aufgenommen werden können, dringt in die höchsten Schichten nur ein Informationsfluß von weniger als etwa 20 Bit in jeder Sekunde.
Wenngleich diese Einengung in höchst zweckmäßiger Weise geschieht, ist doch häufig das menschliche Bewußtsein das schwächste Glied der Informationsübertragung.
Die Technik der Informationsübertragung beschäftigt sich vor allem mit der Übertragung von Sprachsignalen über räumliche Entfernungen: Fernsprechtechnik. Andere Aufgaben sind die Übertragung von Tonrundfunkprogrammen (beispielsweise vom Studio zum Sender), Fernsehrundfunkprogrammen, Telegrafiezeichen, Datenübertragung, Radarsignalübertragung, Bildtelegrafieübertragung, Übertragung von Signalen der Fernmeß- und Fernwirktechnik und so weiter.
Hier sei vor allem die Übertragung von Sprachsignalen betrachtet. Bild 5 veranschaulicht den Informationsfluß beim unmittelbaren Sprechen und Hören. Der Wunsch, einem Gesprächspartner etwas mitzuteilen, entspricht (objektiv betrachtet) irgendeinem Zustand der Neuronen im Gehirn des Sprechers. Über Nervenfasern werden die Sprechmuskeln zu geeigneten Bewegungen veranlaßt. Als deren Folge entstehen Schallwellen, die an das Ohr des Hörers gelangen. Dort erregen sie die Hörnerven, die entsprechende Nervenimpulse an das Gehirn des Hörers geben.
Erwähnenswert ist, daß ein Rückkopplungsweg über Luft und Knochen die Schallwellen auch an das Ohr des Sprechers führt. Dieser Rückkopplungsweg hat eine wichtige Überwachungsfunktion.
Beim Sprechen werden Luftdruckschwankungen mit Frequenzen zwischen etwa 100 und etwa 5000 Hertz erzeugt. Die Bedeutung der Sprachlaute ist durch die Frequenz der erzeugten Schwingungen und ihre Amplitudenverhält-

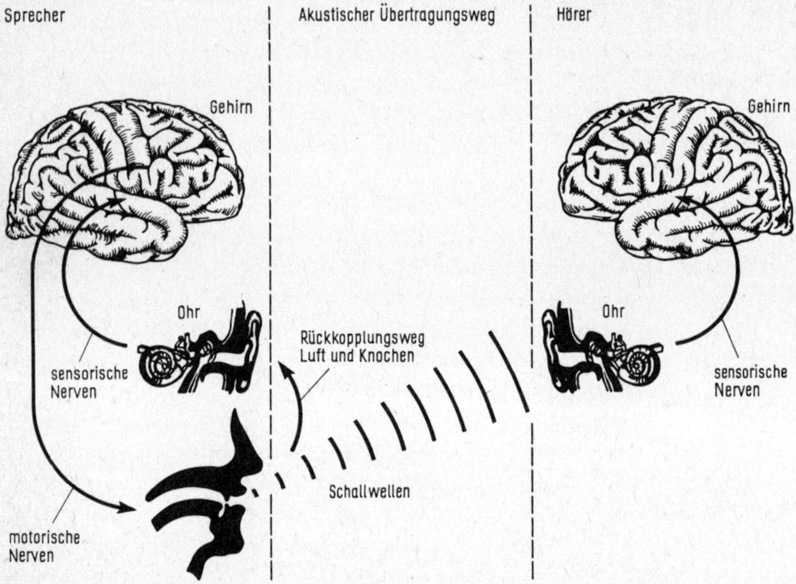

Bild 5: Informationsfluß beim Sprechen und Hören.

nisse gegeben. Bild 6 zeigt schematisch, wie diese Druckschwankungen durch ein Mikrofon in elektrische Ströme umgewandelt und dann in einem Oszillographen sichtbar gemacht werden können.

Wie der Sprecher die in der Frequenz und Amplitude veränderlichen Schwingungen erzeugt, weiß man beim heutigen Stand der Forschung ziemlich gut. Unklar ist es jedoch, wie der Hörer aus dem zeitlichen Verlauf der Schwingungen die Bedeutung der akustischen Signale ermittelt.

Bild 7 zeigt schematisch einen Querschnitt durch die menschlichen Sprechorgane. Die Atmungsorgane drücken durch die Luftröhre einen Luftstrom geeigneter Stärke in die Sprechorgane. Die Stimmritze ist beim Atmen weit geöffnet, um die Luft hindurchtreten zu lassen. Beim stimmhaften Sprechen (nicht aber beim stimmlosen Sprechen und beim Flüstern) ist die Stimmritze geschlossen. Der hindurchgepreßte Luftstrom regt sie zu Vibrationen an. Die gewünschte Amplitudenverteilung ergibt sich durch die Resonanzeigenschaften des geformten Sprechtraktes. Bei nicht stimmhaften Lauten werden akustische Erscheinungen beim Hindurchströmen durch Spalte (zum Beispiel S, Sch, Ch) oder beim plötzlichen Öffnen oder Schließen benutzt (zum Beispiel D, T, B, P, G, K).

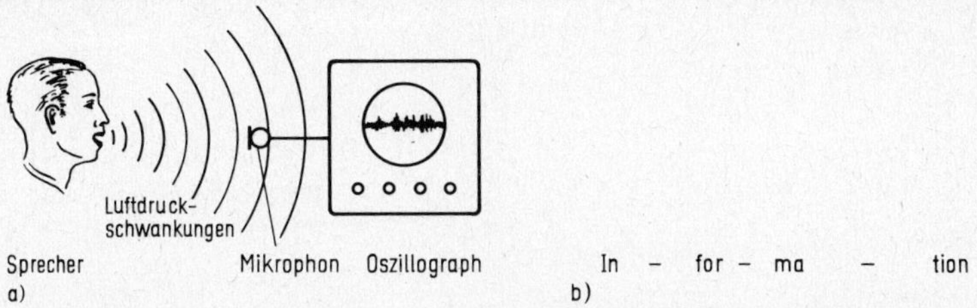

Bild 6: Zeitlicher Verlauf der Druckschwankungen beim Sprechen.

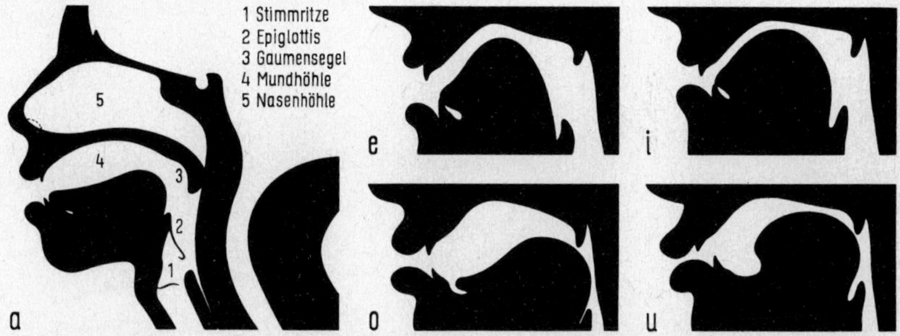

Bild 7: Menschliche Sprechorgane und ihre Stellung bei verschiedenen Vokalen.

Wenn die akustischen Sprachsignale durch Mikrofone (ähnlich Bild 6) in elektrische Sprachsignale umgewandelt wurden, dann beginnt der Transport über räumliche Entfernungen. Beim Transport der Sprachsignale durch elektrische Ströme werden sie viel weniger geschwächt, als wenn sie sich unmittelbar in der Luft ausbreiten würden. Am Ende des Übertragungsweges werden die elektrischen Sprachsignale durch die Telefonkapsel wieder in hörbare akustische Signale umgewandelt.

Bild 8 zeigt die wichtigsten Typen der Übertragungswege der Fernsprechtechnik. In den Anfangszeiten der Fernsprechtechnik – und auch jetzt noch in manchen weniger dicht besiedelten Ländern – werden vorwiegend Freileitungen benutzt. Die ersten Versuche, Fernsprechleitungen unterirdisch zu verlegen, begannen schon im vorigen Jahrhundert. Hierzu werden meist »symmetrische« Kabel benutzt, also solche, bei denen die Hin- und Rückleitung des elektrischen Stromes über zwei gleichartige Drähte geschieht. Bei den Koaxial-Kabeln wird jedoch der eine Leiter durch den anderen koaxial umhüllt. Diese Anordnung verringert die Schwierigkeiten der elektrischen Kopplung zwischen symmetrischen Kabeln (was zum »Nebensprechen« führt) und gestattet außerdem die Übertragung größerer Bandbreiten.

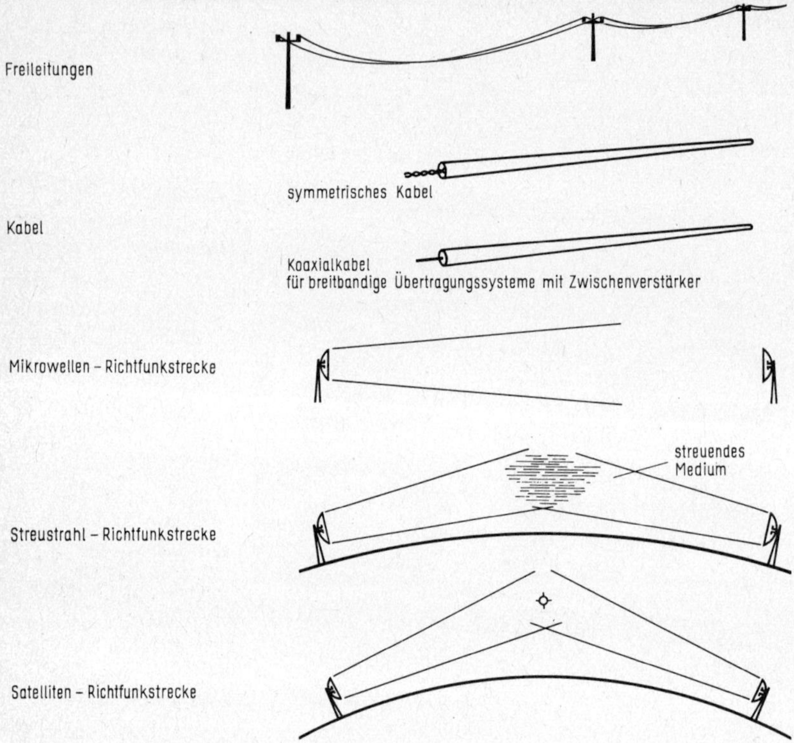

Bild 8: Übertragungswege der Fernsprechtechnik.

Zu diesen »materiellen« Leitern, also Freileitungen, symmetrischen und koaxialen Kabeln, traten in den letzten Jahrzehnten »immaterielle« Leitungen, bei denen elektromagnetische Schwingungen zur Übertragung der Signale benutzt werden: Richtfunkstrecken, Streustrahl-Richtfunkstrecken und Satelliten-Richtfunkstrecken.

Die meist benutzten Richtfunkstrecken arbeiten mit elektromagnetischen Schwingungen von einigen Gigahertz, also Milliarden Schwingungen pro Sekunde. Diese können mit Parabolantennen scharf gebündelt werden. Die Reichweite dieser Richtfunkstrecken ist dadurch begrenzt, daß zwischen Sender und Empfänger optische Sicht bestehen muß. Um Störungen zu vermeiden, müssen Hindernisse, zum Beispiel Hügel oder Bäume, genügend weit außerhalb der Linie direkter Sicht sein. Aus diesen und noch einigen anderen Gründen ist die Reichweite je nach Geländeprofil auf etwa 40 bis 100 Kilometer beschränkt.

Selbstverständlich können derartige Richtfunkstrecken mehrfach hintereinandergeschaltet werden, so daß sich praktisch unbegrenzte Reichweiten ergeben – vorausgesetzt, daß an den Zwischenpunkten Empfangs- und Sendeeinrichtungen aufgebaut werden können. Dies ist aber manchmal nicht möglich, beispielsweise bei Verbindungen über Meere hinweg oder auch, wenn aus politischen Gründen der Zwischenraum nicht zugänglich ist. In solchen Fällen kann man Streustrahl-Richtfunkstrecken benutzen, bei denen Sende- und

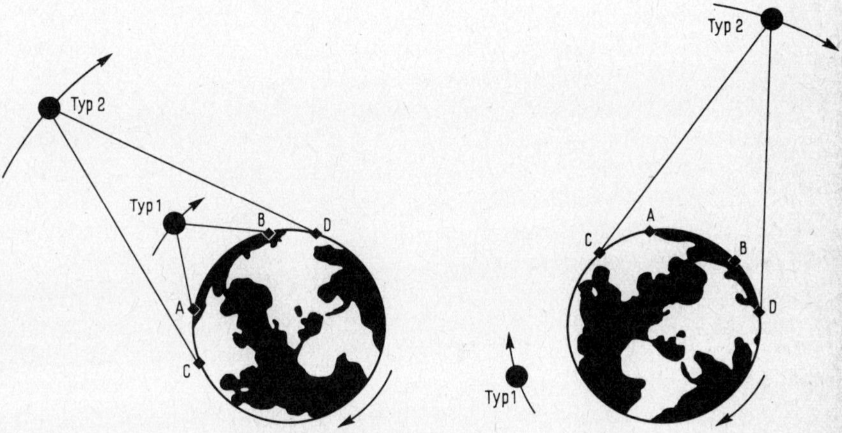

Bild 9: Die zwei Arten von Nachrichtensatelliten.

Empfangsantenne so ausgerichtet werden, daß sie einen Bereich in der »Troposphäre« gemeinsam erfassen. Infolge der dort stets vorhandenen Irregularitäten, zum Beispiel Schlieren, Ionen, Staub und so weiter, wird ein Teil der vom Sender ausgestrahlten elektromagnetischen Energie zum Empfänger hin gestreut und kann dort mit ausreichend empfindlichen Geräten empfangen werden.

Einen entscheidenden Fortschritt brachte die Satellitentechnik. Anfänglich benutzte man zum Teil »passive« Satelliten, die nicht mehr waren als eine besonders wirksame Irregularität im Ausbreitungsraum, die Streuung bewirkte. Die »aktiven« Satelliten jedoch empfangen die vom Sender ausgestrahlten Signale und senden sie verstärkt wieder aus.

Bei der Bewegung der Satelliten muß man zwei grundsätzlich verschiedene Typen unterscheiden (Bild 9): Einerseits solche, die relativ nahe der Erdoberfläche in Zeiträumen von etwa 150 Minuten die Erde umkreisen und deshalb nur kurzfristig für die Verbindung bestimmter Punkte zur Verfügung stehen, und andererseits solche, die in etwa 40000 Kilometer Höhe die Erde in exakt 24 Stunden umkreisen und deshalb für einen Beobachter auf der Erdoberfläche scheinbar stillstehen (»Synchronsatelliten«).

Damit steht für eine große Anzahl von Fernsprechkanälen oder auch Fernsehkanälen, zum Beispiel zwischen Europa und Amerika, ein wirkungsvoller Übertragungsweg ständig zur Verfügung.

Aber auch heutzutage noch werden für einen großen Teil der Fernsprechverbindungen über den Atlantik Unterseekabel benutzt. Von einer Verdrängung des Unterseekabels durch die Satellitentechnik ist gegenwärtig keine Rede.

In den Anfangszeiten der Fernsprechtechnik war die Reichweite gering: Es gab ja keine Möglichkeiten, die rasch veränderlichen Sprachsignale zu verstärken, wie etwa Telegrafiezeichen im Relais verstärkt werden. Man suchte deshalb nach einem »Relais für Sprachsignale«. Zuerst benutzte man hierzu die Elektronenröhre, neuerdings aber beinahe ausschließlich den Transistor. Die Verstärkertechnik hat heute einen solchen Stand erreicht, daß jede irdische Entfernung durch Fernsprechübertragungseinrichtungen überbrückt werden kann. Erwähnenswert ist, daß die Erfindung des Transistors ein Ergebnis der Forschungsarbeiten der Bell-Laboratorien in den USA ist.

Die Kapazität der meisten Übertragungswege (im Sinne der Informationstheorie) ist viel größer, als beispielsweise zur Übertragung eines einzigen Fernsprechsignals nötig ist. Man überträgt deshalb häufig eine große Anzahl von Fernsprechsignalen über einen einzigen Übertragungsweg. Mit modernen Koaxialkabelsystemen werden beispielsweise 600, 960, 1200 oder 2700 Sprechkanäle übertragen. Neueste Entwürfe zielen auf 10800 Sprechkanäle.

Die moderne Nachrichtentechnik hat mehrere unterschiedliche Verfahren der Vielfachausnützung (oder »Multiplextechnik«) entwickelt. Die zwei wichtigsten seien mit Bild 10 skizziert: die »Frequenzselektion« und die »Zeitselektion«.

Die Frequenzselektion hat gegenwärtig die größte praktische Bedeutung; die sogenannten »Trägerfrequenzsysteme« benutzen diese. Hier werden die Signale der einzelnen Sprechkanäle durch Modulatoren in verschiedene Frequenzlagen versetzt und frequenzmäßig nebeneinander angeordnet. Die Bandbreite des Übertragungsweges muß deshalb etwas größer sein als die Summe der Bandbreiten aller übertragenen Sprechkanäle. Auf der Empfangsseite werden die einzelnen Signale durch Frequenzfilter wieder voneinander getrennt.

Bei der Zeitselektion werden die einzelnen Sprachkanäle durch geeignete Schalter in genügend kurzen zeitlichen Abständen mit dem gemeinsamen Übertragungsweg verbunden. Dieser überträgt die Momentanwerte der

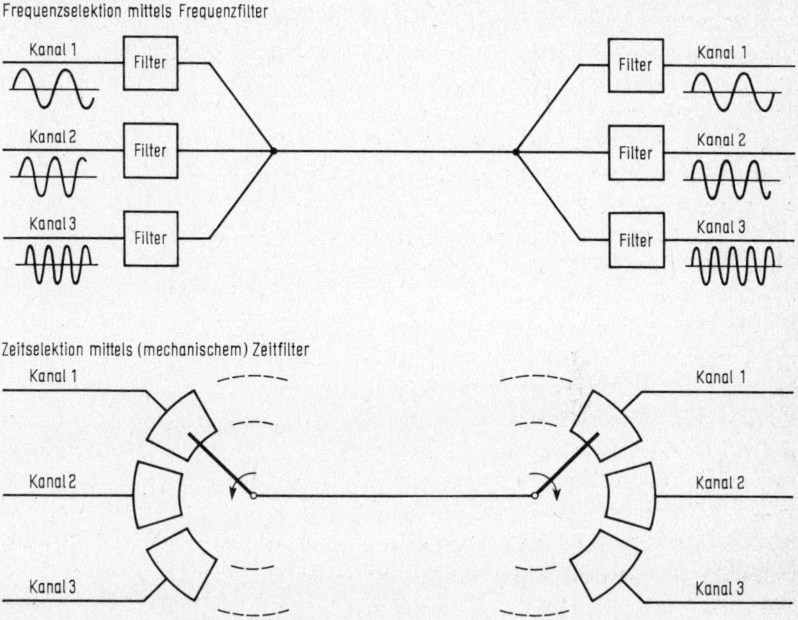

Bild 10: Frequenzselektion und Zeitselektion.

Signale zum Empfänger. Auf der Empfangsseite werden die Proben durch einen synchron arbeitenden Schalter wieder auf die einzelnen Kanäle verteilt und gestatten die Reproduktion des ausgesandten Signals.

Zur Übertragung der Signale vom Sender zum Empfänger werden verschiedene Modulationsverfahren benutzt. Deren wichtigste sind in Bild 11 dargestellt. Ein Sinusträger kann durch eine Zeichenschwingung, also zum Beispiel ein Sprachsignal in der Amplitude, verändert werden: Man spricht von Amplitudenmodulation. Der Sinusträger kann aber auch in der Frequenz verändert werden: Frequenzmodulation. Er kann schließlich auch in der Phase moduliert werden: Phasenmodulation. Entsprechend kann ein Trägerpuls durch die Zeichenschwingung verändert werden: Pulsamplitudenmodulation, Pulsdauermodulation und Pulsphasenmodulation.

Erwähnt sei noch, daß es auch unstetig wirkende Modulationsverfahren gibt, vor allem die Puls-Code-Modulation, bei der die Momentanwerte der zu übertragenden Signale in genügend kleinem zeitlichem Abstand durch binäre Impulse übertragen werden, also solche Impulse, die entweder vorhanden sind

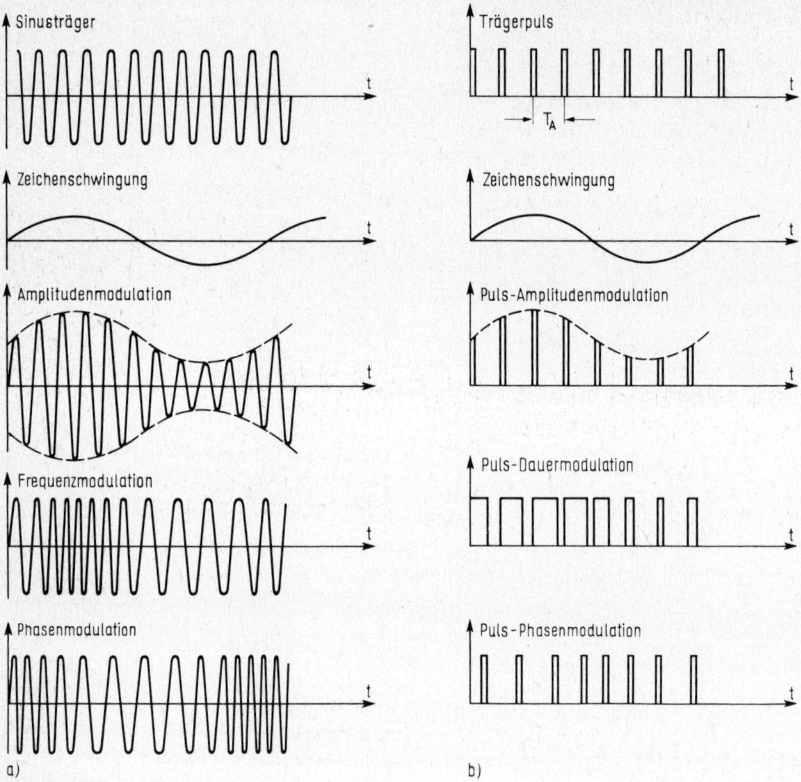

Bild 11: Verschiedene Modulationsverfahren.

oder nicht: Impulstelegramm. Diese Art der Informationsübertragung benützt vielfach Prinzipien, die denen der Computertechnik nahe verwandt sind.

Wohl die spektakulärsten Installationen der Nachrichtentechnik benützen Nachrichtensatelliten. Während der im Jahre 1965 in Dienst gestellte »Early Bird« 240 Sprachkanäle übertragen konnte, gestattet der 1968 in Dienst genommene »Intelsat III« die Übertragung von 1200 Sprechkanälen oder wahlweise eines Fernsehkanals (mit einer Bandbreite von fünf Megahertz). In Planung sind Satelliten mit einer Kapazität von mehreren 1000 Sprechkanälen oder einigen Fernsehkanälen.

Die raumfahrttechnischen Probleme seien hier außer acht gelassen, dagegen sollen die Probleme der Bodenfunkstellen für die Satelliten-Informationsübertragung kurz erwähnt werden. In der Bundesrepublik Deutschland stehen zwei

Bild 12 (links): Funkstelle für Satelliten-Informationsübertragung in Raisting.
Bild 13 (rechts): Handvermittlungstechnik.

Funkstellen in unmittelbarer Nähe von Raisting in Oberbayern. Schon die Auswahl des Standortes ist problematisch: Störungen müssen klein sein, die Sicht unbehindert, der Flugverkehr muß gering sein, der Boden fest und die Zufahrtsmöglichkeit günstig. Die erste der beiden in Raisting erstellten Antennen (mit einem Durchmesser von 25 Metern) ist unter einem sogenannten »Radom« aufgebaut, einer Art aufgeblasenem Luftballon, der den Einfluß atmosphärischer Störungen auf die Antenne ausschließt (Bild 12). Es gibt kaum eine andere Betrachtung, die das Wesen der Information so deutlich zeigt wie die folgende: Die Aufgabe dieser Antennenanlage, deren Aufbau achtstellige DM-Beträge gekostet hat, ist es, elektrische Signale von einigen Picowatt (10^{-12} Watt) zu empfangen. Hierzu mußten spezielle Empfangsverstärker entwickelt werden, sogenannte »Maser-Verstärker«, bei denen das Stromrauschen durch Kühlung mit flüssigem Helium (bei —269 Grad Celsius) besonders klein gehalten wird. Die Antenne mit einem Durchmesser von 25 Metern hat eine außerordentlich scharfe Richtwirkung (etwa 0,2 Winkelgrad) und muß ganz genau auf den Satelliten gerichtet werden.
Es gibt gegenwärtig auf der ganzen Erde einige 100 Millionen Fernsprech-

anschlüsse. Man möchte, daß jeder mit jedem fernsprechen kann. Hierzu muß man aber nicht nur die Sprachsignale über räumliche Entfernungen transportieren, sondern auch die richtigen Partner vermitteln: »Fernsprechvermittlungstechnik«. In den Anfangszeiten geschah dies durch die »Handvermittlung« (Bild 13). Der rufende Teilnehmer nannte dem »Fräulein vom Amt« seinen Wunsch, worauf diese durch Zusammenstöpseln die gewünschte Verbindung herstellte. Diese Art der »Handvermittlung« begann schon wenige Jahre nach Bells Erfindung eines praktisch brauchbaren Telefons (1876).

Bald zeigte es sich jedoch, daß die Anforderungen an das Vermittlungspersonal sehr rasch zunahmen, und man bemühte sich deshalb, die Verbindung automatisch herzustellen. Das Grundprinzip zeigt Bild 14: Durch Betätigung einer Wählscheibe wird in der Zentrale ein Wähler so eingestellt, daß die gewünschte Verbindung entsteht. Tatsächlich muß jedoch die Auswahl zwischen einer großen Anzahl von Partnern ermöglicht werden, so daß in Wirklichkeit nicht nur ein einziger Wähler betätigt wird, vielmehr ein kompliziertes System von Wählern.

Die gegenwärtige Entwicklung der Fernsprechvermittlungstechnik ist vor allem beherrscht durch den Wunsch, die Betriebszuverlässigkeit zu vergrößern, die Störgeräusche zu vermindern und moderne Anforderungen, wie zum Beispiel Datenübertragung oder Bildübertragung, zu befriedigen. Vor allem wird angestrebt, den durch automatische Wahl zu erreichenden räumlichen Bereich immer weiter auszudehnen: Konnte man in der Anfangszeit nur im Ortsbereich automatisch wählen, so ging man in den letzten Jahrzehnten zur Landesfernwahl über und arbeitet gegenwärtig am Ausbau der internationalen Fernwahl. Zu manchen Nachbarländern kann man ja schon jetzt automatisch durchwählen.

Betrachtet man die zusammenwirkenden Vermittlungseinrichtungen der ganzen Erde als einen einzigen, großen Automaten, so ist dieser zweifellos das gigantischste existierende technische System. Gegen dieses sind selbst die vielbewunderten modernen Großcomputer noch einfache, kleine Gebilde. Dieses gigantische, weltweite Vermittlungssystem hat einen Wert von schätzungsweise 1000 Milliarden DM.

Beim Aufbau der Vermittlungseinrichtungen strebt man einen Kompromiß an zwischen zwei Wünschen: Einerseits möchte man den Teilnehmern jede Verbindung ermöglichen, und andererseits dürfen die Kosten für die Vermittlungseinrichtungen nicht zu hoch sein.

Die automatische Fernwahl setzt die Lösung vieler komplexer Probleme voraus, wie zum Beispiel das Ansteuern eines Umweges, wenn der direkte Weg belegt ist, wobei der wählende Teilnehmer aber seine Gebühren nicht für den Umweg entrichten muß, sondern nur für den direkten Weg. Hier entwickeln

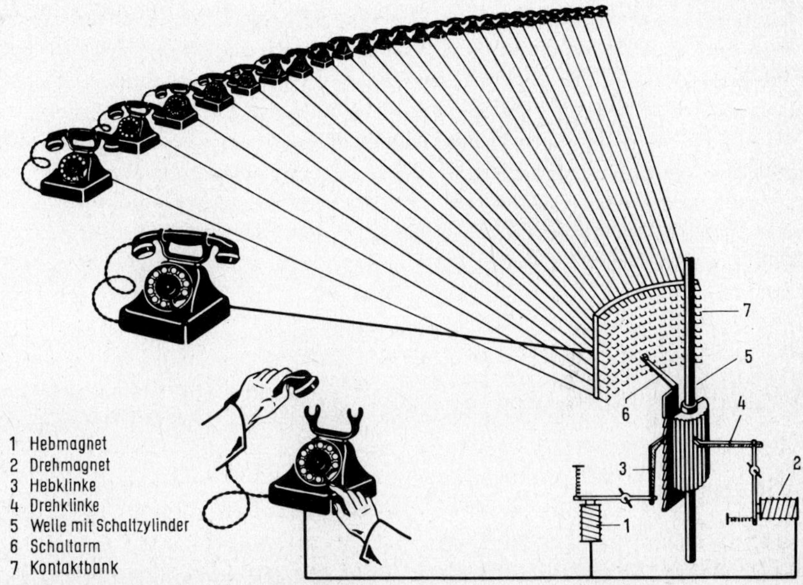

Bild 14: Automatischer Wähldienst.

sich im Rahmen der Fernsprechübertragungstechnik Methoden, die eng mit der Computertechnik verwandt sind.

Im Zusammenhang mit den in Zukunft zu erwartenden informationellen Verbundnetzen, die Computer mit Computer weltweit verbinden, wird die automatische Vermittlungstechnik eine wichtige Rolle spielen.

Die informationellen Verbundnetze übertragen nicht Sprachsignale, vielmehr Signale, bei denen definierte Begriffe durch binäre Impulse codiert sind, ähnlich wie in der Computertechnik. Diese »Datenübertragung« (Bild 4) ist eine moderne Variante der alten Telegrafie, bei der Zahlen und Buchstaben durch Stromschritte und Nichtstromschritte codiert werden, allerdings mit dem Unterschied, daß die Übertragung der einzelnen Impulse bei der Datenübertragung rascher geschieht: Nicht 50 Impulse in jeder Sekunde, sondern 200, 2400 oder – für besondere Aufgaben – sogar 48000 Impulse in jeder Sekunde. Derartig hohe Übertragungsgeschwindigkeiten sind der hohen Funktionsgeschwindigkeit moderner Computer angemessen.

Es gibt Bestrebungen, auch die menschliche Sprache durch solche binären Signale zu übertragen (»Digitalisierung«): einerseits die schon erwähnte »Puls-Code-Modulation«, bei der die Momentanwerte der Sprachsignale in ausreichend kurzen zeitlichen Abständen durch Impulstelegramme übertragen werden, und andererseits die mancherorts angestrebte »Lauttelegrafie«, bei der auf der Sendeseite die gesprochenen Laute oder Silben automatisch erkannt und zur Sendeseite mit binären Impulsen übertragen werden. Die bisherigen Ergebnisse mit dieser Technik sind nicht ermutigend; es ist hierbei auch nicht möglich, die persönliche Eigenart des Sprechers auf der Empfangsseite zu reproduzieren. Aber man will ja bei der Fernsprechtechnik nicht nur Verständlichkeit, sondern auch die zahlreichen persönlichen Begleitinformationen.

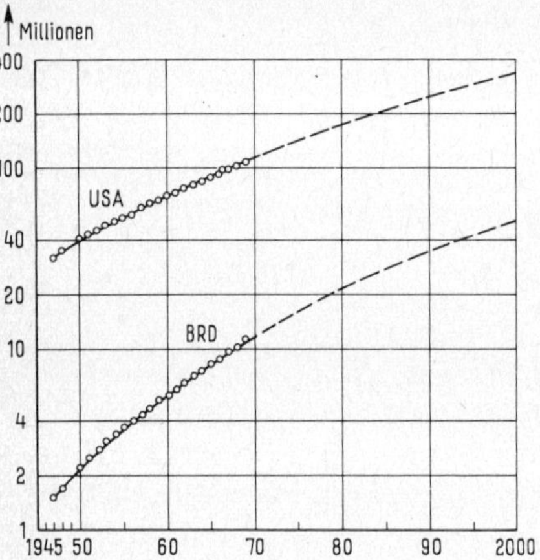

Bild 15:
Anzahl der Fernsprechteilnehmer (Sprechstellen, also die Summe der Haupt- und Nebenstellen) in den USA und in der Bundesrepublik von 1945 bis 2000.

Außer den mit Bild 8 vorgestellten Übertragungswegen der Fernsprechtechnik werden gegenwärtig noch einige neuere Arten diskutiert, so vor allem Wellenleiter, Laser-Technik und Lichtleiter. Gemeinsam ist diesen, daß sie eine unvorstellbar große Informationskapazität besitzen, ihre praktische Einführung aber noch technische Schwierigkeiten bereitet. Diese Techniken werden zwar in der Öffentlichkeit im Hinblick auf ihre phantastische Leistung immer wieder genannt, sie spielen aber für die praktische Planung eine recht bescheidene Rolle: Die in den nächsten Jahrzehnten aufkommenden Verkehrsleistungen können mit den Koaxialkabelsystemen gedeckt werden. Weiter ist an die katastrophalen Folgen zu denken, die der Ausfall eines Übertragungsweges bedeutet, der Millionen von Kanälen überträgt. Um den Informationsverkehr zuverlässig erhalten zu können, darf man keine Übertragungswege benutzen, welche Millionen Kanäle übertragen, sondern muß viele »kleinere« Systeme aufbauen.

Eine Vorstellung von der gesellschaftlichen Bedeutung des heutigen Fernsprechverkehrs vermitteln folgende Daten: Die Gesamtzahl der auf der Erde in Betrieb befindlichen Fernsprechstellen betrug am 1. 1. 1969 etwa 237,9 Millionen. Bezogen auf die Erdbevölkerung von 3,5 Milliarden ergibt dies im Mittel einen Fernsprechanschluß auf etwa 14,7 Menschen. Selbstverständlich ist diese Dichte nicht gleichmäßig über die ganze Erde verteilt, sie ist groß in den hochindustrialisierten, reichen Ländern und klein in den unterentwickelten, armen Ländern. Fernsprechdichte und Wohlstand sind eng miteinander korreliert.

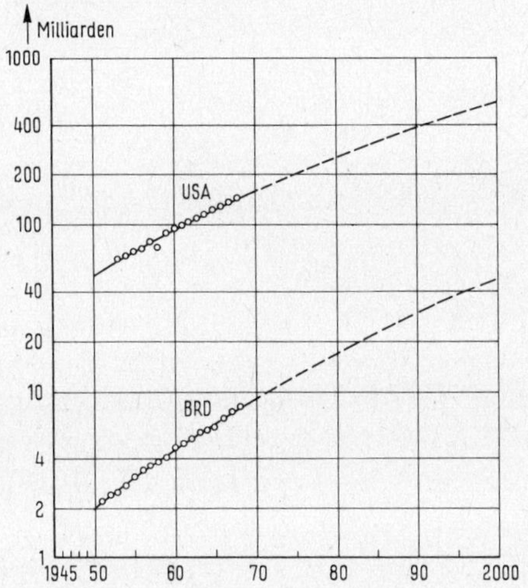

Bild 16: Anzahl der Ferngespräche (Summe der Orts- und Ferngespräche) pro Jahr in den USA und in der Bundesrepublik von 1945 bis 2000.

Bild 15 zeigt die Anzahl der Fernsprechteilnehmer in der Bundesrepublik Deutschland und in den USA in der Zeit von 1945 bis (prognostiziert) zum Jahr 2000. Bild 16 entsprechend die Anzahl der Ferngespräche.

Für die gegenwärtigen Lebensbedingungen besonders typisch sind die »beweglichen Landfunkdienste«: Man möchte nicht nur an seinem Arbeitsplatz oder in seiner Wohnung die Möglichkeit haben, am weltweiten Fernsprechverkehr teilzunehmen, sondern auch im Fahrzeug, beispielsweise im Kraftwagen. Wie schnell dieser Dienst zunimmt, zeigen folgende Zahlen: Ende des Jahres 1958 wurden in der Bundesrepublik Deutschland etwa 13000 Funkanlagen des öffentlichen und nichtöffentlichen beweglichen Landfunkdienstes betrieben. Im Jahr 1968 waren es bereits 180000, und es besteht kein Zweifel, daß dieser Dienst auch in Zukunft immer stärker zunehmen wird. Er wird in Zukunft ergänzt durch den »Funkrufdienst«, mit dem Autofahrer gerufen werden können.

Die bisher übliche Auswahl des Partners beim Fernsprechen (wie sie mit

Bild 17: Teilnehmerapparat für Tastenwahl.

Bild 14 angedeutet wurde) geschieht durch Betätigung der Wählscheibe. Sie erweist sich immer mehr als zeitraubend und lästig. Bei der »Tastenwahl« (Bild 17) wird das langsame Betätigen der Nummernscheibe durch den raschen und bequemen Tastendruck ersetzt. Diese Veränderung kann aber nicht einfach am Teilnehmerapparat ausgeführt werden, sondern greift tief in das System ein.

Ein anderes technisches Problem ist die Verbesserung der Sprechqualität. Man hat an mehreren Stellen aus Kostengründen auf höchste Qualität verzichtet, beispielsweise bei der internationalen Festlegung der Bandbreite für die Sprachübertragung auf den Bereich von 300 bis 3400 Hertz. Aber zweifellos das schwächste Glied der Sprachübertragung ist das Kohlemikrofon, das zwar sehr billig und lautstark ist, dessen Übertragungsqualitäten jedoch schlecht sind: Es verzerrt die Sprachsignale. Wenn die Sprache in Fernsprechqualität nicht aus dem Telefonhörer, sondern aus dem Lautsprecher kommt, dann erkennen wir dies an der schlechten Qualität sofort. Der Ersatz des Kohlemikrofons durch hochwertige Mikrofontypen ist technisch möglich und im Interesse einer befriedigenden Übertragungsqualität wünschenswert, aber dem stehen wesentlich höhere Kosten gegenüber.

Ein anderes, technisch noch nicht gelöstes Problem ist das »Gegensprechen«: Ersetzt man Mikrofon und Telefon des Handapparates durch frei im Raum angebrachte Mikrofone und Lautsprecher, so ergibt sich entweder nur eine ganz unzulängliche Lautstärke oder aber das System beginnt zu pfeifen und macht Sprachübertragung unmöglich. Trotz mancher geistreicher Vorschläge ist das Freisprechen auch heute noch ein ungelöstes technisches Problem, wir sind auch weiterhin an den Handapparat gefesselt oder mindestens an ein Mikrofon vor dem Mund oder an einen Hörer im Ohr.
Die »kleine Informationsübertragung« ist tatsächlich ein recht vernachlässigter Bereich: So ist es beispielsweise nicht möglich, mit der normalen Geräteausstattung eine so primitive Aufgabe zu lösen, wie einem momentan abwesenden oder belegten Teilnehmer eine kurze Nachricht zu hinterlassen, etwa er solle nach Rückkehr zurückrufen. Es wäre technisch möglich, diesen Komfort den Teilnehmern zu bieten.
Ein weiteres, nicht befriedigend gelöstes Problem ist es, die Ausnützung der Übertragungswege so ökonomisch zu machen, wie es theoretisch möglich wäre. Man kann leicht ausrechnen, daß durch die übliche Art der Sprachübertragung die Informationskapazität der Sprechkanäle nur zu einem Tausendstel ausgenutzt wird. Eine Möglichkeit hierzu ist die bereits erwähnte »Lauttelegrafie«.

Wenn vor 100 oder 1000 Jahren ein Schiff im Meer versank, dann erfuhr man hiervon nach Wochen oder Monaten – eben dadurch, daß das Schiff nie sein Ziel erreichte. Gegenwärtig wird die Gefahr durch das SOS des Funkers in alle Welt gemeldet und löst in Sekundenschnelle fieberhafte Rettungsaktionen aus. Es war gerade der Untergang der Titanic am 14. April 1912, der die Informationsübertragungstechnik besonders aktivierte.
Die Situation des in Not befindlichen Schiffes ist typisch für das in Not befindliche Individuum oder die in Not befindliche Gruppe, die der Hilfe anderer Menschen bedarf: Um diese Hilfe zu veranlassen, bedarf es der Informationsübertragung. Man sollte aber nicht nur an die negative Situation denken, in der Hilfe gebraucht wird, sondern auch an positive oder auch an die Befriedigung des menschlichen Wunsches nach Informationsaustausch. Der Austausch von Information ist ein Grundtatbestand gesellschaftlichen Zusammenlebens. Das Neuartige der gegenwärtigen Situation liegt darin, daß Informationen über beliebige Entfernungen kurzfristig praktisch überallhin transportiert werden können und sofortige Reaktionen ermöglichen.
Als Folge dieser weiträumigen Informationsmöglichkeit entstanden viele neue Industrien und Berufe, deren ausschließlicher oder vorwiegender Zweck die Erzeugung, die Umformung und der Transport von Information ist.

Das Studium der Nachrichtentechnik ist innerhalb der technischen Fächer besonders attraktiv: Ein immer größerer Anteil der Ingenieur-Studenten an Universitäten und Ingenieurschulen studiert Nachrichtentechnik. Hier geht es einerseits um Grundkenntnisse in Mathematik und Physik, andererseits um spezielle Kenntnisse der Informationstechnik. Starke Beziehungen bestehen zur Halbleitertechnik, Mikrowellentechnik, Computertechnik, Quantenphysik, Regelungstechnik, Akustik und Physiologie.

Die Hilfsmittel der Informationsübertragung sind ein wesentlicher Bestandteil dessen, was als »Infrastruktur« die Lebensformen der zeitgenössischen Industriegesellschaft bestimmt. Die Möglichkeiten der modernen Elektronik sind beinahe unbegrenzt. Wenn man es will und die notwendigen Aufwendungen trägt, dann kann man praktisch jede Form der Informationsübertragung realisieren: Hörbare und sehbare, zweidimensionale und dreidimensionale, olfaktorisch und taktil und so weiter. Es ist also gegenwärtig viel weniger das Problem, was man technisch realisieren *kann*, vielmehr die Frage, was man realisieren *will* – und wofür man die meist großen Kosten zu tragen bereit ist.

Die Informationsübertragungstechnik ist eine wesentliche Voraussetzung zeitgenössischer Organisationen, seien es nun wirtschaftliche oder politische.

Große Bedeutung wird die Informationsübertragungstechnik im Zusammenhang mit den zukünftigen Formen der Belehrung haben. Schon die Bezeichnung »Fernstudium« verweist hierauf. Das langfristige Ziel der Entwicklung ist, daß der Lernwillige zu jeder Zeit und an jedem Ort didaktisch gut aufbereitete Lehrinformation empfangen kann (siehe 12. Kapitel).

Eine andere Auswirkung der Informationsübertragungstechnik liegt in der Entlastung des Verkehrs auf der Straße und in der Luft. Schon gegenwärtig wird manche Fahrt oder Reise durch ein Telegramm oder Telefonat ersetzt werden können, und mancher Transport schriftlicher Unterlagen kann durch deren immateriellen Transport, zum Beispiel durch Bildtelegrafie oder Datenübertragung, ersetzt werden. In Zukunft – bei noch schlimmeren Verkehrsverhältnissen und noch weiter verbesserten Informationsübertragungssystemen – kann der Ersatz von Reisen weitergetrieben werden. Wenn beispielsweise Konferenzschaltungen in Bild und Ton zu erträglichen Kosten bereitstehen, dann wird manche Dienstreise durch eine solche Telekonferenz ersetzt werden. Manche Berufe können dann möglicherweise auch zu Hause ausgeübt werden, die notwendigen Kontakte zu Mitarbeitern werden durch Informationsübertragung hergestellt, besonders dann, wenn außer der Sprachübertragung auch noch die Bildübertragung zur Verfügung steht.

Eine ähnliche Entwicklung ist beim Einkaufen zu erwarten: Die gewünschten Waren werden am Bildschirm ausgewählt und bestellt, möglicherweise wird im gleichen Moment die Bezahlung durch Signale an die Bank veranlaßt.

Auf jeden Fall ermöglicht die Entwicklung der Informationsübertragung immer mehr die informationelle Verbindung zwischen Menschen an praktisch jedem beliebigen Ort und dadurch neue Verhaltensformen.
Eine interessante Auswirkung hat die Informationswissenschaft auf die theoretische Analyse von Kommunikationsprozessen. Der Begriff »Kybernetik« verweist darauf: Als »Kybernetik« wird die Wissenschaft von den informationellen Strukturen im technischen und außertechnischen Bereich verstanden. Es wurde oben schon darauf hingewiesen, daß man zum Verständnis der Vorgänge im menschlichen Nervensystem den Begriff der Information immer mehr im hier erklärten Sinne verwendet. Man spricht beispielsweise von der Informationsübertragung durch Nervenimpulse oder der Informationsaufnahmefähigkeit des menschlichen Bewußtseins. Im Zusammenhang hiermit ergeben sich Probleme, die anhand des üblichen Schemas der Informationsübertragung (wie es mit Bild 1 vorgestellt wurde) nicht mehr verständlich sind.

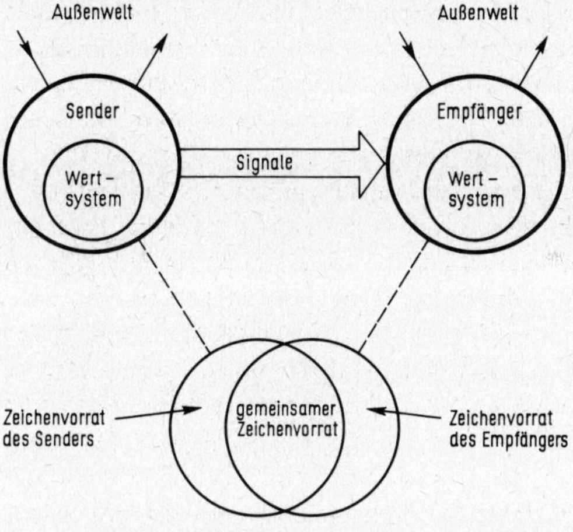

Bild 18: Ergänztes Schema zur Informationsübertragung.

Hier muß man wohl das erweiterte Schema von Bild 18 benutzen: Bei der Informationsübertragung muß nicht nur darauf geachtet werden, daß zwischen Sender und Empfänger ein gemeinsamer Zeichenvorrat existiert, sondern auch darauf, daß Sender und Empfänger in einer Außenwelt stehen, mit der sie Informationen austauschen, und daß sie charakteristische Wertsysteme besitzen, also beispielsweise spezielle Interessenlagen und so weiter. Das Schema nach Bild 18 zeigt als wesentliche Komponenten der Informationsübertragung:

1. Die Struktur von Sender und Empfänger, besonders deren Wertsystem.
2. Den gemeinsamen Zeichenvorrat, der Voraussetzung jeder erfolgreichen Übertragung ist.

3. Die spezifische Problemsituation, in der sich Sender und Empfänger befinden.

Der »Wert« einer Information kann dadurch bestimmt werden, daß untersucht wird, wieviel diese Information dem Empfänger bei der Lösung eines bestimmten Problems weiterhilft.

Probleme

Ein Vorzug der heutigen Informationsübertragungstechnik ist, daß Menschen in Notlagen diese rasch mitteilen können. Erinnern wir uns zum Beispiel an den ärztlichen Notruf. Eine andere begrüßenswerte Wirkung zeigt sich bei der Verbrecherbekämpfung: Schneller, als der Verbrecher fliehen kann, wird sein Steckbrief an die Fahndungsstelle übertragen.

Diesen positiven Möglichkeiten stehen negative gegenüber. Alle Hochkulturen haben das Individuum mit einer Intimsphäre umgeben, deren Verletzung nicht geschätzt wird. Die Informationsübertragungstechnik ist aber auch ein Werkzeug zur Zerstörung der Intimsphäre, ein omnipotentes Vehikel des Klatsches und der Verleumdung.

Ein widerliches Produkt der Informationsübertragungstechnik sind die Funkspione, jene winzig kleinen Funksender, mit deren Hilfe Gespräche abgehört werden können, ohne daß dies der Abgehörte bemerkt. Solche Funkspione können beispielsweise in Armbanduhren, Füllhaltern, Blumenvasen oder Streichholzschachteln versteckt sein. Mit Hilfe des eingebauten Mikrofons werden die Gespräche in elektrische Schwingungen umgewandelt und in einiger Entfernung empfangen. So ist bei Anwesenheit solcher Funkspione kein vertrauliches Gespräch mehr möglich, die Gesellschaft ähnelt einer »nackten Gesellschaft, in der die Bürger wie in einem Aquarium angestarrt werden« können. Die Benützung solcher Spione kann wegen ihrer Kleinheit und leichten Herstellbarkeit nur schwer verhindert werden. Man muß lernen, daß der Diebstahl von Information so verwerflich ist wie der Diebstahl materieller Güter und daß der Informationsdiebstahl so verächtlich ist wie jeder andere Diebstahl. Es ist einfach *kein* Kavaliersdelikt, die Intimsphäre anderer Menschen zu verletzen. Zum Glück ist es für den Fachmann nicht nur einfach, solche Funkspione zu bauen, sondern auch einfach, deren Betrieb zu entdecken.

Die Herstellung informationeller Kontakte zwischen verschiedenen Menschen ist nicht in jedem Fall wünschenswert. Erinnern wir uns an die typische Situation eines Menschen vor 100 Jahren, der in einem Dorf oder in einer kleinen Stadt lebte. Für ihn war Information Mangelware. Wo man vermutete, etwas Neues erfahren zu können, da ging man hin, horchte und diskutierte. Bei den wenigen, die sich eine Zeitung hielten, versammelten sich nach Ankunft der neuesten Ausgabe Freunde und Bekannte und diskutierten das »Neueste aus aller Welt«. Kurzum, damals war Information etwas Rares und Begehrenswertes.

Heute ist es ganz anders: Wir leben in einer überinformierten Gesellschaft, in der jeder jederzeit mit Information überschwemmt wird: sowohl durch die Massenkommunikationsmittel als auch durch die Informationsübertragungstechnik. Typisch hierfür ist der Manager, der hinter einem Berg unerledigter Post versucht, mit einem halben Dutzend Fernsprechapparaten und Sprechanlagen fertig zu werden. Heute ist Information nicht immer etwas Rares und Begehrenswertes, sondern oftmals eine Geißel. Man kann manche unserer Zeitkrankheiten als Folge der Überinformation deuten: Informationswechselkrankheiten kommen zu den Stoffwechselkrankheiten.

Besonders das Telefon ist in seiner gegenwärtigen Technik und Organisation ein Extrem an Rücksichtslosigkeit: Was kein normaler Mensch tun würde, ein vertrauliches und intensives unmittelbares Gespräch rücksichtslos zu stören, tut das Telefon täglich millionenfach. Es ist technisch möglich und nur eine Frage der Kosten, diesen Zustand zu beenden: Man kann durchaus das Telefon dazu bringen, vor groben Störungen erst einmal leise »anzuklopfen« und gewissermaßen zu fragen, ob die Herstellung der Verbindung erwünscht sei.

Man sollte meines Erachtens der Informationstechnik *nicht* das Recht einräumen, menschliche Kontakte rücksichtslos zu zerstören, man sollte vielmehr den erforderlichen Aufwand treiben, damit auch diese technischen Geräte den Verhaltensnormen unserer Kultur entsprechen.

Zweifellos das schwerwiegendste Problem, das uns die gegenwärtige Informationsübertragungstechnik aufgibt, ist der Schutz des persönlichen Nachdenkens. Wer sich auf ein Problem konzentrieren will, der muß Orte fliehen, wo er durch Telefon oder Telegrafen erreicht werden kann. Auch wer nicht einem antitechnischen Kulturpessimismus folgt, muß zugestehen, daß das ununterbrochene Eingespanntsein in das Geflecht informationeller Beziehungen die Entstehung großer menschlicher Leistungen erschwert.

Die psychische Haltung, mit der sich Menschen begegnen, wird durch die Vielzahl der informationellen Kontakte verdorben: Wer lange allein ist, wer selten menschliche Kontakte hat, dem ist es ein erfreuliches Erlebnis, endlich wieder mal mit einem Menschen zusammenzutreffen. Ganz anders der vom Telefon Gehetzte: Er möchte schnell diesen Vorgang, dieses Gespräch erledigen, um dann ebenso schnell den nächsten Vorgang, das nächste Gespräch erledigen zu können und so immer weiter fort, bis er schließlich den Hörer aus der Hand legen kann und endlich seine Ruhe findet, Ruhe vor menschlichen Kontakten. So betrachtet ist die Informationsübertragungstechnik ein Werkzeug zur Zerstörung menschlicher Kontakte.

Die Technik der Informationsübertragung hat sicher kein endgültiges Stadium erreicht, sie wird sich in der Zukunft weiterentwickeln. Wir sahen, daß es weniger das Problem ist, was man bei dieser Entwicklung erreichen *kann*, als vielmehr, was man erreichen *will*. Die diskutierten Fakten, Auswirkungen und Probleme verweisen schon auf einige Ziele, so sollten zum Beispiel die Übertragungskosten gesenkt werden, die Betriebszuverlässigkeit erhöht, die Störungen verringert, die Sprechqualität verbessert, die universelle Erreichbarkeit erhöht und manche Dienste, besonders im Nahbereich, verbessert werden. Der Telefonverkehr müßte etwas rücksichtsvoller gestaltet werden.
Neben diesen generellen Wünschen können einige konkrete Ziele genannt werden, so zum Beispiel das »Bildtelefon«, bei dem die Partner nicht nur miteinander sprechen, sondern sich auch sehen können. Vorläufig steht diesem Wunsch entgegen, daß die Übertragung von Fernsehsignalen in der gewohnten Qualität eine solch große Bandbreite braucht, wie sie von den meisten Übertragungsleitungen zwischen den Fernsprechämtern und den Teilnehmern nicht übertragen werden kann. Diese Anschlußleitungen repräsentieren aber außerordentliche Kosten: Hier sind hohe Milliardenbeträge investiert. Um diese Anschlußleitungen in einen solchen technischen Stand zu bringen, daß Fernsehen in der gewohnten Qualität übertragen werden kann, braucht es aber noch höhere Aufwendungen, als bisher schon getrieben wurden. Man kann sich jedoch Kompromißlösungen vorstellen: beispielsweise eine Bildübertragung mit reduzierter Zeilenzahl und Bandbreite (zum Beispiel ein Megahertz), die nach relativ geringen Änderungen von den meisten Anschlußleitungen übertragen werden kann. Selbstverständlich ergibt eine solche Übertragung nicht die Bildschärfe, wie man sie vom Fernsehen gewohnt ist. Technische Schwierigkeiten bereitet dann der Übergang vom »billigen« Fernsehen über das normale Fernsprechnetz zum »hochwertigen« Fernsehen, der aber durch geeignete Konverter ermöglicht werden kann. Es ist zu vermuten, daß die Einführung des Bildtelefons zuerst in nichtöffentlichen Netzen, zum Beispiel von großen Firmen oder Ämtern, geschieht und dann allmählich in den öffentlichen Verkehr Eingang findet. Diese Entwicklung dürfte allerdings im nächsten Jahrzehnt kaum über das Versuchsstadium hinauskommen.
Ein anderes, vieldiskutiertes Ziel der Informationsübertragung ist die immateriell angelieferte Zeitung und der immateriell transportierte Brief. Hierbei soll die Zeitung beziehungsweise der Brief mit den Hilfsmitteln der Fernsehtechnik sehr rasch unmittelbar ins Haus transportiert werden und dort durch eine

Automatik auf fotoempfindlichem Papier fixiert werden. Dies Ziel ist schon heute technisch realisierbar, seine praktische Ausnutzung aber ein recht heikles finanzielles Problem.

Unterstellt man die gegenwärtig üblichen Kosten für fotoempfindliches Papier, so ergibt sich der Preis für eine Zeitung als ein Vielfaches des gegenwärtig üblichen Preises. Es ist die Frage, ob sich diese Relation in Zukunft wesentlich verschiebt und ob der Benutzer die erhöhten Kosten im Hinblick auf die höhere Aktualität der Zeitung zu tragen bereit ist. Etwas günstiger ist das Verhältnis bei der Briefzustellung, wo die steigenden Personalkosten die immaterielle Zustellung fördern dürften.

In diesem Zusammenhang ist auch das Ziel zu erwähnen, Geldeswert immateriell zu disponieren. Man könnte sich vorstellen, daß nach dem Tausch materieller Güter, nach Edelmetall, Papiergeld und bargeldlosem Verkehr nun der immaterielle Verkehr kommt, bei dem der Werttransfer durch Informationsübertragung ersetzt wird: Eine Information an die Bank, bei der die Identität des Auftraggebers automatisch überprüft wird (zum Beispiel durch Schlüsselwort oder automatische Spracherkennung und dergleichen), veranlaßt die Überweisung des Geldwertes an das Konto des Empfängers. Die Vermutung, daß hierdurch die Geldkriminalität vermindert würde, ist schwer zu verifizieren, möglicherweise trifft sogar das Gegenteil ein.

Angesichts der gegenwärtig katastrophalen Verkehrsverhältnisse – für deren Verbesserung in Zukunft wenig spricht – sollte alles getan werden, um den materiellen Verkehr von Menschen und Gütern durch immaterielle Informationsübertragung zu ersetzen. Besonders sollten die Möglichkeiten der Konferenzschaltung in Bild und Ton rasch ausgebaut werden, so daß die Zahl der Reisen zu Konferenzen drastisch verringert werden kann.

Das langfristige Ziel der Informationsübertragungstechnik ist wohl das kleine, leicht tragbare Gerät, etwa wie eine Taschenuhr, das zu jeder Zeit und an jedem Ort die Übertragung von Bild, Ton und Daten zu jedem anderen Menschen, zu Computern und zu Informationsbanken ermöglicht und so die totale Informationsübertragung verwirklicht.

Ein weiteres, noch wichtigeres Ziel ist die automatische Sprachübersetzung, so daß Sprachbarrieren überwunden werden und das Mißtrauen zwischen den Nationen abgebaut wird. Man sollte dem gegenwärtigen Defätismus nicht folgen, der die Unmöglichkeit automatischer Sprachübersetzung behauptet, man sollte vielmehr die theoretischen Grundlagen mit angemessenem Aufwand klären und dann ohne philologischen Perfektionswahn das verwirklichen, was möglich ist, und darauf hoffen, daß die Praxis zu weiteren Verbesserungen führt. Das Ziel, Mißtrauen zwischen Menschen verschiedener Sprache abzubauen, rechtfertigt auch gigantische Aufwendungen.

Literatur

1 Berge, E. vom, und J. Wirth: »Das TN-Fernsehtelefon.« In: »TN-Nachrichten.« Hrsg. von Telefonbau und Normalzeit. Jg. 1970. H. 70. S. 17.
2 Bödeker, H.: »Technik der Datenübertragung auf Fernsprech- und Breitbandwegen.« In: »Jahrbuch des elektrischen Fernmeldewesens.« Bad Windsheim 1969. S. 219 bis 251.
3 Bornemann, H.: »Betrachtungen zum Werden des Weltfernsprechverkehrs.« Frankfurt a. M. 1962.
4 »Communication in the space age. The use of satellites by the mass media.« Paris 1968.
5 »Data report. Informationen über Datentechnik.« Jg. 5 (1970). H. 3.
6 »Datenübertragung. Vorträge der Fachtagung Datenübertragung in Mannheim vom 19. bis 21. 3. 1969.« Hrsg. von W. Kaiser. (»Nachrichtentechnische Fachberichte.« Bd. 37.) Stuttgart 1969.
7 Deloraine, E. M.: »Fernmeldeverkehr.« In: »Elektrisches Nachrichtenwesen.« Jg. 1969. H. 44. S. 3.
8 »Die Drahtnachrichtentechnik.« Hrsg. von P. Dietrich. Berlin 1970.
9 Dreher, P.: »Fernsprechtechnik und Volkswirtschaft.« In: »Siemens Informationen Fernsprech-Vermittlungstechnik.« Jg. 5 (1969). H. 2/3. S. 165 bis 169.
10 »Fourth International Symposium on Human Factors in Telephony. 23. bis 27. 9. 1968 in Bad Wiessee.« Berlin 1970.
11 Gattner, G.: »Zukünftige Fernsprechnetze mit speicherprogrammierten Vermittlungssystemen.« In: »Siemens Informationen Fernsprech-Vermittlungstechnik.« Jg. 6 (1970). H. 1/2. S. 5 bis 10.
12 Herz, R., und R. John: »Nachrichtensatelliten.« In: »Siemens-Zeitschrift.« Jg. 44 (1970). H. 9. S. 543 bis 548.
13 »Internationale Fernsprechstatistik.« (Stand 1. 1. 1969.) Hrsg. von der Siemens AG. München 1969.
14 Kaplanow, M.: »Informationssysteme der Zukunft.« In: »Bild der Wissenschaft.« Jg. 7 (1970). H. 10. S. 1024 bis 1030.
15 –: »Nachrichtenübermittlung um das Jahr 2000.« In: »Ideen des exakten Wissens.« Jg. 1970. H. 8. S. 453 bis 464.
16 Leingang, H.: »Zweite Antennenanlage der Erdefunkstelle Raisting.« In: »Siemens-Zeitschrift.« Jg. 1969. H. 43. S. 847 bis 853.
17 Lennertz, J.: »Einfluß des Ausbaugrades und Benutzungsgrades nachrichtentechnischer Einrichtungen auf die Gesamtwirtschaft.« (»Forschungsberichte des Wirtschafts- und Verkehrsministeriums Nordrhein-Westfalen.« Nr. 535.) Opladen 1958.
18 Mayer, H. F.: »Interkontinentale Nachrichtenübertragung mittels moderner Tiefseekabel und Satellitenverbindungen.« Hrsg. von der Arbeitsgemeinschaft für Forschung des Landes Nordrhein-Westfalen. Jg. 1961. H. 104.
19 Packard, V.: »Die wehrlose Gesellschaft.« Düsseldorf, Wien 1964.
20 Piske, U., und H. Willrett: »Integrierte Kommunikationssysteme für Sprache und Daten.« In: »Elektrisches Nachrichtenwesen (ITT).« Jg. 45 (1970). H. 2. S. 145 bis 152.
21 Sandscheper, G.: »Digitale Nachrichtensysteme für übermorgen. Sprache, Fernsehbilder und Daten werden in einem System mit hoher Geschwindigkeit übertragen.« In: »VDI-Nachrichten.« Jg. 1969. Nr. 52. S. 14.
22 Steinbuch, K.: »Automat und Mensch.« 4. Aufl. Berlin 1971.
23 –: »Die informierte Gesellschaft.« 2. Aufl. Stuttgart 1969.

9 Massenkommunikation

Basiswissen

Als Massenkommunikation bezeichnet man den Transport von Informationen zu einer unabgegrenzten, meist großen Anzahl von Empfängern (»Publikum«), vor allem mit den Medien Buch, Zeitung, Schallplatte, Film, Rundfunk, Fernsehen oder Bildkassette. Hierbei wird »Information« im weiten wissenschaftlichen Sinn verstanden, umfassender als im umgangssprachlichen Gebrauch (siehe Kapitel 8).

Wenn beispielsweise umgangssprachlich als politische Funktionen der Massenmedien erstens Information, zweitens Mitwirkung an der Meinungsbildung, drittens Kontrolle und Kritik genannt werden,[19] so erfolgen alle drei dieser genannten Funktionen durch Transport von Information im weiteren Sinn.

Die Informationsübertragung ist hierbei meist einseitig gerichtet, erst in einem weiteren zeitlichen oder sozialen Bezugssystem erweist sich der einzelne Akt der Massenkommunikation als Teil eines Geflechts. Nur selten besteht ein direkter informationeller Rückweg, beispielsweise durch Leserbriefe oder telefonische Rückrufe der Rundfunkteilnehmer.

Das Ausmaß der Massenkommunikation zeigt die Tatsache, daß gegenwärtig in der Bundesrepublik Deutschland und West-Berlin an jedem Werktag mehr als zwei Drittel aller Erwachsenen durch eine Tageszeitung erreicht werden, mehr als zwei Drittel durch den Hörrundfunk und über die Hälfte durch das Fernsehen. Nur wenige Prozent werden nicht täglich durch mindestens ein Medium der Massenkommunikation erreicht.

An jedem Tag verwendet der Bundesbürger durchschnittlich drei Stunden zum Konsum der durch Massenkommunikationsmedien angelieferten Informationen. In der Hauptsendezeit (etwa 19 bis 22 Uhr) sind 70 bis 85 Prozent der Fernsehgeräte eingeschaltet, besonders attraktive Sendungen werden von mehr als der Hälfte der gesamten Bevölkerung gesehen.

Bild 1 gibt eine Übersicht über die wichtigsten Medien der Massenkommunikation und einige Angaben über deren gegenwärtige zahlenmäßige Verbreitung. Steigende Tendenz hat das Buch, die Schallplatte und das Fernsehen.

Bild 1: Übersicht über Massenkommunikationsmedien.

Medium	Wichtigste Innovation	Zahlenangaben (BRD + Westberlin)	Tendenz
Buch	1450 J. Gutenberg (Druck mit beweglichen Typen)	1951: 14094 Buchtitel 1969: 35577 Buchtitel, ca. 150 Mio. Expl. Produktion z. Z. ca. 700 Mio. DM	steigend
Zeitung	17. Jahrhundert (Aufkommen von Zeitungen)	1957: Gesamtauflage etwa 14 Mio. 1966: Gesamtauflage etwa 21 Mio. Umsatz z. Z. über 1000 Mio. DM	neuerdings fallend
Schallplatte	1877 T. A. Edison (Phonograph) 1887 E. Berliner (Schallplatte)	1967: 76 Mio. Schallplatten Umsatz z. Z. über 500 Mio. DM	steigend
Film	1895 L. und A. Lumière (Stummfilm) 1923 H. Vogt, I. Masolle und I. Engl (Tonfilm)	1959: 7089 Filmtheater 1965: etwa 671 Mio. Besucher 1965: etwa 321 Mio. Besucher 1970: etwa 3800 Filmtheater Umsatz z. Z. etwa 600 Mio. DM	fallend
Hörrundfunk	1921 erster Mittelwellensender in den USA 1923 Deutscher Rundfunk	1960: etwa 15,6 Mio. Teilnehmer 1967: etwa 18,2 Mio. Teilnehmer	schwach steigend
Fernsehrundfunk	1925 Erste öffentliche Fernsehversuche in den USA 1928 Fernsehen auf der Funkausstellung Berlin 1950 Wiederbeginn der deutschen Fernsehentwicklung 1967 Farbfernsehen in der BRD	1960: etwa 3,8 Mio. Teilnehmer 1967: etwa 12,7 Mio. Teilnehmer	steigend
Bildkassette	im Versuchsstadium		

Fallende Tendenz hat der Film, nur noch schwach steigende der Hörrundfunk und voraussichtlich rasch steigende die Bildkassette. Zeitungen und Zeitschriften hatten bisher steigende, neuerdings aber fallende Tendenz.
Eine Übersicht über die internationale Verbreitung der wichtigsten Medien in den Jahren 1959 bzw. 1960 gab H. Sturm.[30] Demnach entfielen auf jeweils 1000 Einwohner:

	Zeitungen	Rundfunkgeräte	Fernsehgeräte	Kinositze
Gesamte Erde	100	126	33	22
Nordamerika	253	697	222	52
Südamerika	80	95	15	37
Europa (ohne UdSSR)	252	216	61	55
UdSSR	162	194	23	42
Ozeanien	311	217	69	93
Asien (ohne UdSSR)	38	18	3,7	6
Afrika	13	19	0,5	6

Im internationalen Rahmen hat der Hörrundfunk eine steigende Tendenz.
Die Probleme der Massenkommunikation sind:
1. Technische Probleme: Wie kann man Information transportieren?
2. Soziale, moralische und ästhetische Probleme: Welche Informationen sollen transportiert werden?
3. Politische Probleme: Welche Wirkungen haben die transportierten Informationen auf die Empfänger?

Selbstverständlich können diese verschiedenen Problemtypen nicht unabhängig voneinander betrachtet werden: Die Massenkommunikation verflicht in eigentümlicher Weise technische mit psychischen, sozialen und politischen Sachverhalten. Auf diese Verflechtung weisen einige zeitgenössische Wortprägungen hin: Kulturindustrie, Bewußtseinsindustrie.
Diese Wortprägungen verweisen auch darauf, daß die Massenkommunikation vielfach Objekt der Kritik ist. Wie – so wird vorwurfsvoll gefragt – kann man Musik, Theater, Literatur, Gottesdienst usw. durch technische Medien verbreiten, oder – so wird weiter gefragt – wie kann man mit diesen Medien die geistige Gleichschaltung, die Vermassung, verstärken?
Massenkommunikation entstand erst in der Neuzeit. Früher konnte durch das gesprochene Wort oder den handgeschriebenen Text nur eine kleine Anzahl von Menschen erreicht werden. Nach der Erfindung des Buchdrucks waren plötzlich viel mehr Menschen erreichbar. Mit Rundfunk, Fernsehen, Schallplatte, Film und Bildkassette vergrößerte sich die Anzahl nochmals beträchtlich.

Die Wirkung dieser gesteigerten Erreichbarkeit vieler Menschen zeigt sich beispielsweise beim Vergleich der langwierigen Ausbreitung des Christentums über die mündliche Predigt der Jünger und handgeschriebene Briefe mit der raschen Ausbreitung von Ideologien in unserer Zeit, beispielsweise dem Aufkommen des Panarabismus, die entscheidend durch die große Verbreitung billiger Rundfunkgeräte ermöglicht wurde.
Mit den modernen elektronischen Medien verringerte sich der Zeitbedarf zwischen dem Absenden der Informationen und ihrem Empfang. Besonders die gleichzeitige Betrachtung von Weltraumunternehmungen illustriert die Synchronität der zeitgenössischen Massenkommunikation.
Bei den Medien ist der Aktualitätsgrad ein wichtiges Kennzeichen: Wie lange dauert es mindestens, um die Informationen von ihrem Ausgangspunkt bis zum Empfänger hin zu transportieren? Den geringsten Aktualitätsgrad hat das Buch: Hier dauert es in typischen Fällen Wochen bis Jahre, die Zeitung braucht immerhin noch Stunden. Den höchsten Aktualitätsgrad haben die elektronischen Medien Hörrundfunk und Fernsehrundfunk: Mit vorbereiteten Übertragungskanälen brauchen die Informationen nur Bruchteile von Sekunden, ohne vorbereitete Kanäle allerdings Stunden bis Tage, je nach Verkehrsverhältnissen.
Für die Kennzeichnung der Massenmedien dürfte eine Unterscheidung nützlich sein, die sonst nur im Zusammenhang mit der Computertechnik verwendet wird, nämlich die Unterscheidung zwischen »On-Line« und »Off-Line«: Bei den On-Line-Medien – zum Beispiel Hörrundfunk und (konventionellem) Fernsehen – muß die angelieferte Information zu vorgegebenen Zeiten empfangen werden. Bei den Off-Line-Medien sind die Informationen gespeichert, beispielsweise auf bedrucktem Papier, der Schallplatte, dem Film oder der Bildkassette. Diese Off-Line-Medien zwingen den Empfänger nicht zum Verbrauch der angelieferten Informationen zu vorgegebenen Zeiten, sie sind in diesem Sinne rücksichtsvoller.
Eine andere wichtige Unterscheidung bezieht sich auf die Art der angebotenen Informationen: Werden »Primärzeichen« verwendet, vor allem bildliche Darstellungen, die keine sozialen Vereinbarungen, zum Beispiel keinen bestimmten Sprachgebrauch, voraussetzen, oder werden »Sekundärzeichen« verwendet, zum Beispiel Sprache oder Schrift, deren Verständnis erst aufgrund bestimmter Vereinbarungen möglich ist? Oder werden gemischte Zeichensysteme benutzt wie zum Beispiel beim Fernsehen?
Die Unterscheidung von »Primärzeichen« und »Sekundärzeichen« hat Beziehungen zur »analogen« und »digitalen« Informationsdarstellung in der Technik. Dort erweist sich als wesentlicher Vorzug der digitalen Darstellung, daß die einzelnen Zeichen unstetig voneinander getrennt sind und deshalb ein

unbeabsichtigter Übergang von einem Zeichen zu einem anderen Zeichen erschwert ist, während bei analogen Zeichen ein stetiger, unmerklicher Übergang in unendlich kleinen Schritten möglich ist. Deshalb sind digitale Zeichen gegenüber zufälligen Veränderungen widerstandsfähiger als analoge Zeichen; Sprache und Schrift sind in ihrer diskreten Gestalt geeigneter, Erfahrung zu tradieren, als analoge Zeichen.

Die Unterscheidung von Primärzeichen und Sekundärzeichen scheint starke Konsequenzen für die Wirkung auf den Konsumenten zu haben: Wo Primärzeichen dominieren (zum Beispiel Comic strips oder Fernsehen), scheint sich eher eine unbewußte, elementare Haltung beim Konsumenten einzustellen (»Literatur für Analphabeten«), während die Verwendung von Sekundärzeichen (wie zum Beispiel bei geschriebenem Text oder Sprechrundfunk) eher eine distanzierte, abstrahierende Einstellung fördert.

Nicht nur die Verwendung bestimmter sozial vereinbarter Zeichensysteme (Sprache, Schrift) begründet geographische Abgrenzungen, sondern auch technische Gegebenheiten. So ist beispielsweise der Hörrundfunk ein Medium, das leicht Grenzen überwindet, während das Fernsehen infolge der begrenzten Reichweite der Sender bisher vorwiegend ein nationales Kommunikationsmedium ist. Mit dem direkten Satelliten-Fernsehen kann diese räumliche Beschränkung in Zukunft voraussichtlich überwunden werden.

Die Massenmedien verändern sich fortwährend. Welch tiefgreifende Folgen diese Veränderungen auf das menschliche Leben haben, zeigen einige historische Rückblicke: Die Erfindung der Schrift war die notwendige Voraussetzung tradierter Kultur. Das Lesen wurde zur vornehmsten Tätigkeit der Gebildeten. Hartmann von Aue rühmte einen Ritter (sich selbst), »der so gelehret was, daz er an den buochen las«. G. C. Lichtenberg meinte: »Mehr als das Gold hat das Blei in der Welt verändert, und mehr als das Blei in der Flinte das im Setzkasten.« Victor Hugo pries die Erfindung des Buchdrucks schließlich als das »größte Ereignis der Menschheitsgeschichte«. Bild 2 zeigt eine alte Bibliothek beim Besuch des Kaisers.

Die Presse oder, genauer gesagt, die periodische Presse begann am Anfang des 17. Jahrhunderts in Straßburg und Leipzig. Einerseits wurden die Leser über das »Neueste aus aller Welt« informiert, andererseits entwickelte sich die Presse schon recht früh zum kritischen Instrument, vor allem gegenüber der Obrigkeit. Die Geschichte der Presse ist deshalb vorwiegend ein Kampf um die Meinungsfreiheit. Die Pressefreiheit wurde schließlich in allen modernen Verfassungen gesetzlich verankert.

Als Merkmale der Presse der Bundesrepublik Deutschland werden genannt:[19]

Hohe Zahl von Zeitungstiteln
Lokale Bindung vieler Tageszeitungen
Fehlen einer hauptstädtischen und vielfältigen überregionalen Presse
Zunehmende Bedeutung von Wochenzeitungen
Ansätze zur »Politisierung« der Illustrierten
Reiches Zeitschriftenangebot
Schwach entwickelte Parteipresse
Deutlich spürbare Konzentrationstendenzen

Die verkaufte Auflage einiger wichtiger Tageszeitungen war im Jahr 1968:[19]

„Bild-Zeitung"	3984000	„Expreß" (Köln)	264000
„Westdeutsche Allgemeine Zeitung"	526000	„Frankfurter Allgemeine"	255000
„BZ"	331000	„Nürnberger Nachrichten"	240000
„Rheinische Post"	302000	„Süddeutsche Zeitung"	236000
„Hamburger Abendblatt"	300000	„Berliner Morgenpost"	232000
„Hamburger Morgenpost"	296000	„Die Welt"	231000

Die verkaufte Auflage einiger Wochenzeitungen war im Jahr 1968:[19]

„Bild am Sonntag"	2352000	„Deutsches Allg. Sonntagsblatt«	132000
„Der Spiegel"	877000	„Bayern-Kurier"	96000
„Welt am Sonntag"	391000	„Deutsche National-Zeitung"	84000
„Die Zeit"	258000	„Rheinischer Merkur"	49000
„Christ und Welt"	155000	„Das Parlament"	19000

Besonders im wissenschaftlichen Bereich nimmt die Zahl der Presseerzeugnisse schnell zu: Man schätzt die gegenwärtige Anzahl regelmäßig erscheinender wissenschaftlicher Zeitschriften auf der ganzen Erde auf über 100000, bis zum Jahr 2000 wird es wohl über eine Million sein. Zu den wissenschaftlichen Zeitschriften, die Originalpublikationen verbreiten, treten in zunehmendem Maße »Abstract«-Zeitschriften, die Hinweise darauf geben, wo welche Originalpublikationen zu finden sind.

Gegenwärtig ereignet sich bei der Informationsweitergabe eine Zäsur: Der Übergang der Information vom Papier als dominierendem Informationsträger (Brief, Buch, Zeitung) zur Elektrizität als dominierendem Informationsträger (Fernsprecher, Hörrundfunk, Fernsehen, Bildkassette). Beispielsweise hat in der Zeit von 1900 bis 1968 die Zahl der Briefe in Deutschland nur um den Faktor 2,8 zugenommen, die Zahl der Telefongespräche jedoch um den Faktor 14. Bei anderen Medien ist wegen ihrer Neuheit ein sinnvoller Vergleich noch nicht möglich. Unter den Ursachen für diesen Übergang dürfte die

Bild 2: Bibliothek mit Besuch des Kaisers. (Kupferstich aus der ersten Hälfte des 18. Jahrhunderts.)

THEOLOGI
JURIDICI
MEDICI
HISTORICI
PHILOSOPHI

Bequemlichkeit und die Schnelligkeit des Informationstransports eine besondere Rolle spielen.
Die Feststellung des Übergangs vom Papier zur Elektrizität darf nicht so verstanden werden, als ob in übersehbarer Zeit die Papier-Medien Brief, Zeitung und Buch verschwinden würden, vielmehr so, daß das zunehmende Kommunikationsvolumen die elektrischen Medien stark bevorzugt, während die Papier-Medien zwar relativ zurückgehen, absolut jedoch möglicherweise noch zunehmen werden. Während sie noch vor einem Jahrhundert die ausschließlichen Träger der Kulturtradition waren, werden sie in Zukunft vermutlich auf bestimmte spezielle Funktionen beschränkt sein. Die Zukunft des Buches ist ein vieldiskutiertes Problem, auf das später nochmals zurückgekommen wird.
Das Aufkommen der Schallplatte gegen Ende des 19. Jahrhunderts veränderte die allgemeine Situation nur wenig. Die Schallplatte war und ist vorwiegend ein Vehikel der ästhetischen Information. Dies soll nicht geringgeachtet werden: Nicht nur eine Minorität hat den Vorzug, hochwertige Musik zu konsumieren, sondern auch »der kleine Mann«. Wie Schallplatten einst – vor Aufkommen des (Hör-)Rundfunks – Musik unters Volk brachten, illustriert Bild 3. Die zeitgenössische Schallplattentechnik ist gekennzeichnet durch hohe akustische Qualität, Langspielplatten und Plattenwechsler, Stereotechnik (räumliches Hören). Ohne Zweifel trägt die Auswahlmöglichkeit des Mediums Schallplatte stark zur Differenzierung der Gesellschaft bei. Einen Beitrag zur Kulturtradition liefert das Medium Schallplatte durch die Konservierung der Stimme großer Sänger und Redner.
Die Filmtechnik (etwa seit dem Jahre 1895) hat die menschliche Vorstellungskraft sehr stark beflügelt. Was hier mit Einstellung, Beleuchtung, Einfärbung, Zeitraffer, Zeitlupe, Trickfilm und so weiter geleistet wurde, kann mit Worten überhaupt nicht angedeutet werden. Erinnert sei an die Faszination, die einst von Hollywood ausging, an Walt Disneys Filme, an Kriegsberichterstattung, an Weltraumfilme oder psychedelische Filme. Der subjektive Eindruck wird verstärkt durch Breitwandprojektion, stereoskopische Filme (bei denen räumliche Tiefe wahrgenommen wird) oder Rundum-Filme (wo der Zuschauer in der Mitte einer zylindrischen Projektionswand vom Filmgeschehen vollständig eingehüllt wird). Bemerkenswert für die Filmtechnik ist, daß sie nicht nur dem passiven Konsum dienen kann, sondern praktisch alle Angehörige der modernen Industriegesellschaft die Möglichkeit haben, sich aktiv als Produzenten zu betätigen. Das enorme Interesse am aktiven Filmen (und Fotografieren) zeigt, daß hier Verhaltensweisen ermöglicht werden, die zeitgemäße psychische Bedürfnisse befriedigen. Menschen wollen nicht nur konsumieren, sie wollen auch etwas produzieren, von dem sie sagen können: Das habe *ich* gemacht.

Bild 3: Massenkommunikation vor Aufkommen des Hörrundfunks.

Im Jahre 1888 schrieb der amerikanische Schriftsteller E. Bellamy in seinem utopischen Roman »Looking backward«:

»Wir würden uns an den Grenzen menschlicher Glückseligkeit glauben und keine weiteren Verbesserungen erstreben, könnten wir eine Einrichtung ersinnen, die jedem Musik ins Haus sendet. Eine Musik, die vollkommen in ihrer Art, unbeschränkt in ihrer Dauer und jeder Stimmung angepaßt wäre und die darüber hinaus nach Wunsch beginnen und aufhören könnte.«

Diese Vision ist mit dem Hörrundfunk in unserer Zeit – etwa seit dem Jahre 1923 – Wirklichkeit geworden. Allerdings ist unser Glücksgefühl nicht ganz so eindeutig, wie Bellamy sich dies einst vorstellte: Heutzutage interessiert vielfach der Ausschalter des Rundfunkgeräts mehr als sein Betrieb.

Die rasche Ausbreitung des Rundfunks in Deutschland wurde durch die politischen Verhältnisse beschleunigt: Für ein diktatorisches System ist der Rundfunk ein ideales Medium der Massenmanipulation in Krieg und Frieden. Andererseits erlaubt der Rundfunk den Empfang von »Feindmeldungen« und die Überwindung politischer Grenzen. Die gegenwärtige Ausbreitung des Rundfunks in der Bundesrepublick Deutschland und West-Berlin zeigt Bild 4.
Die Gesamtkosten für jede Minute ausgestrahlten Hörrundfunkprogramms betrugen im Jahre 1969 im Mittel etwa DM 45,–. Besonders billig sind Gastarbeitersendungen und Unterhaltung (Wort und Musik). Besonders teuer sind Hörspiele.[4]
Die technische Entwicklung des Hörrundfunks zielt vorwiegend auf qualitative Verfeinerungen: vor allem akustische Verbesserungen und stereophonische Übertragung. Als Folge der Benachteiligung bei den internationalen Wellenplänen entwickelte sich in unserem Lande der Ultrakurzwellen-Rundfunk mit Frequenzmodulation: Er erweist sich gegenwärtig als ein besonders hochwertiges Medium zur störungsfreien Musikübertragung. Die zukünftige Entwicklung der Rundfunktechnik ist vor allem durch die Not an Frequenzband beherrscht: Die Zahl der betreibbaren Sender ist begrenzt, die Möglichkeiten sind ausgeschöpft. Man kann durch geschickte Wellenpläne, Aufstellungsorte und Richtcharakteristiken der Sender nur noch minimale Verbesserungen bewirken.
Es ist also nicht so, wie es H. M. Enzensberger im »Kursbuch 20« vermutete:

»... die elektronische Technik kennt keinen prinzipiellen Gegensatz von Sender und Empfänger. Jedes Transistorradio ist, von seinem Bauprinzip her, zugleich auch ein potentieller Sender; es kann durch Rückkopplung auf andere Empfänger einwirken. Die Entwicklung vom bloßen Distributions- zum Kommunikationsmedium ist kein technisches Problem. Sie wird bewußt verhindert, aus guten, schlechten politischen Gründen. Die technische Differenzierung von Sender und Empfänger spiegelt die gesellschaftliche Arbeitsteilung zwischen Produzenten und Konsumenten wider, die in der Bewußtseinsindustrie eine besondere politische Zuspitzung erfährt.«

Die ungeregelte Ausstrahlung von Sendungen wird aber nicht deshalb verboten, weil man Menschen diese Freiheit nicht gönnt, sondern deshalb, weil die Zahl der Sender begrenzt werden muß, damit überhaupt noch ein Empfang möglich ist. Wellenpläne und gesetzliche Regelungen sollen Kommunikation nicht verhindern, sondern ermöglichen.
Will man aus eigener Initiative Rundfunkprogramme verbreiten, dann können diese sicher nicht unmittelbar mit Hilfe elektromagnetischer Wellen ausgestrahlt werden, vielmehr müssen andere Möglichkeiten in Betracht gezogen werden: entweder Benutzung drahtgebundener Verteilsysteme oder Speicherung der produzierten Programme und Verteilung der Konserven. Schließlich

besteht auch noch die Möglichkeit, die privat erzeugten Programme den hierzu berechtigten Anstalten zur öffentlichen Ausstrahlung anzubieten.
Der Fernsehrundfunk begann nach vielen Vorschlägen aus aller Welt mit öffentlichen Vorführungen in den zwanziger Jahren. Für Deutschland sind besonders markante Ereignisse die Vorführung von Fernsehgeräten anläßlich der Funkausstellung in Berlin im Jahre 1928 und der Großeinsatz des Fernsehens während der Olympischen Spiele 1936 in Berlin. Nach Kriegsende begann der Fernsehbetrieb wieder um das Jahr 1950 und breitete sich dann

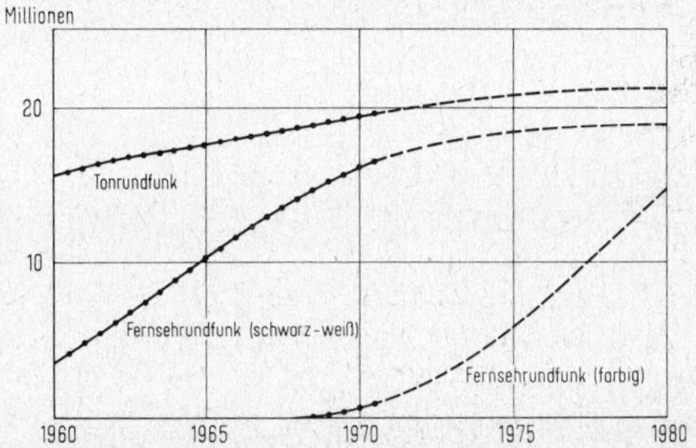

Bild 4: Entwicklung der Teilnehmerzahlen von Rundfunk und Fernsehen in der Bundesrepublik Deutschland und West-Berlin.

schnell aus (Bild 4). Sehr erfolgreich war Deutschland bei der Entwicklung des Farbfernsehens: Das von Professor Walter Bruch vorgeschlagene PAL-System erweist sich allen konkurrierenden Vorschlägen überlegen. Deshalb breitet sich das Farbfernsehen seit den ersten Sendungen im Jahre 1967 sehr rasch aus.
Bei den Empfangsgeräten wird versucht, die voluminöse Bildröhre durch flache Lumineszenzschirme zu ersetzen, die wie ein Bild an die Wand gehängt werden können. Auf lange Sicht könnte mit den Hilfsmitteln der Holografie auch das dreidimensionale Fernsehen verwirklicht werden.
Die gegenwärtige Entwicklung der Sendetechnik ist bestimmt durch die Perfektionierung und Miniaturisierung der Geräte. Füllten früher die Aufnahmeapparaturen Schränke, so gibt es heutzutage tragbare Kleingeräte.
Die Gesamtkosten für jede Minute ausgestrahlten Fernsehprogramms betrugen im Jahre 1969 im Mittel etwa DM 812,–. Besonders billig sind Sportübertragungen, Familienprogramme und religiöse Sendungen. Besonders teuer sind Musiksendungen, Spiele und Unterhaltung.[4]
Eine Schwäche der gegenwärtigen Fernsehtechnik ist die geringe Reichweite. Deshalb muß das Bundesgebiet mit einem relativ engen Netz von Sendern überzogen werden (Bild 5). Vorläufig ist das Fernsehen überwiegend ein nationales Kommunikationsmedium – im Gegensatz zum Tonrundfunk.

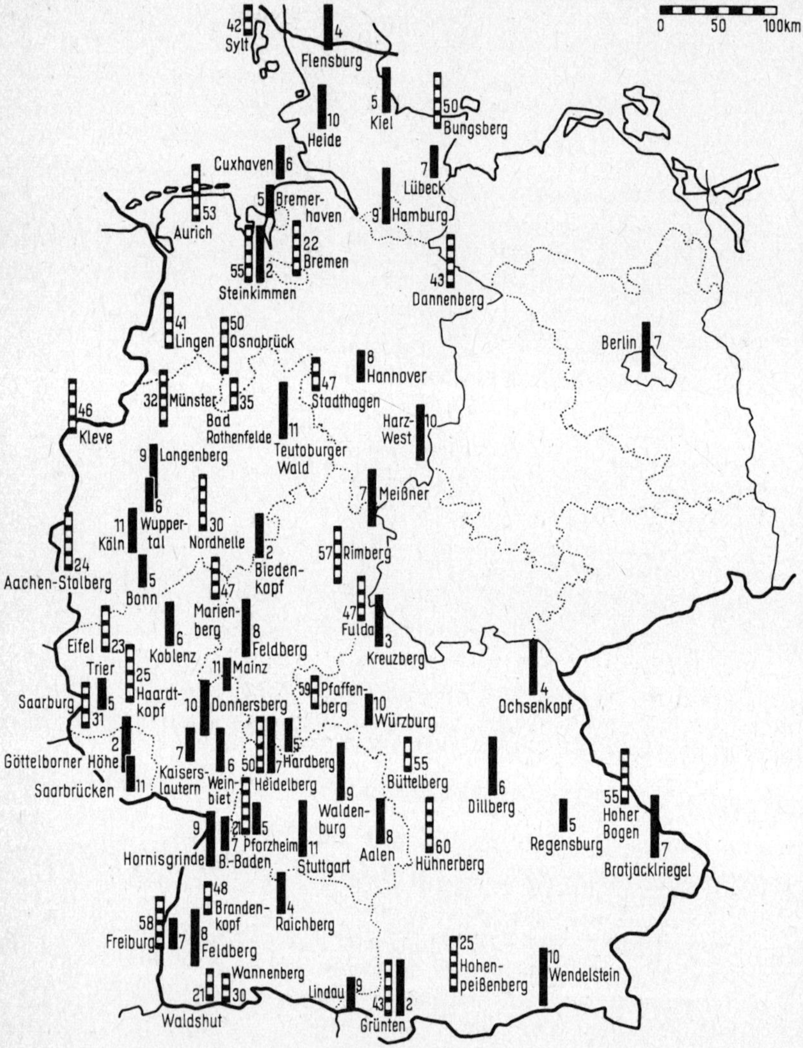

Bild 5a: Fernsehsendernetz in der Bundesrepublik Deutschland und West-Berlin im Januar 1968, erstes Programm.

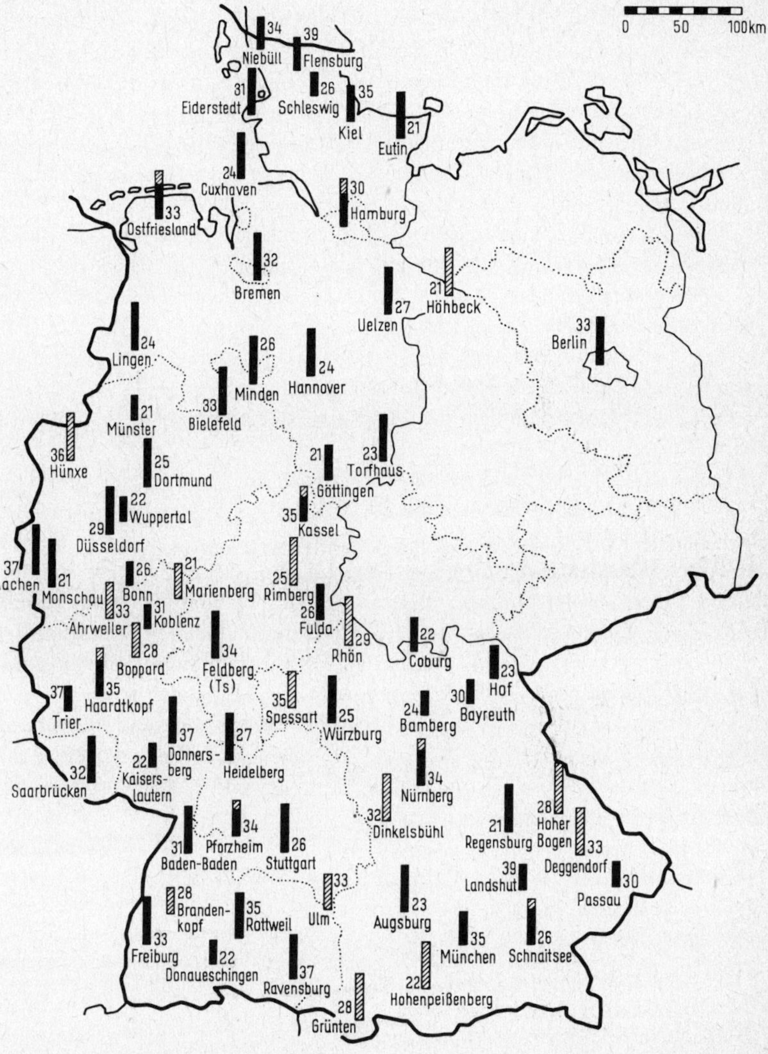

Bild 5 b: Fernsehsendernetz in der Bundesrepublik Deutschland und West-Berlin im Januar 1964, zweites Programm.

Um diese geographische Begrenzung zu überwinden, wurde vor allem die »Eurovision« geschaffen. Sie faßt Rundfunkorganisationen der europäischen Rundfunkzone mit 29 Vollmitgliedern aus 26 Ländern zusammen, von Island bis zur Türkei und von Finnland bis Tunis. Deutsche Mitglieder sind die ARD (Arbeitsgemeinschaft öffentlich-rechtlicher Rundfunkanstalten) und das ZDF (Zweite Deutsche Fernsehen). Die meisten Vollmitglieder sind durch ständige Bildleitungen (Richtfunkstrecken oder Kabelstrecken) verbunden.

Zwischen der »Eurovision« und Fernsehvereinigungen andernorts entwickelt sich ein reger Programmaustausch, aus der »Eurovision« wird so allmählich ein informationelles Netz, das die ganze Erde umspannt. Besonders eindrucksvoll war dieser Fernsehverbund bei der Olympiade in Mexiko 1968: Hier arbeiteten Rundfunkorganisationen aus drei Kontinenten zusammen und versorgten etwa eine halbe Milliarde Zuschauer mit Bildern aus 15 Sportstätten. Ähnliches wurde anläßlich der Fußballweltmeisterschaft in Mexiko 1970 geleistet.

Einen weiteren Beitrag zur Internationalisierung des Fernsehens können die Nachrichtensatelliten in naher Zukunft mit dem »direkten Satelliten-Fernsehen« leisten. Während bisher die von Satelliten ausgestrahlten Sendungen zuerst von speziellen Erdefunkstellen (wie zum Beispiel in Raisting) empfangen und dann über das normale terrestrische Netz verbreitet wurden, kann in einiger Zukunft die Sendeleistung der Nachrichtensatelliten so weit gesteigert werden, daß sie auch mit dem heimischen Fernsehempfänger (allerdings mit spezieller Antenne und Vorverstärker) aufgenommen werden können. Technisch dürfte dieses »direkte Satelliten-Fernsehen« in ein oder zwei Jahrzehnten möglich sein. Ungeklärt ist allerdings, ob die hohen Aufwendungen sich lohnen. Unterschiedliche Ortszeiten, unterschiedliche Fernsehnormen und unterschiedliche Sprachen behindern diese Entwicklung.

Das neueste Medium der Massenkommunikation ist die »Kassette«, ein Speichermedium für bewegte Bilder und Ton. Hier stehen gegenwärtig verschiedene Techniken in harter Konkurrenz (Bild 6):

1. Die altbewährte Filmtechnik in modernisierter Form (Super-8). Die Qualität ist für Schwarzweiß und Farbe gut; Kopien können leicht in beliebiger Anzahl hergestellt werden; man kann mit erträglichem Aufwand selbst Programme herstellen. Die Programmkosten sind aber relativ hoch.
2. Das sogenannte EVR-Verfahren, bei dem der Film durch einen Elektronenstrahl im Vakuum belichtet und abgetastet wird, so daß sich eine hohe Speicherdichte ergibt. Diese Technik ist an sich recht vielversprechend, aber die Herstellung der Programme setzt kostspielige Apparaturen voraus. Auch sind die Programmkosten nicht gering.
3. Die »Selecta Vision«. Hier wird mit Hilfe der Holografie auf extrem billigen Folien gespeichert. Die Herstellung eigener Programme ist hier kaum möglich.
4. Die altbewährte Magnetbandspeicherung (VCR-Technik). Die Bildqualität ist etwas schwach, dagegen können leicht eigene Programme erstellt oder empfangene gespeichert

werden. Die Geräte sind nicht billig, ebensowenig die Programme. Allerdings sind die Bänder vielfach verwendbar.
5. Als spektakuläre Leistung der Firma Telefunken ist die Bildplatte zu erwähnen, bei der das Abspielgerät und das Speichermedium extrem billig sind, bei der jedoch die Erstellung von Programmen dem Amateur nicht möglich ist.

	Amateur-aufnahmen möglich?	Speichermedium	Abspielgeräte
1. Super-8 Amateur-Kinofilm	ja	teuer	mittel (geht nicht mit Fernsehgerät)
2. EVR-Bildband (Bild 3,3 × 2,5 mm)	nein	teuer	teuer
3. Selecta-Vision-Bildband (Hologramm)	nein	billig	mittel
4. VCR (Video-Cassetten-Recorder)	ja	teuer (wieder-verwendbar)	mittel
5. Bildplatte	nein	billig	billig

Bild 6: Übersicht über den gegenwärtigen Stand der Kassettentechnik und deren Kosten.

Diese Übersicht zeigt, daß gegenwärtig viele Techniken der Bildspeicherung um den erwarteten großen Markt kämpfen, auch jede von ihnen gewisse Vorzüge hat, eine eindeutige Überlegenheit jedoch vorläufig nicht zu erkennen ist.
Hier entsteht das typische Problem für Normungsvorgänge: Legt man sich zu früh auf eine bestimmte Technik oder Norm fest, dann erweist sie sich möglicherweise nachträglich als nicht optimal. Wartet man aber mit der Festlegung zu lange, dann entstehen möglicherweise Verluste durch Investitionen in der falschen Technik.
Die anfängliche Hochstimmung zugunsten des neuen Mediums Bildkassette weicht gegenwärtig einer gewissen Ernüchterung: Sind die hier gebotenen neuen Möglichkeiten wirklich so groß, daß sich die hohen Aufwendungen für die Herstellung der Programme und die meist sehr teuren Abspielgeräte

tatsächlich lohnen, vor allem dann, wenn das Angebot an Fernsehsendungen wesentlich erweitert wird? Diese Frage ist vorläufig schwer zu beantworten, unter anderem deshalb, weil sie von politischen Entscheidungen, vor allem dem Ausbau des Fernsehverteilsystems abhängt. Eindeutig günstig liegen dagegen die Chancen der Bildkassette im Bildungssektor.

Zwischen den verschiedenen Medien der Massenkommunikation bestehen starke Wechselwirkungen. So machte beispielsweise das Fernsehen von Anfang an dem Film starke Konkurrenz, es war gewissermaßen das Kino in der Wohnstube. Die fallende Tendenz des Films (Bild 1) ist zweifellos hierdurch begründet. Ebenso ist das reduzierte Interesse am Hörrundfunk durch die Ausbreitung des Fernsehens beeinflußt.

Eine andere, eher technische Wechselwirkung ist in den nächsten Jahren zu erwarten: Die »immateriell angelieferte Zeitung«, bei der die Fernsehtechnik (möglicherweise über Draht) dazu benutzt wird, das optische Abbild der Zeitung rasch ins Haus zu bringen und dort auf fotoempfindlichem Papier zu fixieren (siehe Kapitel 8).

Über das Ausmaß des Konsums der verschiedenen Medien liegen Erhebungen vor. Eine Untersuchung (aus dem Jahre 1960, berichtet nach H. Sturm[30]) zeigt, daß an einem Sommertag eine befragte Gesamthörerschaft eine mögliche Hörzeit des Rundfunks von neun Stunden im Mittel etwa zwei Stunden ausnutzte. Die altersmäßigen Unterschiede waren hierbei gering, ebenso die Unterschiede aufgrund verschiedener Schulbildung.

Eine entsprechende Erhebung für das Fernsehen zeigte, daß die mögliche Fernsehzeit von über drei Stunden rund zur Hälfte genutzt wurde, auch dieses ziemlich unabhängig von der Schulbildung.

Gegenwärtig wird häufig von einem Verlust der Faszination des Fernsehens gesprochen. Dies scheint teilweise mit der zunehmenden Anzahl angebotener Programme zusammenzuhängen. Möglicherweise hängt es aber auch mit der mangelnden Kreativität der Programmherstellung zusammen: Manche Serien setzen sich beinahe unverändert über Jahre hinweg fort, während erfolgreiche Experimente selten sind.

Hertha Sturm bemerkt in ihrer Analyse[30] bedenklich, die den Massenmedien zugeschriebene Chance, Anregungen zu vermitteln und ein Faktor im Demokratisierungsprozeß zu sein, wäre kaum mehr gegeben.

Eine Umfrage des Emnid-Institutes im Jahre 1964 über die bevorzugte Freizeittätigkeit ergab:[25]

Handarbeiten, Basteln, Haus- und Gartenarbeiten	28%
Lektüre von Büchern und Zeitungen	*26%*
Spaziergänge, Wandern	14%
Sport, einschließlich Motorsport	13%
Rundfunk, Fernsehen, Kino	*9%*
Erholung, Ausruhen, Schlafen	6%
Unterhaltung, Geselligkeit, Besuche	5%

Familienleben	4 %	Tierhaltung, Tierkunde	2 %
Musik, Gesang hören und ausüben	*4* %	Malen, Zeichnen	1 %
Hobby: Foto, Film, Sammlungen	*3* %	Pflanzenhaltung, Pflanzenkunde	1 %
Gesellschaftsspiele	3 %	Nebenbeschäftigung und Schwarzarbeit	1 %
Weiterbildung	2 %	Religiöse und karitative Tätigkeit	1 %

Eine Übersicht über das Informationsangebot unserer Massenkommunikationsmittel verdanken wir einer Erhebung von A. Silbermann.[25] Er analysierte den Inhalt einiger besonders verbreiteter Organe: Erstes Deutsches Fernsehen, Zweites Deutsches Fernsehen, »Frankfurter Allgemeine Zeitung«, »Die Welt«, »Süddeutsche Zeitung« und »Bild-Zeitung«. Zunächst untersuchte er, welcher Bruchteil eines als repräsentativ angesehenen Informationsangebots aus den Kategorien Politik, Soziales und Ökonomisches, Kultur, Sport, Wissenschaft und Technik und Vermischtes in den genannten Organen erschien. Hierbei ergab sich:

Erstes Deutsches Fernsehen	9,01 %	»Die Welt«	25,21 %
Zweites Deutsches Fernsehen	8,19 %	»Süddeutsche Zeitung«	23,38 %
»Frankfurter Allgemeine Zeitung«	25,34 %	»Bild-Zeitung«	8,87 %

Wie sich das Informationsangebot dieser Organe auf die genannten Bereiche verteilt, zeigt Bild 7.

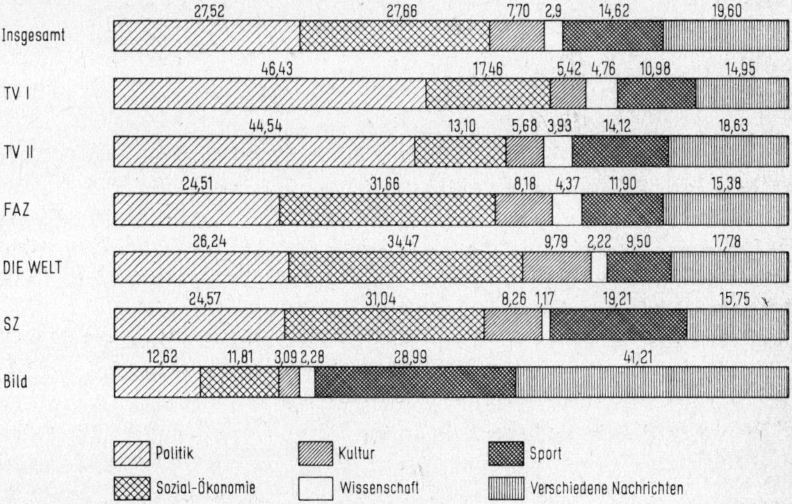

Bild 7: Prozentuale Aufteilung des Informationsangebots verschiedener Medien. (Nach A. Silbermann.)

Welche Informationen sollten durch die Massenkommunikationsmittel transportiert werden? Die Antwort auf diese Frage ist außerordentlich problematisch und hängt von vielen Voraussetzungen ab, die hier kaum diskutiert werden können. Mit diesem Vorbehalt möchte ich nennen:

Erstens sollen die Massenkommunikationsmittel über konkrete Sachverhalte berichten, wobei die Interessenlage des angesprochenen Publikums maßgebend ist.

Zweitens sollen die Massenkommunikationsmittel zeigen, wie andere Menschen mit ihren Problemen fertig zu werden versuchen. Hierbei sollten konforme Verhaltensmodelle ebenso vorgestellt werden wie ungewöhnliche. Ihre Konsequenzen sollten deutlich gemacht werden.

Drittens sollten die Massenkommunikationsmittel außergewöhnliche Entwürfe aller Art öffentlich darstellen, deren harte, aber sachliche Diskussion ermöglichen und so den gesellschaftlichen Lernprozeß einleiten, von dem allerorten gesprochen wird, der sich aber nicht einstellt.

Viertens sollten die Massenkommunikationsmittel eine gewisse illusionäre Entlastung von den Zwängen des Erwerbslebens und Alltags bewirken.

Fünftens sollten die Massenkommunikationsmittel Auseinandersetzungen über Werthaltungen fördern und so die inneren Reibungen der Gesellschaft vermindern, also als Werkzeug der Konfliktökonomie dienen.

Probleme

Unter den Problemen der Massenkommunikation ist die Meinungsmanipulation besonders schwerwiegend. Was hierunter zu verstehen sei, ist kaum präzis zu erklären. »Manipulation« ist kein Begriff der Wissenschaft, mehr ein Schlagwort der Demagogie. Man denkt etwa an einen Rattenfänger, der mit seiner Pfeife Unmündige dorthin lockt, wohin sie eigentlich nicht wollen. Die Pfeifen der Rattenfänger unserer Zeit seien – so wird verdächtigt – die Massenkommunikationsmittel.

Auf jeden Fall versteht man unter Manipulation eine Art gesellschaftlicher Einflußnahme, die man für nicht korrekt hält. Echte Unwahrheiten werden hierzu meist nicht gerechnet, eher Informationen aus dem grauen Bereich zwischen Lüge und Wahrheit, so ausgewählt, daß eine vom Manipulator beabsichtigte Wirkung erzeugt wird. Die echte Unwahrheit ist hierfür meist gar nicht geeignet, sie wird zu schnell als solche erkannt und macht unglaubwürdig. Die Manipulation arbeitet verdeckt: Die Elemente der Informationen sind an sich möglicherweise korrekt, aber sie werden so angeordnet, daß bestimmte Schlüsse nahegelegt werden, oder es werden wesentliche Teilinfor-

mationen nicht mitgeliefert, oder es werden bestimmte Sachverhalte in einen fremden Zusammenhang gestellt und so weiter.
Manipulation kann durch Gestaltung von Texten, Veränderung der Akustik, der Optik oder der zeitlichen Folge geschehen. So kann ein Mensch durch geeignete Wahl der Kameraeinstellung, Beleuchtung und so weiter dem Fernsehzuschauer positiv oder negativ vorgestellt werden.
Im Gegensatz zur Unwahrheit ist Manipulation nicht leicht als solche zu erkennen. Dies begründet ihre Gefährlichkeit: Die meisten Konsumenten machen sich gar nicht die Mühe, zwischen den mehr und den weniger zutreffenden Informationen zu unterscheiden, »man« nimmt alles unkritisch hin. Die Abwehr der Manipulation setzt beim Konsumenten eine intellektuelle Anstrengung voraus. Vielfach wird geglaubt, man könne zwischen manipulierten Informationen und nicht manipulierten Informationen in irgendeiner allgemein akzeptierbaren Weise eindeutig unterscheiden. Dies ist aber noch nirgends gelungen, die Kennzeichnung als Manipulation beruht vor allem auf der subjektiven Mißbilligung der beabsichtigten Wirkung.
In seiner Untersuchung über »Die Manipulierbarkeit des Menschen«[23] weist G. Schmidtchen auf einige besonders bedenkliche Sachverhalte hin:

»Die deutsche Bevölkerung hat allgemein leicht depressive Züge und grauere Zukunftsperspektiven als andere Völker. Eine Herabsetzung der Selbstachtung könnte im Verein mit dem Versprechen, eine neue Basis der Selbstachtung zu finden, eine wirksame Manipulationsfigur sein. ... Der Manipulator wird ... zweckmäßigerweise in zwei Stufen vorgehen. Zunächst einmal wird er an der Entstehung einer ihm günstigen kognitiven Struktur arbeiten, um damit Emotionen, die erst in einem viel späteren Zeitpunkt mobilisiert werden, bereits zu präformieren. Man kann zum Beispiel daran arbeiten, Zustände systematisch als kritisch zu beschreiben, die nicht kritisch sind, eine Regierung als ineffektiv zu schildern, die in Wirklichkeit in der undramatischen Arbeit des politischen Alltags Gutes leistet. Man kann eine freie Gesellschaft, die vielleicht überflüssige und unzeitgemäße Anpassungszwänge enthält, in toto als repressiv bezeichnen, ... Das alles hat zunächst den Charakter einer theoretischen, vielleicht sogar philosophischen Auseinandersetzung. In der Krise aber fungieren diese Formulierungen als Rüstzeug einer Emotionalität, die sich dann politisch in Windeseile organisieren läßt.«

Von der materiellen Pollution, der Verunreinigung von Luft und Wasser, wird gegenwärtig viel geredet. Von der immateriellen Pollution wird aber leider sehr wenig geredet, der Lawine an publiziertem Gift, das sich täglich über unsere Gesellschaft ergießt als Diffamierung, Skandalmeldung und öffentliche Anklage. Manche Publikationsorgane erzeugen den Eindruck, in unserer Zeit lebten vorwiegend moralisch minderwertige Subjekte, die nur darauf aus sind zu stehlen, zu betrügen, totzuschlagen und zu morden. Es ist zu fürchten, daß diese Giftlawine noch zunehmen und zu einer Belastung unserer Gesellschaft wird, die mit der Vergiftung von Luft und Wasser vergleichbar ist.

Diese zunehmende Giftlawine hat ihre Ursachen:
Erstens entwickeln die Massenkommunikationsmittel innere Sachzwänge. Konkrete, zutreffende und ausgewogene Darstellungen interessieren weniger als überzogene, verzerrte und einseitige Darstellungen. Je hektischer der Lebensstil, desto stärker der Trend zur groben Information. Hier besteht eine Verführung für labile Publizisten; zu viele möchten sich mit ihrem »J'accuse« als neuer Zola ausweisen. Man berichtet nicht darüber, was andere Menschen tatsächlich sagen, tun und wünschen, sondern reißt Aussagen aus dem Zusammenhang, projiziert sie auf eine böswillige Motivation und schreibt einige publikumswirksame Platitüden darüber. Wo kein Skandal zu finden ist, da wird eben einer erfunden. Publizistisches Rowdytum ist juristisch nicht zu kontrollieren: Bis ein Richter davon überzeugt wird, daß ein Satz eine Lüge ist, produzieren die Rotationsmaschinen dieser Zeit Millionen neuer Sätze. Nur in den seltenen Fällen, in denen konträre publizistische Interessen frontal aufeinanderprallen, sieht das Publikum hinter die Kulissen; in der Mehrzahl der Fälle, in denen nur Normalverbraucher betroffen sind, bleibt die Manipulation so unentdeckt wie die Rücksichtslosigkeit persönlicher Diffamierung.
Als zweite Ursache für die zunehmende Giftlawine erscheint die ständig wachsende Zahl frustrierter Akademiker, die – irgendwelchen Modeideologien verfallen – für den Produktionsprozeß unbrauchbar sind und nun am Rande der Gesellschaft das einzige produzieren, was sie produzieren können: Gift und Galle. Nichts gegen die Soziologie – sie ist eine respektable Wissenschaft, die wir zur Lösung unserer zukünftigen Probleme dringend brauchen –, aber alles gegen die Folgen einer halbverstandenen Soziologie in den Köpfen einer haltlosen Generation. Wer von einem Computer so wenig versteht, wie viele unserer zeitgenössischen Kritiker von unserer Gesellschaft verstehen, der darf nicht versuchen, einen Computer zu verändern: Er kann ihn nur zerstören. Aber unsere zeitgenössischen Gesellschaftskritiker animieren Heerscharen Halbgebildeter, nicht nur endgültige Urteile über Sachverhalte abzugeben, deren Verständnis über ihren Horizont geht, sondern diese auch aktiv zu zerstören. Wo eine Gesellschaft und eine gesellschaftliche Theorie nicht zusammenpassen, muß nicht unbedingt die Gesellschaft falsch sein.
So entwickelt sich in manchen Organen der Massenkommunikation ein publizistischer Stil, der lückenlos das Feld überdeckt von realitätsferner Heilslehre über Pornografie bis hin zur echten Kriminalität: »Die Gesellschaft dient nur der Aufrechterhaltung der bestehenden Machtverhältnisse. Es ist erlaubt, gegen die Gesellschaft zu kämpfen . . .« verteidigte sich der Mörder von Lebach.
Die Produktivität und Kreativität einer Gesellschaft hängt nicht nur von den Leistungen ihrer Individuen ab, sondern auch von ihrem informationellen

Austausch, der Kommunikation. Wo die Medien die Erfahrungen und Entwürfe der Individuen nicht zusammenbringen, sondern verfälschen, entsteht nicht der gesellschaftliche Lernprozeß, der dringend gebraucht wird. Die Antikommunikation, die oben skizziert wurde, verhindert den gesellschaftlichen Lernprozeß.

Was kann man gegen die Manipulation tun? Es gibt zwei Mittel: Einerseits die Erziehung zum kritischen Denken, so daß fortwährend die manipulative Komponente der angebotenen Informationen entdeckt wird, und andererseits die Vielfalt der angebotenen Informationen. Man muß die Möglichkeit haben, Informationen von verschiedenen Menschen und von verschiedenen Medien zu beziehen, es dürfen keine Meinungsmonopole bestehen. Die Abwehr der Meinungsmonopole ist eine Frage des politischen Verstandes und des politischen Engagements der Gesellschaft.

Erhebungen über das Verhalten der Konsumenten (in der BRD ebenso wie in den USA) stimmen allerdings nicht sehr optimistisch: Die Bereitschaft zur kritischen Analyse ist nicht stark entwickelt. Stark ist dagegen die Tendenz zum Konsum solcher Informationen, welche die bereits bestehenden Auffassungen bestätigen.

Die Konzentration der Massenmedien und ihre Wirkungen untersuchten A. Silbermann und E. Zahn.[26] Ihre Analyse führt zu der Feststellung,

»... daß eine Tendenz zur Konzentration, und zwar aus ökonomischen Zwängen heraus, besteht und praktiziert wird ... Jedwede Rationalisierung der bürokratischen und technologischen Struktur geht ebenso wie die der ökonomischen Hand in Hand mit der Konzentration der materiellen Betriebsmittel: Druckpressen können ebensowenig stillliegen wie Fernsehstudios. Schon allein eine Übersicht über die vertikale und horizontale Fluktuation von Redakteuren bei Presse, Rundfunk und Fernsehen könnte aufzeigen, daß, wer von einer Konzentration der *immateriellen* Betriebsmittel spricht, die auf dem Kommunikationssektor eventuell gefährlich werden könnte, sich auf etwas bezieht, was in der Wirklichkeit nicht besteht.«

Wie immer man auch diese Untersuchungen beurteilen mag (ihnen wird beispielsweise von R. Zoll und E. Hennig[36] teilweise widersprochen), verglichen mit der Gleichschaltung der Medien in sozialistischen Ländern ist die Konzentration in unserem Lande sehr schwach.

Rudolf Rohlinger schreibt:[11]

»Der unmittelbare Einfluß des Fernsehens und der anderen Massenmedien auf den Ausgang politischer Wahlen ist gering. Aber wenn der Wahlkampf in die Endphase geht, tritt stets aufs neue ein Phänomen auf ...: die Demoskopie.
Sie erscheint als ›offensichtliche‹ Gefahr. Von ihr spricht man am meisten. Man glaubt, daß mit der Veröffentlichung von Vorausbefragungen der Wähler beeinflußt werde, daß eine auf meist recht dünnen Materialien basierende Wettervorhersage (sprich Wahlprognose) das Wetter bestimmen könne. Die ›offensichtliche‹ Gefahr ist jedoch wahrscheinlich die geringste von allen.«

Ebenso gering schätzt I. de Sola Pool[24] die Wirkung der Massenkommunikationsmittel auf das Wählerverhalten ein:

»Aus diesen Gründen liegt die wesentliche Wirkung der Massenmedien während eines Wahlkampfes darin, daß sie die Wahl selbst und die zur Debatte stehenden Probleme in den Mittelpunkt der öffentlichen Aufmerksamkeit rücken. Sobald die Menschen aufgerüttelt worden sind, wird ihre Entscheidung in der Kürze der Zeit viel mehr von eigenen Reizanstößen beeinflußt als durch die Massenmedien. Persönliche Einflüsse durch die Familie, Freunde und Nachbarn fallen ins Gewicht, wenn die Massenmedien eine politische Frage auf jene Stufe öffentlichen Interesses gehoben haben, auf der Leute miteinander darüber diskutieren.«

H. Meyn schließlich meint:[19] ». . . nichts ist falscher als die Vorstellung, *der* Leser sei ein passiv aufnehmendes Einzelwesen in der Gewalt anonymer Manipulatoren . . .«

Die in der Öffentlichkeit vielfach bestehende Ansicht, Massenmedien förderten die Kriminalität, erscheint zweifelhaft. Allerdings wird zugestanden, daß bei Menschen, die für Kriminalität anfällig sind, diese Anlage möglicherweise gefördert wird.

Die Erfindung der Schrift war die notwendige Voraussetzung tradierter Kultur: Unsere bisherige Kultur wird deshalb sicher nicht zu Unrecht als »Wortkultur« bezeichnet. Gegenwärtig ereignet sich eine Zäsur: Der Übergang der Information vom Papier als dominierendem Informationsträger (Brief, Buch, Zeitung) zur Elektrizität als dominierendem Informationsträger (Fernsprecher, Hörrundfunk, Fernsehen, Bildkassette). Diese neuen Träger ermöglichen nicht nur die schnellere Informationsübertragung, sondern auch die Verwendung anderer Zeichen, vor allem bewegter Bilder. Derartige andere Zeichen werden voraussichtlich die menschliche Kommunikation sehr gründlich verändern. Die Frage ist: Kommt nach der »Wortkultur« nun die »Bildkultur«? Diese Frage soll hier nicht weiter behandelt werden. Sicher ist aber: Der Übergang zur Bildkultur wäre ein ungeheuer tiefer Einschnitt in die kulturelle Entwicklung des Menschen.

Stehen wir am Ende des Buchzeitalters? Diese Frage wird gegenwärtig heftig und widersprüchlich diskutiert.

Die Gegenwart hat für das Buch einige recht günstige Zeichen:

1. Eine von R. Zoll und E. Hennig publizierte Statistik[36] zeigt, daß den stärksten Buchkonsum diejenigen Berufe haben, deren Anteil an der Gesamtbevölkerung stark zunimmt: freie Berufe, Angestellte und Facharbeiter.

2. Menschen mit hoher Schulbildung lesen durchschnittlich mehr Bücher als Menschen mit geringer Schulbildung: Auch hier wirkt sich der gegenwärtige soziale Trend zugunsten des Buches aus.

3. Weiter ist zu bedenken, daß die in Zukunft zunehmende Freizeit dem Buchkonsum zweifellos förderlich ist.

4. Schließlich lesen junge Menschen im Mittel mehr als alte Menschen: Möglicherweise wird diese Gewohnheit von der heranwachsenden Generation teilweise bis ins Alter beibehalten.
Viele aktuelle Indizien sprechen also für eine günstige Entwicklung des Buches in der Zukunft. Einige weitere positive Sachverhalte seien in Erinnerung gebracht. Im Gegensatz zur weitverbreiteten Meinung, das Fernsehen vermindere den Buchkonsum, gibt es Hinweise, daß eher das Gegenteil richtig ist: Das Fernsehen als Werbung für das Buch; manche Bücher werden erst durch ihre Ankündigung im Fernsehen beachtet; Probleme werden beim Fernsehen bewußt und initiieren weiteres Studium anhand geeigneter Bücher und so weiter. Erinnert sei auch an die große Menge von Büchern, die im Zusammenhang mit den modernen Techniken entstanden, zum Beispiel Computer- oder Informationstechnik, also Techniken, von denen man leichthin meinte, sie würden das Buch verdrängen.
Trotzdem sind manche Literatur-Futurologen pessimistisch. Drei Argumente nähren diesen Pessimismus besonders:
Erstens die phantastischen Möglichkeiten der elektronischen Informationsspeicherung und Informationsübertragung. Man kann ja den Zeitpunkt absehen, zu dem die Informationstechnik die Möglichkeit schafft, zu jeder Zeit und an jedem Ort jede beliebige Information aus informationellen Verbundnetzen abzurufen.
Zweitens die Vermutung, daß in Zukunft der Informationskonsum weniger individuell und mehr in der Gruppe erfolgen würde.
Drittens die allgemeine Beschleunigung der Lebensabläufe, denen das relativ behäbige Buch nicht mehr gewachsen ist.
Diesen Argumenten *gegen* das Buch kann man Argumente *für* das Buch entgegenstellen, so beispielsweise:
Erstens sind die typischen Kosten (Anschaffungskosten und laufende Kosten) beim elektronischen Transport der Informationen für die meisten Konsumgewohnheiten höher als die entsprechenden Kosten beim Informationstransport durch das Buch.
Zweitens ist der zur Speicherung der Informationen benötigte Raum beim Buch noch geringer als bei der elektrischen Speicherung. Allerdings dürfte diese Unterlegenheit in den nächsten zwei Jahrzehnten verschwinden.
Drittens erscheint das Buch in seiner einfachen Konstruktion dem Nichttechniker als ein vertrauenswürdigeres Gebilde als beispielsweise eine Computer-Konsole mit optischer Ein- und Ausgabe. Der Techniker versteht denselben Sachverhalt als höhere Unempfindlichkeit gegenüber äußeren Störungen (einschließlich Sabotierbarkeit).
Ich bin überzeugt davon, daß die Faktoren, von denen vermutet wurde, daß

sie gegen das Weiterleben des Buches sprechen, in ihrer Stärke und Schnelligkeit überschätzt werden. Im Hinblick auf die Zeit bis zum Jahr 2000, also die nächsten drei Jahrzehnte, halte ich für wahrscheinlich:
1. Der Informationskonsum der Industriegesellschaften wird außerordentlich schnell zunehmen.
2. Innerhalb des sehr stark zunehmenden Gesamtvolumens wird der Anteil des Buches zwar *relativ* abnehmen, jedoch *absolut* noch zunehmen.
3. Die fortwährende Konkurrenzsituation, in der sich das Buch in übersehbarer Zeit befindet, wird es in Form und Inhalt verändern.
Für diese zu erwartenden Veränderungen halte ich folgendes für bestimmend:
1. Das Buch hat – verglichen mit anderen modernen Medien der Massenkommunikation – den geringsten Aktualitätsgrad, es dauert Wochen bis Jahre, um die Information vom Erzeuger zum Konsumenten zu transportieren. Gute Chancen hat das Buch vor allem dort, wo die Aktualität unwichtig ist.
2. Das normale Buch benutzt Sekundärzeichen, vor allem Schrift, und erzeugt deshalb beim Konsumenten eine distanzierende und abstrahierende Einstellung. Es ist eben keine »Literatur für Analphabeten«, wie zum Beispiel Comic strips. Gute Chancen hat das Buch also dort, wo die distanzierte und abstrakte Darstellung vorteilhaft ist.
3. Das Buch ist beliebig transportierbar und erleichtert den individuellen Konsum und die soziale Differenzierung stärker als beispielsweise Hörrundfunk oder Fernsehen mit ihren vorläufig begrenzten Auswahlmöglichkeiten.
Zur Klärung dieser zukünftigen Einflüsse (etwa bis zum Jahr 2000) wurden (durch B. H. Steinbuch) 40 Personen, meist akademischer Berufe, befragt. Die entsprechende Auswertung ergab folgende Beurteilung:

Voraussichtlich gute Chancen:	Belletristik
	(Bild-)Kunstbücher
	Wissenschaftliche Bücher
Mittlere Chancen:	Politische Bücher
	Kinderbücher
	Science-fiction
Schlechte Chancen:	Trivialliteratur
	Schulbücher
	Nachschlagewerke

Diese vorläufige Prognose steht zum Teil im Gegensatz zu anderen Prognosen, die zum Beispiel dem wissenschaftlichen Buch eine geringe Chance einräumen. Das Begleitbuch für den Medienverbund wird angesichts des starken fördernden Einflusses der anderen Medien des Verbundes eine starke Verbreitung finden, vor allem auch im Hinblick auf das lebenslange Lernen, das zweifellos in Zukunft notwendig sein wird.

Ich möchte auf einen Punkt hinweisen, der die Zukunftschancen des Buches nicht notwendigerweise stärkt, wohl aber die zukünftige Notwendigkeit des Buches: Die Buchproduktion ist – verglichen mit anderen Medien – am offensten gegenüber Außenseitern. Es gibt funktionierende Einmann-Verlage, aber es gibt keine Einmann-Produktionen für Schallplatten, Rundfunk, Fernsehen oder Kassetten. (Selbstverständlich im Sinne der Medienproduktion, nicht im Sinne der inhaltlichen Produktion.) Dies spricht für die Erhaltung des Buches, auch dann, wenn es marktwirtschaftlich nicht wirksam ist.

Daß sich das Buch in das Gesamtangebot der Medien einfügen muß, ist selbstverständlich. Für das hochwertige Spezialbuch, das nur wenige Konsumenten hat, wurde von K. Klitgaard[2] ein recht einleuchtender Vorschlag gemacht: Der Verlag prüft das eingereichte Manuskript, kündigt es in geeigneter Form an und produziert ohne jede Lagerhaltung Mikrofilmkopien entsprechend den Bestellungen.

Ich glaube also, daß von einem Ende des Buchzeitalters in den nächsten drei Jahrzehnten keine Rede sein kann, Buchhersteller und Buchverkäufer vielmehr mit Optimismus in die Zukunft schauen können.

Literatur

1 Adrian, W.: »Marginalien zum Informationszeitalter.« In: »Börsenblatt für den deutschen Buchhandel. Frankfurter Ausgabe.« Jg. 1969. Nr. 8.
2 »Am Ende des Buchzeitalters?« Hrsg. von W. Adrian. Trier 1968.
3 »ARD-Jahrbuch 1969.« Hrsg. von der Arbeitsgemeinschaft der öffentlich-rechtlichen Rundfunkanstalten der Bundesrepublik Deutschland. Hamburg 1969.
4 »ARD-Jahrbuch 1970.« Hrsg. von der Arbeitsgemeinschaft der öffentlich-rechtlichen Rundfunkanstalten der Bundesrepublik Deutschland. Hamburg 1970.
5 Bismarck, K. v., u.a.: »Zukunftsperspektiven des Rundfunks.« Köln 1968.
6 »Das Buch in der dynamischen Gesellschaft.« Hrsg. von W. Adrian u. a. Trier 1970.
7 »Communication in the space age.« Hrsg. von der UNESCO. Paris 1968.
8 Dröge, F., R. Weissenborn und H. Haft: »Wirkungen der Massenkommunikation.« Münster 1969.
9 Eckert, G.: »Das Fernsehen in den Ländern Westeuropas.« Gütersloh 1965.
10 Feldmann, E., und E. Meier: »Film und Fernsehen im Spiegel der Wissenschaft.« Gütersloh 1963.
11 »Fernsehen und Bildung.« Jg. 1970. H. 1/2.
12 Fucks, W.: »Nach allen Regeln der Kunst.« Stuttgart 1968.
13 Holzer, H.: »Massenkommunikation und Demokratie in der Bundesrepublik Deutschland.« Opladen 1969.
14 Hübner, P.: »Information – oder herrschen die Souffleure?« Hamburg 1964.
15 Kaplanow, M.: »Nachrichtenübermittlung um das Jahr 2000.« In: »Ideen des exakten Wissens.« Jg. 1970. H. 8. S. 453 bis 463.

16 Katz, E., und Lazarsfeld, P. F.: »Persönlicher Einfluß und Meinungsbildung.« Wien 1962.
17 »Kommunikation.« Hrsg. von O. W. Haseloff. Berlin 1969.
18 McLuhan, M.: »Die magischen Kanäle.« Düsseldorf, Wien 1968.
19 Meyn, H.: »Massenmedien in der Bundesrepublik.« Berlin 1968.
20 Muth, L.: »Blickpunkt 1975.« In: »Börsenblatt für den deutschen Buchhandel. Frankfurter Ausgabe.« Jg. 1969. Nr. 19.
21 Packard, V.: »Die wehrlose Gesellschaft.« Düsseldorf, Wien 1964.
22 Pross, H.: »Moral der Massenmedien.« Köln, Berlin 1967.
23 Schmidtchen, G.: »Manipulation durch die Massenmedien.« In: »Publikationen der Mainzer Universitätsgespräche. Sommersemester 1968.« Mainz 1969.
24 Schramm, W.: »Grundfragen der Kommunikationsforschung.« München 1969.
25 Silbermann, A.: »Bildschirm und Wirklichkeit.« Berlin 1966.
26 Silbermann, A., und Zahn, E.: »Die Konzentration der Massenmedien und ihre Wirkung.« Düsseldorf, Wien 1970.
27 Silbermann, A.: »Vorteile und Nachteile des kommerziellen Fernsehens.« Düsseldorf, Wien 1968.
28 Steinbuch, K.: »Die informierte Gesellschaft.« Stuttgart 1969.
29 –: »Zukunftsaufgaben der Informationstechnik im Hinblick auf das Bibliothekswesen.« In: »Zeitschrift für das Bibliothekswesen und Bibliographie.« Jg. 15 (1968). H. 5/6. S. 291 bis 306.
30 Sturm, H.: »Masse, Bildung, Kommunikation.« Stuttgart 1968.
31 Theile, H.: »Hinter dem Bildschirm.« Stuttgart 1970.
32 –: »Die Technik der audiovisuellen Systeme.« In: »Zeitschrift Audiovision.« Jg. 1 (1970). H. 7. S. 7 bis 10.
33 Tümmel, H.: »Bewegte Bilder seit 75 Jahren.« In: »VDI-Nachrichten.« Jg. 1970. Nr. 40. S. 33.
34 »Werbung heute und morgen.« (Kongreß der Werbung.) Hrsg. vom Zentralausschuß der Werbewirtschaft e. V. München 1969.
35 Widmann, H.: »Von Linear B zur Informationsbank.« In: »Das Buch in der dynamischen Gesellschaft.« Trier 1970.
36 Zoll, R., und E. Hennig: »Massenmedien und Meinungsbildung.« München 1970.

10 Informatik

Basiswissen

Als »Informatik« bezeichnet man neuerdings bei uns etwa das, was in den USA als »Computer Science« bezeichnet wird, die Wissenschaft von den Computern und ihrer Anwendung. Das Wort »Informatik« wurde um das Jahr 1955 der Firma Standard Elektrik Lorenz AG in Stuttgart geschützt.
Was heute als Informatik bezeichnet wird, ist aber schon viel älter. Früher benutzte man die Bezeichnungen »Datenverarbeitung«, »Nachrichtenverarbeitung« oder »Informationsverarbeitung«. Hierbei verweist »Verarbeitung« auf den wesentlichen Unterschied zur traditionellen Nachrichtentechnik: Es geht nicht darum, Nachrichten oder Informationen über räumliche Entfernungen zu transportieren, vielmehr Informationen verschiedener Herkunft oder verschiedener Bedeutung miteinander zu verknüpfen, wobei die Überwindung räumlicher Entfernungen unwesentlich ist.
Für die Informatik ist die Unterscheidung »Analog« – »Digital« von grundlegender Bedeutung. Bei den analogen Systemen wird die Verarbeitung mit Hilfe »analoger« Systeme geleistet, das sind solche, die denselben Gesetzen gehorchen wie die geforderten Verarbeitungsvorgänge. Dieses Vorgehen erinnert an die Anwendung von Modellen, beispielsweise im Windkanal. Bei den Analog-Computern werden die Aufgaben mit Hilfe meist elektrischer Modelle gelöst.
Ganz anders arbeitet die digitale Technik (Digital: von lateinisch »Digitus«, der Finger, bedeutet »ziffernmäßig«): Hier werden die zu verarbeitenden Informationen, also beispielsweise Zahlenwerte, Funktionszeichen, Buchstaben und so weiter »codiert«, das heißt durch eine vereinbarte Kombination einfachster Zeichen repräsentiert. Als solche einfachsten Zeichen benutzt man meist »binäre« Zeichen, das sind solche, die nur zwei zulässige Zustände kennen, wie zum Beispiel ein Relais, dessen Anker entweder angezogen oder nicht angezogen ist. Ähnlich werden Transistoren meist so betrieben, daß sie entweder maximalen Strom ziehen oder (praktisch) keinen Strom ziehen. Der Vergleich realisierter analoger oder digitaler Computer führt etwa auf das Ergebnis: Analog-Computer sind für manche relativ einfachen Aufgaben, wie zum Beispiel Lösung von Differentialgleichungen, zweckmäßig, weil einfach,

rasch und anschaulich, während Digital-Computer für Aufgaben praktisch beliebiger Komplexität programmiert werden können.
Man kombiniert neuerdings häufig die Vorteile der Analog- und der Digital-Computer und kommt so zu den sogenannten »Hybrid-Computern«. Die folgende Darstellung soll sich vorwiegend mit den digitalen Computern befassen.
Schon in vorchristlicher Zeit wurde der Abakus als Rechenhilfe verwendet, ein Gebilde ähnlich dem Kugelspiel, das für die Rechenanleitung von Kindern auch heute noch verwendet wird. Dieser Abakus ist ein besonders einfaches Beispiel digitaler Funktion: Die Kugeln werden entweder ganz nach links oder ganz nach rechts geschoben.
Der Rechenschieber, der erst im 17. Jahrhundert entstand, ist dagegen ein Beispiel eines analogen Geräts: Die Aufgaben (Multiplikation und Division) werden durch Addition oder Subtraktion der logarithmisch geteilten Stablängen gelöst.
Die erste digitale Rechenmaschine konstruierte Wilhelm Schickard (1592 bis 1635), Professor für biblische Sprachen an der Universität Tübingen. In Keplers Nachlaß fanden sich Briefe und Skizzen aus Schickards Hand über eine »Maschine, welche gegebene Zahlen im Augenblick automatisch zusammenrechnet, addiert, subtrahiert, multipliziert und dividiert«.
Aus der Frühzeit der Digitaltechnik ist noch Blaise Pascal (1623 bis 1662) zu nennen, dessen Maschine allerdings nur addieren konnte. Gottfried Wilhelm Freiherr von Leibniz (1646 bis 1716) arbeitete nicht nur an der Konstruktion mechanischer Rechenmaschinen, sondern erfand vor allem das Dualzahlensystem: Während das normale (Dezimal-)Zahlensystem auf Potenzen von Zehn (1, 10, 100, 1000, 10000 und so weiter) aufgebaut ist, benutzt das Dualzahlensystem Potenzen von Zwei (1, 2, 4, 8, 16, 32, 64 und so weiter). Während das Dezimalzahlensystem zehn verschiedene Ziffern benutzt (0, 1, 2, 3, . . . 9), benötigt das Dualzahlensystem nur die zwei Binärziffern (0 und 1) und ist deshalb für den Aufbau digitaler Computer besonders geeignet.
Für die geschichtliche Entwicklung der Digitaltechnik ist Jacques de Vaucanson (1709 bis 1782) bedeutungsvoll: Er konstruierte nicht nur eine Reihe spektakulärer Spielautomaten, sondern auch komplexe, steuerbare Webstühle.
Charles Babbage (1792 bis 1871) begann um das Jahr 1823 mit der Konstruktion seiner »Difference-Engine«, einer mechanischen Rechenanlage. Er vollendete zwar nie eine praktisch befriedigende Maschine, aber er benutzte Strukturen, wie sie für moderne Computer typisch sind. Er scheiterte hauptsächlich an der für solche Aufgaben unzureichenden Mechanik der damaligen Zeit.
Der Logiker und Mathematiker George Boole (1815 bis 1864) steuerte die

wichtigsten Grundlagen zur logischen Algebra bei. Man bezeichnet diese deshalb heute vielfach als »Boolesche Algebra«. Diese ist das wichtigste Hilfsmittel zur Beschreibung, zum Entwurf und zur Minimisierung (Auffindung geringen Aufwandes) digitaler Computer.
Hermann Hollerith (1860 bis 1929) erfand die Lochkarte und konnte mit ihr die USA-Volkszählung im Jahre 1890 mit einem kleinen Bruchteil der bisher üblichen Arbeit und in viel kürzerer Zeit ausführen.
In der Zeit vom Aufkommen der Lochkartenmaschinen (also etwa 1890) bis in die dreißiger Jahre des 20. Jahrhunderts geschah nichts Bedeutungsvolles für die zukünftige Computerentwicklung -- es war gewissermaßen die Ruhe vor dem Sturm. Seit etwa dem Jahre 1936 finden sich jedoch an mehreren Orten Entwicklungen, die wesentliche Fortschritte darstellten. Es gibt keinen Zweifel, daß es der Berliner Bauingenieur Konrad Zuse war, der als erster den entscheidenden Schritt zum programmgesteuerten Rechenautomaten machte. Sein im Jahre 1941 zur Funktion gebrachter Relais-Rechenautomat Z 3 hatte mit Programmsteuerung und Dualzahlensystem die typischen Eigenschaften moderner Computer. Programmsteuerung bedeutet, daß dem Computer eine geordnete Folge von Befehlen eingegeben wird, die einen bestimmten Rechnungsgang detailliert beschreibt. Mit welch unsäglichen Schwierigkeiten Konrad Zuse zu kämpfen hatte, zeigt sein Buch »Der Computer, mein Lebenswerk« (München 1970).
Um das Jahr 1942 entstand unter Leitung von V. Bush eine sehr große Integrieranlage am Massachusetts Institute of Technology, eine der markantesten Entwicklungen der Analogtechnik. 1943 konstruierten J. P. Eckert, J. W. Mauchly und H. H. Goldstine den ersten großen elektronischen Computer ENIAC (Electronic Numerical Integrator and Computer), der mit 18 000 Elektronenröhren eines der gigantischsten Gebilde der Elektronik ist. Er verbrauchte etwa 200 Kilowatt und füllte einen Saal.
Etwa um das Jahr 1955 wurde die Elektronenröhre immer mehr durch den Transistor ersetzt: Die Computer wurden kleiner und zuverlässiger und brauchten weniger Energie. Wohl das erste große Gerät, das ausschließlich Transistoren benutzte, war das »Informatik-System-Quelle« der Firma Standard Elektrik Lorenz AG, das ab 1957 viele Jahre lang im Betrieb war. Mit ihm konnten in einem Versandhaus Arbeitsspitzen, für die sonst etwa 1200 Menschen gebraucht wurden, mit nur etwa 400 Menschen erledigt werden.
Als »dritte Generation« der Computer (nach den Generationen mit Röhren und mit Einzeltransistoren) kommen seit den sechziger Jahren solche auf, bei denen eine größere Anzahl von Schaltelementen gemeinsam gefertigt wird (integrierte Technik) und sich eine weitere Miniaturisierung, höhere Zuverlässigkeit und höhere Funktionsgeschwindigkeit ergibt.

Über die Details der historischen Entwicklung sei auf Spezialliteratur verwiesen, so zum Beispiel das Buch »Die informierte Gesellschaft«.[3]

In der Informatik müssen drei Problemkreise betrachtet werden, die im wesentlichen die weitere Entwicklung bestimmen:
Die »Hardware«: Sie bezeichnet die materielle, technische Seite eines Computers. Darunter fallen die elektronischen Schaltungen, die Speicher, die Ein- und Ausgabegeräte und so weiter.
Die »Software«: Sie umfaßt die verschiedenen Programme, die für den Einsatz eines Computers gebraucht werden, sowie die allgemeinen Aspekte seiner Programmierung.
Die Computerstruktur: Sie kennzeichnet die interne Organisation des Systems, das die eingegebenen Daten verarbeitet, dessen Verbindungen und die funktionalen Zusammenhänge seiner Teile.
Diese drei Problemkreise seien nun kurz diskutiert. Dabei soll jeweils zunächst der heutige Stand skizziert und danach versucht werden, die zukünftige Entwicklung zu prognostizieren.

Hardware

Eine der wichtigsten Eigenschaften eines Computers ist die unvorstellbar hohe Geschwindigkeit, mit der vor allem arithmetische Operationen ausgeführt werden können.
Der Trend zu kürzeren Verarbeitungszeiten wird im wesentlichen durch die Zugriffszeit, die Größe und die Betriebseigenschaften der verwendeten Datenspeicher gehemmt. Die Zugriffszeit ist die Zeit, die zum Auslesen eines Speicherplatzes benötigt wird. Kurze Verarbeitungszeiten bedingen deshalb einen großen Speicher kurzer Zugriffszeit. Mit sinkender Zugriffszeit steigt aber der Preis eines Speichers erheblich und begrenzt daher aus wirtschaftlichen Gründen dessen Umfang. Man wird folglich zur Organisation einer Speicherhierarchie gezwungen, bei der ein schneller, kleiner »Arbeitsspeicher« automatisch von einem größeren, langsameren und billigeren »Hintergrundspeicher« mit den aktuellen Teilen des Programms und den Daten versorgt wird. Diese Hierarchie erreicht heute bei großen Anlagen vier bis fünf Stufen und verursacht durch die automatische Abwicklung des Programmnachschubs erhebliche interne Verwaltungsprobleme.
Die Betriebseigenschaften eines Speichers sind in zweifacher Hinsicht von Einfluß: Einerseits, weil bei den meisten Typen schneller Speicher der Inhalt des gelesenen Speicherplatzes infolge der Leseoperation zerstört wird. Er muß

deshalb in einem nachfolgenden Schreibvorgang regeneriert werden, für dessen Dauer der Speicher nicht benutzbar ist. Andererseits, weil nur bei Speichern mit »wahlfreiem« Zugriff alle Speicherplätze in einer konstanten Zugriffszeit ausgelesen werden können. Bei Speichern mit »zyklischem« oder »seriellem« Zugriff kann dagegen die Zugriffszeit zwischen einem minimalen und relativ großen maximalen Wert variieren.

Zur ersten Gruppe gehören die weitaus am häufigsten verwendeten Kernspeicher, bei denen für die Speicherung die Magnetisierung kleiner Ferritringe, der sogenannten »Ringkerne«, verändert wird.

In die zweite Gruppe fallen alle Speicher mit mechanisch bewegtem Speichermedium (sogenannte »magnetomotorische« Speicher) wie Trommel-, Platten- oder Bandspeicher. Die Speicherung erfolgt hier durch punktweises Magnetisieren einer dünnen Eisenoxid- oder Nickelschicht, die sich auf trommel-, platten- oder bandförmigem Träger befindet. Das Prinzip unterscheidet sich in dieser Hinsicht nur wenig von der Tonaufzeichnung auf Tonbändern. Es ist offensichtlich, daß bei diesen Speichertypen die Zugriffszeit schwankt, da stets abgewartet werden muß, bis der gesuchte Speicherplatz an die Stelle bewegt wurde, an der er ausgelesen werden kann.

Es sei hier noch erwähnt, daß sich die Magnetisierung besonders gut für die Speicherung in der Computertechnik eignet. Einer der Gründe dafür ist, daß in einem Computer alle Daten in binärer Form dargestellt werden. So kann zum Beispiel die Binärkombination 0101 die Zahl 5 des normalen Dezimalsystems bedeuten. Jeweils eine Stelle dieser Kombination, die demnach nur mit einer der Ziffern 0 oder 1 besetzt sein darf, wird als »Bit« bezeichnet. Die genannte Zahl 0101 ist also vier bit lang. Es läßt sich zeigen, daß man auf diese Weise ein Zahlensystem aufbauen kann, das zwar andere Rechenregeln besitzt, aber sonst dem üblichen Dezimalsystem äquivalent ist.

Zur magnetischen Speicherung eines Bit wird, abhängig davon, ob die Ziffer 0 oder 1 vorliegt, einer von zwei definierten Magnetisierungszuständen eingestellt. Die Anzahl der Bit, die ein Speicher fassen kann, dient als Maß für seine Größe beziehungsweise »Kapazität«.

Zur Illustration der technischen Entwicklung der Speicher zeigen die Bilder 1 und 2 die Abnahme der Zugriffszeit und Zunahme der Speicherkapazität in den vergangenen Jahren.

Es fehlte in diesem Zeitraum nicht an Versuchen, die Technologie der Speicher zu wechseln und neue Speichermedien einzuführen. Von einigem Erfolg waren hierbei nur die Dünnschicht- und die aktiven Halbleiterspeicher. Bei den erstgenannten handelt es sich um Kupferdrähte, auf denen eine Eisen-Nickel-Schicht durch ein spezielles elektrolytisches Verfahren in einer Dicke von etwa einem tausendstel Millimeter niedergeschlagen wird. Man spricht deshalb im

Amerikanischen von »plated-wire«-Speichern, einer Bezeichnung, die sich auch bereits im deutschen Fachjargon eingebürgert hat.

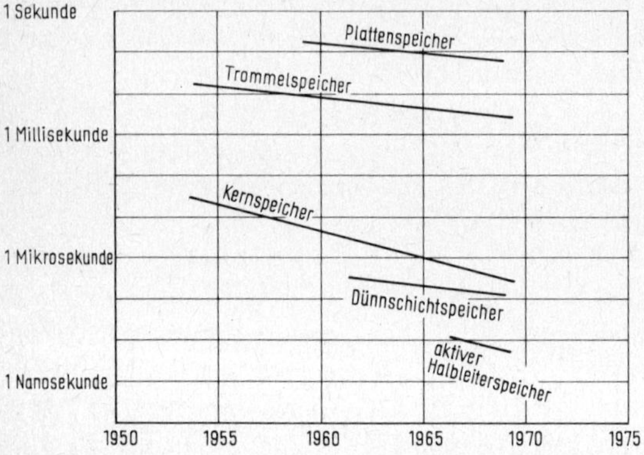

Bild 1: Entwicklung der Zugriffszeit.

Die zweite Gruppe unter den aussichtsreichen neuen Speichern sind die aktiven Halbleiterspeicher. Sie werden als »aktive« Speicher bezeichnet, weil sie im wesentlichen aus sogenannten »aktiven« Schaltelementen, den Transistoren, aufgebaut sind. In der Technologie unterscheiden sie sich daher nicht von den übrigen Teilen eines Computers. Ihr Aufbau weist eine Vielzahl gleichartiger Einzelschaltungen auf, von denen jede als ein einziger Speicherplatz dient. Sie sind infolgedessen sehr gut für eine Herstellung in der sogenannten »integrierten« Technik geeignet, auf die im Zusammenhang mit der Entwicklung der Schaltkreise noch eingegangen wird. Durch die gleichartige Technik des Aufbaus haben sie dieselben hohen Schaltgeschwindigkeiten wie die verarbeitenden Schaltkreise: ihre Zugriffszeit liegt deshalb, je nach Technik, zwischen 50 und 200 Nanosekunden (milliardstel Sekunden). Wesentliche Vorteile sind außerdem, daß nichtzerstörend ausgelesen werden kann und daß ihre Funktion gegenüber den magnetischen Speichern in weiten Grenzen von der Temperatur unabhängig ist.
Dem steht als Nachteil gegenüber, daß sie bis jetzt noch außerordentlich teuer sind und daß die gespeicherte Information, im Gegensatz zu den magnetischen Speichern, bei einem Ausfall der Versorgungsspannung verlorengeht.
Die zukünftige Entwicklung wird vermutlich wie folgt verlaufen: Die vierte Computergeneration, mit deren Erscheinen Mitte der siebziger Jahre gerechnet wird, besitzt Arbeitsspeicher auf Halbleiterbasis mit einer Zugriffszeit von weniger als zehn Nanosekunden und einen großen Hauptspeicher in Dünnschichttechnik mit einer Zugriffszeit von weniger als 100 Nanosekunden.
Als Massenspeicher stehen optische Speicher zur Diskussion. Ihre Funktion

könnte darauf basieren, daß ein Laserstrahl, dessen Richtung mit Hilfe eines Kristalles geändert werden kann, eine dünne Schicht aus einer Mangan-Wismut-Legierung punktweise ummagnetisiert. Auf diese Weise sind Speicherdichten von einer Million bit pro Quadratzentimeter erreichbar.

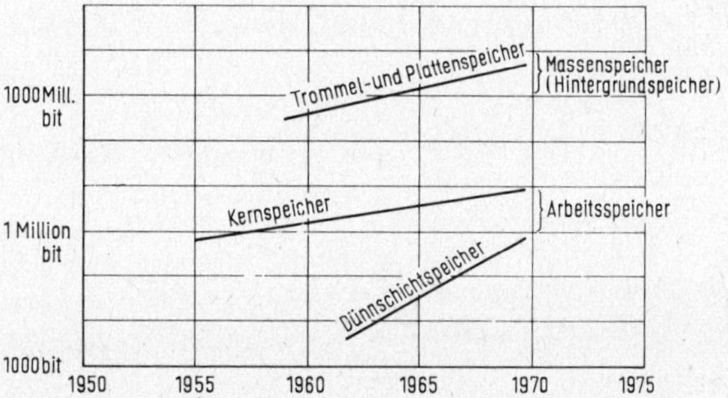

Bild 2: Entwicklung der Speicherkapazität.

Vielleicht erlangt auf dem Gebiet der Großraumspeicher auch die Kryotrontechnik wieder einige Bedeutung. Sie benutzt zur Speicherung den Effekt der Supraleitung bei Temperaturen in der Nähe des absoluten Nullpunktes.

Neben den Speichern bilden die Schaltkreise eine weitere wichtige Untergruppe der Hardware, da sie zum Aufbau der verarbeitenden Teile eines Computers dienen. Fast ausnahmslos wird gegenwärtig die sogenannte »integrierte« Technik angewendet. Bei ihr werden alle Schaltelemente, wie Transistoren, Dioden, Widerstände und so weiter, in großer Zahl auf einem einzigen Siliziumplättchen von der Größe weniger Quadratmillimeter erzeugt. Während man zur Zeit in der Lage ist, Schaltungen mit ungefähr 1000 Schaltelementen auf diese Weise herzustellen, wird es in den nächsten Jahren vielleicht möglich sein, Schaltungen mit 500000 Bauelementen und mehr zu produzieren. Muster mit 70000 Transistoren auf einem Siliziumplättchen existieren bereits heute in Forschungslabors der amerikanischen Industrie. Die Ausbreitungsverzögerungen der Signale liegen bei den gebräuchlichen Schaltungen im Bereich von 10 bis 100 Nanosekunden. Hier ist eine Verbesserung auf weniger als eine Nanosekunde wohl schon für die vierte Rechnergeneration zu erwarten. Sie steigert die Verarbeitungsgeschwindigkeit vermutlich auf das Zehn- bis Hundertfache. Zur Illustration dieser Entwicklung zeigt Bild 3 die Zunahme der Zahl der Additionen zweier Zahlen in den letzten Jahren. (Die Addition wird meist der Einfachheit halber als grobes Maß für die Verarbeitungsgeschwindigkeit herangezogen.)

Was die Technologie der Schaltkreise betrifft, so ist sehr wahrscheinlich, daß auch im kommenden Jahrzehnt noch die Halbleitertechnik dominieren wird.

Außer einer Verarbeitung auf rein optischer Basis sind jedenfalls keine Entwicklungen erkennbar, die diese Vorherrschaft in Frage stellen könnten.

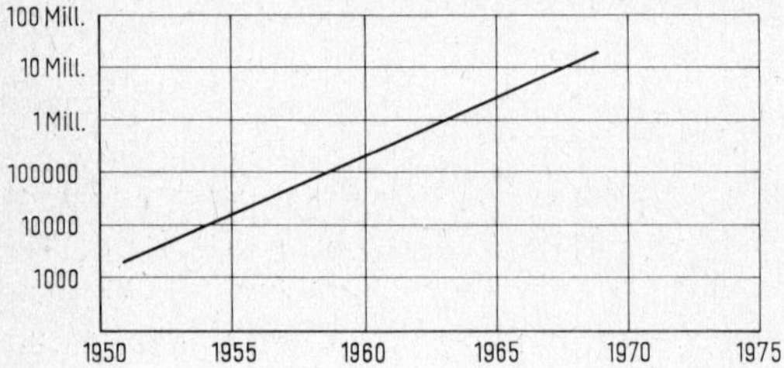

Bild 3: Zunahme der im Mittel pro Sekunde ausführbaren Additionen.

Wesentliche Änderungen wird es dagegen auf dem Gebiet der Ein- und Ausgabegeräte geben. Während im Moment noch Lochkarten, Lochstreifen und Zeilenschnelldrucker überwiegen, zwingt bereits heute die ungeheure Menge des produzierten bedruckten oder gelochten Papiers zur Suche nach neuen Lösungen. Diese müssen dadurch charakterisiert sein, daß die Speicherung der Ergebnisse nicht mehr außerhalb des Computers, zum Beispiel auf Papier, erfolgt, sondern intern in einer Speicherhierarchie praktisch unerschöpflicher Kapazität vorgenommen werden kann. Eine Ausgabe findet dann nur noch immateriell mit Hilfe von Sichtgeräten statt, deren Anzeige dreidimensionale und farbige Darstellungen gestatten wird. Für jene Fälle, in denen eine externe Speicherung unentbehrlich ist, werden elektronische Drucker zur Verfügung stehen, die mehr als 5000 Zeilen in einer Minute drucken. Besonders für Dokumentationszwecke wird man die Ein- und Ausgabe auf Mikrofilm bevorzugen. Bereits heute sind Geräte im Handel, die 16000 DIN-A4-Seiten auf einer Mikrofilmrolle ausgeben, die bequem in einer Hand zu halten ist. Für die Eingabe werden darüber hinaus in verstärktem Maße Belegleser, aber auch die menschliche Sprache in Frage kommen. Die Bedeutung der Spracheingabe hängt dabei sehr eng mit der Entwicklung der Software zusammen, auf die im folgenden Abschnitt eingegangen werden soll.

Software

Die Schwierigkeit der Programmierung eines Computers hängt von der Art und der Brauchbarkeit der Befehle ab, die in einem Programm verwendet werden dürfen. Im Gegensatz zur oft recht komplizierten Funktion der Befehle sind die Schaltkreise meistens nur zur Ausführung relativ primitiver Operationen in der Lage. Müßte ein Programm aus diesen aufgebaut werden, wäre die Programmierung außerordentlich umständlich und zeitraubend. Man ging deshalb schon bald dazu über, komplexere, brauchbarere Befehle zuzulassen, die durch interne Programme in die verfügbaren Primitivoperationen umgewandelt werden. Die Existenz dieser internen Übersetzungsprogramme, der sogenannten »Compiler« und »Assembler«, wird dem Benutzer meist nicht bewußt.

Es entstanden im Laufe dieser Entwicklung die sogenannten »problemorientierten« Programmiersprachen, deren Befehlsrepertoire auf ein bestimmtes Aufgabengebiet zugeschnitten ist und dort die Programmierung wesentlich erleichtert. Beispiele solcher Sprachen sind ALGOL (Algorithmic Language) und FORTRAN (Formula Translating System) für die Programmierung mathematischer Probleme sowie COBOL (Common Business Oriented Language) für das Gebiet der kaufmännischen Datenverarbeitung.

Die interne Buchhaltungs- und Organisationsarbeit, die beispielsweise durch die Speicherhierarchie verursacht wird, erfordert weitere interne Programme. Sie werden meist mit den Übersetzungsprogrammen unter dem Oberbegriff der »Systemprogramme« zusammengefaßt. Ihr Aufbau basiert im Grunde auch heute noch auf der anfangs erwähnten primitiven Operationsstruktur und erreicht deshalb einen Umfang und eine Komplexität, die in der Technik beispiellos sind. Außerdem sind sie meist nur für einen einzigen Maschinentyp eines Herstellers brauchbar, da sich nicht nur die interne Organisation, sondern auch die Befehle und Datenstrukturen der verschiedenen Anlagentypen häufig stark unterscheiden.

In dieser Beziehung ist zu erwarten, daß in Zukunft vom Hersteller weder ein bestimmter Satz von Befehlen noch eine feste Datenstruktur für eine Anlage vorgegeben werden. Die entsprechenden Steuereinheiten eines Computers sind dann auswechselbar und erlauben daher Veränderungen der Computerorganisation, so daß spezielle Aufgaben optimal gelöst werden können. In der allgemeinen Datenverarbeitung wird wahrscheinlich eine Konsequenz dieser Entwicklung sein, daß sich für weniger spezialisierte Zwecke die Befehle und die interne Datendarstellung vereinheitlichen. Das hätte zur Folge, daß Programme auch auf den Anlagen anderer Hersteller gerechnet und beliebig ausgetauscht werden können. Darüber hinaus wird es selbstverständlich möglich sein, alle Programme auf allen Mitgliedern einer Computer-Familie zu verwenden. Die Familien werden »auf- und abwärts kompatibel« sein. Die verschiedenen Typen unterscheiden sich dann nur noch in Preis und Verarbeitungsgeschwindigkeit.

Die bereits genannten Systemprogramme sind in ihrem gegenwärtigen Stand zu umfangreich, zu komplex und zu langsam. Da sie aber andererseits die leichte Programmierbarkeit der Anlagen bewirken, die natürlich nicht verschlechtert werden darf, kann hier eine Abhilfe nur von der Seite der verarbeitenden Schaltungen beziehungsweise des Rechneraufbaus kommen. Die Entwicklung geht vermutlich dahin, daß spezielle Schaltungseinheiten viele Aufgaben übernehmen, die jetzt noch durch Programme ausgeführt werden. Für diese Tendenz spricht auch die bereits erwähnte Herstellungsmöglichkeit komplizierter Schaltungen auf einem einzigen Halbleiterplättchen, die sogenannte »large scale integration« (LSI).

Voraussetzung einer solchen Entwicklung ist allerdings eine bessere Einsicht in die Wechselbeziehungen zwischen Software und Computerstruktur. Hier sind die Fortschritte bis jetzt allerdings noch gering. Die Klärung dieser Zusammenhänge sowie ihr Niederschlag in der Ausbildung der zukünftigen Computerkonstrukteure ist von allergrößter Wichtigkeit.

Selbstverständlich wird auch weiterhin der Trend zu bequemerer Programmierbarkeit anhalten. Er führt vermutlich dazu, daß der Computer bestimmte Programmteile selbst erzeugen kann, deren Benutzung sich nur auf die Ausführung des betreffenden Programms beschränkt.

Auf lange Sicht bringt diese Entwicklung wahrscheinlich eine vollkommene Abkehr von den bisher gewohnten Programmiersprachen, an deren Stelle dann vielleicht verbale Anweisungen treten, ähnlich denen, die in der Umgangssprache üblich sind.

Im Prinzip wird also dem Computer nur noch gesagt, was zu tun ist, aber nicht mehr, wie es zu tun ist. Es besteht die berechtigte Hoffnung, daß uns das kommende Jahrzehnt diesem Idealzustand ein gutes Stück näher bringt.

Computerstruktur

Die ursprüngliche Organisation eines Computers unterschied im Prinzip die in Bild 4 schematisch dargestellten Funktionseinheiten. Ihre Zusammenarbeit wird durch die Befehle eines Programms so gesteuert, daß die Berechnung der gewünschten Ergebnisse erfolgt.

Die relativ strenge Trennung der Funktionen ist mit einer Einschränkung der Flexibilität des ganzen Systems verbunden. Die Funktionseinheiten werden dadurch in der Regel nicht optimal genutzt, da die Abhängigkeit von der zentralen Steuerung nur in begrenztem Umfang eine selbständige Arbeitsweise gestattet. Aus diesem Grunde wurde in der Folge bald eine Dezentralisierung der steuernden Funktionen vorgenommen, die etwa zu dem in Bild 5 gezeigten Aufbau führte:

Die relativ langsamen Ein-/Ausgabeeinheiten sowie die externen Speicher können hier weitgehend selbständig arbeiten und blockieren deshalb nur noch in seltenen Fällen die schnelle Verarbeitungseinheit. Bei großen Systemen wird diese dann häufig noch in Baugruppen unterteilt, die auf eine zeitoptimale Ausführung bestimmter Funktionen wie Multiplikation, Division und so weiter spezialisiert sind.

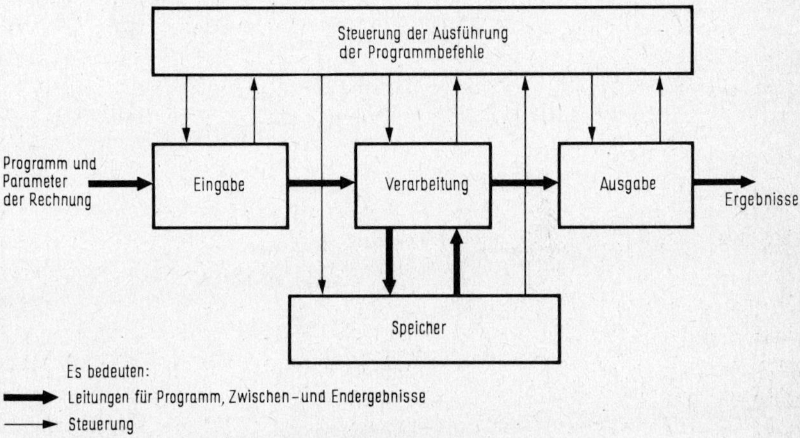

Bild 4: Organisation eines einfachen Computers.

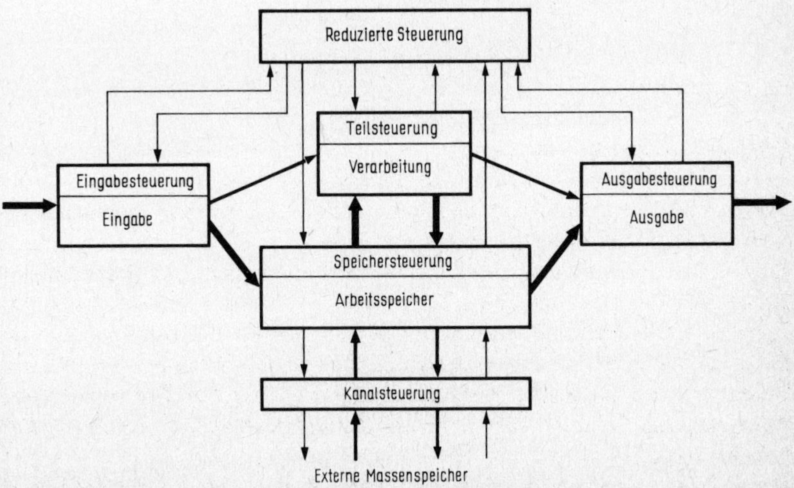

Bild 5: Organisation eines Computers mit teilweise dezentralisierter Steuerung.

Da die Funktionsgeschwindigkeit der mechanischen Ein- und Ausgabegeräte in der Vergangenheit weitaus langsamer anstieg als die der elektronischen Verarbeitungseinheiten, ist der jüngste Schritt dieser Entwicklung schließlich die Vervielfachung der Ein- beziehungsweise Ausgabegeräte. Man kommt

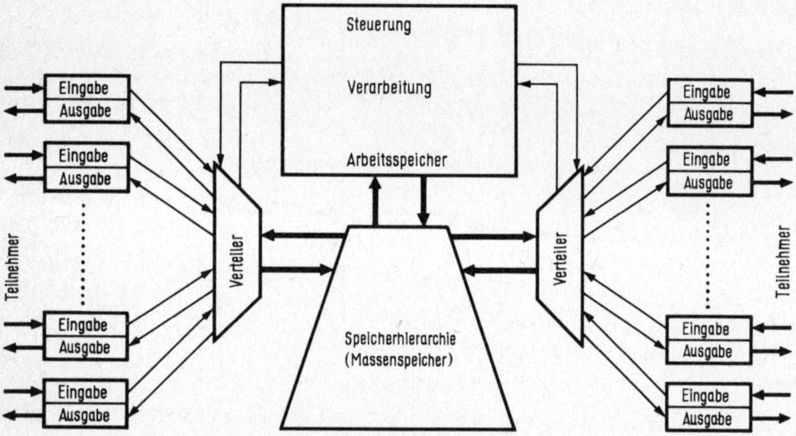

Bild 6: Prinzip eines Teilnehmersystems.

damit zu dem in Bild 6 dargestellten »Teilnehmersystem«, bei dem viele Benutzer über ihre Ein-/Ausgabegeräte gemeinsam mit der gleichen Verarbeitungseinheit zusammenarbeiten. Die Anlage durchläuft einen Zyklus, währenddessen sie jedem Teilnehmer auf Anforderung für eine gewisse Zeitspanne zur Verfügung steht. Der Durchlauf dieses Zyklus erfolgt so schnell, daß ein Dialog mit dem Computer möglich wird und der einzelne die Betreuung der Mitbenutzer entweder gar nicht bemerkt oder aber die geringe Verzögerung seiner eigenen Abfertigung nicht als Nachteil empfindet. Der Eindruck, die Anlage allein zu benutzen, wird noch dadurch verstärkt, daß durch interne Organisationsprogramme jeder Benutzer den gesamten Arbeitsspeicher der Anlage uneingeschränkt verwenden kann. Dies wird dadurch erreicht, daß die Programme der Teilnehmer in einer umfangreichen Hierarchie von Hintergrundspeichern untergebracht sind und die aktuellen Teile der Programme jeweils vor dem Zeitpunkt ihrer Bearbeitung in den Arbeitsspeicher gebracht werden. Es ist leicht einzusehen, daß damit die interne Verwaltungsarbeit infolge Umspeicherung, Registrierungsarbeiten und so weiter erheblich

ansteigt. In der Tat wird die bequemere Verfügbarkeit der Anlage für die verschiedenen Benutzer mit einem wesentlich schlechteren Wirkungsgrad gegenüber dem sonst üblichen Betriebsmodus bezahlt, bei dem die Programme nacheinander ohne Unterbrechung zu Ende geführt werden. Jedoch wird diese Verminderung der Wirtschaftlichkeit des Systems bei weitem durch die Vorteile des möglichen Dialogverkehrs zwischen Computer und Benutzer aufgewogen. Es wird damit die Erstellung von Programmen und die Bearbeitung von Forschungsaufgaben auf schnellere und konzentriertere Art und Weise als bisher möglich, da zum Beispiel sofort Programmfehler korrigiert werden können oder Zwischenergebnisse zugänglich sind, von denen die Richtung nachfolgender Überlegungen abhängt.
Die zukünftige Entwicklung wird sicher wegen der genannten Vorteile in Richtung der Teilnehmersysteme tendieren. Das gilt insbesondere für jene Anlagen, in denen große Datenmengen einem umfangreichen Benutzerkreis zur Verfügung stehen sollen. Diesem können prinzipiell auch weitere Computer angehören. Das hat zur Folge, daß die Datenübertragung in solchen Kommunikationssystemen einen bedeutenden Platz einnehmen wird. Hier werden Verbesserungen der Übertragungsgeschwindigkeit, die zur Zeit bei 2000 bis 3000 bit je Sekunde liegt, sowie Fragen der Codierung zur Erhöhung der Störsicherheit eine wichtige Rolle spielen.

Anzahl der Computer

Die Anzahl der Computer in den USA und in der Bundesrepublik Deutschland ist in Bild 7 dargestellt, dazu einige Prognosen für die folgenden Jahre.
In den USA gab es im Jahr 1955 etwa 1000 Computer, im Jahr 1970 etwa 70 000. Das entspricht einem jährlichen Zuwachs von etwa 33 %. In der Bundesrepublik Deutschland betrug das jährliche Wachstum in derselben Zeit etwa 31 %, Mitte 1970 waren 7259 installiert.[19]
Die Wachstumsrate wird in den kommenden Jahren vermutlich etwas geringer sein, die Schätzungen für die Bundesrepublik Deutschland im Jahre 1975 liegen zwischen 11 500 und 17 100 Computern, was Wachstumsraten von etwa 12,5 bis 22 % entspricht.
Bei derartigen Angaben muß man sich klar sein, daß die Anzahl der Computer ein immer fragwürdigeres Maß wird: Einerseits entstehen immer kleinere Computer,[13] deren Aufaddition mit den Computern möglicherweise tausendfachen Preises dubios ist, andererseits bestehen zeitgenössische Computerinstallationen vielfach aus einem ganzen Geflecht von Computern, wobei es problematisch ist, eine Anzahl zu nennen.

Wegen der sehr unterschiedlichen Größe und Leistungsfähigkeiten der heutigen Computer ist ihre Anzahl kein gutes Maß für den Grad der »Computerisierung«. So waren zum Beispiel 1966 in der BRD 39 % der Computer kleine und 58,5 % mittlere Anlagen, dagegen bei gleicher Einteilung in Großbritannien 13 % kleine und 75 % mittlere.

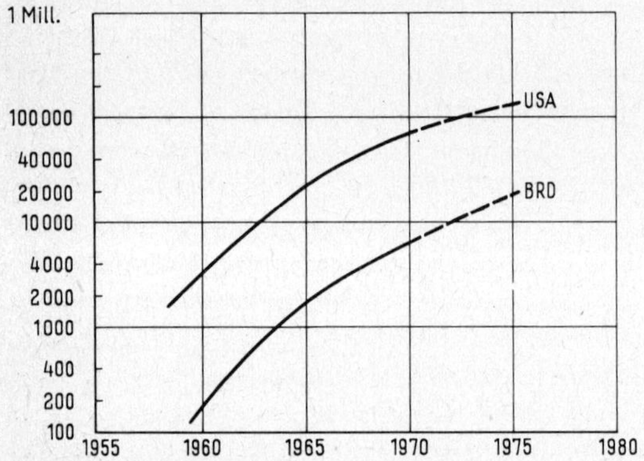

Bild 7: Anzahl der Computer in den USA und der Bundesrepublik Deutschland.

Ein besseres Maß wäre der Gesamtwert der installierten Computer. Da jedoch ein Teil der Computer vom Hersteller gemietet ist und in den Statistiken nur die Mietpreise auftreten, benützt man besser die jährlichen Aufwendungen für Computer, das heißt die Jahresmiete für gemietete und Abschreibungen für gekaufte Computer. Das sind in der BRD zur Zeit etwa zwei bis drei Milliarden DM pro Jahr. Wenn man berücksichtigt, daß dazu schätzungsweise noch einmal etwa das Doppelte an Ausgaben für Systemanalyse, Programmierung, Wartung und so weiter kommt, so erhält man eine Vorstellung vom gegenwärtigen Umfang der Computerindustrie.

Die relativen Kosten pro durchgeführte Operation sinken mit der Verbesserung der Technik sehr rasch. Geschätzte Werte liegen bei einer Reduktion um den Faktor zehn in jeweils etwa sieben Jahren. Die Funktionszeiten sinken in etwa fünf Jahren um den Faktor zehn. Für die räumliche Größe ergibt sich eine Reduktion auf ein Zehntel etwa alle neun Jahre.

Die Aufwendungen für Software, also den immateriellen Aufwand, der gebraucht wird, um einen Computer zur Funktion zu bringen, wachsen sehr rasch. Man schätzt, daß schon heute die gesamten Aufwendungen für die Software höher sind als die Aufwendungen für die Hardware. Diese Relation läßt sich jedoch schwer quantifizieren, weil in den Computerkosten die Softwarekosten mehr oder weniger enthalten sind. Es wird vermutet, daß die Software-Erstellung ab etwa 1980 zur umsatzmäßig größten Industrie wird.

Die weitere Verbreitung der Computer steht und fällt mit der Ausbildung einer ausreichenden Anzahl von Fachleuten. Diese werden für die Hardware-Entwicklung, Produktion und Wartung gebraucht und andererseits für die Systemanalyse und Software-Erstellung, schließlich auch für die Ausbildung. In den USA gibt es gegenwärtig etwa 300 000 Computerfachleute der verschiedenen Grade und Spezialisierung. Ihre Anzahl wird für 1975 auf 800 000 geschätzt. In der Bundesrepublik Deutschland sind es gegenwärtig etwa 60 000, für das Jahr 1975 werden etwa 80 000 bis 100 000 geschätzt.

Für die Anzahl der Programmierer bestehen mancherorts etwas unrealistische Erwartungen: Deren Anzahl wird wahrscheinlich langsamer als die Anzahl der Computer zunehmen. Gebraucht wird voraussichtlich eine recht bescheidene Anzahl, an die aber sehr hohe Anforderungen gestellt werden.

An vielen Universitäten der Bundesrepublik Deutschland wird gegenwärtig ein Studium der »Informatik« eingerichtet. In qualitativer Hinsicht ist dabei vor allem eine Lösung vom Studium der Nachrichtentechnik in seiner traditionellen, physikalisch-experimentell-konstruktiv geprägten Form notwendig, an dessen Stelle eine mehr systemorientierte Ausbildung treten muß. Sie ist mit einer Vermittlung des methodischen Instrumentariums zu koppeln, das größtenteils aus der angewandten Mathematik übernommen werden kann. Fächer einer solchen Ausbildung müssen unter anderem sein: Analysis, Numerische Mathematik, Lineare Algebra, Programmierung, Operations Research, aber auch Technik der Datenverarbeitung sowie Fragen der Systemorganisation, der kaufmännischen Datenverarbeitung und so weiter.

Nach Schätzungen der Datenverarbeitungsfirmen werden in der Bundesrepublik bis 1975 insgesamt etwa 9000 bis 10 000 Absolventen dieses Informatik-Studiums gebraucht. Unter der Voraussetzung, daß die Hälfte des Bedarfs durch firmeninterne Umschulung abgedeckt wird, müßten im Jahre 1975 bei einer jährlichen Wachstumsrate dieser Industrie von 12% etwa 1000 Absolventen die deutschen Hochschulen verlassen. Sie beenden dann einen Studiengang, der bei einer Studiendauer von zehn bis zwölf Semestern bereits 1969/1970 begonnen haben müßte.

Soll der genannte Bedarf durch die deutschen Hochschulen befriedigt werden, so geht daraus die zwingende Notwendigkeit hervor, solche Studiengänge in der Größenordnung der traditionellen ingenieurwissenschaftlichen Ausbildungsgänge unverzüglich einzurichten. Es ist andernfalls nicht zu vermeiden, daß für die 13 000 Computer, die vermutlich bis 1975 in der Bundesrepublik installiert sein werden, größtenteils kein qualifiziertes Personal zur Verfügung steht.

Ähnliche Überlegungen gelten leider auch für den Sektor der Entwicklung und Forschung in der Bundesrepublik, auf dem noch als weiteres Hindernis die im

Vergleich zu den USA dürftigen finanziellen Aufwendungen und das fast gänzlich fehlende Management der Wissenschaft hinzukommen.

Herstellung und Organisation des Computers ebenso wie seine praktische Anwendung bewirken eine große Zahl interdisziplinärer Wechselwirkungen. Bereits um die Herstellung der gegenwärtigen und zukünftigen Computer haben sich neue Wissenschaftsgebiete entwickelt. Benutzte man zum Aufbau der ersten Computer noch die konventionellen Bauelemente der Nachrichtentechnik, also Relais, Elektronenröhren oder Transistoren, so werden heute spezielle Elemente oder spezielle Baugruppen gerade für die Anwendung in Computern entwickelt und gefertigt. Hier entstehen neue Technologien, in denen physikalische Forschung und Verfahrenstechnik eng zusammenarbeiten, um noch billiger zuverlässigere, kleinere und schnellere Baugruppen herzustellen. Die benutzten Techniken sind keinesfalls einheitlich: Hier konkurrieren verschiedene physikalische Prinzipien miteinander. Besonders wichtig sind die Halbleiter und die Ferromagnetika. Aber auch andere physikalische Effekte werden sorgfältig studiert, so beispielsweise atomare »Tunnel-Effekte«, die elektrischen Eigenschaften von Gläsern und die Supraleitung. Starke Beachtung findet auch die Laser-Technik, beispielsweise für den Aufbau von Festwertspeichern.
Zum Verständnis der Funktion von Computern hat sich eine neue Theorie entwickelt: die »Automatentheorie«. Sie beschäftigt sich mit der Frage, wie der Zusammenhang zwischen den eingegebenen Informationen, den inneren Zuständen des Automaten und den ausgegebenen Informationen dargestellt werden kann und wie sich Vereinfachungsmöglichkeiten entdecken lassen.
Bei der »Automatisierten Entwurfsverarbeitung« wird ein vorhandener Computer dazu benutzt, einen neuen Computer, möglicherweise höherer Leistung, zu entwerfen. Hierzu werden dem vorhandenen Computer die elektrischen und mechanischen Eigenschaften der zu verwendenden Bauelemente eingegeben, und er sucht dann eine optimale elektrische und mechanische Anordnung dieser Bauelemente, so daß das vorgegebene Pflichtenheft erfüllt wird.
Die Bedeutung des Computers kann nicht auf einen engen Bereich eingegrenzt werden. Wo immer Informationen nach bewußten Gesetzen miteinander verknüpft werden, da ist eine Anwendung jetzt oder in Zukunft zu erwarten. Wer versucht, die zukünftige Entwicklung zu prognostizieren, der gerät in die Lage eines Menschen, der am Ufer eines Meeres steht und nicht sagen kann, wie weit dieses Meer nun reicht.
Diese unabgrenzbare Anwendungsmöglichkeit des Computers hat eine große Anzahl interdisziplinärer Wechselwirkungen zur Folge. Deshalb kann hier nur auf einige wenige exemplarisch hingewiesen werden.

Die Anwendung des Computers für verschiedene Zwecke geschieht meist unter Benutzung geeigneter »problemorientierter« Programmiersprachen. Als Beispiel wurden hierfür schon genannt:
ALGOL und FORTRAN vorwiegend für mathematische Aufgaben, COBOL vorwiegend für kaufmännische Zwecke.
Außer diesen gibt es aber noch sehr viele andere problemorientierte Programmiersprachen, so zum Beispiel für Maschinensteuerung, Zeichenerkennung und so weiter. Das Wesen derartiger Programmiersprachen liegt darin, daß der Benutzer des Computers sein Problem in der ihm geläufigen Notation formulieren kann, diese Notation dann im sogenannten Compiler automatisch in eine solche Form übersetzt wird, daß der Computer »maschinengerechte« Anweisungen bekommt. Der Benutzer braucht also nicht unbedingt Programmierspezialist zu sein, und er braucht auch weniger Zeit zur Erstellung des Programms.
Die langfristige Entwicklung führt möglicherweise zur Benützung der Umgangssprache als Programmiersprache. Hierbei muß im Hinblick auf manche Unschärfen der Umgangssprache (Homonyme, Synonyme, Kontextabhängigkeit und so weiter) die Programmierung in Dialogform geschehen, so daß der Benutzer die Fragen des Computers, die in einer für den Computer eindeutigen Form gestellt sind, auch eindeutig beantwortet.
Die Entwicklung derartiger Programmiersprachen und Programmiermethoden bewirkt starke interdisziplinäre Wechselwirkungen: Hier müssen Logiker, Mathematiker und Sprachtheoretiker eng zusammenarbeiten und vielfach die optimalen Arbeitsmethoden noch suchen.
Vermutlich brauchen wir in Zukunft eine erstaunlich geringe Anzahl »äußerer« Programmierer, aber einen Kern »innerer« Programmierer höchster Qualifikation.
Im Zusammenhang mit den vielfältigen Anwendungen der Computer spaltet sich schon jetzt das Studium der Informatik in mehrere Spezialrichtungen auf. Es wird in Kürze mindestens vier Arten von Informatikern geben:
1. den technischen Informatiker, den Hardware-Spezialisten,
2. den mathematisch-logisch orientierten Informatiker, den Software-Spezialisten,
3. den wirtschaftswissenschaftlich orientierten Informatiker und
4. den Rechtsinformatiker (dessen Studiengang an der Universität Regensburg durch die Initiative von Professor Steinmüller entsteht).

Vermutlich werden die zukünftigen Anwendungen der Praxis eine weitere Aufteilung notwendig machen, beispielsweise in Richtung medizinische, kriminologische und politische Informatik.
Viele Wechselwirkungen ergeben sich zwischen dem Gesamtkomplex »Auto-

mation« und der Computerentwicklung: Ist es doch der Zweck der Automatisierung, komplizierte Abläufe ohne Mitwirkung von Menschen zu kontrollieren. Hier entstehen zahlreiche Beziehungen zu allen Bereichen der Technik, zur Werkzeugmaschinentechnik, zur Regelungstechnik, Verfahrenstechnik und so weiter. Dieser Problemkreis wird im elften Kapitel behandelt.

Die Unternehmensführung verändert sich in unserer Zeit sehr gründlich: An die Stelle von Intuition und subjektiver Erfahrung treten immer mehr bewußte, optimierende Methoden, Informationssysteme, Operations Research, Planungsmethoden, Entscheidungsanalyse, Computer, kurzum Methoden, die man unter dem Begriff »Wirtschaftskybernetik« zusammenfassen kann.[12] Von diesen Methoden wird eine beträchtliche Verbesserung der Unternehmensführung erwartet. Derartige Methoden setzen Veränderungen beim Unternehmer voraus: An die Stelle des einsam nach Fingerspitzengefühl Entscheidenden tritt der Teamleiter, der alle Aspekte dieser kybernetischen Methoden kennt und die Arbeit seiner Experten optimal kontrolliert.

Bei den Unternehmensspielen werden Computer dazu benutzt, die Folgen bestimmter betrieblicher Entscheidungen am »Unternehmensmodell« zu untersuchen. Die Teilnehmer des Unternehmensspiels sollen vor allem folgende Fähigkeiten erlernen: Erkennen eines Problems, Beschaffung zusätzlicher Informationen, Herausarbeiten alternativer Entscheidungsmöglichkeiten, Entscheidung zugunsten der optimalen Alternative, Durchsetzen dieser Entscheidung gegenüber Widerständen, Überprüfung der Entscheidung am Erfolg oder Mißerfolg.

Diese Veränderungen im Bereich der Unternehmensführung sind typisch für viele andere Bereiche: Sehr viele intellektuelle Aufgaben, die früher mehr oder weniger bewußt oder gefühlsmäßig ausgeführt wurden, werden nunmehr in ein System bewußter Regeln (Algorithmen) gefaßt und dem Computer zur Erledigung übertragen.

Dies gilt beispielsweise für den Gesamtbereich der Didaktik, wo in Zukunft Computer beträchtliche Fortschritte ermöglichen werden. Hierauf wird im zwölften Kapitel eingegangen.

Durch Einsatz von Computern können manche Verkehrsprobleme besser als ohne ihn gelöst werden: so zum Beispiel durch optimale Verkehrslenkung auf den Straßen, durch Überwachung von Bewegungen zwecks Kollisionsverhinderung und so weiter. Für die Belegung der Verkehrsmittel werden spezielle Reservierungssysteme benutzt.

Sehr große Bedeutung haben die Computer für die Raumfahrt: Die Ermittlung optimaler Bahnen ebenso wie die Steuerung auf diesen optimalen Bahnen wären ohne Computer nicht möglich. Als die Astronauten von Apollo 13 durch die Explosion an Bord in Lebensgefahr gerieten, wurden die optimalen

Rettungsmaßnahmen mit Hilfe von Computern sehr schnell ermittelt. Vermutlich hätten die Astronauten nicht mehr zur Erde zurückkehren können, wenn die Leitzentrale keinen Computer zur Verfügung gehabt hätte.

In der naturwissenschaftlichen Forschung zeigt sich folgende Entwicklung: Meß- und Beobachtungsergebnisse werden nicht mehr durch Menschen registriert, sondern vielfach in einer »maschinengerechten« Weise von den Meß- und Beobachtungsgeräten unmittelbar an Computer gegeben, die die angelieferten Informationen dann verarbeiten. Diese unmittelbare Kopplung der Meßsysteme entlastet nicht nur das menschliche Nervensystem, sondern führt auch zu einer genaueren und schnelleren Auswertung der Meßergebnisse und zu einer zuverlässigeren Dokumentation.

Eine Ausweitung wird diese Entwicklung im Zusammenhang mit der automatischen Zeichenerkennung erfahren. Schon jetzt werden zum Beispiel Blasenkammeraufnahmen mit Hilfe der Bildabtastung durch Computer ausgewertet. Es wird angestrebt, Wolkenbilder, die von Satelliten aufgenommen werden, unmittelbar durch Computer auszuwerten, um die Wetterprognose zu verbessern. Auf lange Sicht kann auch gehofft werden, daß Röntgenbilder durch Computer analysiert werden, was beispielsweise für die medizinische Diagnose bei Reihenuntersuchungen von großer Bedeutung sein wird. Wegen der zahlreichen Anwendungen der Computer in der Medizin – für die Diagnose und für die Therapie – sei auf das Buch von M. W. Gall »Computer verändern die Medizin«[6] hingewiesen.

Mit den »Informationsbanken« entwickelt sich eine ganz neue Art der Computerbenutzung: Hier steht weniger die Verknüpfung im Vordergrund, vielmehr die Präsenz großer Informationsmengen und deren leichte Auswählbarkeit. Als »Informationsbank« wird ein Spezialcomputer mit besonders großer Speicherausstattung verstanden, der eingehende Informationen klassifiziert, komprimiert und abspeichert und diese auf Anfrage wieder zur Verfügung stellt. Speziell für die Aufgaben der Unternehmensführung werden »Management-Informationssysteme« entwickelt, die einerseits alle Entscheidungsgrundlagen zur Verfügung stellen und andererseits den Ablauf der Routine-Entscheidungen kontrollieren.[12,20]

Die Systemanalyse ist eine neue wissenschaftliche Disziplin, die sich mit der Analyse und Synthese komplizierter Informationssysteme befaßt, vor allem mit der Einfügung von Computern in Organisationen. Der »Systemanalytiker« ist schon jetzt – und wird es noch mehr in Zukunft sein – ein sehr gesuchter Beruf. Das eigentliche Ziel der Systemanalyse ist die Synthese optimaler Organisationen. Deshalb hat innerhalb der Systemanalyse die Optimierungstheorie eine große Bedeutung.

Die Computersysteme verursachen meist große Kosten. Deshalb ist eine

sorgfältige Planung angebracht. Diese muß nach einer gründlichen Analyse des Ist-Zustandes Klarheit über folgende Fragen erbringen: Präzisierung der Aufgabe, Klärung der Mittel, Systementwurf, Klärung der Programmierungsfragen, des Notbetriebs, der Schulung und der Dokumentation.
Für die zeitliche Koordinierung derartiger Vorhaben bieten sich Planungsmethoden an, die das Stichwort »Netzplantechniken« zusammenfaßt. Diese benutzen »Graphen« zur Darstellung der zeitlichen Folge der Aktivitäten verschiedener, miteinander zusammenarbeitender Arbeitsgruppen.

Probleme

Die Entwicklung der Informatik erzeugt eine Reihe von Problemen, Gefahren und Chancen, die rechtzeitig bedacht werden müssen. Hier ist zunächst auf die enorme Zunahme der produzierten Informationen hinzuweisen (»Informationslawine«). Zwar ermöglichen die Informationsbanken die geordnete Konservierung dieser enormen Informationsmengen, aber deren moralische Kontrolle geht vielfach verloren. Solange die Informationen eng mit dem menschlichen Bewußtsein und dem menschlichen Gedächtnis verbunden waren, da waren sie auch eng an bestimmte moralische Bedingungen gekoppelt: Mit den Informationsbanken löst sich aber die Kopplung von Information und Moral. Welche Gefahren hieraus entstehen, läßt sich vorläufig nur schwer beurteilen. Vermutlich kann man diesen Gefahren nur dadurch begegnen, daß man moralische Bedingungen bewußt macht, codifiziert und den technischen Systemen einprogrammiert.
Eine weitere Gefahr liegt in der zunehmenden Transparenz gesellschaftlichen, wirtschaftlichen und politischen Geschehens. Wenn erst einmal die Informationsbanken unser Leben in einer solch extremen Weise überwachen, wie es möglich ist und mancherorts diskutiert wird, dann verschwindet die Privatsphäre, deren Achtung ein Zeichen jeder Hochkultur ist. Die Menschen leben dann wie in einem Aquarium und können von allen Seiten angestarrt werden. So kann es kommen – aber es muß nicht so kommen. Man kann die Informationsbanken, die die Funktionen der Einwohnermeldeämter, der Steuerämter, der ärztlichen Überwachung und der übrigen Verwaltungen übernehmen, durchaus so organisieren, daß diese Nachteile vermieden werden. Man muß hierzu den Intimbereich der Individuen genau definieren: Wer darf welche Informationen abrufen, welche Sicherungen müssen gegen Mißbrauch eingebaut werden und so weiter. Besonders kritisch wird dieses Problem im Hinblick auf die Kontrolle der Regierung durch das Parlament: Einerseits muß sich eine Regierung einen bestimmten Informationsbesitz vor

der Öffentlichkeit – letztlich auch vor dem Parlament – reservieren, aber andererseits darf diese Reserve nicht soweit gehen, daß eine demokratische Kontrolle ausgeschlossen wird.
Eine weitere Gefahr besteht in der Abhängigkeit von wenigen zentralen Installationen: Wenn diese technisch ausfallen oder wenn das Personal streikt, dann entstehen der Gesellschaft und der Wirtschaft enorme Schwierigkeiten. Deshalb wird man die Zentralisierung nicht unbegrenzt betreiben können, vielmehr teilweise dem föderativen Prinzip folgen.
Eine andere Überlegung führt zu demselben Ergebnis, nämlich die Abwendung der geheimen Verführung. Die Programmierer der zentralen Informationsbanken haben über den Sprachgebrauch und über die Organisationsprinzipien einen starken Einfluß auf die Gesellschaft und die Wirtschaft. Wenn man nicht der Fiktion verfällt, es gäbe einmal eine ideologiefreie Sprache und ideologiefreie Organisation, so erkennt man als einzigen Ausweg den Aufbau einer Vielzahl konkurrierender Informationssysteme, gewissermaßen die in Hardware übersetzte Liberalität. Die Benützer der Informationssysteme müssen dann deren Unterschiede bewußt wahrnehmen und auswählen.
Auf jeden Fall muß man Meinungsmonopole vermeiden. Was bisher schon mit den traditionellen Informationssystemen, von den Zeitungen bis hin zu den Fernsehsystemen, gemacht wurde, muß auch in Zukunft sichergestellt werden: eine Vielzahl konkurrierender Angebote. So wird die Macht möglicher Manipulateure begrenzt. Unerträgliche Situationen entstehen, wenn nur eine einzige Machtkonstellation Zugang zu den Informationsbanken hat.
Eine besonders umstrittene Frage ist die nach der »maschinellen Intelligenz« oder anders gefragt: Können Maschinen intelligenter als Menschen sein? Bei der Untersuchung dieser Frage vermengen sich vielfach Wunschdenken und Sachinformationen in unerträglicher Weise. Die einen argumentieren etwa so: Bisher gibt es keine nennenswerten Ergebnisse, die uns berechtigen, von »maschineller Intelligenz« zu sprechen. Das wenige, was man heute schon mit Maschinen machen kann, ist eigentlich nicht gerade das, was man als »Intelligenz« bezeichnet, und schließlich wurden hierzu die Computer erst programmiert, es ist also nichts anderes als die menschliche Intelligenz, die sich hier manifestiert.
Die anderen argumentieren so: Daß die bisherigen Ergebnisse nicht sehr eindrucksvoll sind, ist gar nicht überraschend, schließlich ist die Komplexität der benutzten Strukturen auch noch viel geringer als die der im menschlichen Gehirn wirkenden Strukturen. Andererseits wird ja auch das menschliche Gehirn von anderen Menschen programmiert, und schließlich darf man wesentlich weiterführende Ergebnisse erst dann erwarten, wenn lernfähige Computer direkt mit der Außenwelt in Kommunikation treten.

Die Entwicklung der maschinellen Intelligenz ist belastet durch Erwartungen, die in den fünfziger Jahren aufkamen und bisher nicht eingelöst werden konnten. Die gegenwärtige Entwicklung ist gekennzeichnet durch eine gewisse Resignation angesichts einer Aufgabe, deren Dimensionen immer deutlicher in Erscheinung treten. Aber trotzdem besteht kein Grund zu der Annahme, daß die Entwicklung der maschinellen Intelligenz plötzlich auf unüberwindliche Schwierigkeiten, zum Beispiel eine nicht mehr kausal erklärbare Funktion, stoßen würde.

Es kann nicht ausgeschlossen werden, daß die intellektuellen Leistungen der Computer die intellektuellen Leistungen der Menschen in Zukunft ebenso überholen werden, wie beispielsweise die Geschwindigkeit moderner Verkehrsmittel die Geschwindigkeit des Menschen überholt hat. Eine solche Entwicklung wird möglicherweise zu einem psychischen Effekt führen, der als »zweite Entfremdung« bezeichnet werden kann. Beklagte einst Marx, daß in der Produktion der arbeitende Mensch nur noch ganz unbefriedigende Teilfunktionen ausführe, so wird es im Zusammenhang mit der Entwicklung der maschinellen Intelligenz möglicherweise dazu kommen, daß der Mensch nur noch die einfachsten intellektuellen Prozesse selbst ausführt, die Prozesse größerer Schwierigkeit oder größerer Bedeutung jedoch dem Computer überträgt. Eine solche Entwicklung würde zweifellos das menschliche Selbstverständnis sehr tiefgehend verändern.

Eine weitere, im 2. Kapitel diskutierte Frage ist die nach der Kreativität der Computer oder anders formuliert: Können Computer komponieren, dichten, bilden und so weiter?

Versucht man, der zukünftigen Entwicklung der Computer Ziele zu setzen, so erscheinen zunächst einige triviale Wünsche: Die Computer möchten doch billiger, kleiner, leichter zu bedienen, zuverlässiger und schneller sein und über größere Speicherkapazitäten verfügen. Vor allem die Forderung nach größerer Geschwindigkeit mag manchen überraschen, der von den erstaunlichen Funktionsgeschwindigkeiten zeitgenössischer Computer beeindruckt ist. Praktisch zeigt es sich jedoch, daß auch Operationszeiten von milliardstel Sekunden noch zu lange sind, um manche Aufgaben in erträglicher Zeit lösen zu können. Die praktische Arbeit am Computer wird häufig durch die Engpaßsituation bei der Ein- und Ausgabe erschwert. Die Teilnehmersysteme und die optische Ein-Ausgabe wird diesen Engpaß mildern. Die Notwendigkeit, vor der Computerbenutzung zuerst Programmierkenntnisse zu erwerben, sollte in Zukunft weiter abgebaut werden, so daß schließlich in normaler Umgangs- oder Fachsprache Computer programmiert werden können.

Die Sprach- und Schriftzeichenerkennung sollte es auf lange Sicht gestatten, dem Computer Befehle in normaler gesprochener Sprache oder durch geschriebene Anweisungen zu erteilen. Ein einheitlicher Kommunikationsmodus für Menschen und Computer würde die Einfügung der Computer beträchtlich erleichtern. Erinnert sei hier etwa an die ermüdenden und zeitraubenden Arbeiten im Scheckdienst und beim Briefsortieren.

Im Interesse der Flugsicherheit sollten Computersysteme so organisiert werden, daß die räumliche Bahn jedes Flugzeugs in jedem Augenblick verfolgt wird und drohende Kollisionen mit Sicherheit ausgeschlossen werden.

Computer sollten die Gesundheitsfürsorge wirksamer machen, so daß drohende Erkrankungen frühzeitig erkannt und die optimale Therapie rechtzeitig eingeleitet wird.

Die bisher wenig erfolgreiche automatische Sprachübersetzung sollte weiterentwickelt werden, so daß Sprache und Schrift ohne nennenswerte Schwierigkeiten die Sprachbarrieren überwinden können und so das Mißtrauen zwischen den Völkern abgebaut werden kann.

Die Methoden zur Simulation des Verhaltens von Menschen und Gesellschaften sollten weiterentwickelt werden, so daß Konfliktsituationen frühzeitig erkannt und Aggressionen gewaltfrei abgebaut werden können. Dies hängt eng mit dem Einbau moralischer Hemmungen in Computersysteme zusammen: Welche Regulationen müssen getroffen werden, so daß Menschen aggressionsfrei zusammenleben können?

Literatur

1 Beauclair, W. de: »Rechnen mit Maschinen.« Braunschweig 1968.

2 Beinhauer, H., und E. Schmacke: »Fahrplan in die Zukunft.« Düsseldorf 1970.

3 Churchman, C. W.: »Einführung in die Systemanalyse.« München 1970.

4 »Diebold-Statistik der installierten elektronischen Rechenanlagen in der Bundesrepublik Deutschland.« Frankfurt a. M. 1970.

5 Fuchs, W.: »Knaurs Buch der Denkmaschinen.« München 1968.

6 Gall, M. W.: »Computer verändern die Medizin.« Stuttgart 1969.

7 Ganzhorn, K., und F. Walter: »Die geschichtliche Entwicklung der Datenverarbeitung.« (»Jahrbuch des elektrischen Fernmeldewesens.«) Bad Windsheim 1969.

8 Ganzhorn, K., und K. Tjaden: »Was ist Software?« Köln 1970.

9 Hoppe, A.: »Maschinelle Verarbeitung der Sprache auf der Basis einer kommunikativen Grammatik.« In: »Studium generale.« Jg. 1969. H. 22. S. 310 bis 338.

10 »Industrielle Produktion.« Hrsg. von K. Agthe, H. Blohm und E. Schnaufer. Bad Homburg v. d. H. 1967.

11 Kaufmann, H.: »Zukunftsentwicklungen der Informationstechnik.« In: »Systems 69.« Stuttgart 1969.

12 Lindemann, P.: »Unternehmensführung und Wirtschaftskybernetik.« Neuwied 1970.

13 Mösl, G.: »Elektronische Tischrechenautomaten.« Berlin 1970.

14 Steinbuch, K.: »Automat und Mensch.« 4. Aufl. Berlin 1971.
15 –: »Die informierte Gesellschaft.« Stuttgart 1969.
16 Steinbuch, K., und D. Schmid: »Zur Zukunft der Informatik.« In: »1980 ist morgen. Technik und Forschung der nächsten zehn Jahre.« Düsseldorf 1969.
17 »Strukturwandel der Wirtschaft im Gefolge der Computer.« Hrsg. von F. Scharpenack. Basel 1966.
18 »Taschenbuch der Nachrichtenverarbeitung.« Hrsg. von K. Steinbuch. Berlin, Heidelberg, New York 1967.
19 »Untersuchung des Einsatzes von Elektronischen Datenverarbeitungsanlagen in Deutschland.« Hrsg. von P. Jansen u. a. Institut für angewandte Reaktorphysik. Kernforschungszentrum Karlsruhe 1969.
20 Wahl, M. P.: »Grundlagen eines Management-Informationssystems.« Neuwied 1969.

11 Automatisierung

Basiswissen

Als »Automat« (griechisch: »Selbstbeweger«) bezeichnet man eine technische Einrichtung, deren Funktionen selbständig ablaufen.
Als »Automatisierung« bezeichnet man demnach einen Aufbau von Produktionsvorgängen, die weitgehend selbständig ablaufen. Typisch für die gegenwärtige Automatisierung ist die Anwendung komplexer Steuer- und Regelungssysteme bis hin zum Computer. Hier werden Maschinen nicht durch Menschen, sondern durch andere Maschinen kontrolliert.
Gelegentlich wird zwischen »Automatisierung« und »Automation« unterschieden. Mit »Automatisierung« wird die wissenschaftlich-technische Seite des Phänomens bezeichnet, bei »Automation« werden aber auch noch die wirtschaftlichen und sozialen Folgen mit betrachtet. C. M. Dolezalek erklärt folgendermaßen: »Automatisierung (englisch: automation) heißt, einen Vorgang mit technischen Mitteln so einzurichten, daß der Mensch weder ständig noch in einem erzwungenen Rhythmus für den Ablauf des Vorganges tätig zu werden braucht.«
Die Geschichte der Automatisierung begann schon in vorchristlicher Zeit, als Verkaufsautomaten für Weihwasser aufgebaut wurden. Nach Einwurf einer Münze öffnete sich der Abfluß für das Weihwasser kurzfristig.
Heron von Alexandria (um 100 nach Christus) beschrieb automatische Tempeltüröffner, bei denen die Tore sich über eine hydraulische Anordnung dann öffneten, wenn das Altarfeuer entzündet worden war. Ferner beschrieb Heron Öllampen, bei denen der Docht automatisch nachgeschoben wurde.
Bild 1 zeigt eine Feilenhaumaschine nach einem Entwurf von Leonardo da Vinci (1452 bis 1519), bei welcher der Vorschub des Werkstücks und die Betätigung des Werkzeugs automatisch geschah. Die benötigte Energie stammte aus einem Fallgewicht. Leonardo dachte viel darüber nach, wie er die Energieversorgung wirkungsvoller gestalten konnte, und entwarf primitive Dampfmaschinen.
Ein Seitenzweig der Automatisierung ist die Uhrenentwicklung, teilweise mit kunstvollen beweglichen Figuren. Hier begann die Technik der mechanischen

Trommelspeicher: umlaufende zylindrische Stiftträger, die in vorbestimmtem Ablauf bestimmte Mechanismen betätigen.

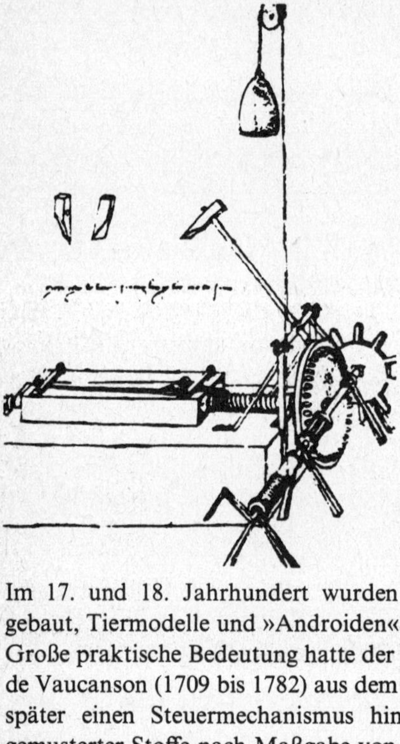

Bild 1:
Feilenhaumaschine, die durch ein Fallgewicht betätigt wird. (Nach einem Entwurf von Leonardo da Vinci.)

Im 17. und 18. Jahrhundert wurden viele kunstvolle Spielautomaten aufgebaut, Tiermodelle und »Androiden« (bewegliche Menschenmodelle).
Große praktische Bedeutung hatte der vollmechanische Webstuhl von Jacques de Vaucanson (1709 bis 1782) aus dem Jahre 1745. (Bild 2). Diesem fügte man später einen Steuermechanismus hinzu, der die Anfertigung verschieden gemusterter Stoffe nach Maßgabe von Lochstreifen gestattete: Wohl die erste praktische Benutzung einer Lochstreifensteuerung.
Bei der Automatisierung spielen zwei Begriffe eine besondere Rolle: Steuerung und Regelung (Bild 3). Bei der Steuerung geht eine lineare Wirkungskette von einer Ursache (x_e) über das Steuerglied zu einer Wirkung (x_a). Im Gegensatz hierzu wird bei der Regelung die Wirkung (x, Regelgröße) an den Regler zurückgemeldet und mit der Führungsgröße (w) verglichen, so daß sich eine Kreisstruktur ergibt (»feedback«). Die Unterscheidung zwischen Steuern und Regeln ist nur im deutschen Sprachgebrauch eindeutig, während zum Beispiel im anglo-amerikanischen Sprachgebrauch das Wort »control« entweder »steuern« oder »regeln« bedeuten kann. (Auch bei Übersetzungen aus dem Russischen werden diese beiden Begriffe oft zusammenfassend als »steuern« bezeichnet.) Neuerdings wird auch im deutschen Sprachgebrauch Kontrolle als Oberbegriff von Steuern und Regeln verwendet.

Bild 2: Vaucansons vollmechanischer Webstuhl aus dem Jahr 1745.

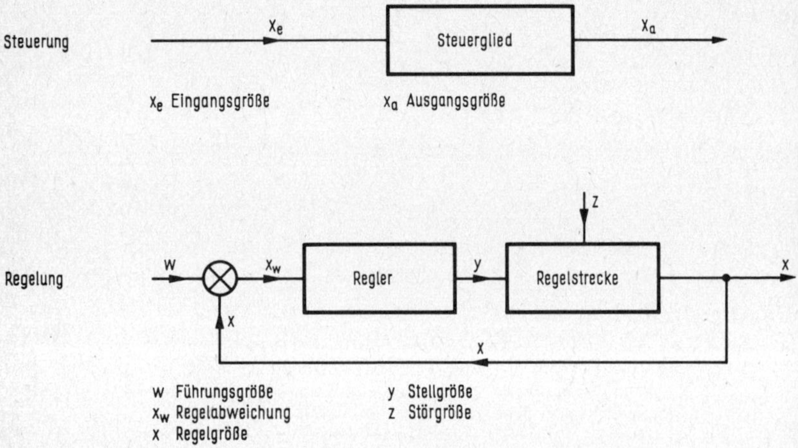

Bild 3: Steuerung und Regelung.

Die bisher erwähnten Beispiele früher Automatisierung beruhen auf Steuerung, sie benutzen keine Rückführung, die für Regelung wesentlich ist. Der erste absichtlich benutzte Regelungsvorgang ist wohl der Fliehkraftregler aus dem Jahre 1786, der meist auf J. Watt und J. Rennie zurückgeführt wird (Bild 4). Dieser Fliehkraftregler hält die Drehzahl einer Dampfmaschine

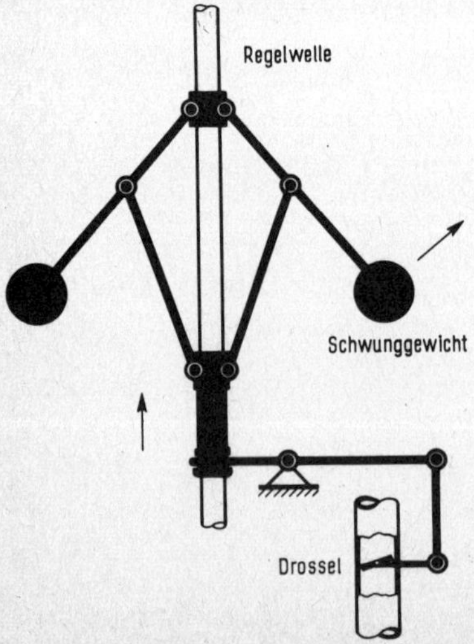

Bild 4: Fliehkraftregler. Steigt die Drehzahl der Regelwelle, so steigen die Schwunggewichte (Pfeil), das Rohrstück gleitet auf der Welle nach oben (Pfeil), und über das Gestänge wird die Drossel weiter zugedreht (Pfeil). Dadurch wird die Dampfzufuhr zur Maschine versperrt; sie läuft langsamer, die erhöhte Drehzahl ist automatisch wieder herabgesetzt worden.

dadurch konstant, daß bei zunehmender Drehzahl die Dampfzufuhr gedrosselt, bei abnehmender Drehzahl jedoch verstärkt wird, so daß sich eine etwa konstante Drehzahl auch bei wechselnden Belastungen einhalten läßt. Die Rückführung vom Schwunggewicht zur Dampfdrossel ist die für die Regelung wesentliche Komponente.

Einige für die Automatisierung wichtige historische Daten sind die Erfindung der Zylinderdruckmaschine durch Friedrich Koenig im Jahre 1812, der Rotationsmaschine durch William Bullock im Jahre 1865 und der Setzmaschine durch Ottmar Mergenthaler in der Zeit um 1880 bis 1889. Das erste Fließband wurde wohl im Schlachthof von Chikago zur Verarbeitung großer Mengen angelieferter Tiere um das Jahr 1869 aufgebaut.

Weiter ist zu erinnern an die Automatisierung der Fernsprechvermittlungstechnik seit etwa dem Jahre 1889 (A. B. Strowger) und die Erfindung der Lochkarte (H. Hollerith) in der Zeit um 1880 bis 1890.

Die gegenwärtigen Formen automatisierter Produktionsvorgänge sind wesentlich bestimmt durch die Verwendung hochqualifizierter Werkzeugmaschinen sowie die Normung der erstellten Produkte und Methoden. Die Normung besteht darin, daß für das Produkt und die Methoden abstrakte Ideale vorgegeben werden und die Realität an diesen gemessen wird. Für die Abweichungen vom Ideal müssen gewisse Toleranzen angegeben sein, deren Überschreitung zu Eingriffen in den Produktionsvorgang führt.

In der Bundesrepublik Deutschland ist für die Normung besonders der Deutsche Normenausschuß (DNA) zuständig. Die von ihm empfohlenen Normen werden unter dem DIN-Zeichen veröffentlicht (»Das ist Norm«).

Die Automatisierung setzt meist eine funktionsgerechte räumliche und zeitliche Anordnung der Produktionsmaschinen und Transporteinrichtungen voraus: Die Begriffe »Fließband« und »Transferstraßen« erinnern daran.

Der höchste Grad der Automatisierung ist gekennzeichnet durch die Anwendung von Computern und Kommunikationssystemen. Hier werden die Teilvorgänge automatisch beobachtet und an Computer gemeldet. Diese ermitteln hieraus geeignete Steuerbefehle an die verschiedenen Instanzen des automatisierten Prozesses (Bild 5). Hier wird also durch Automaten die Funktion ausgeführt, die vorher durch den Menschen ausgeführt wurde.

Für die Anfangszeiten der industriellen Produktion war es typisch, daß uniforme Produkte in großer Zahl erzeugt wurden. Die modernen Formen hochautomatisierter Produktion ermöglichen aber wieder leichtere Anpassungen an veränderte Situationen und individuelle Kundenwünsche. Hier schließen sich effiziente Produktion und individualisiertes Produkt nicht mehr gänzlich aus.

Man könnte zwischen einem »klassischen« und einem »nachklassischen«

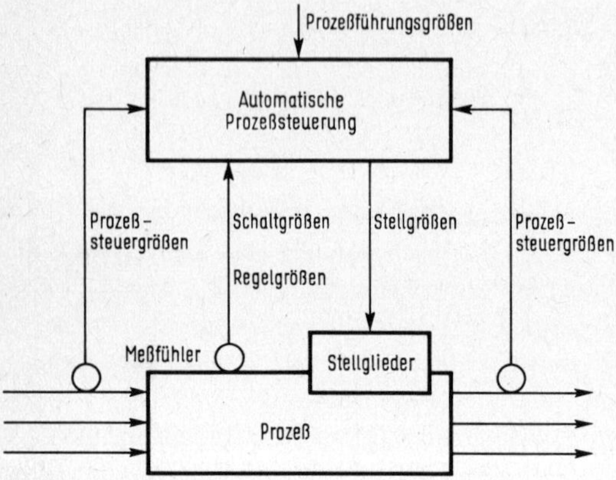

Bild 5: Schema zur automatischen Prozeßsteuerung.

Stadium der Automatisierung unterscheiden. Die klassische Automatisierung erfaßte Produktion und Verwaltungsvorgänge. Es gibt aber neuerdings Entwicklungen, die über diesen klassischen Stand der Automatisierung hinausgehen, so zum Beispiel die automatisierte Forschung, die automatisierte Konstruktion, die Lehrautomaten und das automatisierte Management.
Bei der automatisierten Forschung werden Meß- und Beobachtungsergebnisse nicht mehr unmittelbar durch Menschen registriert, vielmehr in einer »maschinengerechten« Weise von den Meß- und Beobachtungsgeräten unmittelbar an Computer gegeben (siehe Kapitel 10).
Für die Automatisierung konstruktiver Arbeit sei kurz auf die »automatische Entwurfsverarbeitung« hingewiesen, bei der Computer dazu benutzt werden, aus vorhandenen Elementen neue Konstruktionen nach vorgegebenen Regeln aufzubauen (siehe Kapitel 10).
Der Automatisierung der Didaktik dienen die Lehrautomaten (siehe Kapitel 12): Bei ihnen werden dem Schüler vorbereitete Lehreinheiten durch technische Systeme angeboten.
Schließlich sei als letztes Beispiel der nichtklassischen Automatisierung noch die Automatisierung der Managementarbeit erwähnt. Das Wesen der vieldiskutierten »Management-Informationssysteme« liegt darin, daß sie die für Entscheidungen wichtigen Informationen rasch verfügbar machen. Für Routineprobleme können aus den Situationsmerkmalen die optimalen Entscheidungen mehr oder weniger eindeutig abgeleitet und den Computern einprogrammiert werden. Die Grenze zwischen »Routine-Entscheidungen« und »Nicht-Routine-Entscheidungen« dürfte sich in den kommenden Jahren immer weiter nach oben verschieben.
Automatisierung ist eine Veränderung von Produktionsprozessen im weitesten

Sinn. Hierbei darf man nicht nur an Fertigungsprozesse denken, sondern beispielsweise auch an die Setz- und Drucktechnik, an Walzwerke, an Textilmaschinen oder an das Briefsortieren und so weiter. Besonders wichtig ist jedoch die Automatisierung der Fertigung.

Man kann hierbei verschiedene Grade unterscheiden. Daß die erforderliche Energie heutzutage nicht von Menschen, sondern von Kraftmaschinen, also beispielsweise Elektromotoren oder Verbrennungsmotoren, geliefert wird, ist selbstverständlich, ebenso die Verwendung von Werkzeugen und Werkzeugmaschinen.

Der Grad der Automatisierung kann daran gemessen werden, wie viele der Fertigungsvorgänge, vor allem Fortbewegung des Werkstücks, Bedienung des Werkzeugs, Einrichten der Maschine, Zuführung des Werkstücks und Verbindung mit vor- und nachgeschalteten Produktionsstufen, automatisch und nicht durch menschliche Einwirkung geschehen.

Bild 6 illustriert verschiedene Stufen der Automatisierung (in Anlehnung an H. Blohm). Hier werden beispielsweise folgende fünf Stufen unterschieden:

1. Stufe: Benutzung einer Handdrehmaschine: Alle Vorgänge und die Verbindung mit vor- und nachgeordneten Produktionsstufen werden von Menschen ausgeführt.

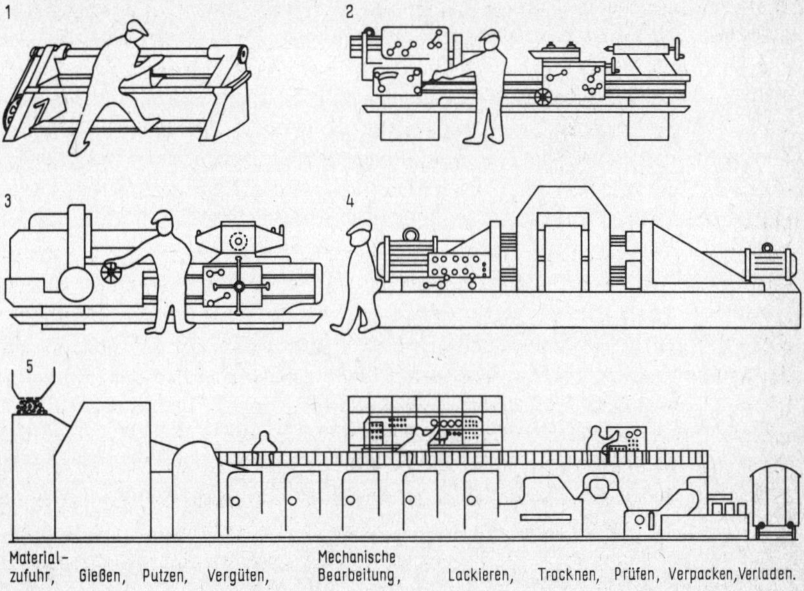

Bild 6: Stufen der Automatisierung in der Fertigung.

2. Stufe: Benutzung einer Einspindeldrehmaschine: Hier geschieht die Bewegung des Werkstücks und die Bedienung des Werkzeugs automatisch.
3. Stufe: Benutzung eines Mehrspindel-Halbautomaten: Hier geschieht zusätzlich auch noch das Einrichten der Maschine automatisch.
4. Stufe: Benutzung eines Mehrspindel-Vollautomaten: Auch die Zuführung des Werkstücks erfolgt automatisch.
5. Stufe: Vollautomatisches Fertigungssystem: Auch die Verbindung zu vor- und nachgeschalteten Produktionsstufen geschieht automatisch.

Mit zunehmendem Automatisierungsgrad verändern sich die Anforderungen an das Bedienungspersonal in charakteristischer Weise: Die körperlichen Anstrengungen nehmen eindeutig ab, die geistigen Anforderungen, Geschicklichkeit, Wissen, Können, Erfahrung und so weiter zeigen aber keine einheitliche Tendenz. Sie nehmen meist zuerst zu und dann – bei sehr hohen Graden der Automatisierung – wieder ab. Allerdings gehen diese abnehmenden geistigen Anforderungen zu Lasten von Experten, die für Ausfälle bereitstehen müssen. Für diese nehmen die geistigen Anforderungen stetig zu.

Eine wesentliche Teilaufgabe der Fertigungsautomatisierung ist die Positionierung des Werkstücks. Bild 7 zeigt eine solche Positionierung in X- und Y-Richtung nach Maßgabe eines eingegebenen Lochstreifens. Vom Streifenleser werden die Soll-Koordinaten in X- und Y-Richtung an den Soll-Istwertvergleich gegeben. Die Istwertgeber für die X-Koordinate und für die Y-Koordinate melden die momentane Position des Werkstücks an die Vergleichsschaltungen. Solange ein Unterschied zwischen der Soll-Position und der Ist-Position besteht, werden die Stellglieder (für X- und Y-Richtung) betätigt, bis schließlich die Abweichung zwischen Soll- und Istwert verschwindet. Hier werden also für die beiden Koordinatenrichtungen Regelkreise entsprechend Bild 3 benutzt. Der Soll-Istwertvergleich entspricht der Rückführung der Regelgröße. Nachdem das Werkstück positioniert ist, werden durch den Lochstreifen die Steuerbefehle, also beispielsweise Bohren, Fräsen oder dergleichen, an die Werkzeugmaschine gegeben. Mit derartigen Anordnungen wird ein Bereich zeitgenössischer Automatisierung eröffnet, der als »numerische Werkzeugmaschinensteuerung« (Numerical Control, NC) bezeichnet wird und enge Beziehungen zur Technik digitaler Computer hat. Die Betätigung der Werkzeuge und die Bewegung des Werkstücks können entweder durch Lochstreifen oder direkt durch digitale Computer in höchst komplexer Weise gesteuert und geregelt werden. Die Automatisierung wird hierdurch sehr flexibel: Man kann nicht nur beliebig umfangreiche Programme vorgeben, sondern auch die Programme rasch wechseln oder verändern, was zum Beispiel für die Kleinserienproduktion sehr wichtig ist.

Die mit Bild 7 veranschaulichte Positionssteuerung erlaubte die Einstellung in

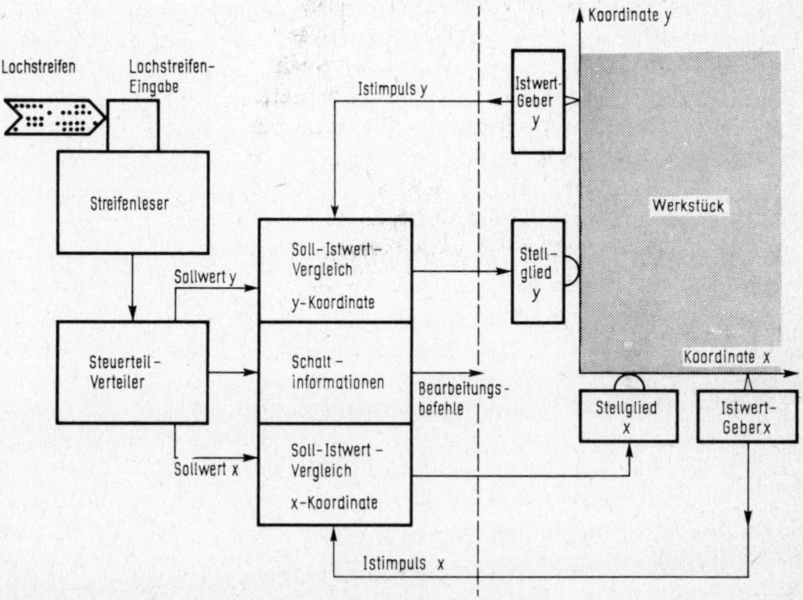

Bild 7: Schema einer numerischen Positionssteuerung.

X-Richtung und in Y-Richtung unabhängig voneinander. Eine derartige unabhängige Einstellmöglichkeit ist für manche Maschinenarten zweckmäßig, zum Beispiel Bohrmaschinen mit Koordinatentischen, Bohr- und Fräswerke, Revolverdrehmaschinen, Punktschweißmaschinen und so weiter. Bei manchen anderen Maschinen ist es zweckmäßig, die Bewegungen in den verschiedenen Koordinatenrichtungen zu verkoppeln, so zum Beispiel bei Profilfräsmaschinen, Profildrehmaschinen, Brennschneidmaschinen und so weiter. Bei derartigen verkoppelten Bewegungen müssen die gewünschten Bewegungsformen in geeigneter Weise in oder an der Maschine gespeichert sein, im einfachsten Fall in einer mechanischen Schablone, im Extremfall in einem elektronischen Speicher.
Für die Programmierung von Computern wurden schon mehrere problemorientierte Programmiersprachen entwickelt, so vor allem ALGOL und FORTRAN für mathematische Probleme, COBOL für kaufmännische Zwecke. Diese Programmiersprachen sind aber für die Maschinensteuerung kaum geeignet, besonders deshalb, weil sie keine Begriffe für geometrische und technologische Fakten enthalten. Für die numerische Werkzeugmaschinen-

steuerung wurden deshalb spezielle Programmiersprachen entwickelt: APT (Automatically Programmed Tool) und EXAPT (eine vereinfachte Variante von APT).
Das Prinzip für maschinelles Programmieren mit der Programmiersprache EXAPT zeigt Bild 8 (nach G. Stute): Der Ausgangspunkt des Programmierens ist die wohldefinierte Bearbeitungsaufgabe. Diese muß in eine Folge von Einzelmaßnahmen zerlegt werden:
Wo soll etwas geschehen (Geometrie),
wie soll etwas geschehen (Technologie) und
wann soll etwas geschehen (Reihenfolge).
Dieses »Wo, Wie, Wann« muß in den Begriffen codiert werden, die durch die Programmiersprache EXAPT vorgegeben sind. Die Folge der so entstehenden Befehle wird in den Computer gegeben. Dessen Aufgaben sind: Werkzeugermittlung, Wegberechnung, Schnittaufteilung, Kollisionsberechnung (damit das Werkzeug beispielsweise keine Maschinenteile beschädigt), Bearbeitungsabläufe, Schnittwertermittlung und Lochstreifenerstellung.
Der Computer erstellt schließlich eine Liste für den Bedienungsmann, eine Liste für die Arbeitsvorbereitung und einen Steuerlochstreifen, der die Maschinen steuert.
Man könnte natürlich auf die Erstellung eines Steuerlochstreifens verzichten und die Maschinen unmittelbar vom Computer steuern lassen. Dies hätte aber einige Nachteile, beispielsweise müßte der Computer jedesmal, wenn der Fertigungsprozeß abläuft, diesen Prozeß erneut steuern. In manchen Fällen, zum Beispiel bei Walzwerken, ist diese direkte Kopplung von Computer und Fertigungsmaschinen üblich, in anderen Fällen aber nicht. Computer, die fest mit einem Prozeß verbunden sind, bezeichnet man als »Prozeßrechner«. Bei der Kopplung zwischen Computer und Maschinen ist folgende Unterscheidung zweckmäßig:
Off-Line: Hier arbeitet der Computer zeitlich unabhängig vom Maschinensystem; zwischen beide sind Informationsspeicher eingeschaltet, zum Beispiel Lochstreifen oder Lochkarten.
On-Line: Hier werden die Informationen unmittelbar zwischen Computer und Maschinensystem ausgetauscht, also ohne zeitliche Entkopplung durch beispielsweise Lochkarten oder Lochstreifen.
Ferner ist hier der Begriff »Realzeit-Betrieb« wichtig: Beim Realzeit-Betrieb müssen die Informationen dem Maschinensystem zu vorbestimmten Zeitpunkten zugeführt werden.
Bei der Automatisierung von Fertigungsvorgängen handelt es sich nicht um eine Anzahl voneinander unabhängiger Vorgänge, sondern um eine tiefgreifende integrierte Veränderung des Produktionsprozesses (siehe Bild 6). So

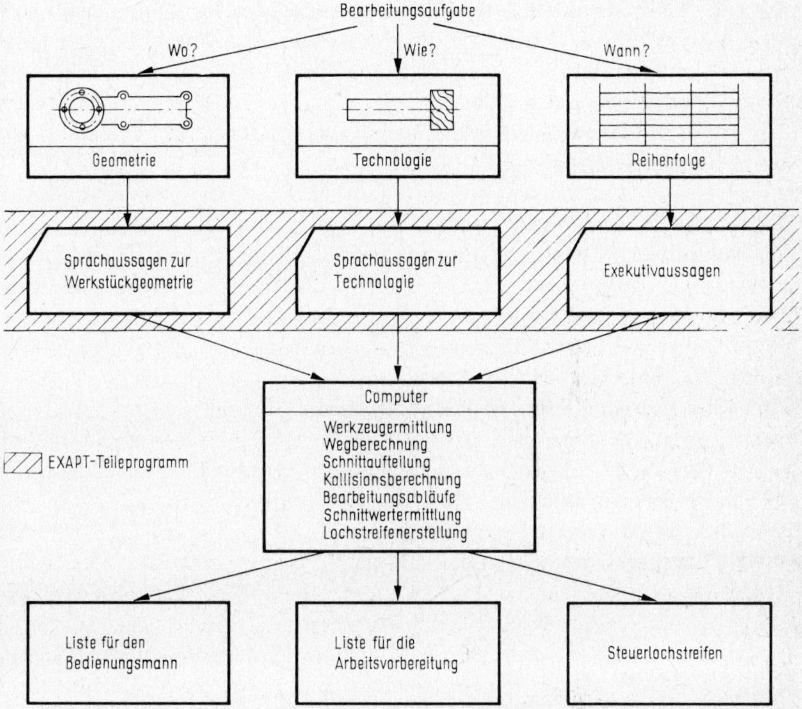

Bild 8: Maschinelles Programmieren mit der Programmiersprache EXAPT.

geht es beispielsweise bei der Konstruktion viel weniger darum, eine bildliche Darstellung des angestrebten technischen Produkts herzustellen, vielmehr darum, ein optimales Programm zur Steuerung der Fertigungsmaschinen zu entwickeln. Möglicherweise werden auch die Teile und das Endprodukt im Hinblick auf die Automatisierung ganz anders gestaltet. Die Materialbeistellung und die Arbeitsvorbereitung werden immer stärker in den programmierten Vorgang einbezogen. Das vom Computer gesteuerte Gesamtsystem erinnert immer mehr an einen Organismus, dessen Funktion durch das Gehirn und das Nervensystem gesteuert wird.
Als Vorzüge einer derartigen Organisation des Fertigungsprozesses werden angegeben: Kostenersparnis, Verkürzung der Fertigungszeit, Verringerung menschlicher Fehler, schnellere Umstellung der Fertigung und Ersparnisse im Lagerbestand.

Das Endziel der Automatisierung und Integration von Fertigungsvorgängen ist die »Automatische Fabrik«, in der ein komplizierter Produktionsvorgang praktisch ohne menschliche Mitwirkung abläuft. Verschiedene Produktionszweige haben sich diesem Endzustand schon stark genähert; vor allem Kraftwerke und manche chemische Großproduktionen arbeiten schon heutzutage beinahe ohne Mitwirkung von Menschen.
Ein interessanter Seitenzweig der Automatisierung ist die Entwicklung »Anthropomorpher Maschinen« (AM), beispielsweise des »Syntelmann« nach H. Kleinwächter.[12] Dessen Entwicklung begann mit der Absicht, für die Raumfahrt oder die Atomtechnik ein Gerät zu besitzen, das einfache mechanische Manipulationen nach Maßgabe einer Bedienungsperson ausführen, sich bewegen und mit zwei armähnlichen Werkzeugen zupacken kann, aber gegen unnormale Temperaturen oder Strahlungsdichten unempfindlich ist. Möglicherweise entwickelt sich langfristig aus dieser Technik eine Art automatischer Sklaven, die den Menschen bei einfachen Aufgaben ersetzen können. Hierfür wird vorgeschlagen, daß anthropomorphe Maschinen die Handgriffe von Menschen kopieren sollen.
Bisher wurde das Thema »Automatisierung« vorwiegend am Beispiel der Fertigungstechnik diskutiert. Die Automatisierung ergreift aber auch ganz andere Sachgebiete. Hier sei nur auf zwei hingewiesen: die automatische Setztechnik und das automatische Briefsortieren.
Bei der automatischen Setztechnik wird angestrebt, den menschlichen Setzer durch Automaten zu ersetzen. Entsprechend Bild 9 wird das Rohmanuskript in einen Primärlochstreifen übertragen und einem geeigneten Computer eingegeben. Dieser erhält gewisse Vorinformationen, so vor allem Schriftart, Schriftgröße und Zeilenbreite. Aus Primärstreifen und Vorinformation erstellt der Computer den Sekundärstreifen, in dem der ursprüngliche Text mit den für das Gießen der Zeilen notwendigen Steuersignalen versehen wurde. Dieser Sekundärstreifen steuert die Setzmaschine.
Die Notwendigkeit der Automatisierung des Briefsortierens ergibt sich aus dessen enormem Umfang und großem Personalbedarf. Gegenwärtig werden in der Bundesrepublik Deutschland jährlich über 10 Milliarden Briefsendungen transportiert, also täglich über 40 Millionen. Jede dieser Sendungen muß mehrfach in die Hand genommen, abgelesen und in das für den Weitertransport richtige Fach gelegt werden. Diese personalintensive und unangenehme Arbeit soll in Zukunft möglichst weitgehend automatisiert werden. Die technischen Schwierigkeiten resultieren einerseits aus der starken Unterschiedlichkeit im Format und in der Beschaffenheit der Briefsendungen und andererseits aus der praktischen Unmöglichkeit, die Adressen automatisch ablesen zu können. Zwar gibt es eine Reihe funktionierender Lesegeräte, aber diese setzen

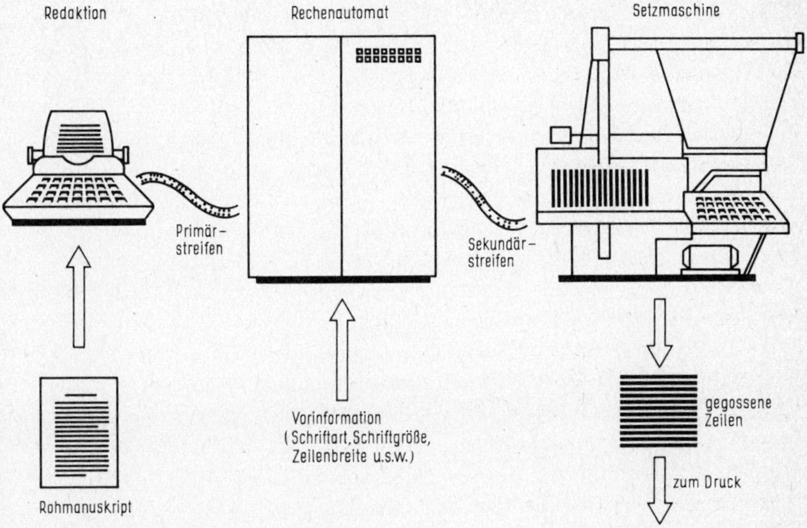

Bild 9: Automatisierte Setztechnik.

die Einhaltung gewisser Normen bei der abzulesenden Schrift voraus. Die beinahe unbegrenzte Mannigfaltigkeit der vorkommenden Schriftarten, Papiersorten, Fensterbriefe, die Unterscheidung von Reklameaufdrucken und so weiter konnte bisher noch von keinem automatischen Lesegerät bewältigt werden. Auch die Einführung der Postleitzahlen löst dieses Problem nicht.
Die von der Deutschen Bundespost mit der zuständigen Industrie entwickelten automatischen Briefverteilanlagen beschränken sich deshalb auf die mechanischen Vorgänge: Vereinzeln, Ausscheiden (der nicht innerhalb der Normen liegenden Sendungen), Stempeln, Aufstellen, Gewichtskontrolle und Transportieren. Die Ablesung der Adresse beziehungsweise Postleitzahl geschieht durch Menschen.
Die zukünftige Entwicklung der Automatisierung wird dadurch gekennzeichnet sein, daß immer komplexere, »intelligentere« Funktionen durch technische Einrichtungen übernommen werden. Die Steuerungssysteme müssen einen höheren Grad von Adaptivität bekommen. Sie müssen vor allem bei Abnützung oder Ausfall von Werkzeugen diese automatisch korrigieren oder gar ersetzen. Sie müssen auch komplexere Zusammenhänge erkennen und zweckmäßig reagieren. Sie müssen sich schließlich wechselnden Bedingungen schnell anpassen.

Die Arbeitsgestaltung bekommt im Zusammenhang mit der Automatisierung neue Aspekte und größeres Gewicht. Es geht nicht nur darum, günstige räumliche und zeitliche Anordnungen der einzelnen Teilprozesse zu suchen, sondern diese günstig zu optimieren, Betriebs- und Fördermittel, Vorrichtungen und Werkzeuge neu zu gestalten, Prozeßabläufe im ganzen zu optimieren, wobei ausgiebig Gebrauch von den Methoden der Operations-Research gemacht wird. Soweit Menschen in den automatisierten Ablauf eingeschaltet sind, müssen deren physiologische und psychische Arbeitsbedingungen optimiert werden.

Die Veränderungen der Unternehmensstruktur durch Computer aufgrund amerikanischer Untersuchungen faßte Thomas Whisler (bei der Arbeitstagung über Automatisierung der IG Metall in Oberhausen 1968) so zusammen:

1. Vereinfachung der Betriebsorganisation. Abteilungen mit unterschiedlichen Funktionen werden zusammengefaßt (consolidation), Parallelabteilungen mit gleichen Funktionen aufgelöst zugunsten einer einzigen funktionellen Abteilung (functionalization).
2. Verringerung des Kontrollbereichs, das heißt der Zahl der Positionen, die jeweils von einer übergeordneten Stelle kontrolliert werden.
3. Verringerung der Zahl der Ebenen der Unternehmenshierarchie. Computer steigern die Produktivität des Managements. Man kommt deshalb mit weniger Ebenen aus.
4. Zentralisierung der Kontrolle. Kontrollbefugnisse werden den unteren Ebenen entzogen und nach oben verlagert.
5. Die Kontrollbefugnisse gehen sowohl von Linienstellen an Stabsabteilungen wie von Produktions- an Überwachungsabteilungen über.
6. Die Kommunikation zwischen dem Personal und den verschiedenen Ebenen nimmt nach der Einführung von Computern, im Zusammenhang mit der Umstellung und der Anpassung, zunächst zu, um später wieder zurückzugehen.
7. Intensivierung der Planung. Der Bereich der strategischen Planung erweitert sich. Die laufenden Planungen werden in immer kürzeren Abständen durchgeführt.
8. Entscheidungen werden auf höherer Ebene gefällt als vorher. Es zeigt sich eine Tendenz zu Gruppenentscheidungen und ein Zwang zur Rationalisierung und Quantifizierung des Entscheidungsprozesses.

Weiter vermerkt Whisler: »Es ist wahrscheinlich, daß das Qualifikationsniveau des oberen Managements steigen, während das des unteren Managements sinken wird. Der sich vergrößernde Abstand zwischen der Unternehmensspitze und dem übrigen Management wird einen Aufstieg äußerst erschweren.«

Die Automatisierung verändert die betriebswirtschaftlichen Aspekte: Die Unternehmensplanung und die Absatzwirtschaft gewinnen an Gewicht, das Management muß flexibler werden. Die hohen Aufwendungen für die Automatisierung können vielfach nur große Betriebe treiben, so daß sich eine gewisse Tendenz zu größeren wirtschaftlichen Einheiten ergibt. Andererseits eröffnet die große Produktivität automatisierter Fertigung neue Möglichkeiten der Kooperation und Spezialisierung. Der optimale Standort eines Betriebs hängt weniger vom Arbeitspotential ab, mehr von günstigen Verkehrsbedingungen und der Nähe von Rohstoffen, Wasser, Energie und so weiter. Die hohen Fixkostenanteile zwingen zu einer langfristigen Planung der Kapazitätsauslastung.

Probleme

Bei der Automatisierung wird menschliche Arbeitskraft durch Maschinen ersetzt. Sie verändert deshalb die wirtschaftlichen und sozialen Strukturen.
Zur Beschreibung dieser Veränderung kann man die Volkswirtschaft beispielsweise in drei Sektoren aufteilen, nämlich den landwirtschaftlichen Sektor, den industriellen Sektor und den Dienstleistungssektor.
Fourastié vermutete einst, daß als Folge der technischen Entwicklung, vor allem der Automatisierung, der Anteil des landwirtschaftlichen Sektors am Sozialprodukt zugunsten des industriellen und des Dienstleistungssektors zurückgehen würde. Fourastié vermutete weiter, daß der industrielle Sektor seinen Anteil am Sozialprodukt nur noch vorübergehend vergrößern könne. Sobald ein gewisses Stadium der Industrialisierung erreicht sei, wachse die Industrieproduktion zwar noch absolut, verliere jedoch Anteile zugunsten des Dienstleistungssektors.
Untersuchungen des IFO-Instituts für Wirtschaftsforschung bestätigen diese Vermutungen für die Bundesrepublik Deutschland vorläufig nicht. Es wird vielmehr damit gerechnet, daß in der Zeit von 1968 bis 1980 sich die Anteile wie folgt verschieben:

Landwirtschaftlicher Sektor: Abnahme von 5,3 auf 4,0% des Bruttoinlandprodukts
Industrieller Sektor: Zunahme von 57,3 auf 60,0% des Bruttoinlandprodukts
Dienstleistungssektor: Abnahme von 37,4 auf 36,0% des Bruttoinlandprodukts

Als Ursache dieser Veränderung wird vor allem die hohe Einkommenselastizität der industriellen Produktion angesehen. Diese zeigt sich daran, daß mit zunehmendem Pro-Kopf-Einkommen mehr und höherwertige Industrieprodukte verlangt werden; es wachsen immer neue Absatzmöglichkeiten nach.
Von dieser Aufteilung des Bruttoinlandprodukts zu unterscheiden ist die

Aufteilung der Erwerbstätigen. Für die genannte Zeit von 1968 bis 1980 werden folgende Veränderungen erwartet:

Landwirtschaftlicher Sektor: Abnahme von 10,4 auf 7,0 % der Erwerbstätigen
Industrieller Sektor: Zunahme von 48,2 auf 50,0 % der Erwerbstätigen
Dienstleistungssektor: Zunahme von 41,4 auf 43,0 % der Erwerbstätigen

Die Zunahme des Dienstleistungssektors am Erwerbstätigenanteil bei gleichzeitiger Abnahme am Bruttoinlandprodukt zeigt die weitgehende Resistenz des Dienstleistungssektors gegenüber der Automatisierung. Allerdings wird die Grenze zwischen Dienstleistungssektor und industriellem Sektor durch einige Automatisierungsvorgänge unscharf, beispielsweise durch die Lehrtechnologie und die Verkaufsautomatisierung.

Zweifelhaft ist, ob die Prognosen des IFO-Instituts für die Bundesrepublik Deutschland langfristig gelten. Untersuchungen aus den USA (siehe zum Beispiel L. Greenberg bei der Arbeitstagung über Automatisierung der IG Metall in Oberhausen 1968) stützen die Vermutung, daß die langfristige Entwicklung doch zur Dienstleistungsgesellschaft geht. Greenberg prognostiziert für die USA eine Zunahme der Beschäftigten im Dienstleistungssektor von 11,0 auf 14,2 % in der Zeit von 1950 bis 1975.

Amerikanische Analysen unterscheiden neuerdings häufig zwischen »White-collar-Berufen« (also etwa »Weiß-Kittel-Berufen«) und »Blue-collar-Berufen« (also etwa »Blau-Kittel-Berufen«). Hierbei wird durchweg prognostiziert, daß der relative Anteil der White-collar-Berufe zunimmt. Eine Abschätzung des U. S. Departments of Labor nennt folgende Zahlen:

	1964	1975
White-collar-Berufe	44,2 %	48,3 %
Blue-collar-Berufe	36,3 %	33,7 %
Dienstleistungsgewerbe	13,2 %	14,1 %
Landwirtschaft	6,3 %	3,9 %

Die Verschiebung zugunsten der White-collar-Berufe ist Teil der allgemeinen Intellektualisierung unserer Berufswelt.

Bild 10 gibt eine Übersicht darüber, wie in den verschiedenen industriellen Sparten menschliche Arbeitskraft in den Jahren 1950 bis 1966 eingespart wurde. Um Waren im Wert von 1000 DM zu erzeugen, waren beispielsweise im Jahre 1950 im Maschinenbau 225 Beschäftigtenstunden nötig, im Jahre 1966 aber nur noch 120. Im Mittel (also über die gesamte Industrie) ergab sich eine Reduktion von 207 Arbeitsstunden auf 83 Arbeitsstunden.

Bei der Beurteilung des industriellen Strukturwandels stehen sich die Interes-

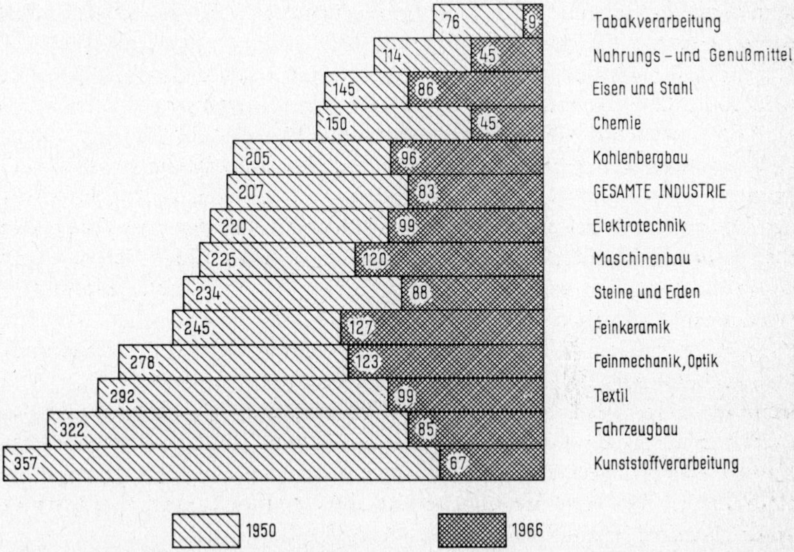

Bild 10: Reduktion der Arbeitsstunden zur Produktion von Waren im Wert von 1000 DM in verschiedenen Industriezweigen im Jahre 1950 und 1966. (Nach Angaben der IG Metall.)

sen von Arbeitnehmern und Arbeitgebern gegenüber. Selbst über Zahlenwerte, Statistiken und deren Bedeutung wird gestritten. Die Arbeitgeber sehen in der Automatisierung eine Chance, die Effizienz industrieller Unternehmungen zu verbessern, Marktpositionen zu verstärken, die Qualität der Produkte zu verbessern, dem Arbeitskräftemangel zu begegnen, von Sozialleistungen unabhängig zu werden und so weiter. Die Arbeitgeber verweisen darauf, daß der Ersatz von Menschen durch Maschinen selten zur Arbeitslosigkeit führt, vielmehr meist durch neue Produktionen kompensiert werden kann.

Die Arbeitnehmer beziehungsweise die Gewerkschaften verweisen einerseits auf die sozialen Härten dieser Umstrukturierung und andererseits auf die wirtschaftliche Unsicherheit des Gesamtprozesses. Sie meinen, angesichts des enormen Umfanges dieses Prozesses müßten soziale Sicherungen eingerichtet werden. Sie weisen auch darauf hin, daß durch die Automatisierung die Lage der Arbeitgeber, also der Automatenbesitzer, verbessert würde, nicht aber die Lage der substituierbaren Arbeitnehmer.

Um die Größenordnung dieses Umschichtungsprozesses richtig einschätzen zu können: Für die Bundesrepublik Deutschland wurde seinerzeit durch die

Industriegewerkschaft Metall eine Freisetzungsrate von etwa 6% für die Industrie ermittelt. Neuere Angaben (des IFO-Instituts) führen auf Werte bei 5% für die Gesamtwirtschaft. Das bedeutet, daß in jedem Jahr die Produktionsmenge des Vorjahres mit 5% weniger Beschäftigten hergestellt werden kann. Demnach könnte in jedem Jahr die Wirtschaft der Bundesrepublik Deutschland das Sozialprodukt des Vorjahres mit etwa 1,3 Millionen Beschäftigten weniger herstellen. Damit die freigesetzten Millionen nicht arbeitslos werden, muß eine entsprechende Menge neuer Produkte hergestellt werden oder wesentlich mehr Freizeit für den einzelnen während seines Arbeitslebens insgesamt geschaffen werden. Die Verringerung der Arbeitszeit kann dieses Problem teilweise abschwächen, aber nicht lösen. Die entscheidende Frage für Millionen Menschen ist deshalb, ob dieser Wachstumsprozeß zuverlässig und stetig so weitergehen kann.

Diese Annahme ist etwas optimistisch: Ein derartiger Wachstumsprozeß ist systemanalytisch ein explosiver Vorgang, der nicht über unbegrenzte Zeit hinweg weitergehen kann, ohne daß das System zerstört wird. Erste Warnungszeichen der Systemzerstörung sind die Verschmutzung von Luft und Wasser, weitere Warnungen kommen aus dem psychosozialen Bereich.

Diese gefährliche Entwicklung ist begründet durch einen eigentümlichen Mechanismus, bei dem Produzenten und Konsumenten sich gegenseitig in einer gefährlichen Richtung vorwärtstreiben: Die sozialen Folgen der Automatisierung, die Freisetzungseffekte, können nur dann aufgefangen werden, wenn die Industrie immer mehr produziert. Um diese Mehrproduktion absetzen zu können, muß sie die Verbraucher zu immer größerem Verbrauch animieren. Hierfür wurde ein gigantischer Werbeapparat aufgebaut. Die Verbraucher sind diesen Reizen gegenüber wenig widerstandsfähig.

Die Einsicht, daß sich die beiden Partner des Wirtschaftsgeschehens gegenseitig zu einem Verhalten reizen, das zu katastrophalen Folgen führt, setzt sich nur langsam durch. Diese Einsicht ist vorläufig politisch noch recht unwirksam: Viel größeren Einfluß auf politische Entscheidungen haben die Interessen industrieller Gruppen. Man kann diese Entwicklung nur mit größter Sorge betrachten, die Zeit für eine grundsätzliche Korrektur der Entscheidungsmechanismen ist vermutlich knapper, als vielfach geglaubt wird.

Bei den psychosozialen Folgen der Automatisierung ist vor allem zu denken an

die Umstrukturierung des Arbeitskräftebedarfs verschiedener Industriezweige,
die Veränderung des inneren Gehalts verschiedener Berufsbilder,
die Einstellung des arbeitenden Menschen zum Produkt und
die soziale Einbettung des arbeitenden Menschen in seine Arbeitswelt.

Die oben zitierten Prognosen für die Aufteilung der Erwerbstätigen auf die drei Sektoren zeigten schon, daß die Abwanderung landwirtschaftlicher Arbeitskräfte in die Industrie und den Dienstleistungssektor weitergehen wird. Bei den hochqualifizierten Berufen wird ein steigener Bedarf an Ingenieuren, Physikern, Chemikern, Mathematikern, Informatikern, Wirtschaftswissenschaftlern, Architekten und so weiter erwartet. Entsprechend wird der Bedarf an wissenschaftlich-technischen Assistenten, Operateuren, Konstrukteuren, Chemieingenieuren und so weiter zunehmen. Damit verkoppelt ist ein steigender Bedarf an Lehrern für diese Berufszweige.

Dagegen wird der Bedarf dort zurückgehen, wo gleichförmige menschliche Arbeit durch die Automatisierung ersetzt werden kann, sei es nun manuelle Arbeit, wie zum Beispiel am Fließband, oder intellektuelle Arbeit, wie zum Beispiel untergeordnete Buchhaltung.

Insgesamt gesehen sind die hochqualifizierten Berufe vorläufig noch resistent gegenüber der Automatisierung. Aber die Grenze verschiebt sich allmählich nach oben.

Der Bedarf an Berufstätigen in den verschiedenen Berufszweigen verändert sich. Hierbei kann man sich nicht darauf verlassen, daß sich im Wechselspiel von Angebot und Nachfrage ein Gleichgewicht einstellen wird. Wenn sich die Studienanwärter daran orientieren, welche Berufe zum Zeitpunkt ihres Studienbeginns gefragt sind, dann haben sie keine Gewähr dafür, daß sie zehn oder zwanzig Jahre später noch »richtig liegen«. Es ist deshalb auch unverantwortlich, wenn wir unsere Schulen und Universitäten ohne Rücksicht auf den voraussehbaren Bedarf aufbauen. Es ist ebenso unverantwortlich, wenn tatenlos zugeschaut wird, wie sich Scharen schlecht informierter junger Menschen für einige Modefächer entscheiden, von nichts getrieben als einer akademischen Mode. So wird fahrlässig die Entstehung eines zukünftigen akademischen Proletariats geduldet, während gleichzeitig in anderen Berufen ein starker Mangel herrscht.

Hier ist auch anzumerken, daß die tradierte Stufenleiter des Sozialprestiges sich vor der Automatisierung als unbrauchbar erweist: Manche der früher hoch angesehenen Büroarbeiten werden leicht durch Automaten erledigt, während der früher geringgeachtete Mechaniker aufsteigt. Die bisher übliche Unterscheidung zwischen »Arbeitern« und »Angestellten« erweist sich als unzeitgemäß und wird vielfach aufgegeben.

Die Automatisierung ist kein statischer Sachverhalt, vielmehr ein lebendiger Vorgang von enormer Dynamik. Um hier bestehen zu können, darf man nicht auf dem einmal erlernten Wissen und Können ausruhen, sondern muß sich fortwährend bemühen, dem rasch fortschreitenden wissenschaftlich-technischen Wandel zu folgen. Die Notwendigkeit zum lebenslangen Lernen entspringt aus der Dynamik der Automatisierung.

Für dieses lebenslange Lernen gibt es außer den altbewährten Methoden der Fortbildung aus eigener Initiative einerseits das Kontaktstudium und andererseits die Medien der programmierten Instruktion, von den programmierten Textbüchern bis hin zum Bildungsfernsehen (siehe Kapitel 12).

Die Strukturen der automatisierten Produktion sind meist sehr komplex, die Entscheidungen hängen von vielen Parametern ab, deren gegenseitiges Abwägen hohe Intelligenz und große Erfahrung voraussetzt. Während durch die Automatisierung in den unteren Rängen fortwährend Menschen freigesetzt werden, entsteht in den höchsten Rängen ein immer größerer Mangel an Menschen, die den gestellten Aufgaben gewachsen sind.

Der industrielle Manager muß die komplizierten Funktionen des Mensch-Maschine-Systems durchschauen, zu dem in unserer Zeit das industrielle Unternehmen wurde. Das Management der Zukunft braucht vor allem das Systemdenken, die Fähigkeit, Fakten in ihrer Wechselwirkung auch quantitativ richtig abzuwägen. Der Manager der Zukunft muß die Möglichkeiten, aber auch die Grenzen der Automatisierung kennen und muß Fehlleistungen seiner Experten entdecken.

Wohl die schwerste Hypothek, mit der die Automatisierung unsere Arbeitswelt belastet, ist die Entfremdung des arbeitenden Menschen von seinem Produkt, über die Marx und Engels im Jahre 1848 schrieben:

»Die Arbeit der Proletarier hat durch die Ausdehnung der Maschinerie und die Teilung der Arbeit allen selbständigen Charakter und damit allen Reiz für den Arbeiter verloren. Er wird ein bloßes Zubehör der Maschine, von dem nur der einfachste, eintönigste, am leichtesten erlernbare Handgriff verlangt wird.« (Kommunistisches Manifest.)

Diese Kritik ist heute so aktuell wie im 19. Jahrhundert. Alle gegenwärtigen Produktionsformen – ob im Westen oder im Osten – sind gekennzeichnet durch diese Entfremdung. Aber noch nirgends wurde eine praktikable Alternative gefunden.

Man sollte bei dieser Kritik auch bedenken, daß, könnte man die vorindustriellen Produktionsformen mit ihren ungeheuren Arbeitsbelastungen bis hin zur Kinderarbeit und die heutigen automatisierten Produktionsformen tatsächlich austauschen, sich die meisten Kritiker zweifellos für die heutigen automatisierten entscheiden würden: Man kritisiert das Faktische, ohne die Nachteile der Alternativen zu bedenken.

Noch vor einem halben Jahrhundert war die Arbeitswelt vorwiegend statisch: Durch die Berufswahl war die Art der Berufsarbeit und oft auch der Arbeitsplatz lebenslänglich festgelegt. Vielgerühmtes Symbol dieser statischen Arbeitswelt war der Jubilar, der 40 oder 50 Jahre an demselben Arbeitsplatz treu und redlich seinen Dienst leistete. Heute zwingt die Dynamik der Automatisierung viele Arbeitnehmer zu relativ häufigem Wechsel des Arbeitsplatzes oder gar des Berufs. Kennzeichnend hierfür sind Umschulungskurse und vorzeitige Pensionierungen. Die Forderung heißt jetzt nicht mehr Ruhe und Betriebstreue, sondern berufliche und geographische Mobilität.

Als Folge dieser Mobilität hat sich auch das Verhältnis von Arbeitnehmer zu Arbeitgeber gründlich verändert: Bestand früher ein oftmals patriarchalisches Verhältnis, welches das private Leben ebenso wie das berufliche Leben erfaßte, wo etwa der Handwerksgeselle seinen Meister nach altem Brauch »den Vater« nannte, so ist es heute meist ganz anders: Man hat einen Job auf Zeit, sucht nach Verbesserungschancen und bleibt am Arbeitsplatz, solange er wirtschaftliche Vorteile bietet.

Diese Veränderungen der sozialen Einbettung des arbeitenden Menschen ist meines Erachtens eine Belastung unseres Zusammenlebens: Die Dynamik der Automatisierung erzeugt Hektik und zerstört die Konstanz, die Voraussetzung hoher Leistungen und auch des persönlichen Glücks ist.

Literatur

1 »Automation, Risiko und Chance.« Hrsg. von G. Friedrichs. Frankfurt a. M. 1965.

2 »Automation und technischer Fortschritt in Deutschland und den USA.« Hrsg. von G. Friedrichs. Frankfurt a. M. 1963.

3 »Automatisierung in der Fertigungstechnik.« VDI-Bericht 89. Düsseldorf 1965.

4 »Automatisierung in der industriellen Fertigung. Gemeinsame Probleme in verschiedenen Industriezweigen.« (Vorträge der VDI-Tagung, Stuttgart 1967.) VDI-Bericht 123. Düsseldorf 1968.

5 Buckingham, W.: »Automation und Gesellschaft.« Frankfurt a. M. 1961.

6 Diebold, J.: »Die automatische Fabrik.« Frankfurt a. M. 1956.

7 Grochla, E.: »Automation und Organisation.« Wiesbaden 1966.

8 »Das große Buch der Technik.« Gütersloh 1970.

9 »Industrielle Produktion.« Hrsg. von K. Agthe, H. Blohm und E. Schnaufer. Bad Homburg v.d.H. 1967.

10 Jaffe, A. J., und J. Froomkin: »Technology and jobs. Automation in perspective.« New York, Washington, London 1968.

11 Jirasek, J.: »Das Unternehmen – ein kybernetisches System?« Hamburg 1968.

12 Kleinwächter, H.: »Syntelmann – und die möglichen Konsequenzen.« In: »Bild der Wissenschaft.« Jg. 1970. H. 8. S. 648 bis 655.

13 Klinckowstroem, C. v.: »Knaurs Geschichte der Technik.« München 1958.

14 Kruse, J., D. Kunz und L. Uhlmann: »Wirtschaftliche Auswirkungen der Automatisierung.« Berlin, München 1968.

15 Mann, H.: »Steuern, Regeln und Automatisieren für die betriebliche Anwendung.« Wiesbaden 1962.

16 »Manpower aspects of automation and technical change.« (European Conference, Zürich, vom 1. bis 4. 2. 1966.) Hrsg. von der OECD.

17 Möhler, W.: »Überall Automatisierung.« Berlin 1961.

18 Nathusius, K.: »Die Automation als gesellschaftliche und wirtschaftliche Herausforderung.« Boppard 1968.

19 Oppenländer, K. H.: »Hat Fourastié recht?« In: »Der Arbeitgeber.« Jg. 1970. Nr. 12/22.

20 Pietsch, M., und W. Siedler: »Automation und Unternehmensverwaltung.« Köln, Opladen 1959.

21 Schmidt, E.: »Die Automation in organisationstheoretischer Betrachtung.« (»Grundlagen und Praxis der Betriebswirtschaft 7.«)

22 Schwarzenbach, E. C.: »Die kuriose Welt der Automaten.« In: »Die BASF.« Jg. 1964. H. 2. S. 72 bis 80.

23 Spur, G., H. Debler und J. Kurth: »Zukunftsperspektiven für die Automatisierung in der betrieblichen Fertigung.« In: »Analysen und Prognosen.« 1970. S. 12 bis 15.

24 Steinbuch, K.: »Die informierte Gesellschaft.« 2. Aufl. Stuttgart 1969.

25 Stubenrecht, A., u. a.: »Methoden und Mittel für die Organisation der Fertigung.« Düsseldorf 1965.

26 »Taschenbuch der Nachrichtenverarbeitung.« Hrsg. von K. Steinbuch. Berlin, Heidelberg, New York 1967.

27 »Wirtschaftliche und soziale Aspekte des technischen Wandels in der Bundesrepublik Deutschland.« Hrsg. vom Rationalisierungs-Kuratorium der Deutschen Wirtschaft (RKW). Frankfurt a. M. 1970.

12 Programmierte Instruktion

Basiswissen

Für die Bundesrepublik Deutschland werden die Gesamtausgaben für Bildung und Wissenschaft im Jahre 1974 auf etwa 50 Milliarden DM geschätzt, im Jahre 1980 auf etwa 100 Milliarden. Das entspricht etwa den Gesamtausgaben des Bundes im Jahre 1971, einem Sechstel des gegenwärtigen Bruttosozialprodukts; pro Kopf – Arbeiter, Hausfrau, Rentner und Baby – beinahe 2000 Deutsche Mark.

Zweifellos besteht in allen Industriestaaten ein Trend zu mehr Ausbildung. Eine amerikanische Abschätzung[43] sieht folgende durchschnittliche Zeitaufteilung vor:

	im Jahr 1900	1950	2000 (Prognose)
Schlaf	39,7%	38,7%	38,9%
Ausruhen tagsüber	10,8%	14,2%	12,9%
Wochenende	7,5%	13,5%	16,7%
Ferien	2,5%	2,6%	6,3%
Altersbedingte Ruhe	0,9%	1,8%	1,9%
Verschiedenes	4,8%	2,0%	0,5%
Arbeit	12,9%	9,9%	7,1%
Ausbildung	1,7%	2,4%	3,1%
Haushaltung	9,2%	5,1%	3,2%
Kindererziehung usw.	4,5%	4,2%	3,8%
Persönliche Angelegenheiten	5,5%	5,6%	5,6%

Möglicherweise steigt der Anteil für die Ausbildung aber noch stärker, als obige Zahlen (1,7, 2,4, 3,1 %) vermuten lassen. Vor allem ist anzunehmen, daß ein beträchtlicher Anteil der Zeit, die für Arbeit genannt wurde, tatsächlich für arbeitsnahe Ausbildung genutzt wird.

Angesichts derartiger Anforderungen stellt sich die Frage: Sind die Methoden optimal, die gegenwärtig in unserem Bildungssystem benutzt werden und die sich vielfach nur wenig von den Methoden unterscheiden, die vor 100 Jahren schon benutzt wurden?

Es gibt nicht wenige, die davon überzeugt sind, daß diese Ausbildungsmethoden veraltet sind und die Bildungskatastrophe – in die wir immer tiefer hineinschlittern – nicht nur durch die zunehmenden Anforderungen, sondern auch durch die antiquierten Methoden begründet ist.

Wenn zum Beispiel der Fernsprechverkehr auch heute noch durch das »Fräulein vom Amt« abgewickelt würde, dann müßten Hunderttausende am Vermittlungsschrank sitzen und die Gesprächspartner von Hand verbinden. Nun hat man aber seit etwa 80 Jahren eine Technik entwickelt, welche die Gesprächspartner ohne menschliches Zutun automatisch verbindet, und deshalb ist die Zahl der hier benötigten Personen sehr klein.

In der Ausbildung hat sich noch keine entsprechende Rationalisierung eingestellt: Es wird fatalistisch ausgerechnet, daß eben praktisch alle Abiturienten Lehrer werden müßten, und es wird resigniert hingenommen, daß für das flache Land und für mathematisch-naturwissenschaftliche Fächer der Lehrerbedarf auch nicht annähernd gedeckt werden kann. Es wäre aber möglich, auch im Ausbildungswesen durch die »Programmierte Instruktion« einen vergleichbaren Rationalisierungseffekt herbeizuführen, wie er sich in der Fernsprechvermittlungstechnik eingestellt hat.

Wenngleich auf die hier bestehenden Vorurteile später noch eingegangen wird, sei doch schon vorab ausdrücklich festgestellt: Die Programmierte Instruktion kann nicht auf menschliche Lehrer verzichten. Allerdings sollen menschliche Lehrer auf einem höheren wissenschaftlichen und menschlichen Niveau tätig sein und von stumpfsinniger repetitiver Arbeit befreit werden. Für den Schüler wird die Programmierte Instruktion die Möglichkeit stärkerer Individualisierung bringen und den Zwang zum Geleitzugsystem aufheben. Für die Gesellschaft schließlich wird sich der Vorteil ergeben, daß das Ausbildungsziel im Mittel in kürzerer Zeit erreicht werden kann und so die zunehmenden Produktionsausfälle durch die Ausbildung reduziert werden. Nach obiger Aufstellung wird die Zeit für Ausbildung vom Jahr 1900 zum Jahr 2000 von 13,2% auf 43,6% der Zeit für die Arbeit ansteigen.

Eine Abschätzung für die UdSSR gibt für den Anteil der Berufstätigen im Bildungswesen und in der Wissenschaft, gemessen an der Gesamtzahl der Berufstätigen:[37]

1940	9,8%
1960	11,9%
1980	17,5%

Was hilft es bei derartigen Anteilen, wenn die Produktion weiter um Promille rationalisiert wird und die Ausbildung in ihrem zurückgebliebenen Zustand verharrt?

Schließlich sei noch daran erinnert, daß mit Hilfe der Programmierten

Instruktion das wachsende Wissen schneller verbreitet werden kann als mit menschlichen Lehrern, daß also die Programmierte Instruktion ein Hilfsmittel zur Aktualisierung des Wissens einer Gesellschaft ist.

Was ist Programmierte Instruktion? Deren wichtigste Merkmale sind:

1. Sie ist programmiert, das heißt, die Instruktion wird nicht unbewußt und spontan gestaltet, sondern vor ihrer Anwendung bedacht und gespeichert.
2. Diese Programmierung geschieht nicht »nach Gefühl«, sondern möglichst aufgrund theoretischer Überlegungen und praktischer Erprobung. Hier spielen die Verhaltenspsychologie, kybernetische Pädagogik und Informationstheorie eine große Rolle. Die kybernetische Pädagogik, um deren Entwicklung sich besonders H. Frank[18] und H. Stachowiak[48] verdient gemacht haben, ist Teil der zukünftigen kybernetischen Anthropologie, die menschliches Denken und Verhalten auf die Wirkung informationeller Strukturen, zum Beispiel neuronaler oder humoraler Strukturen zurückführt.
3. Dem Schüler wird der Lehrstoff in Portionen angeboten, die er ohne Überanstrengung aufnehmen kann.
4. Der Schüler muß ständig mitarbeiten, er wird in kurzen Abständen zu Antworten aufgefordert.
5. Der Schüler erhält eine fortwährende Erfolgskontrolle, beispielsweise durch Vergleich seiner Antworten mit korrekten Antworten, und wird so zur Mitarbeit motiviert.
6. Der Fortschritt innerhalb des Lehrprogramms richtet sich individuell nach den Leistungen des Schülers.
7. Das gespeicherte und strukturierte Programm kann an seinen Erfolgen bei der Belehrung geprüft und verbessert werden.

Programmierte Instruktion ist keinesfalls auf rezeptive Fähigkeiten beschränkt, sie kann ebenso für das Erlernen aktiver Handlungen benutzt werden. So berichtet beispielsweise G. Schröder[16] über das Erlernen des Rechnens mit dem Rechenstab, das Umformen von Gleichungen und das technische Zeichnen, D. Ungerer berichtet über die Anwendung der Programmierten Instruktion für sensomotorische Vorgänge wie zum Beispiel sportliche Übungen.[37]

Die Anfänge der Programmierten Instruktion sind schwer anzugeben. Man kann sie beispielsweise bis zu Sokrates' »Menon«-Dialog zurückdatieren (»Kannst du mir wohl sagen, Sokrates, ob die Tugend gelehrt werden kann? Oder ob nicht gelehrt, sondern geübt?«) oder auf J. A. Comenius' (1592–1670) »Magna Didactica« (»Kein Schritt darf für den Schüler zu groß sein«), man kann auch auf einige ältere europäische Entwicklungen verweisen, so zum Beispiel die Stillarbeit der Landschule, den Daltonplan und so weiter.[58]

Die für unsere Zeit entscheidende Entwicklung begann aber in den zwanziger

Jahren in den USA. Die ersten Versuche von S. L. Pressey um 1926 wurden zunächst kaum beachtet. Öffentliche Aufmerksamkeit fand aber B. F. Skinners Publikation »Die Wissenschaft vom Lernen und die Kunst des Lehrens« im Jahre 1954.

Über diese Pionierphase der Programmierten Instruktion hat W. Correll eine lesenswerte Quellensammlung zusammengestellt.[41] Ein zentraler Begriff ist hierbei die »Verstärkung«, eine solche informationelle Einwirkung auf den Schüler, daß eine bestimmte, gewünschte Verhaltensform sich in Zukunft häufiger einstellt.

Den entscheidenden Gedanken dieser Entwicklung formuliert Correll so:

»... daß der Lehrer mit dem Instrument der Verstärkung tatsächlich das Verhalten seiner Schüler zu steuern vermag. Er muß nicht mehr – wie das bisher nach der Lernpsychologie im Sinne des Prinzips von ›trial and error‹ nötig war – warten, bis der Schüler durch viele Versuche und Irrtümer schließlich die richtige Lösung eines Problems gefunden hat, um ihn dann zu verstärken, das heißt, ihm die Bestätigung für die Richtigkeit seiner Antworten zu erteilen, sondern er kann nunmehr die Lösung der Probleme beziehungsweise den Aufbau eines gewünschten Verhaltens systematisch herbeiführen. Hierzu muß er lediglich scharf beobachten und die kleinsten Verhaltensänderungen in der Richtung auf das gegebene Ziel hin bereits verstärken. Dieser Prozeß wird ›graduelle Annäherung‹ genannt. Durch graduelle Annäherung kann man das Verhalten, wie Skinner sagt, ›fast nach Belieben‹ formen (shaping).«

Programmierte Instruktion benutzt häufig »Lehrmaschinen« oder »Lehrautomaten«: Technische Hilfsmittel des Lehrens, die instruktive Anreize bieten, zu Reaktionen des Schülers auffordern und Bestätigungen für die Richtigkeit der Reaktionen geben. Grundsätzlich kann die Programmierte Instruktion zwar auch ohne Lehrmaschinen benutzt werden, aber wahrscheinlich wird die zukünftige Entwicklung durch die Kombination Lehrprogramm mit Lehrmaschine – bis hin zum Computersystem mit Vielfachzugriff – bestimmt sein.

Als besondere Vorzüge der Lehrautomaten werden genannt:[18] Der Lehrstoff kann akustisch oder optisch (in stehenden oder bewegten Bildern) angeboten werden, es kann nicht »gemogelt« werden, das Schülerverhalten kann registriert und der Fortgang der Instruktion kann kontrolliert werden.

Zum Verständnis der Lehrautomaten sind einige Prinzipien wichtig:

Bei den linearen Auswahlprogrammen (vor allem nach S. L. Pressey) werden dem Schüler zu jeder Frage mehrere Antworten angeboten, aber nur die richtige Antwort führt zum nächsten Programmschritt. Die so arbeitenden Lehrautomaten sind relativ einfach und billig.

Bei den verzweigten Programmen (vor allem nach N. Crowder) werden dem Schüler ebenfalls mehrere Antworten angeboten, aber eine falsche Antwort stoppt den Fortgang nicht, sondern führt zu Hilfsinformationen, der Schüler

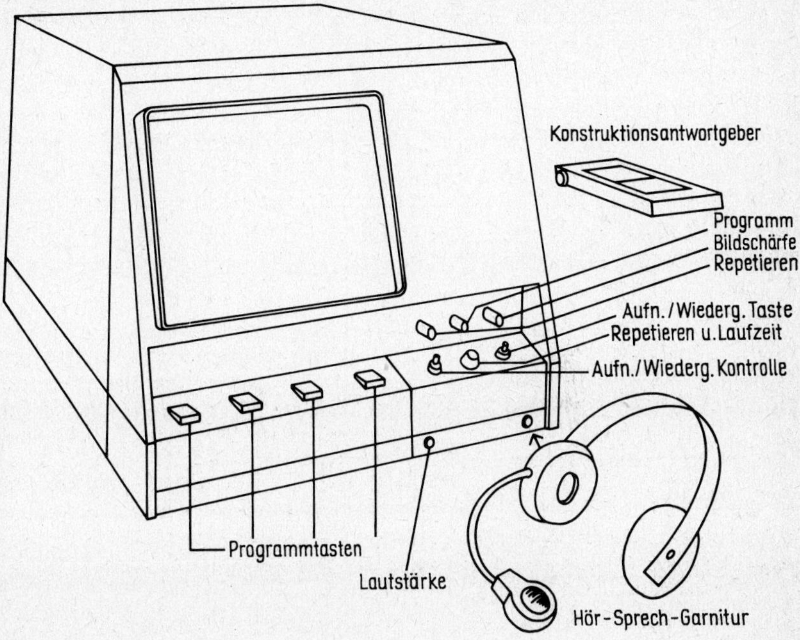

Bild 1: Lehrautomat der Firma BASF.

erfährt, welchen Fehler er gemacht hat. Die so arbeitenden Lehrautomaten sind relativ kompliziert.

Es gibt gegenwärtig viele verschiedene Lehrmaschinen. Von diesen sollen hier drei typische Vertreter kurz diskutiert werden:[16]

1. das BASF-Lehrautomatensystem,
2. das kleinrechnergesteuerte System »Bakkalaureus«,
3. ein Lehrautomatensystem unter Verwendung eines Universalcomputers (CAI-System).

Der BASF-Lehrautomat (Bild 1) benutzt Tonband und Super-8-Film. Zur Auswahl der Antwort stehen vier Tasten zur Verfügung. Ist die Antwort richtig, geht das Gerät zum nächsten Programmschritt weiter, ist die Antwort jedoch falsch, wird im Programm zurückgegangen und eine zusätzliche Erklärung angeboten. Für Konstruktionsantworten kann der Schüler nach Aufforderung durch den Lehrautomaten seine Antwort in einem Zusatzgerät auf einen Papierstreifen schreiben. Nach dem Weiterschalten bleibt diese Antwort zwar noch sichtbar, ist dann aber nicht mehr veränderbar. Der

Bild 2: Konfiguration Robbimat III des Systems Bakkalaureus.

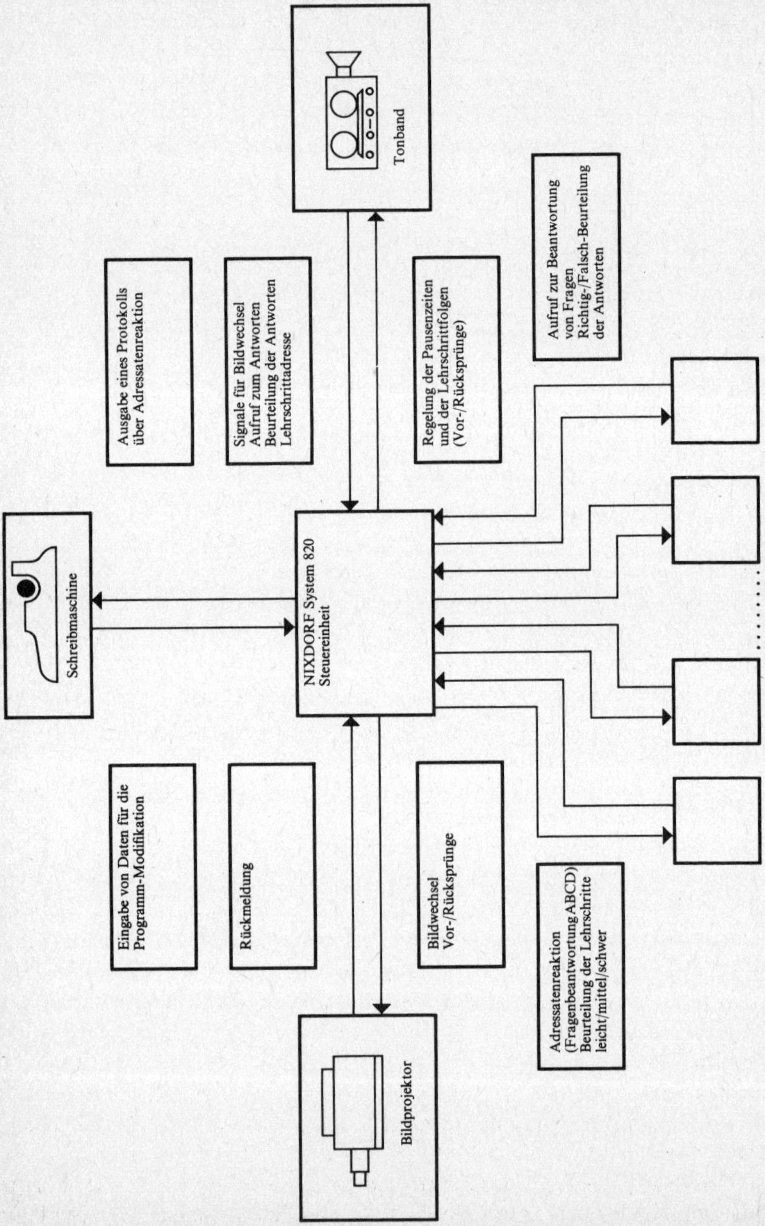

Schüler kann sie dann selbst mit der vom Lehrautomaten gegebenen richtigen Antwort vergleichen.
Mit diesem BASF-Lehrautomaten kann der Schüler auch Tonaufnahmen machen, so daß sie in einem »Sprachlabor« benutzt werden können, wo der Schüler seine eigene Aussprache mit der des Lehrers vergleicht.
Ein solches Gerät kann auch in das System »Bakkalaureus« eingefügt werden, so daß seine Schwäche – geringe Verzweigungsmöglichkeit – überwunden werden kann.
Das System »Bakkalaureus« ist schematisch in Bild 2 dargestellt. Es wurde am Institut für Kybernetik der Pädagogischen Hochschule Berlin von Professor Dr. H. Frank in Verbindung mit der Firma Nixdorf entwickelt. Es ist im Prinzip als Baukastensystem aufgebaut und kann – je nach verfügbaren Mitteln – mehr oder weniger komfortabel ausgestattet werden. Bei der in Bild 2 dargestellten Ausbaustufe sind an den zentralen Computer vier verschiedene Organe angeschlossen:
ein Bildprojektor,
ein Tonbandgerät,
eine Vielzahl von Adressatenplätzen,
eine Schreibmaschine zur Programmierung und Protokollierung.
Um den Aufwand klein zu halten, praktiziert das System Robbimat »Parallelschulung«, das heißt, alle Schüler bekommen gleichzeitig dieselben Instruktionen. Die Schüler können an den (bis etwa 40) Adressatenplätzen Auswahlantworten geben. In Abhängigkeit von den ausgemittelten Adressatenreaktionen läuft das Programm ab. Mit der elektrischen Schreibmaschine kann entweder die Gesamtleistung der Schülergruppe oder die Leistung der einzelnen Schüler protokolliert werden. Die Schüler können auch signalisieren, ob sie eine Aufgabe als »leicht« empfinden oder nicht.
Die Struktur eines Systems für Computer-Assisted Instruction (CAI) zeigt Bild 3. Die Zentraleinheit arbeitet mit drei verschiedenen Organen zusammen:
1. den externen Großraumspeichern, die vor allem die Lehrprogramme enthalten, aber auch die Protokolle des bisherigen Ablaufs der Instruktion, eventuell das Betriebssystem (Programm, wann was geschieht) und so weiter;
2. den Adressaten-(oder Schüler-)Plätzen mit Schreibmaschine, Bildschirm und Tonausgabe;
3. dem Drucker, der zum Beispiel den Ablauf des Instruktionsvorganges ausdrucken kann.
Bild 4 zeigt als Beispiel eines Schülerplatzes ein »Display« der Firma Telefunken. Bei diesem ist die Schreibmaschinentastatur mit dem Sichtgerät fest verbunden. Manche andere Schülerplätze haben zusätzlich auch noch eine »Lichtgriffel-Eingabe«, mit deren Hilfe der Schüler durch eine Art Griffel

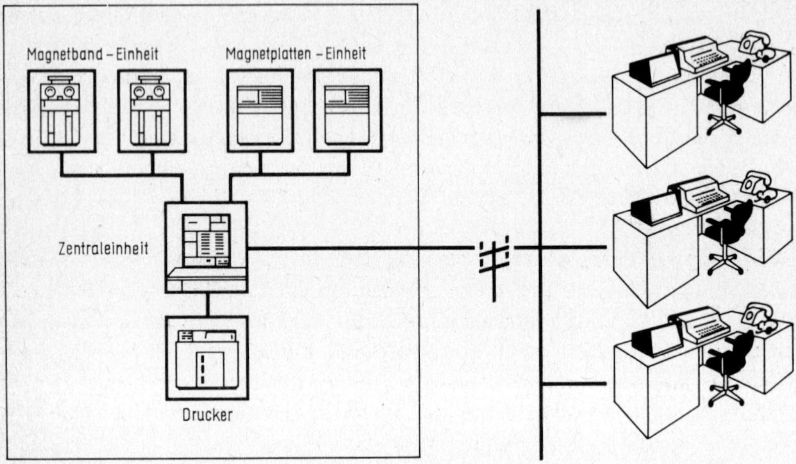

Bild 3: Schema eines Computersystems für Computer-Assisted Instruction (CAI).

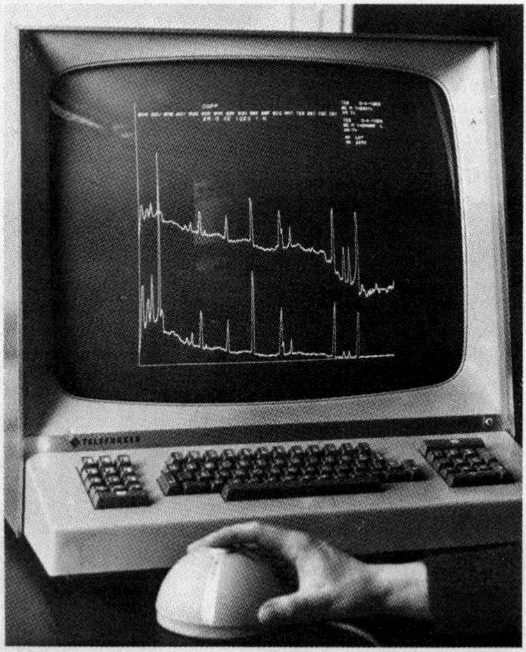

Bild 4:
Beispiel für ein Computerterminal für CAI.

bestimmte Teile der Schrift oder Grafik auf dem Bildschirm so kennzeichnen kann, daß der zentrale Computer diese Kennzeichnung auswerten kann.
Für die Programmierung der Computer für Lehrzwecke wurden schon spezielle Programmiersprachen entwickelt, so beispielsweise von der Firma IBM »Coursewriter«. Coursewriter-Befehle bestehen aus drei Teilen:
1. der Kennzeichnung des Befehls innerhalb des Programms,
2. dem Operationsteil,
3. dem eigentlichen Text.

Bild 5 zeigt ein Beispiel eines Flußdiagramms, wie es einem solchen Lehrprogramm zugrunde liegen kann. Es enthält mehrere Verzweigungen, bei denen der weitere Ablauf des Programms von der Antwort des Schülers abhängig gemacht wird. Antwortet der Schüler beispielsweise auf die Frage »Können Sie noch differenzieren?« mit Ja, so wird ihm Gelegenheit gegeben, dies kurz zu rekapitulieren. Antwortet er jedoch hierauf mit Nein, so wird ihm ein Wiederholungsprogramm »Differenzieren« angeboten.
Derartige komplexe Lehrautomatensysteme unter Verwendung größerer Universalcomputer können bei entsprechend hohem materiellem Aufwand praktisch jedes objektivierbare didaktische Vorgehen verwirklichen, vor allem individuelles Fortschreiten jedes einzelnen vieler Schüler und das Durchlaufen stark verzweigter Lehrprogramme. Die hier verfügbare große Speicherkapazität und hohe Verarbeitungsgeschwindigkeit ermöglichen auch, daß der Schüler konstruierte, das heißt selbst formulierte Antworten gibt und diese dann automatisch mit einem großen Repertoire vorprogrammierter Antworten verglichen werden.
Schon im Jahre 1964 publizierte M. Berger ein Programm mit folgenden Eigenschaften:[25]
1. Das Programm muß einfache Schreibfehler richtig interpretieren.
2. Der Schüler hat die Freiheit, an bestimmten Programmpunkten den weiteren Fortgang willkürlich zu beeinflussen.
3. Eigengesteuerte Übungsaufgaben werden variiert, um die nachteiligen Folgen gleichförmiger Aufgaben auszuschließen.

Programmierte Instruktion ist keinesfalls eine Übersetzung traditioneller Unterrichtsmethoden in die Darstellungs- und Darbietungsweise der Computerzeit, sie markiert vielmehr den Übergang der Didaktik von einer pragmatischen Praxis, individuellen Kunst oder auch Geheimwissenschaft zu einem wissenschaftlich-rationalen Vorgehen, das sich am Erfolg in operational beschreibbaren Lehrsituationen orientiert. Da die Programmierte Instruktion gespeichert ist, können Mängel aufgrund praktischer Erprobung verbessert und kann so ein zunehmendes Niveau erreicht werden. Zwischen Theorie und Praxis wird eine wirksame Rückmeldung hergestellt. Theorien über die

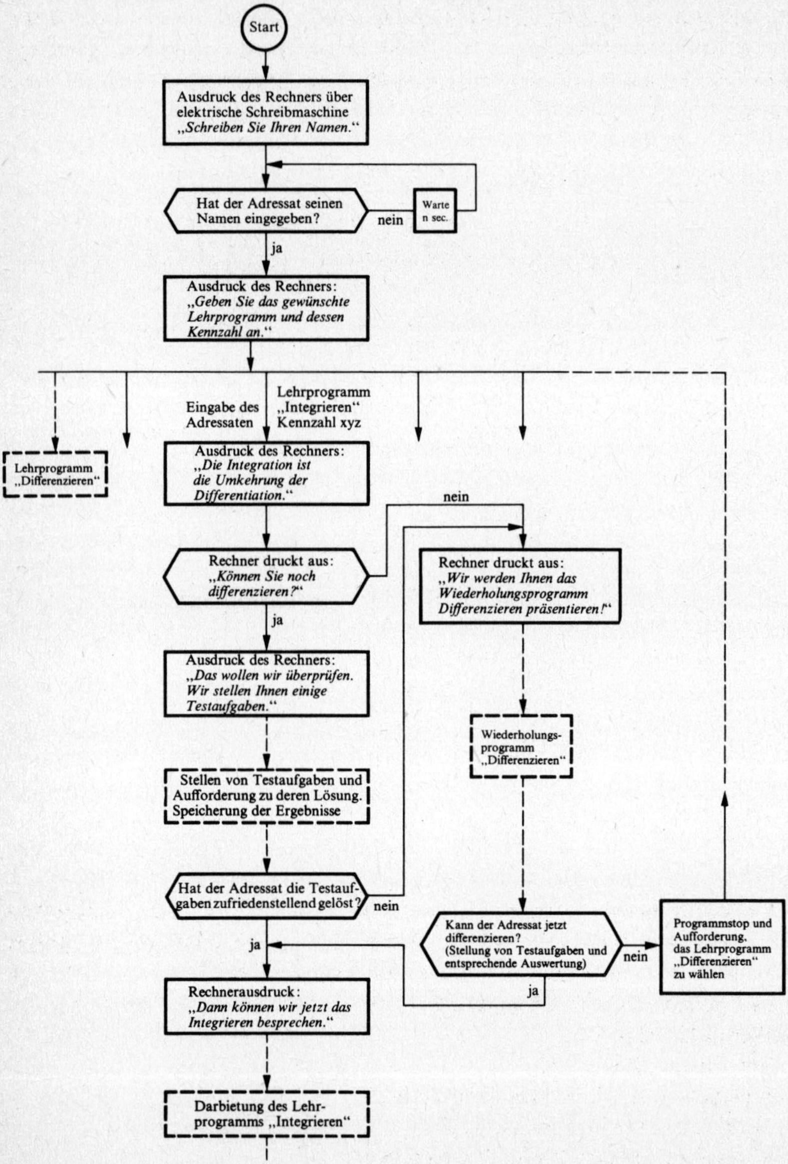

Bild 5: Flußdiagramm für ein Programm für Computer-Assisted Instruction.

Brauchbarkeit pädagogischer Maßnahmen können ähnlich zuverlässig überprüft werden, wie es in den Naturwissenschaften üblich ist, und dort erstaunliche Fortschritte begründen. Kurzum: Wir stehen an der Schwelle zu einer empirischen Pädagogik.

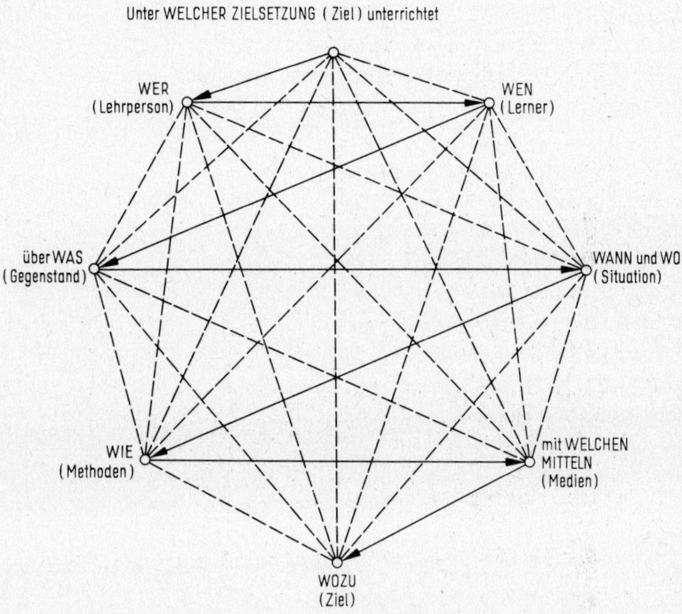

Bild 6: Die Orientierungspunkte der Didaktik. (Nach J. Zielinski.)

J. Zielinski versteht Unterricht als ein Wirkungssystem, das durch mindestens acht Elemente dargestellt werden kann, die ihrerseits in wechselseitiger Beziehung zueinander stehen.[16] Diese sind (siehe Bild 6):

1. Mit welcher Zielsetzung wird unterrichtet?
2. Wer unterrichtet?
3. Wen unterrichtet man?
4. Welches ist der Unterrichtsgegenstand?
5. Wann und wo wird unterrichtet?
6. Mit welchen Methoden wird unterrichtet?
7. Mit welchen Medien wird unterrichtet?
8. Wozu wird unterrichtet?

Das entscheidende Problem ist: Wie kann man die Lehrprogramme möglichst ökonomisch (im Hinblick auf Programmierarbeit) und zugleich wirkungsvoll herstellen? Hierfür haben sich bisher noch keine allgemein akzeptierten Regeln durchgesetzt, die verschiedenen Schulen der Programmierten Instruktion vertreten verschiedene Prinzipien und benützen sie bei ihrer Arbeit. Die praktische Bewährung hat hier das letzte Wort: Der Erfolg beim Schüler ist das entscheidende Kriterium für die Programmierte Instruktion, nicht die mehr oder weniger einleuchtenden Prinzipien. Trotzdem sind einige Prinzipien beachtenswert.

J. Zielinski und W. Schöler diskutierten die Brauchbarkeit der »Formalstufen« des Lernens, wie sie einst F. Herbart unterschied:[57]

1. Stufe der Klarheit: Klares Erfassen des einzelnen Gegenstandes;
2. Stufe der Assoziation: Verknüpfen mit vorhandenen Vorstellungen und Verschmelzen der Einzelheiten;
3. Stufe des Systems: Ordnen und Eingliedern in den Zusammenhang durch Zusammenfassung des Erlernten;
4. Stufe der Methode: Anwenden des Wissens bei neuen Aufgaben und Anstreben freier Verfügungsgewalt über das gewonnene Gedankenganze.

Diese »Formalstufen« scheinen für die Programmierte Unterweisung wenig geeignet zu sein, vor allem wird die pädagogisch so wichtige Abwechslung von rezeptivem und aktivem Verhalten nicht verwirklicht. Deshalb wird vielfach angestrebt, die verschiedenen Elemente stark verwoben in das Programm einzufügen.

Auf die notwendige Kohärenz des Lehrstoffes verweist K. Weltner.[16] Was dies bedeutet, sei an zwei Beispielen gezeigt:

Beispiel eines nicht kohärenten Programms:

1. Berlin hat 3,5 Millionen Einwohner.
2. Berlin ist heute geteilt in West-Berlin und Ost-Berlin.
3. West-Berlin hat 2,1 Millionen Einwohner.
4. Hamburg hat 1,9 Millionen Einwohner.
5. Hamburg liegt an der Elbe und ist ein Nordseehafen.

Die einzelnen Schritte hängen hier nur scheinbar zusammen: Vor allem der erste und der fünfte Schritt haben erkenntnismäßig fast nichts gemeinsam.

Beispiel eines kohärenten Programms (Bild 7):

1. Der durch einen Transistor fließende (relativ große) Strom I_C kann durch den in die Basis einströmenden (relativ kleinen) Steuerstrom I_B verändert werden.
2. Der Strom I_C fließt durch den Kollektorwiderstand R_C und erzeugt hier einen (relativ großen) Spannungsabfall, der bei veränderlichem I_B einen Wechselspannungsanteil enthält.

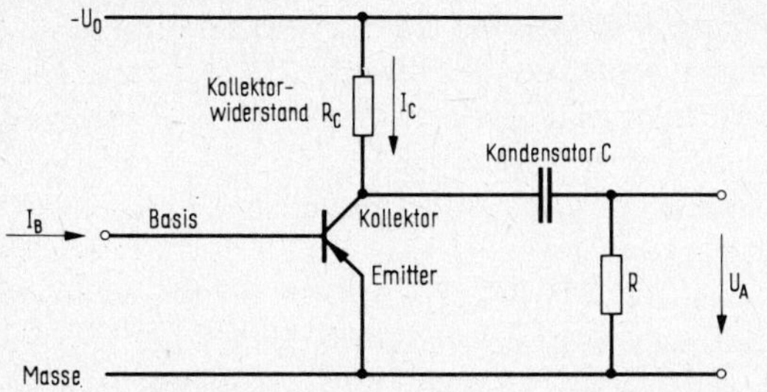

Bild 7: Verstärkung durch einen Transistor.

3. Der Kollektor liegt über R_C an der Batteriespannung, deshalb wirkt hier einerseits eine konstante Vorspannung und andererseits die verstärkte Wechselspannung.
4. Mit Hilfe des RC-Gliedes kann die am Kollektor liegende Wechselspannung von der Gleichspannung abgetrennt und dem weiteren Verbrauch zugeführt werden (U_A).

Die einzelnen Schritte dieses Programms hängen innerlich zusammen: Das Verständnis der Gesamtfunktion setzt das Verständnis jedes einzelnen vorhergehenden Schrittes voraus, und die Reihenfolge der Schritte entspricht der physikalischen Folge von Ursache und Wirkung.

Trotz zahlreicher und wertvoller Untersuchungen gilt aber leider auch heute noch Wilbur Schramms Feststellung:[57]

»Man muß einräumen, daß das vorliegende Schrifttum noch zu geringe Hilfen gibt, um die Ausarbeitung von erstklassigen Programmen zu ermöglichen. Ein halbes Dutzend ausgezeichneter Abhandlungen und eine Reihe von erfolgreichen Programmen bieten zwar gute Hilfen, aber in der Hauptsache verläßt der Programmierer sich weniger auf wissenschaftliche Befunde als vielmehr auf seine eigenen Erfahrungen mit Versuchspersonen.«

Die Idee, mit Hilfe vorgegebener Algorithmen (erprobter logisch-mathematischer Regeln) unter ausschließlicher Verwendung von Computern die Lehrprogramme automatisch herzustellen, scheint vorläufig noch weit von ihrer Verwirklichung zu sein, es ist ein interessantes Fernziel, dessen Erreichung aber noch umfangreiche Grundlagenforschung voraussetzt.

In den Anfangszeiten der Programmierten Instruktion entstanden vielfach Programme zweifelhafter Qualität. Es ist deshalb ein Verdienst des »Arbeitskreises zur Förderung und Pflege wissenschaftlicher Methoden des Lehrens und Lernens e. V.«, daß er im Jahre 1968 »Empfehlungen für die Prüfung von Unterrichtsprogrammen« herausgab.[12] Deren Beurteilungskriterien sind:

1. Sachliche Richtigkeit

Die Prüfung der sachlichen Richtigkeit dient dazu, falsche Daten, Zusammenhänge und Folgerungen aufzudecken. Bei der Art und Ausführlichkeit der Darstellung komplexer Inhalte sollte der didaktische Gesichtspunkt der Altersstufe und der Reife der Adressaten Berücksichtigung finden. Es muß von Programm zu Programm entschieden werden, ob ein Fachmann oder ein Fachgremium für die fachliche Beurteilung des Programminhaltes herangezogen werden sollte.

2. Didaktisch-methodische Gestaltung

Die Bewertung der didaktischen Konzeption eines Programms wird deshalb auf Schwierigkeiten stoßen, weil es heute für kein Fach eine allgemeingültige und verbindliche didaktische Konzeption gibt. Zum anderen entsteht die Frage, ob die herkömmlichen Kriterien und Kategorien ohne weiteres als Beurteilungsmaßstab für Programme gelten können. Aus diesen Gründen sollte man sich damit begnügen, von dem Programmautor eine Darstellung seiner didaktischen Konzeption zu fordern, ... Die Konzeption sollte mit Beispielen der Programmierungstechnik und der Darstellung einzelner bezeichnender Lernschritte belegt werden.

3. Lehrplanbezogenheit

Die Zulassung eines Programms sollte nicht davon abhängig gemacht werden, ob der Programminhalt Eingang in die Lehrpläne gefunden hat. Gefordert werden muß jedoch, Abweichungen von den bestehenden Lehrplänen ausführlich zu begründen.

4. Entsprechung von Probanden und Adressaten

Die unter ... der Programmbeschreibung aufgeführten Merkmale der Probanden sind mit den Merkmalen der Adressaten zu vergleichen.

5. Erprobung

Als Richtwerte für die Größe der Stichprobe sollten zehn Klassen bei der Enderprobung gelten. Die äußeren Bedingungen der Erprobung sollten mit den Arbeitsbedingungen der Adressatengruppe verglichen werden. Der ... differenziert aufgeführte Lernzuwachs ist in Zusammenhang mit der benötigten Arbeitszeit zu prüfen. Ferner ist zu prüfen, in welchem Ausmaß Korrekturen der Erprobungsfassung des Programms vorgenommen worden sind.

Erneut sei darauf hingewiesen, daß die Programmierte Instruktion Veränderungen, beispielsweise berufsstrukturellen Veränderungen, besser zu folgen vermag als der konventionelle Unterricht (J. Franz[16]). Hier ist an die Intellektualisierung des Berufslebens zu erinnern: Die geistigen Anforderungen steigen in den meisten Berufen. Wo einst manuelle Fertigkeiten ausreichten, sind heute oft naturwissenschaftliche und technische Vorkenntnisse notwendig. Das Angebot der Berufsschule ist meist unzureichend, es kann den zunehmenden Anforderungen der Praxis kaum folgen; auch deshalb, weil die Planstellen in den Berufsschulen oft nicht besetzt werden können und deshalb

eine unzureichende Anzahl von Lehrern den Betrieb nur unter größten Anstrengungen weiterführen und es sich oft nicht leisten kann, Fortbildungskurse zu besuchen.
Eine Übersicht über die Anwendung der Programmierten Instruktion in der Berufsausbildung der USA gaben W. Bremer u. a.[4] In der Bundesrepublik Deutschland hat sich besondere Verdienste um die Verbreitung betriebsintern entwickelter Lehrprogramme der DVA-Lehrmittelring in Stuttgart erworben.
Die Formen wirtschaftlichen Geschehens verändern sich gegenwärtig sehr schnell: Bildung größerer Märkte, Automation in Fertigung und Verwaltung, anspruchsvollere Verfahren im Betrieb (Computer, Wertanalyse) und so weiter. Hier setzt sich unter dem Druck der Praxis die Programmierte Unterweisung durch, auch kombiniert mit dem Planspiel. Derartige Planspiele sind charakterisiert durch:[3,47]

1. Jeder Teilnehmer ist aktiv, er hat eine bestimmte Funktion, bei der Entscheidungen vorbereitet und gefällt werden.
2. Die Auswirkungen der Entscheidungen werden gezeigt und führen zu neuen Entscheidungen und weiteren Folgen.
3. Ein bestimmtes Lehrziel kann systematisch angestrebt werden.

Probleme

Die Entwicklung der Programmierten Instruktion war von Anfang an besonders in der Bundesrepublik Deutschland durch emotionale und ideologische Widerstände stark belastet.
Als im Juni 1960 auf dem Kongreß der Lehrer und Erzieher in Bremen Friedrich Edding »die jetzt in den USA erprobten Lehrmaschinen« neben Funk und Fernsehen als eine Möglichkeit nannte, den Lehrer zu ersetzen, verzeichnete der Stenograph als Reaktion der Zuhörer »Heiterkeit« (zitiert nach[58]). Hier artikuliert sich vielfach schlichte Technikfeindschaft in publikumswirksamen Platitüden wie »Vollverkabelter Schüler«, »Vollelektronifiziertes Klassenzimmer«, »Verheerender Einbruch technischer Ungeheuer«, und man befürchtet »technokratische Perfektion in der Realisierung unreflektierter Zielsetzungen« und »Dehumanisierung der Schule«.
Tatsächlich zwingt aber die Programmierte Instruktion zur theoretischen Klärung der pädagogischen Praxis und bringt nicht nur technokratische Perfektion, sondern beendet auch jahrhundertealte Irrtümer und Fehlorganisationen.
Der Widerstand gegen die Programmierte Instruktion rührt aber nicht nur aus der ortsüblichen Technikfeindschaft, sondern auch aus dem Stand der Psycho-

logie: Der Neobehaviorismus, der die Psychologie in den USA und in der UdSSR wesentlich bestimmt, ist eine gute Basis für die Programmierte Instruktion, während unsere geisteswissenschaftliche Psychologie hierfür extrem ungünstig ist.[34]

Die Widerstände gegen die Programmierte Instruktion werden in unserem Land auch dadurch verstärkt, daß in den sozialistischen Ländern diese energisch aufgegriffen wurde.

Typisch ist folgende Darstellung des russischen Wissenschaftlers M. G. Tschilikin:[44]

»Ein wichtiger Faktor bei der Lösung des Volksbildungsproblems ist darin zu suchen, daß der Umfang der Erkenntnisse immer schneller anwächst ... Mit den herkömmlichen Bildungsformen ist es unmöglich, das schnelle Anwachsen der neuen wissenschaftlichen Informationen mit der begrenzten Ausbildungszeit in Übereinstimmung zu bringen ... Gegenwärtig verlangt die Hochschulausbildung, daß ein Mensch 16 bis 17 Jahre seines Lebens dem Studium widmet. Eine etwa 30- bis 40prozentige Einsparung an Zeit bedeutet, die schöpferische Tätigkeit um 6 bis 7 Jahre für jeden zu verlängern. Wenn solche noch vor kurzer Zeit phantastisch scheinenden Möglichkeiten in nicht allzu ferner Zeit mit der Einführung des Programmierten Unterrichts verwirklicht werden können, dann muß das ein Grund für den weiteren Fortschritt sein und zu einer solchen Lage führen, in der offensichtlich jeder ausreichend befähigte Mensch sich Kenntnisse eines Diplomwissenschaftlers erwirbt ...«

Trotz zahlreicher Analysen der Programmierten Instruktion gibt es leider wenig objektive Darstellungen des Lernerfolgs, beispielsweise der Art, daß zwei Schülergruppen einerseits ohne und andererseits mit Programmierter Instruktion über dasselbe Sachgebiet unterrichtet werden. Eine bemerkenswerte Äußerung stammt von L. Chatterley, Fachlehrer für Oberstufenmathematik in den USA:[54]

»Im Hinblick auf die begabteren Schüler werden wir mit den Problemen sehr gut fertig. Hier handelt es sich ja um jene, die so schnell wie möglich weiterkommen und nicht darauf warten wollen, daß die vielen Minderbegabten mit ihren Gedanken und Vorstellungen nachkommen. Auf der anderen Seite gibt man den Schülern, die zwar langsam sind, aber das Wissen erwerben wollen, durch den Programmierten Unterricht die Gelegenheit, sich das Wissen nach eigenem Tempo anzueignen, anstatt den anderen Schülern hinterherzuhetzen, die viel schneller sind. Die Mittelgruppe, die natürlich am größten ist, kommt genauso gut zurecht wie im normalen Klassenunterricht, aber wohl auch nicht besser ...«

Eine andere Befragung »Der Programmierte Unterricht in den USA heute«[39] vermerkt ausdrücklich:

»Medizinische Programme sind wirksame Unterrichtsmittel ... Aufgrund der bis heute veröffentlichten Untersuchungen einschließlich solcher mit Kontrollgruppen und solcher mit einem absoluten Leistungskriterium kann man schließen, daß Unterrichtsprogramme in der medizinischen Ausbildung wirkungsvoll oder wirksam sind ... Das Programm half Zeit einsparen, indem es jeden einzelnen nach seinem ihm eigenen Lerntempo vorrücken ließ ...

Zweihundert Medizinstudenten wurden gebeten, diese Lernmethode mit ihren Erfahrungen in anderen Lernsituationen zu vergleichen. Nicht weniger als 77 Prozent der Studenten waren der Ansicht, daß das Programm nützlicher ist; 20 Prozent hielten es für gleich wertvoll; weniger als 2 Prozent meinten, daß das Programm weniger wert sei als andere Unterrichtsarten.«

Eigene Erfahrungen des Verfassers mit Programmierter Instruktion an der Universität Karlsruhe zum Sachgebiet »Technische Informatik« zeigen dieselbe Tendenz: Die Mehrzahl der Studenten zieht die Programmierte Instruktion dem konventionellen Unterricht deutlich vor und ist davon überzeugt, in kürzerer Zeit mehr zu lernen.

Wie lange kann der Schüler oder Student Programmierter Instruktion folgen, ohne überanstrengt zu werden? Die oft publizierte Behauptung, nach 20 oder 30 Minuten sei die Aufnahmefähigkeit des Schülers erschöpft, ist bisher nicht durch ernsthafte Untersuchungen unterbaut, sie steht vielmehr unter dem Verdacht, Teil der Abwehrreaktion konservativer Pädagogen zu sein. Wenngleich unbestritten ist, daß manche Programme die Schüler stark fordern und sie deshalb auch schneller ermüden als konventioneller Unterricht mit seiner meist geringeren Wirksamkeit und vielfachen Ablenkung, so ist damit keine Eigenart des Programmierten Unterrichts entdeckt, vielmehr eine Eigenart eines konzentrierten Lernvorgangs. Man kann auch Programmierte Instruktion verdünnt und amüsant aufbauen.

Starken Einfluß hat hier zweifellos auch die grundsätzliche Motivation zum Lernen und zur Leistung. So ergaben sowjetische Untersuchungen, daß Schüler durchaus in der Lage sind, eine Doppelstunde Programmierter Instruktion ohne Unterbrechung durchzuarbeiten, wenn sie sich eingewöhnt haben. Allerdings muß man hierbei den mit unseren Verhältnissen unvergleichbar höheren Leistungswillen im sowjetischen Schulsystem in Betracht ziehen.

Hier sind auch Erfahrungen von H. Hertweck und H. Lauber[34] mit einem Programm über »Programmieren in der IBM/360-Assembler-Sprache« (»ASS-PU«) interessant. Dieses ASS-PU-Programm umfaßt 1700 DIN-A 4-Seiten. Die Schüler sind Kunden und Mitarbeiter der Firma. Im Klassenraum wurden folgende Erfahrungen gemacht:

Die reine Lernzeit beträgt ohne Pausen im Durchschnitt 60 Stunden. Es kann zwei Stunden ohne Pause gelernt werden. Pro Tag waren fünf bis sieben Stunden reine Lernzeit üblich. Die Schüler haben bis zu drei Wochen (ohne Wochenende) gelernt, die meisten waren nach 14 Tagen fertig.

Die Programmierte Instruktion unterscheidet sich im Aufwand deutlich von den konventionellen Unterweisungsformen. Die konventionellen Methoden bedingen meist nur geringe Startkosten: Bereitstellung des Raumes, Schreibzeug, Bücher, Wandtafel und so weiter. Dazu kommen aber hohe laufende

Kosten, vor allem Personalkosten, die jetzt und in Zukunft steigende Tendenz haben werden. Gerade umgekehrt ist es bei Programmierter Instruktion, wo die Startkosten höher sind als bei konventionellem Unterricht (Kosten für die Erstellung der Lehrprogramme und deren Erprobung), aber die laufenden Kosten gering sind. Programmierte Instruktion ist also für kleine Schülerzahlen unzweckmäßig, aber vorteilhaft für viele Schüler.
Hierbei spielt auch die Veralterungsgeschwindigkeit der Programme eine große Rolle. Wenn ein Programm aus sachlichen oder didaktischen Gründen oft geändert werden muß, dann ist die Programmierte Instruktion auch bei großen Schülerzahlen nicht ökonomisch.
Selbstverständlich hängt die Grenze von vielen Einflüssen ab, die örtlich und zeitlich variieren, so zum Beispiel den Personalkosten, den Gerätekosten, dem Kapitalzins und so weiter. (Siehe hierzu auch W. Thomas u. a.[34])
Damit Programmierte Instruktion also sinnvoll eingesetzt werden kann, muß durch weit vorausschauende Planung, fachwissenschaftliche Klärung und Curriculum-Forschung sichergestellt werden, daß hochwertige Programme erstellt und diese dann auch oft und wirksam benutzt werden.
Diese Betrachtungen über die Programmierte Instruktion wurden mit dem Hinweis auf die gigantischen Aufwendungen für Bildungsausgaben in der Bundesrepublik Deutschland eingeleitet. Hieraus darf nicht geschlossen werden, durch eine rasche Einführung dieser neuen Methoden könnten die Ausgaben gesenkt werden. Im Gegenteil: Bevor die ökonomischen Vorzüge der Programmierten Instruktion zum Tragen kommen, muß ein hoher Einstand entrichtet werden. Es wäre ökonomisch unvertretbar, diese Vorarbeiten verstreuten und unkoordinierten Initiativen zu überlassen: Hier muß durch weitsichtige Planung der Aufwand für die Programmerstellung und die Brauchbarkeit der Programme sichergestellt werden. Dies scheint im Augenblick vorwiegend ein Wunsch zu sein. Bisher wurde von staatlichen Stellen zwar eine gigantische Organisation mit fein verästeltem Organisationsschema aufgebaut, aber belebende Impulse sind bisher nicht zu beobachten. Es ist zu vermuten, daß diese Parkinsonsche Organisation durch private Initiativen rasch überholt werden wird.
Ein schwer zu überwindender Widerstand gegen die Einführung der Programmierten Instruktion ist der bewußte oder unbewußte innere Widerstand vieler Lehrer. Das Berufsbild des Lehrers verändert sich und wird anspruchsvoller; die Lehrer werden durch derartige Veränderungen verunsichert.
W. Zifreund weist darauf hin,[46] daß sich Innovationen im schulischen Bereich nur langsam durchsetzen: Es dauerte etwa 15 Jahre, bis 3 Prozent der Schulen die Neuerung angenommen haben. Die Einführung der Programmierten Instruktion könnte entscheidend durch Weiterbildung der im Schuldienst

stehenden Lehrer gefördert werden. Wie sollte dies aber bei dem gegenwärtigen Lehrermangel verwirklicht werden?
Die bisherige Praxis, daß Lehrprogramme aus der Initiative einzelner entstehen, ist unbefriedigend und unzureichend, weder die Zeit, noch die Konzentration, noch die materiellen Voraussetzungen sind hier ausreichend.
Die Programme, deren Herstellung aufgrund einer objektiven, übergeordneten Analyse erforderlich ist, müssen schleunigst durch Teams geeigneter Lehrkräfte erstellt werden. Hierzu müßte ein enger Kontakt mit den Lehranstalten – besonders im Hinblick auf die praktische Erprobung der Programme – bestehen.
Die Programmierte Instruktion hat auch Folgen für den Schul- und Hochschulbau. Die Anzahl der benötigten großen Klassenzimmer und Hörsäle wird abnehmen, dafür wird aber ein zunehmender Bedarf an kleineren Räumen, Kojen mit akustischer Abschirmung, entstehen.
Auf lange Sicht wird möglicherweise die Informationsübertragung (in Bild und Ton, über Draht und drahtlos) dazu führen, daß die Schulen und Universitäten immer weniger als bauliche Komplexe verstanden werden, vielmehr als Dienstleistungsinstitute, welche Information konservieren, vermehren und mit den besten Methoden verteilen. So verstandene Schulen und Universitäten werden sich möglicherweise baulich weitgehend auflösen.
Die teuren Installationen für die Programmierte Instruktion können innerhalb größerer Schulorganisationen, also beispielsweise innerhalb der »integrierten Gesamtschule« oder »integrierten Gesamthochschule«, besonders wirkungsvoll ausgenutzt werden. Andererseits schafft die Programmierte Instruktion die Voraussetzungen für eine äußerst freizügige Schulorganisation, bis hin zum »Bildungs-Freiwahlsystem«,[50] bei dem die Schule oder Universität nur noch das Angebot schafft, es aber dem Lernwilligen überläßt, welchen Unterricht er wann konsumiert.
Programmierte Instruktion kann, aber muß nicht zur vollständigen Individualisierung des Unterrichts führen. So verzichtete bereits das System »Bakkalaureus« (Bild 2) auf Einzelschulung. Es gibt gute pädagogische Gründe, Gruppen manchmal gemeinsam zu schulen, und man hat hierfür bestimmte Methoden der Programmierten Instruktion entwickelt.
An der Hochschule Linz wurde der Gruppenlehrautomat »LINDA« entwickelt, bei dem Gruppenlernphasen und Individualphasen sinnvoll kombiniert werden. Bild 8 möge ein derartiges Vorgehen illustrieren. Wenn alle Schüler die richtige Antwort auf den n-ten Lehrschritt gegeben haben, dann wird zum (n + 1)-ten Lehrschritt übergegangen; haben aber nicht alle Schüler die richtige Antwort gegeben, dann wird eine Gruppendiskussion eingeschaltet. Werden danach alle Antworten richtig gegeben, dann wird zum (n + 1)-ten

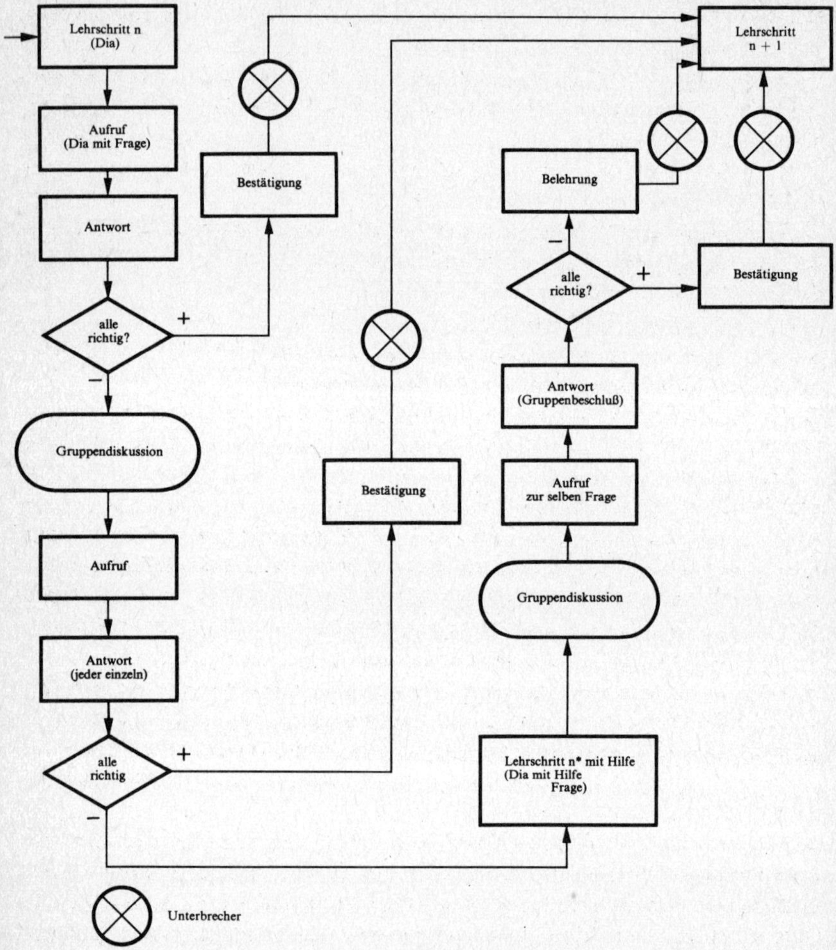

Bild 8: Ablaufdiagramm für den Gruppenlehrautomaten LINDA. (Nach G. Gensch.)

Lehrschritt weitergegangen, wenn aber immer noch nicht, dann wird als zusätzliche Erklärung ein besonderer Lehrschritt n* eingeführt und so weiter.
Derartige Versuche zeigen, daß die Methoden und Organisation der Programmierten Instruktion noch weit von einer endgültigen Fixierung entfernt sind, wir vielmehr mitten in einer stürmischen Phase der Versuche und Irrtümer

stehen, in der man aus momentanen Mißerfolgen nicht auf die grundsätzliche Unbrauchbarkeit der Methode schließen kann.

G. Klotz[24] verweist bei dieser Entwicklung besonders auf folgende Probleme:

1. Die Formulierung neuer Hypothesen über Lehr- und Lernprozesse und ihre empirische Überprüfung.
2. Untersuchungen über den Zusammenhang zwischen Lernformen, Lernbedingungen, Lernzielen und Lernleistungen.
3. Die Beachtung der für die Pädagogik wichtigen Erkenntnisse der Nachbardisziplinen, vor allem Psychologie und Soziologie.
4. Die Ergebnisse der Curriculum-Forschung.
5. Das Setzen neuer Bildungsziele.
6. Die Entwicklung verschiedener Lernformen wie zum Beispiel Team-Teaching, Großgruppen-Frontalunterricht und so weiter.
7. Die Entwicklung neuer Kommunikationsformen, zum Beispiel technischer Kommunikationssysteme zur Darbietung, Aufnahme und Verarbeitung von Informationen.

Eine Frage, welche bei der Entwicklung der Programmierten Instruktion von Anfang an starke Beachtung fand, ist: Wird bei dieser Art der Unterweisung die Kreativität (siehe Kapitel 2) des Schülers unterdrückt oder gefördert?

W. Correll untersuchte diese Frage besonders gründlich in seinem Buche »Programmiertes Lernen und schöpferisches Denken«.[5] Er weist darauf hin, daß der Schüler Gelegenheit bekommen müsse, eigene Hypothesen zu entwickeln und sie selbst zu überprüfen. Ein solches Vorgehen kollidiert teilweise mit dem Prinzip, Instruktionen in kleinen Portionen anzubieten: Hier muß offensichtlich ein Kompromiß gesucht werden. Correll widerspricht entschieden der oftmals geäußerten Vermutung, daß kreatives Lernen mit Programmierter Instruktion nicht möglich sei.

B. Rollett und U. Viet untersuchten ebenfalls das Problem »Kreativität und Programmierte Instruktion« und kamen zu ähnlichen Ergebnissen:[16] Eine Didaktik des produktiven Denkens wird davon ausgehen müssen, daß Strukturierungshilfen allmählich abgebaut werden. Zunächst mag das Problem noch vom Lehrer gestellt werden und nur die Antwort vom Schüler gesucht; später kann auch das Problem vom Schüler gesucht werden und so weiter. Echte Problemhaltungen entstehen nur, wenn der Schüler die Motivation entwickelt, seine Kenntnisse und Fähigkeiten zu verbessern. Eine derartige Wirkung der Programmierten Instruktion stellt an den Autor der Programmierten Instruktion besondere Anforderungen.

Ein interessanter Beitrag »Der Schülerkontrollierte Unterricht« hierzu findet sich in dem Buch »Der Programmierte Unterricht in den USA heute«:[39] R. F. Mager ging hierbei von den beiden Fragestellungen aus:

1. Wenn wir auf irgendeine Weise eine von einem Schüler stammende Instruktionsreihe ausfindig machen könnten, würde diese anders aussehen als eine von Lehrern stammende Instruktionsreihe?
2. Welche Bedeutung hat der mögliche Unterschied?
Der hierfür praktizierte »Schülerkontrollierte Unterricht« mit einem Schüler und einem Lehrer unterscheidet sich vom sokratischen Dialog dadurch, daß hier der Schüler den Lehrer führt. Als interessantestes Ergebnis nennt Mager: Wenn der Lehrer in seinem Stoffgebiet bewandert ist und Verständnis für die Lernprinzipien hat, sollte es dann nicht für ihn leichter sein, dem Schüler zu folgen, als umgekehrt? Die Erfahrung zeigt, daß diese Vermutung falsch ist: »Starrheits-Index«. Mit dem »Schülerkontrollierten Unterricht« läßt sich viel über die Vorkenntnisse der Schüler erfahren; man kann auch die günstigste Art der Darbietung ermitteln, Gefahrenstellen und die optimale Anordnung des Programms entdecken.

Eine zukünftige Möglichkeit des »Schülerkontrollierten Unterrichts« könnte darin bestehen, Schüler zu wirkungsvollen Fragetechniken und Methoden der Selbstkontrolle zu bringen.

Mit diesem »Schülerkontrollierten Unterricht« dürfte ein wichtiger Weg beschritten sein, der gleichermaßen zur Selbstentfaltung als auch zum wirkungsvollen Lernen führt und der schließlich zu einem Verhältnis zum Lernen führt, das nicht mehr als ein qualvoller Dressurakt verstanden wird, sondern als ein interessanter Streifzug durch das Wissen und Können, das uns die kulturelle Entwicklung angeliefert hat, und zugleich als eine Bereicherung dieses Wissens und Könnens durch die eigene Kreativität. Aber zweifellos setzt eine solche Entwicklung voraus, was schon in dem Buch »Programm 2000« gesagt wurde: *Bildung braucht begeisternde Ziele.*

Im nächsten Jahrzehnt werden Informationsbanken und informationelle Verbundnetze entstehen, deren langfristiges Entwicklungsziel ist: An jedem Ort und zu jeder Zeit kann jede öffentlich interessierende Information über elektronische Medien abgefragt werden. Wahrscheinlich werden die Lehrautomaten in dieses informationelle Verbundnetz integriert werden. Ein derartiger Verbund könnte dann dazu führen, daß das Wissen in Sekundenschnelle von seiner Entdeckung, zum Beispiel im Laboratorium, bis zum Schüler gelangt. Daß der Verwirklichung eines derartigen Verbundes noch beträchtliche technische Schwierigkeiten entgegenstehen, sei ausdrücklich vermerkt. Vor allem wird ein solcher Verbund erst dann voll wirksam, wenn die Aufbereitung der Originalinformation in Programmierte Instruktion auch vollautomatisch in Sekundenschnelle geschieht, eine Aufgabe, deren Lösung vorläufig noch gar nicht abzusehen ist. Wenn derartige Verbundsysteme aber einmal existieren werden, dann dürften sie eine so enorme Überlegenheit des Wissens und

Könnens begründen, daß es eine Existenzfrage hochentwickelter Länder sein wird, an ihnen teilzuhaben.
Für die Bundesrepublik Deutschland – wo das Ausbildungsniveau aufgrund begangener und weiterbestehender Versäumnisse immer weiter absinkt – bietet die Programmierte Instruktion eine besonders wichtige Möglichkeit: Durch wenige hochqualifizierte Lehrer kann über den Multiplikationseffekt der modernen Lehrtechnologie das Gesamtniveau rasch wieder angehoben werden. Diese Aufgabe kann ohne Programmierte Instruktion nur in Generationen härtester Arbeit gelöst werden. Möglicherweise wird unsere Gesellschaft in absehbarer Zeit die Folgen der Bildungskatastrophe so elementar erleben, daß sie alle Vorurteile überwindet und mit einer ernsthaften Anstrengung versucht, unter Verwendung dieser ungeliebten Methoden wieder zu einer wissenschaftlich entwickelten Gesellschaft zu werden.

Literatur

1 Bartmann, Th.: »Denkerziehung im Programmierten Unterricht.« München 1966.
2 Bismarck, D. Klaus v.: »Die Möglichkeiten des Schulfernsehens.« Köln 1967.
3 Blohm, H.: »Möglichkeiten zur Weiterentwicklung der Planspiele.« (Unveröffentlichtes Manuskript.)
4 Bremer, W., G. Hobbensiefken und H. Laube: »Programmierte Instruktion in der Berufsausbildung der USA.« Weinheim 1967.
5 Correll, W.: »Programmiertes Lernen und schöpferisches Denken.« München 1969.
6 Cram, D.: »Lehrmaschinen – Lehrprogramme.« Weinheim 1965.
7 Cube, F. v.: »Kybernetische Grundlagen des Lernens und Lehrens.« Stuttgart 1965.
8 Dale, E.: »Audiovisual methods in teaching.« New York 1969.
9 Dohmen, G.: »Das Fernstudium. Ein neues pädagogisches Forschungs- und Entwicklungsfeld.« Heidelberg 1967.
10 Eigler, G.: »Methoden und Medien zukünftiger Unterweisung.« In: »Systems 69.« Hrsg. von K. Steinbuch. Stuttgart 1970.
11 –: »Prüfung von Lehrprogrammen.« In: »Zeitschrift für erziehungswissenschaftliche Forschung.« München 1968.
12 »Empfehlungen für die Prüfung von Unterrichtsprogrammen.« Hrsg. vom Arbeitskreis zur Förderung und Pflege wissenschaftlicher Methoden des Lehrens und Lernens e.V. Berlin 1968.
13 »Fernstudium im Medienverbund.« Bearbeitet von H. Fritsch u. a. (Arbeitskreis für Hochschuldidaktik.) Hamburg 1971.
14 »Fernstudium und Programmierter Unterricht in Baden-Württemberg.« (Bestandsaufnahme und Empfehlungen für ein Forschungs- und Aktionsprogramm, vorgelegt vom Arbeitskreis Fernstudium und Programmierter Unterricht des Kultusministeriums Baden-Württemberg.) Villingen 1968.

15 Foltz, Ch. J.: »Lehrmaschinen.« Weinheim 1965.
16 »Fortschritte und Ergebnisse der Unterrichtstechnologie.« (8. Symposium der Gesellschaft für Programmierte Instruktion.) Hrsg. von B. Rollett und K. Weltner. München 1971.
17 Foppa, K.: »Lernen, Gedächtnis, Verhalten. Ergebnisse und Probleme der Lernpsychologie.« Köln, Berlin 1965.
18 Frank, H.: »Kybernetische Grundlagen der Pädagogik.« 2. Aufl. Baden-Baden 1969.
19 Fry, E. B.: »Teaching machines and programmed instruction.« New York 1963.
20 Fuchs, W. R.: »Knaurs Buch vom neuen Lernen.« München, Zürich 1969.
21 Gerard, R. W.: »Computer im Unterricht.« München 1967.
22 Green, E. J.: »The learning process and programmed instruction.« New York 1963.
23 Hitz, M.: »Praxis und Perspektiven des Programmierten Unterrichts.« Quickborn 1966.
24 Klotz, G.: »Programmierter Unterricht – ein Verfahren für morgen.« München 1969.
25 »Lehrmaschinen in kybernetischer und pädagogischer Sicht. Nr. 2.« Hrsg. von H. Frank. Stuttgart 1964.
26 »Lernen und Erziehung.« (Reihe »Forschung und Information.« Bd. 4.) Hrsg. von O. W. Haseloff. Berlin 1969.
27 »Lexikon der audiovisuellen Bildungsmittel.« Hrsg. von H. Heinrichs. München 1971.
28 »Lexikon der kybernetischen Pädagogik und der Programmierten Instruktion.« Hrsg. von L. Englert und H. Frank. Quickborn 1966.
29 Ludwig, E. H.: »Die Technik zur Herstellung von Lehrprogrammen für die Programmierte Unterweisung.« Ratingen 1965.
30 Lysaught, J. P.: »Einführung in die Unterrichts-Programmierung. Anleitungen zum Verfassen und Prüfen von Programmen.« München, Wien 1967.
31 Mager, R. F.: »Lernziele und Programmierter Unterricht.« Weinheim 1965.
32 Markle, S. W.: »Gute Lernschritte.« München, Wien 1967.
33 Netzer, H.: »Lernprogramme und Lernmaschinen.« Bad Heilbrunn 1964.
34 »Perspektiven des Programmierten Unterrichts.« (Referate des 7. Symposiums der Gesellschaft für Programmierte Instruktion. April 1969 in Wien.) Hrsg. von B. Rollett und K. Weltner. Wien, München 1970.
35 Portele, G.: »Spaß am Lernen.« (Unveröffentlichtes Manuskript.) Hrsg. von der Forschungsgruppe Hochschulkapazität Mannheim. Mannheim 1969.
36 »Praxis und Perspektiven des Programmierten Unterrichts.« Bd. 1: Quickborn 1965. Bd. 2: Quickborn 1967.
37 »Praxis und Theorie des Programmierten Unterrichts.« (Ausgewählte Referate des 6. Internationalen Symposiums der Gesellschaft für Programmierte Instruktion.) Hrsg. von B. Rollett. Stuttgart, München 1970.
38 »Programmierter Unterricht und Lehrmaschinen.« (Bericht der Internationalen Konferenz »Programmierter Unterricht und Lehrmaschinen.« Vom 9. bis 15. 7. 1963 in Berlin.) Hrsg. von A. Biancheri u. a. Veröffentlicht durch die Pädagogische Arbeitsstelle/Sekretariat Pädagogisches Zentrum Berlin. Berlin 1964.
39 »Der Programmierte Unterricht in den USA heute.« Weinheim, Berlin 1967.
40 »Programmiertes Lernen. Aufnahme und Verarbeitung von Nachrichten durch Organismen.« Braunschweig 1966.
41 »Programmiertes Lernen und Lehrmaschinen. Eine Quellensammlung zur Theorie und Praxis des programmierten Lernens.« Hrsg. von W. Correll. Braunschweig 1965.
42 Recum, H. v.: »Programmierte Unterweisung.« Bad Harzburg 1967.

43 Reuchlin, M., und J. P. Dessard: »The Economic, Social and Pedagogic Education Guidance.« In: »Europe 2000.« Amsterdam 1971.

44 Schestakow: »Programmiertes Lernen und Lehrmaschinen.« Berlin 1965.

45 Schramm, W.: »Programmierter Unterricht heute und morgen.« Berlin 1963.

46 »Schulmodelle, Programmierte Instruktion und Technische Medien.« Hrsg. von W. Zifreund. München 1968.

47 Schultz, A.: »Unternehmensspiele und Programmierte Instruktion.« In: »Grundlagenstudien aus Kybernetik und Geisteswissenschaft.« Quickborn 1965. Bd. 3. H. 3. S. 86 bis 96.

48 Stachowiak, H.: »Denken und Erkennen im kybernetischen Modell.« Wien, New York 1965.

49 –: »Zum Problem einer logisch-semantischen Maßbestimmung des Lernerfolges.« (Beiheft zu »Grundlagenstudien aus Kybernetik und Geisteswissenschaft.« Bd. 7.) Quickborn 1966.

50 Steinbuch, K.: »Programm 2000.« Stuttgart 1970.

51 Steinbuch, P. A.: »Wesensunterschiede zwischen Programmiertem Unterricht in Schule und Betrieb.« In: »Deutsche Lehrprogramme für Schule und Praxis.« Jg. 1964. H. 3.

52 Suppes, P.: »The use of computers in education.« In »Information.« San Francisco 1966.

53 »Unterricht und Computer.« Hrsg. von der Studiengruppe für Systemforschung. Bearb. von K.-A. Czemper und H. Boswau. München 1965.

54 »Vier Fallstudien über Programmierten Unterricht.« Hrsg. von W. Schramm. Berlin, Bielefeld 1966.

55 Vogt, H.-H.: »Der Nürnberger Trichter. Lernmaschinen für Ihr Kind?« Stuttgart 1966.

56 Vogt, H.: »Programmierter Unterricht und Lehrmaschinen an Hoch- und Fachschulen der Sowjetunion.« München 1965.

57 Zielinski, J., und W. Schöler: »Methodik des Programmierten Unterrichts.« Ratingen 1965.

58 –: »Pädagogische Grundlagen der Programmierten Unterweisung unter empirischem Aspekt.« Ratingen 1964.

59 Zielinski, J.: »Die Schule von morgen.« In: »Nordrhein-Westfalen auf dem Weg in das Jahr 2000.« Hrsg. von E. Schmacke. Düsseldorf 1970.

60 »Zur Theorie und Praxis des Programmierten Lernens.« Hrsg. von W. Correll. Darmstadt 1969.

Fabrik ohne Umweltschutz
optimal für hohe Rendite

Fabrik mit Umweltschutz
optimal für Leben hoher Qualität

Bild 1: Fabrik ohne und mit Umweltschutz. In der unteren Abbildung ist am Kamin ein Abgas-Reiniger und bei der Abwasserleitung eine Kläranlage eingebaut.

13 Die Kontrolle der Technik

Der technische Fortschritt

Der technische Fortschritt erschien einst wünschenswert: Man konnte mit weniger Anstrengung mehr und besser produzieren. Man brauchte keine Tretmühlen mehr, keine Kinderarbeit, keine zwölf bis sechzehn Stunden Arbeitszeit an sechs Tagen in der Woche und so weiter.
Etwa um die Wende vom 19. zum 20. Jahrhundert veränderte sich diese Einstellung drastisch: Bis dahin dominierte das stolze Gefühl, »wie weit wir es doch gebracht haben«, danach wuchs die Sorge, ob wir uns nicht in eine sehr gefährliche Situation gebracht haben. Man sah und sieht sich vielfach in der Lage des Zauberlehrlings, der ohne Einsicht in die Folgen ein Werkzeug in Bewegung gesetzt hat und es nun nicht mehr kontrollieren kann:

»Denn wir haben
Deiner Gaben
Vollgemessen!
Ach, ich merk' es! Wehe! Wehe!
Hab' ich doch das Wort vergessen!
Ach! das Wort, worauf am Ende
Er das wird, was er gewesen.«

Diese Umstimmung bewirkten beispielsweise die Atomwaffen, die die menschliche Kultur total vernichten können, die Umweltzerstörung, die ungelösten sozialen und psychischen Probleme im Gefolge des technischen Fortschritts und wohl auch die Bevölkerungsexplosion.
Auch wer keinem antitechnischen Kulturpessimismus folgt, muß doch eingestehen, daß der technische Fortschritt in der bisherigen Art, die manchmal an Krebswucherungen erinnert, nicht mehr weitergeführt werden kann. Wir müssen jetzt nach Organisationsformen suchen, die den technischen Fortschritt zu kontrollieren gestatten, so daß an die Stelle der bisherigen Wucherungen eine Entwicklung tritt, die mit den Bedingungen der menschlichen Existenz verträglich ist.
Hierüber besteht in unserer Zeit bei nachdenklichen Menschen der hochentwickelten Industriegesellschaften weitgehend Übereinstimmung. Trotz dieser

Übereinstimmung empfinden wir aber ein Gefühl der Hilflosigkeit gegenüber dieser Aufgabe.

Unsere Technostruktur – dieses ungeheuer komplexe System, in dem Grundlagenforschung, Zweckforschung, Entwicklung, Konstruktion, Produktion und Vertrieb zusammenwirken – ist so undurchsichtig geworden, daß eine »richtige« Prioritätenliste oder eine »untadelige« Gesinnung aller Beteiligten noch lange nicht zu einem wünschenswerten Ergebnis führt. Die Technostruktur ist eher eine »black box«, bei der auch ein gutgemeinter Input zu recht unerfreulichen Folgen führen kann.

Unsere Situation ähnelt der des Zauberlehrlings auch darin, daß verzweifelt nach »dem Wort« gesucht wird, das unsere Gefahren abwendet: Entlarvung »der Technik« und »der Technokratie«. Man glaubt so, den der Technik innewohnenden Fluch aufdecken und ihre unerwünschten Folgen abwenden zu können. Hier findet man rechte und linke Hinterwelt einfältig vereint, von O. Spengler[37] (»Es ist nicht wahr, daß menschliche Technik Arbeit erspart«) über F. G. Jünger[16] (»Das Machtstreben des Technikers geht darauf aus, auch den Staat sich unterzuordnen und die staatliche Organisation durch seine technische zu ersetzen . . .«) bis hin zu H. Marcuse[21] (»Technik als solche kann nicht von dem Gebrauch abgelöst werden, der von ihr gemacht wird; die technische Gesellschaft ist ein Herrschaftssystem, das bereits im Begriff und Aufbau der Techniken am Werk ist«). Auf solch wirklichkeitsfernen Diagnosen kann keine wirksame Therapie aufgebaut werden.

Wenn ein Flugzeug startet, dann entsteht (nach A. Toynbee) ein Konflikt zwischen den Benutzern und den »Hörern«. Derselbe Konflikt würde in der Sprache unserer Hinterwelt so dargestellt: »Wenn ein Flugzeug startet, dann siegt der Dämon Technik über die Humanität.«

Der Kinderglaube, man könnte die Technostruktur mit Beschwörungen kontrollieren, ist gemeingefährlich. Die Technostruktur ist viel stärker, als die Zauberlehrlinge meinen, man kann sie nur mit technikadäquaten Mitteln kontrollieren, vor allem mit Systemanalyse. Solange dies nicht begriffen wird, verhält man sich so töricht wie einer, der einen außer Kontrolle geratenen Atomreaktor mit Worten wieder unter Kontrolle zu bringen versucht.

Die Kontrolle der Technik ist vor allem ein Machtproblem: Die einzelnen Glieder des Kontrollsystems, also einerseits Staat beziehungsweise Gesellschaft und andererseits Technostruktur, haben starke Eigeninteressen. Solange nur abstrakt darüber diskutiert wird, daß der technische Fortschritt kontrolliert werden müsse, erzielt man leicht Übereinstimmung. Diese geht aber dann rasch zu Ende, wenn konkrete Konsequenzen gezogen werden, wenn beispielsweise eine Produktion oder Forschungsrichtung eingestellt werden oder wenn ein Wahlkreis zurücktreten soll. Dann tritt an die Stelle wohlwollender verbaler Übereinstimmung die entrüstete Frage, weshalb soll denn gerade *meine* Fabrik, *mein* Forschungslabor, *mein* Wahlkreis zurücktreten? Diese Argumentation wird meist mit soviel persönlichem Einsatz, mit Lobbies, wirtschaftlichem und politischem Druck geführt, daß schließlich nichts mehr übrigbleibt, was die bestehenden Probleme löst.

Es geht bei der Kontrolle des technischen Fortschritts also weniger darum, Menschen von deren Notwendigkeit zu überzeugen, vielmehr um die Organisation von Entscheidungsmechanismen, welche die als notwendig erkannte Kontrolle gegen Widerstände durchsetzt.

Andererseits muß aber (und hier entstehen schwere Konflikte!) die Kontrolle der Technik verantwortungsbewußt geschehen. Durch die gegenwärtige Diskussion geistert die Vorstellung, man könnte die Kontrolle dadurch »demokratisieren«, daß man demoskopische Umfragen anstellt, wie viele Leute welche Vorhaben für wie wichtig halten.

Zunächst erscheint dies überzeugend und folgerichtig: Befragen wir doch einfach die Bürger unseres Staates, welche Prioritäten sie den Vorhaben geben, und verteilen die Mittel entsprechend. Daß es ganz so einfach nicht geht, hat sich schon herumgesprochen: Man muß erst einmal die Sachverhalte in leichtverständlicher Weise darstellen, so daß die abstimmenden Bürger überhaupt wissen, worüber sie abstimmen. Aber kann man nicht durch entsprechende Darstellung die Prioritätenliste manipulieren? Hat nicht einst eine Mehrheit für Kanonen und gegen Butter gestimmt?

Weitere Skepsis gegenüber einem solchen Vorgehen entsteht aus der Verantwortungslosigkeit, die derartige Befragungen begründen. Wer Verantwortung trägt und bereit ist, sein Verhalten später zu rechtfertigen, entscheidet anders als die anonyme Person X, deren Meinung zu einem Promille in das Befragungsergebnis eingeflossen ist.

Auf welch dünnen Beinen derartige Pläne stolzieren, zeigt die Todesstrafe: Ihre Einführung wäre bekanntlich einer Mehrheit sicher. Aber hoffentlich haben die Verantwortlichen auch in Zukunft mehr Hemmungen als die Mehrheit. Die Fähigkeit, publikumswirksame Dinge *nicht* zu tun, ist eine Leistung verantwortungsvoller Politiker, auf die wir so lange nicht verzichten können, als das politische Verantwortungsbewußtsein unserer Bürger so unentwickelt und die Methoden politischer Manipulation (von rechts und links) so rücksichtslos sind.

Technik und Werte

Technisches Handeln setzt außertechnische Bewertungen voraus. Dies sei an einigen Beispielen gezeigt:
1. Umweltschutz: Hier muß man den technischen Aufwand für die Reinhaltung abwägen gegen Schädigungen anderer Menschen.
2. Beim Verkehr – sei es nun Konstruktion von Verkehrsmitteln oder ihre Benutzung – muß man zwischen effizienter Eigenbewegung und Belästigung oder Gefährdung anderer abwägen.
3. Bei Kernkraftwerken muß abgewogen werden, welcher Aufwand getrieben wird, um die Gefahren für Menschen möglichst klein zu machen.
4. Beim Aufbau von Informationssystemen muß man abwägen, welchen technischen Aufwand zum Schutz der Privatsphäre man treiben will.
Ich möchte hier absichtlich nicht das Thema »Technik und Krieg« vorbringen. Schon die friedliche Technik läßt an den obengenannten Beispielen die Problematik erkennen.
Man könnte noch viele andere Beispiele für die außertechnische Bestimmung technischen Handelns anführen. Sie seien abstrakt durch den Vorgang des »Optimierens« zusammengefaßt: Bei der Optimierung technischer Systeme wird untersucht, welche Alternative oder Dimensionierung »optimal« ist. »Optimal« bedeutet hierbei, daß eine bestimmte Systemeigenschaft (unter bestimmten Voraussetzungen) eine maximale Größe hat. *Welche* Systemeigenschaft dies ist, hängt von dem benutzten Wertsystem ab.
Die in unserem Lande gängige Vorstellung, der Ingenieur sei ein von Werten unabhängig funktionierendes Monstrum, war schon immer falsch, sie ist aber heutzutage total irreführend und maskiert die wichtigsten Probleme unserer Zeit.
Nur kurz erwähnt sei, daß für manche technische Entscheidungen (meist unausgesprochen) der Wert menschlichen Lebens und menschlicher Wohlfahrt gegen materielle Werte abgeschätzt werden muß. Um es ganz deutlich zu sagen: Aus manchen technischen Entscheidungen ist zurückrechenbar, wie hoch der Wert eines Menschenlebens in DM eingeschätzt wurde.
Dieser Sachverhalt ist zwar makaber, in seiner logischen Struktur aber durchschaubar. Es gibt jedoch einige Tatsachen, welche die logische Struktur stark verwirren:
die mangelnde Transparenz technischen Geschehens
die mangelnde Macht zur Verwirklichung optimaler Lösungen
die Konkurrenz widersprüchlicher Wertsysteme
die perspektivischen Verzerrungen der Verantwortung
die psychische Fehlfunktion

Die mangelnde Transparenz

Als die Technik noch jung war, konnten die Zusammenhänge zwischen ihrer Anwendung und ihren Folgen noch relativ leicht erkannt werden. Wer ein Messer benutzt, der kann leicht erkennen, ob seine Benutzung vertretbar ist (beispielsweise zum Brotschneiden) oder ob seine Benutzung unvertretbar ist (beispielsweise, um einen Mord zu begehen).

In unserer Zeit hochkomplexer politischer, wirtschaftlicher und technischer Zusammenhänge ist der Ingenieur häufig außerstande, die Folgen seines technischen Handelns zu übersehen. So waren vermutlich die Leute, die einst die Pestizide zur Schädlingsbekämpfung einführten, guten Glaubens, hiermit »richtig« zu handeln, vor allem Gesundheit und Ernährung der Menschen zu fördern. Erst später zeigte sich, daß die Folgeschäden schwerer wiegen als die erwarteten Vorteile. Hieraus ist der Schluß zu ziehen, daß man auf derartige Fehlleistungen nicht mit moralisierenden Vorwürfen reagieren sollte, vielmehr mit der vorausschauenden Klärung der Folgen, mit Versuchen, eine höhere Transparenz technischen Geschehens herzustellen.

Diese mangelnde Transparenz zeigt sich besonders deutlich bei neueren Untersuchungen der Dynamik soziotechnischer Systeme: Die intuitiv erwarteten Folgen sind häufig ganz andere als die Folgen, die sich bei einer Computersimulation ergaben. So gingen Berichte über die Arbeiten von J. W. Forrester durch die Presse: Die Slumsanierung führt nur kurzfristig zu sozialen Verbesserungen, die langfristigen Folgen sind aber wahrscheinlich zunehmende Verelendung.

Besonders spektakulär zeigen sich die Folgen mangelnder Transparenz beim Vergleich des Infanteristen mit dem Flugzeugführer: Der Infanterist, der die Opfer seiner Waffen gesehen hat, wird als Verbrecher angeklagt, während der Flugzeugführer, der mit seinen Bomben Frauen und Kinder zerrissen und verbrannt hat, dekoriert wird.

Die mangelnde Macht zur Verwirklichung optimaler Lösungen

Ingenieure kennen manchmal Problemlösungen, die sie für optimal halten, wegen äußeren Zwängen aber nicht verwirklichen können.

So könnten beispielsweise Automobile konstruiert werden, die wesentlich sicherer sind als gegenwärtig übliche. Man könnte beispielsweise extrem große Knautschzonen einbauen, Zellen mit extremer Festigkeit, viel Schaumstoff und schließlich Periskope, um dem Fahrer Sicht zu verschaffen. Ein solches Sicherheitsauto hätte allerdings einige Nachteile: Es wäre sehr groß und schwer, würde viel Benzin verbrauchen, wäre schlecht zu lenken und sehr teuer, kurzum ein unverkäufliches Monstrum.

Es wurde hier absichtlich ein Beispiel gewählt, bei dem der äußere Zwang nicht auf kapitalistische Konspirationen zurückgeführt werden kann, bei dem vielmehr unser aller Verantwortung offensichtlich ist. Wir alle, die wir als Automobilkäufer über den Markt Einfluß auf die Entwicklung haben, sind dafür verantwortlich, daß die Autos nicht sicherer, leiser und weniger giftig sind.

Damit sei aber nicht bestritten, daß es andere Vorgänge gibt, bei denen die Eigeninteressen von Wirtschaftsgruppen und dergleichen angeblich optimale technische Lösungen verhindern. Ein hierfür häufig genanntes Beispiel ist die Herstellung einer Glühlampe unbegrenzter Lebensdauer, durch deren Vertrieb der Absatz zurückgeht.

An diesem Beispiel ist einiges zutreffend und einiges falsch, es scheint mir aber die Problematik mehr zu maskieren als offenzulegen. Jede soziale Gruppierung entwickelt Eigeninteressen, Produzentengruppen oder Käufergruppen. Es wäre interessant zu untersuchen, welche Eigeninteressen staatliche Lenkungen der Industrie entwickeln. Das wenige, was hierüber bei uns bekannt ist, begründet keinesfalls die Vermutung, daß dort keine Eigeninteressen wirkten.

Ich möchte nun einige reale Vorkommnisse etwas abstrahieren. Dem Entwicklungsleiter einer großen Automobilfirma wurde vorgeworfen, er produziere für unser Land Fahrzeuge, die weniger sicher sind als die Fahrzeuge, welche dieselbe Firma für den Export herstellt.

Die Sachverhalte sind an sich klar und unbestritten. Die Forderung, auch für unser Land sichere Fahrzeuge herzustellen, wird uneingeschränkt akzeptiert. Trotzdem sind diese heftig vorgebrachten Vorwürfe unvernünftig, weil wirkungslos und repressiv.

Unterstellen wir, der Entwicklungsleiter produzierte für unser Land Fahrzeuge, deren Sicherheitskonstruktion über die bei uns geltenden Standards hinausgeht, dann wären diese teurer und langsamer als die der Konkurrenz. Demzufolge würde der Absatz zurückgehen, der Entwicklungsleiter gefeuert und durch einen anderen ersetzt, der konkurrenzfähige Fahrzeuge konstruiert. Man weiß es ja längst: Sicherheit verkauft sich schlecht. Dieser Ablauf zeigt, daß der Entwicklungsleiter gar keine Alternative hat, als Autos gerade so unsicher zu bauen, wie es durch unsere Gesetze noch zugelassen wird, auch wenn er sicherere Autos bauen könnte und wollte.

Die Konkurrenz widersprüchlicher Wertsysteme

Bei der Erläuterung der Optimierung wurde unterstellt, es gäbe eine einzige Bewertung, an der sich technisches Handeln orientieren könnte. Tatsächlich besteht in den meisten Fällen eine Vielzahl von Bewertungsmaßstäben, die ganz unterschiedliche Lösungen als optimal erscheinen lassen. Soll sich beispielsweise der Städteplaner daran orientieren, wie er die Bewohner ins Grüne hinein verstreuen kann, oder soll er eine städtische Gesellschaft planen, soll er maximale Industrialisierung ermöglichen, maximale landwirtschaftliche Produktion, maximale Verkehrsmöglichkeiten und so weiter? Jeder dieser Wertmaßstäbe führt zu einer anderen Stadtplanung. Es gibt keine wissenschaftliche Methode, um die Überlegenheit der einen Bewertung über die andere zu begründen – wo dies doch geschieht, wurde gemogelt. Das Problem wird noch verworrener, wenn man bedenkt, daß Städte eigentlich nicht für die Gegenwart, sondern für eine weite Zukunft gebaut werden. Welche Bewertungen werden die dann in den Städten lebenden Menschen anlegen?

Zu dieser Konkurrenz widersprüchlicher Wertsysteme ist auch die subjektive Konfliktsituation zu rechnen, bei welcher der Ingenieur äußere Forderungen gegen persönliche Vorteile, möglicherweise sogar gegen seine Existenz abwägen muß. Ingenieure haben mit anderen Menschen dies gemein, daß sie nicht gerne den Märtyrer spielen, vielmehr zusammen mit ihren Familien an der allgemeinen Wohlfahrt teilhaben möchten.

Die perspektivischen Verzerrungen der Verantwortung

Die gegenwärtig meist bestehende Verflechtung technischen und wirtschaftlichen Geschehens führt dazu, daß der technisch Handelnde auf manche Sachverhalte einen starken Einfluß hat und auf andere einen geringeren. Es ist nicht möglich, daß er alle Konsequenzen bewußt analysiert und dann verantwortet. Dieses »nicht möglich« hat nichts mit moralischer Gleichgültigkeit zu tun, sondern beruht auf der quantitativen Beschränktheit unseres Bewußtseins. Wer alles und jedes beklagt, was auf dieser Erde an Unerwünschtem geschieht, der endet zwangsläufig als heulender Derwisch. Sinnvoller erscheint es, die naheliegenden Sachverhalte nach besten Kräften vernünftig zu gestalten und die fernen Probleme den fernen Menschen zu überlassen. Nur so kann man sich der Forderung des Tages angemessen stellen.

Die psychische Fehlfunktion

Ein Ergebnis der mathematischen Spieltheorie, insbesondere der dynamischen Programmierung, kann ohne Formalitäten etwa so dargestellt werden: Wähle den nächsten Spielzug so aus, daß er maximale Gewinnchancen verspricht, ohne Rücksicht darauf, ob er mit deiner bisherigen Strategie übereinstimmt oder nicht. Ein solches Vorgehen ist nachweisbar optimal für traditionslose Systeme.
Die meisten technischen Entscheidungen fallen aber nicht in traditionslosen, sondern in traditionsbeladenen Systemen. Für sie ist kennzeichnend, daß eine Strategieänderung zu Nachteilen führt. Wenn beispielsweise eine Automobilfirma, die jahrelang Autos mit Heckantrieb und Luftkühlung baute, plötzlich auf Autos mit Frontantrieb und Wasserkühlung übergeht, so ergeben sich Nachteile, beispielsweise bei den Konstruktionsmethoden, in der Fertigung, in der Wartung und in der Werbung: Wie soll man Käufern, denen man jahrelang die Vorzüge des Heckmotors und der Luftkühlung angepriesen hat, klarmachen, daß neuerdings das Gegenteil optimal ist!
Ein Käufer, der die technischen Zusammenhänge durchschaut, versteht es möglicherweise, daß früher das eine Bauprinzip optimal war, heute aber, bei veränderten technischen Voraussetzungen, das andere. Die Mehrzahl wird aber aus der Änderung des Bauprinzips den falschen Schluß ziehen, daß dieses Bauprinzip schon immer falsch war und die Konstrukteure versagt hätten. Dieser Schluß ist meines Erachtens die Folge einer weitverbreiteten psychischen Fehlfunktion: Man meint, Prinzipien müßten ewig und unverändert bleiben, wenn sie respektiert werden sollen; sonst »verliert man das Gesicht«.
Diese weitverbreitete psychische Fehlfunktion muß bei technischen Entscheidungen beachtet werden und erschwert die Findung optimaler Lösungen weiter: Die »eigentlich« bessere Lösung eines Problems muß verworfen werden, weil sie einen Gesichtsverlust zur Folge hätte.
Mit diesen Überlegungen sollte zweierlei gezeigt werden:
Erstens setzt technisches Handeln außertechnische Bewertungen voraus.
Zweitens beruhen die technischen Entscheidungen auf einer Vielfalt teilweise konkurrierender Beurteilungsmodi.
Wenn also eine technische Entscheidung getroffen wird, dann ist sie meist ein Kompromiß zwischen mehreren Beurteilungsmodi. Einige konnten beachtet werden, andere mußten vernachlässigt werden, weil sie in der Sicht der Entscheidenden geringeres Gewicht als andere hatten. Umgekehrt ist es bei technischen Entscheidungen regelmäßig leicht, aus den vernachlässigten Beurteilungsmodi bösartige Kritiken abzuleiten.
Dies ist natürlich nicht einzigartig für die Technik. Ähnliche Überlegungen

könnte man für die Wirtschaft, für die Politik, für alle Bereiche menschlicher Entscheidungen anstellen. Die Technik sollte aber deshalb etwas genauer betrachtet werden, weil hier die stärksten Einwirkungen auf unser zukünftiges Leben entstehen und weil hier bisher am heftigsten und irrationalsten geschimpft wird.

Wo in der gegenwärtigen Auseinandersetzung die Worte noch sorgfältig gewählt werden, da unterscheidet man zwischen einerseits den Zielen und andererseits der Technik, mit der die Ziele angesteuert werden. Hiergegen ist nichts einzuwenden: Manche Experten vergessen die Ziele tatsächlich über der Perfektionierung der Mittel.

Aber die Worte werden meist nicht sorgfältig gewählt, und so verschmilzt die theoretisch gemeinte Technik mit der realen Technik zu einem modischen Klischee,[20] mit dem die zeitgenössische Gesellschaftskritik allen Abscheu ausdrückt, dessen sie fähig ist.

Wie unhaltbar der Haß gegen die angeblichen »Technokraten« tatsächlich ist, zeigte sich anläßlich der VDI-Tagung »Wirtschaftliche und gesellschaftliche Auswirkungen des technischen Fortschritts« in Ludwigshafen am 19. bis 21. 11. 1970: Was dort vorgebracht wurde, um die Kontrolle über die Technik wiederzugewinnen, straft diejenigen Lügen, die den Ingenieur als thumben Thoren darstellen, dem man erst einmal Verantwortung für sein Tun beibringen müßte.

Wir haben einen Überschuß an Geschimpfe auf die Technik, aber einen totalen Mangel an praktikablen Alternativen. Wollen wir tatsächlich auf die modernen Produktionsformen verzichten und beispielsweise wieder zwölf bis sechzehn Stunden an sechs Tagen in der Woche hart arbeiten, wollen wir tatsächlich auf die modernen Verkehrsmittel verzichten und uns staunend von einer Reise nach Italien berichten lassen, wollen wir tatsächlich auf die modernen Kommunikationsmedien verzichten und uns beim Kerzenschein um alte Zeitungen versammeln? Oder wollen wir – wie es getan wird – nur unverbindlich auf die Technik schimpfen, praktisch aber hemmungslos konsumieren? Das eigentliche Problem ist offensichtlich gar nicht die Technik, sondern sind die Menschen, die außerstande sind, angesichts der unmäßigen Möglichkeiten der Technik sich mäßig zu verhalten.

Wenn beispielsweise glaubwürdig vorausberechnet wird, daß sich im 21. Jahrhundert Katastrophen durch Umweltverschmutzung oder durch Materialknappheit ereignen, wenn wir Bevölkerungswachstum und Produktion nicht drastisch drosseln, dann liegt es doch an uns allen, am a-technischen Menschen, die Geburten und die Produktivität zu drosseln, nicht aber an der Technik und an den »Technokraten«.

Unser Wirtschaftssystem ist kein Ersatz für eine akzeptable Moral technischen Handelns

In unserer Gesellschaft wird die technische Entwicklung vorwiegend durch wirtschaftliche Determinanten gesteuert. Die Bereiche der technischen Entwicklung, die bei uns *nicht* durch wirtschaftliche Determinanten bestimmt werden, sind recht klein.

Im Regelfall entscheidet bei uns die Bereitstellung von Geld darüber, ob eine technische Innovation realisiert wird oder nicht. Angesichts der öffentlichen Armut bei allgemeinem Reichtum kommt dieses Geld meist aus privaten Quellen und nur selten aus den Kassen unseres Staates. Aber auch *die* Gelder, die aus staatlichen Kassen stammen, dienen großenteils direkt oder indirekt der Wirtschaft. Ich weiß nicht, welcher Bruchteil unseres Bruttosozialprodukts direkt oder indirekt durch wirtschaftliche Absichten gesteuert wird und welcher Bruchteil durch nichtwirtschaftliche Absichten, aber meine unmittelbare Erfahrung ist, daß nur winzige Krumen des großen Kuchens dort landen, wo kein schneller Gewinn erwartet werden kann. Was könnte man beispielsweise im Gesundheits- und Bildungswesen durch technische Hilfsmittel leisten, aber wie unzureichend sind die verfügbaren Mittel!

Man kann diese Kritik fairerweise nicht aussprechen, ohne zugleich festzustellen, daß diese Art Steuerung zu einer enormen Kreativität der Technik geführt hat: Wo anders werden die Verbraucherwünsche so schnell und vollständig befriedigt wie in diesem vielverfluchten kapitalistischen System!

Zugleich macht diese Steuerung durch wirtschaftliche Determinanten die technische Entwicklung potentiell hemmungslos. Kreativität und Hemmungslosigkeit sind wohl zwei Seiten ein und derselben Münze.

Um nicht mißverstanden zu werden: Die sozialistischen Wirtschaftssysteme haben sich hier auch nicht besser gezeigt. Die Verschmutzung der Wolga und des Baikalsees scheint ähnlich der Verschmutzung des Rheins und des Bodensees zu sein, der Wohnungsbau (ohne private Hausbesitzer) ist im sozialistischen Osten noch unwirtlicher als im kapitalistischen Westen (mit privaten Hausbesitzern).

Die Direktiven des XXIV. Parteitages der KPdSU für den Fünfjahresplan zur Entwicklung der Volkswirtschaft der UdSSR in den Jahren 1971 bis 1975 unterscheiden sich wenig von vergleichbaren Plänen kapitalistischer Organisationen: »Die Hauptaufgabe des Fünfjahrplans besteht darin, auf der Grundlage hoher Wachstumsraten der sozialistischen Produktion, der Erhöhung ihres Nutzeffekts, des wissenschaftlich-technischen Fortschritts und des beschleunigten Wachstums der Arbeitsproduktivität einen beträchtlichen Anstieg des materiellen und kulturellen Lebensniveaus zu gewährleisten.«

Hier herrscht offensichtlich dieselbe Wachstumseuphorie wie im kapitalistischen Westen. Es erscheint auch zweifelhaft, ob es den sozialistischen Ländern gelang, die sozialpsychologischen Folgen der arbeitsteiligen Massenproduktion besser zu kurieren als den kapitalistischen Ländern. Die Entfremdung des produzierenden Menschen, die Marx und Engels schon im »Kommunistischen Manifest« vor über hundertzwanzig Jahren beklagten, kann dort auch heute noch beklagt werden: Die Therapie braucht offensichtlich mehr als Anklage. Anzuerkennen sind allerdings die starken Bemühungen im Gesundheits- und Bildungswesen.

Der Vergleich mit den sozialistischen Ländern sollte uns aber eines lehren: Es ist durchaus möglich, die technische Entwicklung anders als durch wirtschaftliche Determinanten zu steuern, wenngleich dies für uns ungewohnte Steuermechanismen voraussetzt. Bei uns herrscht ja in dieser Hinsicht eine unglaubliche Naivität. Als ich beispielsweise auf der schon erwähnten VDI-Tagung davon sprach, daß wir von der naiven Marktwirtschaft über die aufgeklärte Marktwirtschaft zu einer aufgeklärten Politik schlechthin kommen müßten, bei welcher technisches Geschehen nicht mehr durch wirtschaftliche Determinanten bestimmt sei, da »widerlegte« dies Karl Korn in der Frankfurter Allgemeinen Zeitung (vom 24. 11. 1970) lapidar so: ». . . politische Instanzen, die genauso wirtschaftsabhängig sind wie jedermann.« Er kann es sich offensichtlich überhaupt nicht vorstellen, daß Menschen anders motiviert sein könnten als durch die Wirtschaft.

Angesichts dieser – leider nicht vereinzelten – Unfähigkeit, sich andere Organisationsformen überhaupt vorstellen zu können, ist der hemmungslose Zorn der kritischen Jugend verständlich, wenn nicht gar zwangsläufig. Wenn man vorausrechnen kann, daß im 21. Jahrhundert Katastrophen durch Umweltverschmutzung und durch Materialknappheit eintreten werden, wenn wir Bevölkerungswachstum und Produktion nicht drastisch drosseln, was kann uns dann Karl Korn raten? Im 21. Jahrhundert wird man die verfluchen, die im 20. ihr Verhalten an Aktienkursen orientierten.

Um ebenso naheliegenden wie naiven Entgegnungen vorzubeugen: Natürlich kann keine Gesellschaft langfristig mehr konsumieren, als sie produziert, und ist in diesem Sinne wirtschaftlich bestimmt, aber es ist eine organisatorische Fehlleistung, wenn Wirtschaftsgruppen ihre Eigeninteressen politisch durchsetzen können.

Ebenso ungeeignet zur Steuerung der technischen Entwicklung scheint mir auch die von A. Toffler beschriebene »Adhocratie«: Sie macht das technische Geschehen noch hemmungsloser, als es bisher zu unser aller Schaden schon ist. Wie will man beispielsweise mit »Adhocratie« das Chaos auf unseren Straßen ordnen, wie die Unwirtlichkeit unserer Städte, wie unsere Umwelt schützen?

So schwer es uns auch fällt, die entgegengesetzte Entwicklung ist notwendig: Wir müssen ein hohes Maß von Disziplin aufbringen, wir müssen trotz starker Anreize auf Individualverkehr verzichten, wir müssen auf eigenwilligen Hausbau verzichten, auf eigenwillige Eingriffe in die Umwelt, auf unkontrollierte Produktion und unkontrollierte Vermehrung.

Die Steuerung der technischen Entwicklung durch die Wirtschaft wirkt formal ähnlich wie eine allgemein akzeptierte Moral technischen Handelns, aber sie erweist sich inhaltlich als eine sehr schlechte Pseudomoral, die wir für weite Bereiche möglichst rasch außer Kraft setzen müssen, um die voraussehbaren Katastrophen abzuwenden.

Die besondere Gefährlichkeit dieser wirtschaftlichen Pseudomoral liegt darin, daß sie bei uns als bessere Alternative einer bewußten Ideologie dargestellt und akzeptiert wird. Man stellt die Situation folgendermaßen dar: Auf der einen Seite die verfluchten, Unruhe stiftenden Ideologen und auf der anderen Seite die fleißigen Arbeiter, die wissen, daß das, was bezahlt wird, auch gut getan ist.

Diese Blindheit ist sehr gefährlich, wir müssen es doch erkennen: Die wirtschaftliche ist zwar die bequemste Art der Steuerung technischen Geschehens, sie ist aber nicht die einzig mögliche und hat in unserer Zeit Mängel entwickelt, die wir nicht mehr lange ertragen können. Die Existenz der Menschen und der menschlichen Kultur ist wichtiger als Wirtschaftswachstum.

Die wirtschaftliche Steuerung technischen Geschehens wird in unserer Zeit in sich immer labiler: Die Beteiligten durchschauen immer weniger, wie eng ihr persönliches Wohlergehen mit der Funktion der Technostruktur verknüpft ist, und benützen ihre Machtmittel oft zur Sabotage des Gesamtsystems. Nun wird aber unsere Technostruktur immer schwerer verstehbar und immer leichter sabotierbar. Wenn dieses ungeheuer komplexe soziotechnische System in einer Krisensituation nicht in einem wilden Kampf aller gegen alle enden soll, dann muß meines Erachtens ein Minimum verbindlicher Normen vorausgesetzt werden können.

Auch wer die schwer verstehbaren intellektuellen Prozesse der Experten nicht nachvollziehen kann, muß darauf vertrauen können, daß diese intellektuellen Prozesse zwar unverständlich, aber nicht unverantwortlich sind. Erste Voraussetzung hierfür ist natürlich, daß sie es tatsächlich sind.

Aus diesen Überlegungen ziehe ich den Schluß, daß die zukünftige Entwicklung der Technik notwendigerweise einen Minimalkanon allerseits akzeptierter Bewertungen, Ziele, Verhaltensnormen, kurzum eine Moral technischen Handelns voraussetzt.

Hier bleibe unentschieden, ob diese Moral eine individuelle Moral sein kann oder ob sie ein demokratisch legitimiertes System von Bewertungen ist, welche technische Entscheidungen bestimmt.

Zukünftige Wertsysteme zur Kontrolle der Technik

Naheliegend ist hier die Frage: Wir haben doch Wertsysteme und moralische Anweisungen, wozu brauchen wir Neues? Mir scheint, die meisten aktuellen Schwierigkeiten einschließlich der Kontrolle der Technik beruhen auf Unzulänglichkeiten der tradierten Moral: Sie gibt Anweisungen, die wir vielfach nicht mehr akzeptieren können, aber sie gibt häufig keine Anweisungen dort, wo sie dringend gebraucht werden. Besonders im Bereich der Technik und Wirtschaft herrscht geradezu ein moralisches Vakuum. Jede technische Veränderung erzeugt neue Verhaltensalternativen und damit neue Fragen an die Wertsysteme. Erschwerend tritt hinzu, daß technische Veränderungen häufig zur Korrektur älterer Normen führen müssen. Deshalb halte ich das Nachdenken über Art und Inhalt zukünftiger Wertsysteme für dringend notwendig. Manfred Schlapp schreibt hierzu in seinem Buch »Steckbrief der Hinterwelt«:[35]

»Die Diskrepanz zwischen tradierten Denk- und Verhaltensmustern und den Postulaten der Modernität schafft jenes konfliktgeladene Klima, in dem eine Jugend, die mangelhaft im kritischen Differenzieren geschult wird, zum Entsetzen der älteren Generation in unreflektiertem Destruktionsverhalten entartet.«

N. Rescher führte eine Untersuchung über die Veränderung der Wertvorstellungen in der (US-)amerikanischen Gesellschaft durch:[50] Innerhalb der nächsten Generation erwartet er eine zunehmende Anerkennung folgender Werte:

Menschheitsorientierte Werte (Humanismus, Internationalismus)
Intellektuelle Tugenden
Vernunft und Rationalität
Bürgerliche Tugenden
Gruppenverhalten
Soziale Wohlfahrt
Soziale Verantwortung
Ordnung
Öffentliche Dienste (wohl im Sinne von Mitarbeit)
Ästhetische Werte

Dagegen erwartet Rescher eine abnehmende Anerkennung für:

Nationale Werte (Patriotismus, Chauvinismus)
Häusliche Tugenden

Verantwortlichkeit
Unabhängigkeit (in allen ihren Bedeutungen)
Selbstvertrauen und Selbstzufriedenheit
Individualismus
Durchsetzungsfähigkeit (Self-Advancement)
Ökonomische Sicherheit
Eigentumsrechte (und persönliche Freiheit allgemein)
Glaube an den Fortschritt
Optimismus (Vertrauen, daß der Mensch des Menschen Probleme lösen kann)

Meines Erachtens müssen zukünftige Wertsysteme, die technisches Handeln bestimmen können, mindestens drei Forderungen erfüllen:[39]
1. Sie müssen menschengerecht sein, das heißt, ihre Weisungen müssen menschliche Existenz langfristig möglich machen. Diese Forderung ist angesichts der langfristigen Prognosen mehr als eine Leerformel.
2. Sie müssen sachgerecht sein, das heißt, ihre Weisungen müssen auf einem Höchstmaß an Sachverstand aufgebaut sein. Die bewußten Normen müssen auch mit den Erfahrungen der Psychoanalyse verträglich sein: Die irrationalen Antriebe des Menschen müssen rational berücksichtigt werden.
3. Sie müssen in einem historischen Prozeß praktikabel gemacht werden können.
W. Wickler kommt in seinem Buch »Die Biologie der Zehn Gebote«[52] auf ähnliche Überlegungen:
»Zwar werden die Meinungen darüber, was ›richtiges‹ Verhalten sei, möglicherweise auseinandergehen; man kann darunter aber ganz allgemein das auf Fortbestand der Art gerichtete Verhalten verstehen.« (Siehe obige Forderung 1.)
»Wer sittliche Normen verkündet, muß sich darum bemühen, diejenigen Naturgesetzmäßigkeiten zu erkennen, denen der Mensch unterworfen ist, die er nicht umgehen, wohl aber ausnutzen kann . . .« (Siehe obige Forderung 2.)
Es wird gesagt: Die Einigung über Wertsysteme sollte durch »herrschaftsfreie« Kommunikation herbeigeführt werden. Ob eine solche Forderung angesichts der unvermeidbaren Einbettung der Individuen in eine reale Gesellschaft und eine reale Sprache mehr als eine Leerformel ist, erscheint sehr zweifelhaft. Der moralische Kaspar Hauser kann über Werte überhaupt nicht diskutieren.
Man könnte aufgrund solcher und ähnlicher Überlegungen nun darangehen, Wertsysteme zu »konstruieren«. G. Liedke verwies beispielsweise auf die Minimierung von Gewalt, Not und Unfreiheit. Klaus Tuchel schrieb:[49]

»Es gibt eine Anzahl von Werten, über deren hohen Rang sich fast alle Menschen einig sind oder doch werden können, auch wenn diese Zuversicht nicht naturrechtlich oder im traditionellen Sinne metaphysisch zu begründen ist. Ein solcher Wert ist das Überleben der Menschheit auf menschenwürdige Weise ... Überleben heißt Frieden halten und Vermeiden von Gewalt jeder Art, es heißt zureichende Versorgung aller Menschen mit Nahrung, Wohnung, Kleidung, Arbeit, Information. Es heißt freie Entfaltung der Fähigkeiten des einzelnen durch gleiche Chancen für alle im Rahmen der gesellschaftlichen Bindungen, in denen er lebt. Menschenwürdiges Überleben bedeutet auch Toleranz, Geduld, Freundschaft, Muße, Kreativität, Liebe. In einem Satz: Menschenwürdiges Leben ist ein Leben frei von Angst im Vertrauen auf eine praktizierte allgemeine menschliche Solidarität.«

Bei voller Zustimmung ergibt sich im Hinblick auf die Kontrolle der Technik das Bedenken: Die intellektuellen Prozesse, welche die technischen Entscheidungen mit diesen akzeptierten Werten verbinden, sind im Regelfall zu weitläufig, als daß sie immer wieder individuell vollzogen werden könnten.

Vermutlich wird für den technischen Bereich an die Seite derartiger abstrakter Wertvorgaben auch noch ein Verarbeitungsmechanismus treten müssen, der zu prüfen gestattet, wie die Entscheidungsalternativen sich im Lichte dieser Wertvorgaben verhalten. Meines Erachtens kann diese Aufgabe nur durch große Computersysteme geleistet werden. Hier muß gleichzeitig folgendes geleistet werden:

Die inneren Zusammenhänge der Technostruktur müssen transparent gemacht werden.

Die Auswirkungen vorgesehener Veränderungen müssen an operational definierten Wertsystemen gemessen werden.

Das Gesamtsystem muß resistent sein gegenüber Versuchen, partikuläre Interessen durchzusetzen.

Es geht hier also nicht um eines der vielfach diskutierten automatischen Planungssysteme, vielmehr um Simulationssysteme zur Bewertung technischer Entscheidungen. Sie sollten öffentlich zugänglich sein, um ein Höchstmaß demokratischer Legitimation zu erreichen und öffentliches Mißtrauen abzubauen.

Hierbei darf nicht das Mißverständnis entstehen, »der Computer erzeuge Moral«: Die Wertmaßstäbe technischen Handelns entspringen weder äußeren, vom Menschen unabhängigen Gesetzen noch sind sie aus solchen errechenbar; die Wertmaßstäbe müssen originär durch Menschen gesetzt werden.

Eine derartige Entwicklung läuft gegenwärtigen Tendenzen zuwider: Angeblich verläuft ja die Geschichte des Menschen geradlinig von der unreflektierten Bindung über die Aufklärung zur unbegrenzten Emanzipation. Ich halte diese Vision für falsch: Das wichtigste Problem unserer Zeit ist nicht die unbegrenzte Emanzipation, vielmehr die reflektierte Bindung. Es wird oft von der »nachindustriellen Gesellschaft« gesprochen. Deren Merkmale seien etwa:

Überflußgesellschaft: Hoher Konsum bei wenig Arbeit.

Dienstleistungsgesellschaft, besonders Informationsproduktion.
Psychosoziale Schwierigkeiten, vor allem Entfremdung und Suchtkrankheiten.
Ich halte diese Prognosen für wenig zutreffend. Wenn die menschliche Kultur nicht rasch zugrunde gehen soll, dann muß die zukünftige eine nachemanzipierte Gesellschaft sein, die sich bewußt den Regeln unterwirft, deren Einhaltung zur Erhaltung der menschlichen Kultur notwendig ist.
Aber wir müssen die Schwierigkeiten einer derartigen Entwicklung ganz deutlich erkennen: Konstruierte Wertsysteme sind abstrakt und kraftlos, es fehlt ihnen die Tradition, die Würde und die suggestive Kraft zur Konvergenz. Eigentlich existieren Instanzen, welche Wertsysteme mit Würde und Tradition haben: vor allem die christlichen Kirchen. Die Frage ist, ob sie zeitgemäße Wertsysteme in einem historischen Prozeß praktikabel machen können.
Ihre Schwierigkeit liegt – wenn ich es richtig verstehe – darin, daß einerseits ihre Würde und Tradition auf der Konstanz ihrer Anweisungen beruht, während andererseits ihre Wirkung in unserer Zeit Veränderung und Reform voraussetzt.
Wenn beispielsweise Papst Paul VI. sich gegen die Geburtenbeschränkung stellt, dann bewahrt er das Ansehen der katholischen Kirche kurzfristig. Angesichts der Millionen notleidender Menschen macht er aber die katholische Kirche langfristig unglaubwürdig.
Ich weiß nicht, ob die Kirchen aus diesem Dilemma einen Ausweg finden. Es gibt aber meines Erachtens keine anderen Instanzen, welche das Bedürfnis nach einer Moral für unsere Zeit befriedigen können. Was sich sonst noch anbietet, ist wenig vertrauenswürdig.
Bischof Scharf sieht es meines Erachtens ganz richtig, wenn er die Kirche daran mißt, ob sie fähig ist, »viele große, vielfarbige, schwere Konflikte im eigenen Schoß auszutragen, ohne zu bersten, ohne zu explodieren, ohne Selbstmörder oder Mörder zu werden.«
Zukünftige Wertsysteme sollen und dürfen keine psychische Gleichschaltung besorgen, man muß auch in Zukunft die Vielfalt der Überzeugungen erhalten und achten. Es muß aber ein Mindestkanon verbindlicher Regeln beachtet werden: Regeln, welche die Erhaltung der menschlichen Kultur ermöglichen. Möglicherweise entsteht hierbei eine Gefahr besonderer Art: Um die physiologischen Voraussetzungen der menschlichen Existenz zu erhalten, müssen Verhaltensregeln erzwungen werden, die psychisch unerträglich sind: Man muß sich einordnen, beschränken, unkreativ sein, möglicherweise »bis zum Platzen«.
Die Erhaltung der menschlichen Kultur setzt voraus, daß die Geburtenrate, die industrielle Produktion und die industrialisierte Landwirtschaft (z. B. Monokulturen) abgebaut werden. Angesichts dieser Notwendigkeiten gibt es

meines Erachtens außer dem großen Krieg, der alles beendet, drei mögliche Entwicklungen:

1. Wir lassen alles treiben, wie es eben treibt. Dann werden wir möglicherweise bald von Entwicklungen überrollt, die wir nicht mehr unter Kontrolle bringen können.
2. Es entstehen Großraumdiktaturen, die unkontrollierte Kontrollen ausüben und Scheinordnungen im Stile Orwells erzwingen.
3. Es gelingt, den weiteren Verlauf intellektuell zu bewältigen, an menschlichen Werten zu orientieren und die politischen Entscheidungen so zu bestimmen, daß die befürchteten Katastrophen nicht eintreten.

Diese dritte Entwicklung ist die unwahrscheinlichste, aber die einzige, für die sich ein Engagement lohnt.

Um ihre Chancen zu vergrößern, sollte meines Erachtens geschehen:

– Verstärkung der weltweiten Kooperation und Kommunikation, beispielsweise im Rahmen der UNO; Kontakte der Meinungsbildner aus allen Ländern, um Mißverständnisse abzubauen und Konflikte gewaltlos zu lösen. Fortwährende Analyse zukünftiger Entwicklungen und konziliante Diskussion unerwünschter Verläufe; Verstärkung der Entwicklungshilfe.

– Engagement in »Mittelgruppen«: Der einzelne ist angesichts der Gesamtentwicklung häufig machtlos, die Gesamtgesellschaft erkennt die Probleme zu spät. Dazwischen können »Mittelgruppen«, beispielsweise die »Vereinigung Deutscher Wissenschaftler«, »Gesellschaft für Zukunftsfragen«, »Gesellschaft für Verantwortung in der Wissenschaft« usw., aber auch politische und kirchliche Gruppen wertvolle Aufklärungsarbeit leisten. Die Vorstellung, »die Wissenschaft« könnte gewissermaßen als vierte Gewalt im Staate neben Legislative, Exekutive und Jurisdiktion fungieren, wird viel diskutiert, ist aber sehr problematisch.

– Außer diesen gesellschaftlichen Lernvorgängen muß vor allem bei der heranwachsenden Jugend die Bereitschaft zum zukunftsorientierten Denken gefördert werden. Dies kann beispielsweise durch Organisation von Seminaren für Zukunftsfragen an Universitäten, Fachschulen, Oberschulen und Volkshochschulen usw. geschehen.[40] Dies ist besonders wichtig für die Heranbildung zukünftiger Ingenieure.

– Schließlich sollte jeder einzelne in seinem Wirkungsbereich vor den Schwierigkeiten nicht resignieren, sondern seine Umgebung auf die drohenden Gefahren hinweisen. Daß hier Resignation nicht angebracht ist, zeigt die Entwicklung der Überschallflugzeuge in den USA: Sie wurde trotz stärkster Bedenken unter dem Druck der öffentlichen Meinung eingestellt.

Die gegenwärtige naive Einstellung der Öffentlichkeit, bei der Politiker das Blaue vom Himmel versprechen müssen, um gewählt zu werden, muß einer aufgeklärten Einstellung weichen, bei der die Wählerstimmen derjenige erhält, der die nüchternste Beurteilung der Lage und die überzeugendsten Entwürfe zur Lösung unserer Probleme entwickelt. Churchill begann im Zweiten Weltkrieg sein Amt als Premierminister mit der Ankündigung von »Blut, Schweiß und Tränen«.

Literatur

1 Acham, K. A.: »Ethische Werthaltungen und sozialwissenschaftliche Erkenntnis.« In: »Archiv für Rechts- und Staatsphilosophie.« Vol. 1971. S. 205 bis 234.
2 Berger, P. L.: »Zukunft der Religion.« In: »Evangelische Kommentare.« Jg. 4 (1971). H. 6. S. 317 bis 322.
3 Calder, N.: »Technopolis. Social control of the uses of science.« New York 1969.
4 Dessauer, F.: »Der Streit um die Technik.« 2. Aufl. Frankfurt a. M. 1958.
5 Dewart, L.: »Die Zukunft des Glaubens.« Zürich, Köln 1968.
6 »Dokumentation des Holländischen Katechismus.« Freiburg i. Br. 1967.
7 Feinberg, G.: »Projekt Prometheus.« Olten, Freiburg i. Br. 1970.
8 Fritsch, B.: »Wechselwirkung zwischen Gesellschaft und Technik.« In: »Systems 69.« Hrsg. von K. Steinbuch. Stuttgart 1970.
9 Gabor, D.: »Menschheit morgen.« Frankfurt a. M. 1969.
10 Habermas, J.: »Technik und Wissenschaft als ›Ideologie‹.« Frankfurt a. M. 1969.
11 Heer, F., und G. Szczesny: »Glaube und Unglaube.« München 1969.
12 Hirsch, J.: »Wissenschaftlich-technischer Fortschritt und politisches System.« Frankfurt a. M. 1970.
13 Hollenbach, J. M.: »Der Mensch der Zukunft.« Frankfurt a. M. 1959.
14 Iydengar, M. S.: »Technology of the future and its impact on society.« (International Conference on Future Research.) Kyoto 1970.
15 Jaspers, K., und R. Bultmann: »Die Frage der Entmythologisierung.« München 1954.
16 Jünger, F. G.: »Die Perfektion der Technik.« Frankfurt a. M. 1949.
17 Kilian, H.: »Thesen zur Kulturrevolution des Westens.« In: »Vorgänge.« Jg. 1967. H. 10.
18 Kraemer, O.: »Ursprung, Weg und Grenze der Technik.« In: »Perspektiven für das letzte Drittel des 20. Jahrhunderts.« Stuttgart 1968. S. 41 bis 57.
19 Leach, E.: »Fluch und Chance des Fortschritts.« In: »Gefährdete Zukunft.« Hrsg. von M. Lohmann. München 1970.
20 Lenk, H.: »Philosophie im technischen Zeitalter.« Stuttgart 1971.
21 Marcuse, H.: »Der eindimensionale Mensch.« Neuwied und Berlin 1967.
22 »Mensch und Technik.« Hrsg. vom Verein Deutscher Ingenieure. (Veröffentlichungen 1967/68.) Düsseldorf 1969.
23 Mesthene, E. G.: »Technology and values – a summary.« In: »RAND report« vom 30. 12. 1968.
24 Michael, D. N.: »The unprepared society: Planning for a precarious future.« New York 1968.
25 Mitscherlich, A.: »Die Unwirtlichkeit unserer Städte.« Frankfurt a. M. 1966.
26 Moltmann, J.: »Theologie und Hoffnung.« München 1964.

27 Müller-Schwefe, H.-R.: »Technik als Bestimmung und Versuchung.« Göttingen 1965.
28 Pfeiffer, W.: »Allgemeine Theorie der technischen Entwicklung als Grundlage einer Planung und Prognose des technischen Fortschritts.« Göttingen 1971.
29 Picht, G.: »Mut zur Utopie. Die großen Zukunftsaufgaben.« München 1969.
30 »RADIUS.« Jg. 1970. H. 4.
31 Rapp, H. R.: »Betr.: Evangelische Kirche, ein Lagebericht.« Hamburg 1970.
32 Russell, B.: »Warum ich kein Christ bin.« München 1963.
33 Schacht, K., und W. Streeck: »Technokratie und Emanzipation.« In: »Futurum.« Jg. 1969. Bd. 3. H. 2. S. 251 bis 267.
34 Schelsky, H.: »Auf der Suche nach Wirklichkeit. Gesammelte Aufsätze.« Düsseldorf 1965.
35 Schlapp, M.: »Steckbrief der Hinterwelt.« München 1971.
36 Schmandt, J.: »Technik und sozialer Fortschritt.« In: »Menschen im Jahr 2000 – eine Übersicht über mögliche Zukünfte.« Hrsg. von R. Jungk. Frankfurt a. M. 1968.
37 Spengler, O.: »Der Mensch und die Technik. Beitrag zu einer Philosophie des Lebens.« München 1931.
38 Steinbuch, K.: »Automat und Mensch.« 4. Aufl. Berlin, Heidelberg, New York 1971.
39 –: »Falsch programmiert.« Stuttgart 1968.
40 –: »Programm 2000.« Stuttgart 1970.
41 Sulc, P.: »A methodology of forecasting the interactions between technological and social changes.« (International Conference on Future Research.) Kyoto 1970.
42 Szczesny, G.: »Die Zukunft des Unglaubens.« München 1960.
43 Taylor, G. R.: »Das Selbstmordprogramm.« Frankfurt a. M. 1971.
44 »Technik und Gesellschaft. Wechselwirkungen – Einflüsse – Tendenzen.« Hrsg. vom Verein Deutscher Ingenieure. Freiburg i. Br. 1968.
45 Thielicke, H.: »Nur noch Hirten und keine Schafe mehr?« In: »Die Welt« vom 29. 5. 1971.
46 Thomson, S. G.: »Bewältigung des ›Fortschritts‹.« In: »Unsere Welt 1985.« München 1967.
47 Tuchel, K.: »Die Entwicklung des Verhältnisses von Mensch und Technik in den nächsten 20 Jahren.« In: »Industriekurier« vom 29. 10. 1968. S. 43.
48 –: »Herausforderung der Technik. Gesellschaftliche Voraussetzungen und Wirkungen der technischen Entwicklung.« Bremen 1967.
49 –: »Ziele und Aufgaben einer Philosophie der Gesellschaft.« In: »Frankfurter Hefte.« Jg. 25 (1970). H. 5. S. 319 bis 325.
50 »Values and the Future. The impact of technological change on American values.« Hrsg. von K. Baier und N. Rescher. New York 1969.
51 Walter, E. J.: »Grenzen der Technik und der Zivilisation.« Zürich 1960.
52 Wickler, W.: »Die Biologie und die Zehn Gebote.« München 1971.
53 »Wirtschaftliche und gesellschaftliche Auswirkungen des technischen Fortschritts.« (Tagung des Vereins Deutscher Ingenieure in Ludwigshafen vom 19. bis 21. 11. 1970.)
54 Zbinden, H.: »Der Mensch im Spannungsfeld der modernen Technik.« In: »Abhandlungen und Berichte des Deutschen Museums.« Jg. 38 (1970). H. 1.

Bildquellen

AEG-Telefunken: 308 unten. BASF: 305. W. Bernt (»Die niederländischen Maler des 17. Jhs.« Bd. 3. Bruckmann-Verlag. München 1948): 110. Bibliographisches Institut, Mannheim: 69. A. Brugger, Stuttgart: 171. H. Busch (6/10)*: 148, 151. Cosmopress, Genf: 82. Deutsches Museum, München: 62, 66. dpa: 32, 84, 85, 169, 181, 184, 215 rechts. Deutsche Verlags-Anstalt, Stuttgart: nach Vorlagen des Autors 40, 79, 172, 177 unten, 203, 204, 205, 206, 208, 209, 210, 211, 213, 214, 218, 219, 223, 230, 239, 243, 260, 261, 262, 265, 266, 268, 282, 284, 285, 287, 291, 313; nach ARD-Jahrbuch (9/3) 240; nach G. Bischoff (4/3) 102; nach H. Busch (6/10) 141, 154; nach W. Christaller 114; nach H. H. Cramer (in 3/6) 64; nach Unterlagen der Firma ESSO 170, 177 oben; nach Unterlagen des Europarats (5/36) 113, 117, 131; nach »Fortschritte und Ergebnisse der Unterrichtstechnologie« (12/16) 306, 308 oben, 310; nach G. Gensch 320; nach J. G. Gerritsen 78; nach Hettwig 217; nach Angaben der IG Metall 295; nach E. Jantsch (»Research Avenues in Food Production Technology« und »Alternativen zur Nahrungsmittelerzeugung«, in »Agrarwirtschaft 2000«. Wiesbaden 1968. H. 24 der AVA-Arbeitsgemeinschaft zur Verbesserung der Agrarstruktur in Hessen. S. 43 bis 51) 76; nach H. Kiefer (4/16) 106; nach A. Koestler (2/24) 34; nach W. Leutzbach (6/48) 136 unten; nach K. H. Lindackers (4/16) 98; nach H. Mandel (4/17) 91,93 94, 95, 101; nach H. Schaefer (4/21) 96, 97; nach Unterlagen der Firma Shell 136 oben; nach A. Silbermann (9/25) 241, 245; nach G. Stute (»Die Automatisierung des Informationsflusses« [11/4]) 289; nach J. Zielinski (in [12/16]) 311. H. Engler, Bremerhaven: 145. F. und M. Feldhaus (»Die Technik der Vorzeit.« Moos-Verlag, München:) 281. Fürstlich zu Waldburg-Wolfeggsches Kupferstichkabinett: 68. Germanisches National-Museum, Nürnberg: 235. Institut für angewandte Mikroskopie, Photographie und Kinematographie der Fraunhofergesellschaft, Karlsruhe: 174, 175. Institut für Nachrichtenverarbeitung und Nachrichtenübertragung der Universität Karlsruhe: 326. Institut für Verkehrswesen der Universität Karlsruhe: 147, 15⁰. M. Kage, Winnenden: 179. W. Kiaulehn (»Die eisernen Engel.« Rowohlt Verlag, Reinbek. Nach: D. Fontana, »Della Transportatione dell' Obelisco Vaticano«. Rom 1590): 89. G. Kramer: 153. Kunstmuseum, Luzern: 138. »Leonardo da Vinci« (Emil Vollmer Verlag, Wiesbaden): 280. Messerschmitt-Bölkow-Blohm: 139. W. Moog, Kettwig: 167. W. Müller (5/30): 115, 132. W. Schwagenscheidt: (»Ein Mensch wandert durch die Stadt«. Verlag Die Planung. Darmstadt 1957): 122. SEL: 220. Siemens Pressebild: 215 links. R. Thienhaus (3/33): 70, 71. A. Paul Weber: 50, 196.

---

* Die in Klammern gesetzten und durch Schrägstrich getrennten Ziffern beziehen sich auf das Literaturverzeichnis am Schluß jedes Kapitels. (6/10) verweist auf die Literaturangabe 10 zu Kapitel 6.

Register

413/4

rororo sachbücher

121/33–33c

Norbert Wiener

Kybernetik

Regelung und Nachrichtenübertragung in Lebewesen und Maschine

rowohlts deutsche enzyklopädie

Norbert Wieners berühmtes Werk ist nicht nur wichtig für Leser, die sich beruflich mit Fragen der Regelungstechnik, der Nachrichtenübermittlung, des Informationswesens usw. auseinandersetzen, sondern auch für den interessierten Laien zum Verständnis einer Wissenschaft, deren Erkenntnisse und Errungenschaften für eine ständig wachsende Zahl anderer Disziplinen immer unentbehrlicher werden. Der Ausgabe liegt die vom Verfasser selbst noch revidierte und durch Zufügung zweier Kapitel auf den neuesten Stand der Forschung gebrachte Neuauflage von 1961 zugrunde.

«rowohlts deutsche enzyklopädie» Band 294/95

428/1